科学出版社"十三五"普通高等教育本科规划教材
教育部高等学校水产类专业教学指导委员会推荐教材
海 洋 渔 业 科 学 与 技 术 专 业 系 列 教 材

渔 场 学

陈新军　主编

科学出版社
北 京

内 容 简 介

渔场学是海洋渔业科学与技术专业的一门专业基础核心课程，通过对该课程的学习，学生能够了解和掌握世界海洋环境的基本知识，掌握渔场形成原理及渔情预报的基本方法，了解我国近海和世界主要海洋渔业资源的分布及开发利用状况，从而为今后从事渔业资源与渔场的调查、研究等工作打下扎实基础。本教材分为四部分，共十章。第一部分为绪论，主要介绍了渔场学基本概念、学科性质和研究内容，以及国内外研究概况。第二部分为渔场学有关知识，包括世界海洋环境概述、鱼类集群与洄游分布、鱼类行动与海洋环境的关系、渔场学的基本理论。第三部分为渔情预报基本原理与方法，以及新技术和新方法在渔情预报中的应用。第四部分为中国和世界海洋渔场及资源概况，以及全球海洋环境变化对海洋渔业资源与渔场的影响。

本书可作为海洋渔业相关专业的高年级本科生和研究生的教材，也可供水产与海洋相关工作人员参考使用。

审图号：GS（2021）461号

图书在版编目（CIP）数据

渔场学 / 陈新军主编. —北京：科学出版社，2021.3
科学出版社"十三五"普通高等教育本科规划教材　教育部高等学校水产类
专业教学指导委员会推荐教材　海洋渔业科学与技术专业系列教材
ISBN 978-7-03-068098-3

Ⅰ.①渔…　Ⅱ.①陈…　Ⅲ.①渔场学－高等学校－教材　Ⅳ.① S914

中国版本图书馆 CIP 数据核字（2021）第030285号

责任编辑：刘　丹　张静秋　程雷星 / 责任校对：严　娜
责任印制：张　伟 / 封面设计：蓝正设计

科 学 出 版 社 出版
北京东黄城根北街 16 号
邮政编码：100717
http://www.sciencep.com
北京凌奇印刷有限责任公司印刷
科学出版社发行　各地新华书店经销
*
2021年3月第　一　版　　开本：787×1092　1/16
2025年3月第二次印刷　　印张：17 3/4
字数：464 000
定价：59.00元
（如有印装质量问题，我社负责调换）

海洋渔业科学与技术专业系列教材
《渔场学》编委会

主　　编　陈新军（上海海洋大学）

副 主 编　田思泉　（上海海洋大学）
　　　　　钱卫国　（浙江海洋大学）
　　　　　颜云榕　（广东海洋大学）
　　　　　伊增强　（大连海洋大学）
　　　　　栾奎峰　（上海海洋大学）

参　　编　（按姓氏笔画排序）
　　　　　王学昉　（上海海洋大学）
　　　　　余　为　（上海海洋大学）
　　　　　陆化杰　（上海海洋大学）
　　　　　汪金涛　（上海海洋大学）
　　　　　雷　林　（上海海洋大学）

海洋渔业科学与技术专业系列教材
编写委员会

前　言

　　渔场学是海洋渔业科学与技术专业的一门专业基础核心课程，通过该课程的学习，学生能够了解和掌握开展鱼类生物学特性及渔业资源调查与研究的基本方法，掌握渔场形成原理及渔情预报的基本方法，了解我国近海和世界主要海洋渔业资源的分布及开发利用状况，从而为今后渔业资源与渔场的调查、研究等工作打下扎实基础。

　　本书共十章。第一章为绪论，主要介绍了渔场学基本概念、渔场学学科性质和研究内容、渔场学与其他学科关系，以及国内外渔场学的研究概况、渔场学研究的意义和作用。第二章为世界海洋环境概述，描述了世界海洋形态、世界大洋海流分布、世界海洋水团分布、世界海洋中水温分布，以及世界海洋中营养盐和初级生产力的分布，这是渔场形成的基础。第三章为鱼类集群与洄游分布，讲述了鱼类集群与洄游的意义、鱼类的洄游分布，重点补充了研究鱼类洄游的新方法和新技术。第四章为鱼类行动与海洋环境的关系，着重阐述了鱼类行动与水温、海流、盐度、光、溶解氧、气象因素等海洋环境的关系，从而为渔场学的研究及渔情预报提供了基础。第五章为渔场学的基本理论，主要描述了渔场的基本概念及其类型、优良渔场形成的一般原理、寻找中心渔场的一般方法，以及渔场图及编制方法。第六章为渔情预报基本原理与方法，对渔情预报的概念、类型和内容，以及主要国家渔情预报业务化概况进行了分析，重点介绍了渔情预报技术与方法，利用实例对渔汛、渔场位置、渔获量、资源量进行了预测。第七章为新技术和新方法在渔情预报中的应用，重点对海洋遥感、地理信息系统、栖息地理论、人工智能等新技术在渔情预报中的应用进行了归纳与介绍。第八章为中国海洋渔场概况，对中国海洋渔场环境特征、概况及种类组成，中国近海重要经济种类的渔场分布进行了简要介绍。第九章为世界海洋渔业渔场及资源概况，对世界海洋渔业发展现状及其潜力、各海区海洋渔业发展状况，以及世界主要经济种类资源及渔场分布等进行了简要描述。全球气候变化等对渔业资源和渔场的影响越来越明显，制约着海洋渔业资源的可持续利用，因此第十章主要简述了全球海洋环境变化对海洋渔业资源与渔场的影响，结合重要经济种类的最新研究成果进行了描述与归纳。

　　本书的总体框架由上海海洋大学海洋科学学院陈新军教授完成，并最后审定。

　　由于时间紧张，书中难免存在疏漏之处，恳请读者批评指正。同时由于参考文献较多，不能一一列出，在此表示抱歉。

陈新军

2021 年 1 月于上海

目　　录

第一章 绪 论

第一节 本章要点和基本概念

一、要点

本章将科学阐述渔场和渔场学的基本概念，以及渔场学的研究内容，介绍渔场学的学科性质及其与相关学科之间的关系，分析国内外渔场学的发展简况，最后阐述渔场学研究的意义和作用。通过本章的学习，重点要求掌握渔场与渔场学的基本概念，以及渔场学的研究内容和发展状况。

二、基本概念

（1）渔场（fishing ground）是指在海洋中有捕捞价值的鱼群或其他水产经济动物集中分布，且可进行一段时间的捕捞作业，获得一定数量和质量的渔获物的海域。

（2）中心渔场（central fishing ground）是指在渔场中能够获得高产的海域。

（3）渔场学（fishery oceanography）是研究渔业资源或渔业种类的行动状态（集群、分布和洄游运动等）及其与周围环境（生物环境和非生物环境）之间的相互关系，查明渔况变动规律和渔场形成原理，以及研究渔情预报技术的科学。

第二节 渔场学基本概念

《辞典》中认为，渔场是指海上的主要捕鱼区域，多为鱼群密集的地方。众所周知，海洋中有鱼类和其他水产经济动物，但海洋中并非到处都有可供捕捞的密集鱼群，因为它们并不是均匀地分布，而是根据各自的生物学特性及其对外界环境因素变化的适应性来分布的。因此，渔场是指在海洋中有捕捞价值的鱼群或其他水产经济动物集中分布，且可进行一段时间的捕捞作业，获得一定数量和质量的渔获物的海域。其中能够获得高产的海域，又称为"中心渔场"。渔场是人类从事渔业生产和科学研究中最直接的活动场所。

随着人们对渔场认识和生产实践经验的不断增加，以及其他学科的进步和发展，逐渐形成了渔场学这一学科，其理论内容和研究方法得到丰富。不同学者对渔场学有着不同的表述，但核心内容和含义都是基本相同的。

（1）日本学者相川广秋在其1949年出版的《水产资源学总论》中，将渔场学描述为"在渔场中，直接支配鱼类群集的因素，最重要的是环境因素，这些因素称为海况。了解海况与鱼类群集之间的关系，并进行综合研究，从而找出系统规律性的学问，就是渔场学或渔场论"。

（2）著名渔场学家东京水产大学教授宇田道隆先生对渔场学做了如下定义："研究水族与环境的相关关系，通过渔况找出规律，从而阐明渔场形成原理的学问"。

（3）我国台湾学者郑利荣在其编著的《海洋渔场学》教材中，把渔场学解释为"明确生物资源生栖场所的海洋环境和其变化的实态，进而追究资源生物群集的分布、数量、利用度等和海洋环境之间的关联性，从而综合地加以解释、探讨的学问称为渔场学。简言之，渔场学是研究渔况与海况相互之间的关系"。

综合上述基本概念，渔场学有以下主要核心内容：①鱼类或者其他水生种类与环境的关系；②渔场分布的规律；③渔场形成的机理。随着渔场学的发展，以及科学与技术的进步，渔场学的内容还应该包括渔情预报技术。因此，本书编者认为渔场学是研究渔业资源或渔业种类的行动状态（集群、分布和洄游运动等）及其与周围环境（生物环境和非生物环境）之间的相互关系，查明渔况变动规律和渔场形成原理，以及研究渔情预报技术的科学。它以渔业资源生物学、海洋学、鱼类行为学等课程为基础，并与渔具渔法学、海洋卫星遥感、海洋生态学、地理信息系统等课程有密切的关系，是一门综合性的应用型学科。

第三节　渔场学学科性质和研究内容

一、学科性质和地位

渔场学是研究鱼类和水产动物群体的行动状态与周围环境之间的相互关系，以及渔场形成原理及渔情预报技术的一门综合性的应用型学科。本学科涉及的范围极其广泛，主要包括海洋环境、鱼类行为、海洋探测技术、渔情预测技术等，因此它既有基础性，又有应用性，具有综合科学的性质。

本书所研究的内容可为从事海洋渔业生产、管理和研究的科技人员，或者与海洋生物资源开发和利用等有关的从业人员，提供必备的专业基本理论和基本技能。读者通过本书的学习，可以了解和掌握渔场学的基本理论和方法，有助于分析和预测渔场、渔汛，合理安排和组织渔业生产，科学地利用和管理渔业资源。同时，本书也为开发新渔场和新资源提供了方法。此外，气候变化、海洋环境变动也是渔场分布、渔汛迟早发生变动的一个重要因素，由于渔业资源数量变动、渔场分布变化与海洋环境之间有着密不可分的联系，在渔场学研究中不仅需要研究渔业种类自身生物学特性，还要考虑栖息环境条件的变化和人类开发利用的影响。

二、学科研究内容

在海洋中，渔业生产的捕捞对象主要是经济鱼类，其次是经济无脊椎动物等，这些总称为水产经济动物。要可持续、合理开发和利用这些海洋经济动物，必须熟悉这些种类在水域中的蕴藏量、分布情况及洄游分布规律等特性，以及渔场形成的机制与条件等，这是海洋渔业学科中极为重要的一个研究课题。海洋渔业生产与科学研究等从业者根据多年的渔业生产实践、资源渔场调查、海洋渔业科学实验等一手丰富资料，把有关捕捞对象的生活习性、洄游分布等资料上升为科学理论高度，并从中找出其系统规律，从而形成了渔场学这一独立的学科，其是海洋渔业科学中一个极为重要的组成部分。因此，渔场学研究的目的和任务就是要总结渔业种类或者渔业资源洄游分布、渔场形成规律等内容，为人们准确定位鱼群分布、及时掌握中心渔场、确保渔业资源的可持续利用和高效生产提供科学依据。

本课程学生需要掌握的主要内容包括以下几个方面。

（1）掌握鱼类的集群与洄游的基本概念、基本类型及其研究方法，主要包括鱼类集群的一般规律和基本原理、鱼类的洄游类型和研究方法等。

（2）分析和掌握海洋环境与鱼类行动之间的关系，主要包括了解世界各大洋海流分布及其一般规律、各种海洋环境（生物和非生物）与鱼类行动（如集群、洄游等）的关系等。

（3）掌握渔场形成的基本理论和规律，主要包括渔场、渔期的基本概念及渔场类型，优良渔场类型及其形成的一般原理，中心渔场的评价及中心渔场的寻找方法，渔区和渔场图的基本概念、类型及渔场图编制方法等。

（4）掌握渔情预报的基本理论和方法，主要包括渔情预报的基本概念和类型、渔情预报的主要方法，以及高新技术（如海洋遥感、地理信息系统等）在渔情预报中的应用。

（5）了解我国近海和世界渔场环境及渔场概况，主要包括我国近海渔场、世界主要渔场的分布，以及重要经济种类渔场概况等。

（6）了解气候变化和海洋环境变化对渔场的影响，主要包括气候变化和海洋环境变化对世界渔业的影响，以及其如何对世界主要经济种类的资源、渔场产生影响。

第四节　渔场学与其他学科关系

渔场学是一门综合性的应用型学科，是渔业科学与生物科学、海洋科学等多种学科交叉形成的一门专业性基础课，与其他学科有着十分密切的关系。相关学科主要有以下几类。

（1）鱼类学（ichthyology）。众所周知，鱼类学是动物学的一个分支，是一门研究鱼类的形态、分类、生理、生态及遗传进化的学科。由于鱼类是渔业的主要研究对象，所以它是渔场学的基础。

（2）海洋学（oceanography）。海洋学是一门研究海洋的水文、化学及其他无机和有机环境因子的变化与相互作用规律的学科，因此，海洋水域环境作为研究对象的载体，与鱼类学同为渔场学的基础。

（3）渔业资源生物学（fisheries biology）。渔业资源生物学是研究鱼类资源和其他水产经济动物群体生态的一门自然学科，是生物学的一个分支。鱼类等水生动物在不同生活史阶段有着不同的生物学特性（如群体大小组成、群体的性成熟组成等），这些特性可作为寻找中心渔场的重要生物学指标，因此其也是渔场学的基础学科。

（4）海洋生态学（marine ecology）。海洋生态学是一门以生物与环境相互关系为主要研究内容的学科。由于渔业资源生物学本身就是应用生态学的一个分支，生态学的有关基本理论与方法，已成为渔场学课程的基本内容和方法之一，一些新的技术和方法有可能引导学科前进。

（5）鱼类行为学（fish ethology）。鱼类行为学是研究鱼类行动状态与环境条件之间相互关系的一门学科，特别是研究水温、盐度、海流、光等条件与鱼类行动之间的关系，这些关系的研究本身就是渔场学的主要研究内容之一，因此它为渔场学的发展和研究奠定了基础。

（6）海洋渔业遥感（marine fisheries remote sensing）。海洋渔业遥感是渔业资源学和渔场学的研究手段和方法之一。利用海洋遥感卫星所获得的表温、水色、叶绿素、海面高度等数据，对渔业资源数量、分布和渔场等进行分析、评估和判断，这就是海洋渔业遥感的基本概念。因海洋遥感在瞬时可同步获得大面积海洋环境参数，及时反映海洋环境的分布特征，如锋区、涡流等，从而可初步分析和判断鱼类等水生经济动物的分布区域，提高侦察鱼群和探索渔场的能力。

（7）地理信息系统（geographic information system，GIS）。地理信息系统是一种特定的十分重要的空间信息系统。它是在计算机硬件、软件系统支持下，对整个或部分地球表层（包括大气层）空间中的有关地理分布数据进行采集、储存、管理、运算、分析、显示和描述的技术系统。因此，它是渔场学重要的研究手段，推动着渔场学向智能化、信息化等方向发展，促进了渔场学快速进步。

（8）物理海洋学（physical oceanography）。物理海洋学是以物理学的理论、技术和方法，研究海洋中的物理现象及其变化规律，以及海洋水体与大气圈、岩石圈和生物圈的相互作用的科学。它是海洋科学的一个重要分支，与大气科学、海洋化学、海洋地质学、海洋生物学有密切的关系，在渔场学、资源开发、环境保护等方面有重要的应用。特别是随着海洋观测技术、观测方法的改进，海洋大数据及海洋数值模拟技术等的发展，渔场学将会向更深层次、更加精细化预报的方向发展。

此外，海洋气象学、人工智能等学科也都为渔场学的发展提供了手段和方法，丰富了其研究内容、研究手段和研究方法，共同促进着渔场学向前发展。

第五节　国内外渔场学的研究概况

一、我国渔场学研究进展概述

我国渔业历史悠久，公元前 505 年，吴越两国就记载了浙江沿海渔场，特别是黄花鱼渔场的开发利用情况。三国时期《临海水土异物志》中就有关于鱼类、贝类、虾蟹类和水母的形态、生活习性的记述。南海沿岸的渔民在唐朝就已开发了西沙群岛和南沙群岛渔场。随着海洋渔业的发展，一些记述渔场学的著作相继问世。明朝后期（17 世纪中叶），浙江宁波、台州、温州一带的渔民已对大黄鱼、小黄鱼的生活习性、洄游路线有了比较深入的了解，利用其生长期发声的特性用竹筒探测鱼群，形成了对网作业。明朝李时珍记述石首鱼[①]："每岁四月，来自海洋，绵亘数里，其声如雷。海人以竹筒探水底，闻其声乃下网，截流取之"，鳓鱼"出东南海中，以四月至。渔人设网候之，听水有声则鱼至矣"。18 世纪中叶《官井洋讨鱼秘诀》（1743 年）中记述了官井洋渔民寻找鱼群的方法。可见，自古以来我国沿海渔民就通过长期的捕鱼实践积累了丰富的渔场学等方面的知识。

20 世纪 50 年代，我国组织有关部门和水产研究机构开展了近海渔业资源与渔场调查。1953 年，以朱树屏等为首的渔业资源专家首次系统地开展了烟台 - 威海附近海域鲐鱼渔场的综合调查，研究了鲐鱼生殖群体的年龄、生长、繁殖和摄食等生物学特性及其与环境因子的关系。1962～1964 年他们又进行了黄海、东海鲐鱼渔场调查，开发了春汛烟威渔场和秋冬汛大沙外海的索饵、越冬渔场，发展了鲐鱼机轮围网、深海围网和灯诱围网渔业。1957～1958 年，中国和苏联合作对东海、黄海底层鱼类资源越冬场的分布状况、集群规律和栖息条件进行了试捕与调查。1959～1961 年结合全国海洋普查，研究人员在渤海、黄海和东海近海进行了鱼类资源大面积试捕、调查和黄河口渔业综合调查，系统地获得了水文、水化学、浮游生物、底栖生物和鱼类资源的数量分布与生物学资料，并在此基础上绘制了渤海、黄海、东海各种经济鱼类的渔捞海图。1964～1965 年南海海洋水产研究所开展了"南

---

① 大黄鱼、小黄鱼

海北部（海南岛以东）底拖网鱼类资源调查"。1973～1976 年，我国对北自济州岛外海、南至钓鱼岛附近水域的东海大陆架海域进行调查，获得了东海外海水文、生物、地形、鱼虾类资源、渔场变动等大量资料。1975～1978 年我国开展了闽南 - 台湾浅滩渔场调查，第一次揭示了该海区的渔场海洋学特征与一些经济种类的渔业生物学特性。1978～1982 年我国先后在南海北部和东海大陆架外缘及大陆架斜坡水深 120～1000m 的水域进行深海渔业资源调查，查清了中国大陆架斜坡水域的水深、地形、渔场环境等。1980～1986 年我国在渤海、黄海、东海、南海进行了全国性的渔业资源调查和区划研究。1983～1987 年我国对东海北部毗邻海区绿鳍马面鲀等底层鱼类进行了调查与探捕，取得了绿鳍马面鲀种群数量分布、渔场环境及形成条件等基础资料。1987～1989 年我国对闽南 - 台湾浅滩渔场上升流海区生态系进行了全面系统的调查研究，首次肯定了该海区为多处上升流存在的上升流渔场。1996～2002 年，我国专属经济区和大陆架勘测专项，首次对涵盖渤海、黄海、东海和南海中国专属经济区和大陆架的辽阔海域进行了海洋生物资源及环境调查，获得了迄今为止中国海域内容最丰富、最全面的生物资源与栖息环境的科学资料和专业技术图件。总之，在近海渔业资源的渔场学研究方面，我国先后对四大海区的主要经济鱼虾类（如大黄鱼、小黄鱼等）的洄游分布和数量变动规律、渔情预报等方面进行了系统的调查研究，促进了近海渔业生产的发展。

在远洋渔业资源调查和渔场开发方面，中国起步较晚，但发展迅速。1986 年南海海洋水产研究所派出两艘调查船到西南太平洋帕劳水域进行了金枪鱼资源渔场调查。1988～1989 年东海水产研究所派出"东方"号调查船赴几内亚比绍进行资源与渔场调查。1989～1995 年上海水产大学（现上海海洋大学）派出"蒲苓"号实习船，先后与舟山海洋渔业公司等联合赴日本海俄罗斯管辖水域，西北太平洋、北太平洋中东部、西南大西洋分别进行太平洋褶柔鱼、柔鱼渔场调查，1996～2001 年，开展阿根廷滑柔鱼、秘鲁外海茎柔鱼、新西兰双柔鱼等渔场与资源探捕调查和研究工作。此外，1993 年黄海水产研究所派出"北斗"号调查船赴白令海和鄂霍次克海进行了狭鳕资源评估及渔场环境调查。2001～2020 年，农业部（现农业农村部）每年以渔业企业的生产船为科研平台，以高校和研究机构为技术依托，开展"公海渔业资源探捕"项目，对大洋性鱿鱼、金枪鱼、深海底层鱼类、秋刀鱼和南极磷虾等资源进行了探捕调查和研究，不仅为中国远洋渔业的可持续发展提供了科学依据，还为建设渔场学学科充实了内容。

在渔场学著作方面，1962 年王贻观主编了中国高等水产院校统编教材《水产资源学》，这是我国首部渔场学相关著作。1983 年福建水产学校出版了《渔业资源与渔场》，1986 年郑利荣出版了《海洋渔场学》。1991 年邓景耀和赵传絪等编著了《海洋渔业生物学》，系统地总结了中国近海 10 余种主要捕捞对象的集群和海洋环境的关系等研究成果。为了适应高等教育的需要，1995 年农业部组织专家编写高等院校农业系列教材，1995 年胡杰主编出版了《渔场学》。2004 年和 2014 年，陈新军先后主编和修订出版了《渔业资源与渔场学》。随着新技术的发展，2016～2018 年上海海洋大学组织有关教师和专家组织编写了《海洋渔业遥感》（雷林，2016）、《渔情预报学》（陈新军，2016）、《渔业地理信息系统》（高峰，2018）等教材，丰富和发展了渔场学的内容。

此外，我国水产界科技工作者根据几十年来渔业资源与渔场学等方面的研究成果，先后编撰了《黄渤海鱼类调查报告》《渤海、黄海、东海渔捞海图》《东海、黄海鲐参鱼渔捞海图》《北部湾渔捞海图》《东海鱼类志》《南海鱼类志》《南海诸岛鱼类志》《中国海洋渔业区域》《中国海洋渔业资源》《中国海洋渔业环境》等涉及渔场学的参考书和专著。进入 21 世纪，国内一些系统性的渔业资源与渔场学专著陆续出版，主要有《我国专属经济区和大陆架勘测专项综合报告》（专项综合报告编写组，2002）、《东海大陆架生物资源与环境》（郑元甲等，2003）、《东海区渔业资源及其可持续利用》《北太平洋柔鱼渔业生物学》（陈新军等，2011）、《中国区域海洋学——渔业海洋学》（唐启升，2012）、《中国近海重要经济头足类资源与渔业》（陈新军等，2013）、《西北太平洋柔鱼对气候与环境变化的响应机制研究》（陈新军等，2016a）、《大洋性经济柔鱼类渔情预报与资源量评估研究》（陈新军等，2016b）、《远洋渔业概论：资源与渔场》（陈新军，2017）、《秘鲁外海茎柔鱼资源渔场研究》（陈新军等，2018 年）、《地统计学在海洋渔业中的应用》（陈新军等，2019），以及《栖息地理论在海洋渔业中的应用》（陈新军等，2019）等，丰富和发展了渔场学研究方法和研究手段。

二、国外渔场学研究概况

国际上，最早在 8～14 世纪，人们就开始开发北欧渔场，猎捕海豹和鲸类，后开发了延绳钓渔场和北大西洋鳕鱼渔场。1688 年前后，英国用帆船桁拖网开发了北海底层鱼类渔场。1819 年前后，人们先后开发了北太平洋、日本近海和日本海的鲸类渔场。1839～1843 年英国率先开拓了南极海域的猎捕鲸类渔场。日本是开拓远洋金枪鱼渔场的先驱。1901 年国际海洋开发理事会（International Council for the Exploration the Sea，ICES）成立。此后，渔业资源和渔场的调查工作迅速展开，并取得了一些显著的成果。20 世纪 30～50 年代，三大洋的金枪鱼渔场先后被开发。这些为完善和建设渔场学积累了丰富的资料。尤其是通过国际和区域间的合作，对各大洋有关渔场开展系统调查和研究工作。

国际上有关渔场学方面的资料有：1892 年日本学者松原新之助等收集当时渔业生产者对渔场和渔业生物学资料，汇编成《水产考察调查报告》，被认为是日本海洋渔场学研究的经典著作；1906 年那塔松（Nathansohn）经研究首先提出"上升流水域生产力偏高，而形成优良渔场"的论断，简称为"上升流渔场法则"；1910 年，日本学者北原多作与冈村金太合著编写了《水理生物学摘要》，阐明了水族的消长与海洋理化因子的关系；1918 年，北原多作提出了"鱼群在潮目处集群"的法则，简称为"北原渔况法则"；乔特、彼特森、格拉汉、华尔福等相继发表了有关渔场学等方面的研究成果的论文；1960 年，日本学者宇田道隆以其长期在海洋渔业资源和渔场方面的研究成果为基础，汇集各方面的知识和理论，编著出版了《海洋渔场学》，该书首次系统地阐述了渔场学的基本原理和研究内容，为渔场学学科体系的建立奠定了基础；1961 年和 1970 年，拉伐斯杜和赫拉等出版和修订了《渔业水文学》（Fisheries Hydrography），后改名为《渔业海洋学》（Fisheries Oceanography）；1979 年威廉、赫勃特、拉伐斯杜和华尔夫主编出版了《渔业海洋学和气象学总评》（A General Overview of Fisheries Oceanography and Meteorology）；1982 年拉伐斯杜、哈亦斯和牟里合著了《渔业海洋学和生态学》；2000 年哈立生和派生斯编著了《渔业海洋学》（Fisheries Oceanography）。这些著作的出版和发表为完善渔场学学科建设做出了较大的贡献。

联合国粮食及农业组织（Food and Agriculture Organization of the United Nations，FAO）专门对渔业遥感、渔情预报等方面进行了专题研究，并出版了相关技术报告和专著，如 Yamanaka 等（1988）编著的 The Fisheries Forecasting System in Japan for Coastal Pelagic Fish（FAO Fisheries Technical Paper 301）；Butler 等（1988）编写的 The Application of Remote

Sensing Technology to Marine Fisheries：*an Introductory Manual*（FAO Fisheries Technical Paper 295）；Meaden 和 Chi（1996）编写的 *Geographical Information Systems—Applications to Marine Fisheries*（FAO Fisheries Technical Paper 356）；Lluch-Cota 和 Hernández-Vázquez 编写的 *Empirical Investigation on the Relationship Between Climate and Small Pelagic Global Regimes and El Nino-Southern Oscillation*（*ENSO*）（FAO Fisheries Circular Paper 934）；klyashtorin 编写的 *Climate Change and Long-Term Fluctuations of Commercial Catches*: *the Possibility of Forecasting*（FAO Fisheries Technical Paper 410）；Meaden 和 Aguilar-Manjarrez（2013）编写的 *Advances in Geographic Information Systems and Remote Sensing for Fisheries and Aquaculture Summary Version*（FAO Fisheries and Aquaculture Technical Paper 552）等，对渔情预报、气候变化与渔业资源变动关系，以及海洋遥感和地理信息系统在海洋渔业中的应用等进行了专题报道，促进了渔场学的发展。

第六节　渔场学研究的意义和作用

渔场学是海洋渔业学科中重要的组成内容，它可以直接为海洋渔业生产、渔业管理等提供指导，也可为海洋动物的研究提供基础知识和理论方法。学好渔场学这一课程，具有以下意义和作用。

（1）科学指导渔业生产。在茫茫大海中，船长如何寻找中心渔场是一个重要的命题。通过本书的学习，可了解渔场形成的环境条件和优良渔场的必备条件，以及如何分析判断中心渔场形成的环境因子，从而科学寻找中心渔场。同时，也可以通过建立渔场预报模型，利用实时的海洋环境信息，来推测中心渔场的分布，从而为渔业生产提供技术和手段。

（2）科学指导渔业决策。海洋捕捞业是一个风险很高的行业，除了安全风险之外，还有一个重要的风险，就是如何判断下一年度到哪个海域生产，如果判断不准确，不但会造成经济上的损失，而且一个年度的渔汛也基本无法作业，因此精准的渔汛预测、资源量预测是非常重要的，这也是渔情预报的主要内容之一。

（3）有利于提高捕捞效率和捕捞产量，降低燃油成本。精准地预报中心渔场，不仅可以减少找鱼的时间，还可以增加有效作业时间，从而提高捕捞产量和捕捞效率，降低燃油成本。早在 20 世纪 70 年代，美国就把海洋遥感技术应用于捕捞业，开始了金枪鱼、旗鱼类资源的实验研究，建立了有关渔场的预报模式。利用遥感资料，结合捕捞船队从海上发回的作业海域气象、水文和捕捞产量等数据，可预测海域鱼群的出没和洄游迁移走向。据统计，利用卫星遥感得到的海温等资料指导捕鱼，可使侦渔时间缩短 50%。

（4）可应用于海洋生物资源栖息地和保护区的划定与管理中。栖息地和保护区是鱼类等经济动物的重要场所，对渔场学来说，它们就是重要产卵场、索饵场或者越冬场，在这些海域鱼群应该是高度密集、相对集中的。因此，可以利用渔场学的理论和方法来推定鱼类栖息地和保护区，从而为资源管理提供基础。

思　考　题

1. 描述渔场的基本概念。
2. 描述渔场学的概念。

3. 描述渔场学的研究内容。
4. 国内外渔场学的研究概况。

建议阅读文献

陈新军，龚彩霞，田思泉，等. 2019. 栖息地理论在海洋渔业中的应用. 北京：海洋出版社.

陈新军. 2014. 渔业资源与渔场学. 北京：海洋出版社.

陈新军. 2016. 渔情预报学. 北京：海洋出版社.

陈新军. 2017. 远洋渔业概论：资源与渔场. 北京：科学出版社.

邓景耀，赵传细. 1991. 海洋渔业生物学. 北京：农业出版社.

高峰. 2018. 渔业地理信息系统. 北京：海洋出版社.

胡杰. 1995. 渔场学. 北京：中国农业出版社.

雷林. 2016. 海洋渔业遥感. 北京：海洋出版社.

唐启升. 2012. 中国区域海洋学——渔业海洋学. 北京：海洋出版社.

Butler M J A, Mouchot M C, Barale V, et al. 1988.The Application of Remote Sensing Technology to Marine Fisheries: an Introductory Manual. FAO Fisheries Technical Paper. No.295. Rome: FAO.

Meaden G J, Chi T D. 1996.Geographical Information Systems—Applications to Marine Fisheries. FAO Fisheries Technical Paper. No.356. Rome: FAO.

Yamanaka I, Ito S, Niwa K, et al. 1988.The Fisheries Forecasting System in Japan for Coastal Pelagic Fish. FAO Fisheries Technical Paper. No.301. Rome: FAO.

第二章 世界海洋环境概述

第一节 本章要点和基本概念

一、要点

本章主要介绍世界海洋形态及其主要特征，描述世界各大洋的海流分布及东部边界流、西部边界流的概念与特征，介绍世界海洋水团、水温、营养盐、初级生产力等与渔场形成密切相关因子的分布规律，从而为后续学习鱼类行动与海洋环境关系、渔场形成原理等打下基础。通过本章学习，学生应重点掌握世界各大洋主要海流、水团、水温、营养盐、初级生产力等的分布及其规律。

二、基本概念

（1）大洋（ocean）是指远离大陆、深度在2000m以上的水域。其面积约占海洋总面积的89%。海洋因素如盐度、温度等不受大陆影响。盐度平均值为35‰，年变化小，水色高，透明度大，并且有着自己独立的潮汐和海流系统。

（2）海（sea）是指深度较浅，一般在200～300m以内的水域。面积较小，只占海洋总面积的11%。温度受大陆影响很大，并有着显著的季节变化。盐度一般在32‰以下，水色低，透明度小。几乎没有独立的潮汐和海流系统，主要是受所属大洋的影响。

（3）海岸带（coast）是海陆之间的界线，指那些水位升高时（由潮汐、风等因素引起的增水）便被淹没，水位降低时便露出的海陆相互作用的区域。

（4）大陆架（continental shelf）是指邻接海岸但在领海范围以外，深度达200m或超过此限度而上覆水域的深度，容许开采其自然资源的海底区域的海床和底土，以及邻近岛屿与海岸的类似海底区域的海床与底土。它的深度一般不超过200m。

（5）大陆坡（或称陆坡）（continental slope）是指大陆架外缘以下更陡的区域，实际上是指大陆构造边缘的以内区域，且处于由厚的大陆地壳向薄的大洋地壳的过渡带之上。

（6）海底沉积物（marine sediment）。海洋底部覆盖着各种来源和性质不同的物质，通过物理、化学和生物的沉积作用构成海洋沉积物。由于海底的底质与底栖生物的分布关系特别密切，特别是以底栖生物为食的鱼类，掌握底质的分布状态，对开发底层鱼类资源意义重大。

（7）海流（ocean current）是指海水大规模相对稳定的流动，是海水重要的普遍运动形式之一。

（8）海洋环流（ocean circulation）是指海域中的海流形成首尾相接的相对独立的环流系统。就整个世界大洋而言，海洋环流的时空变化是连续的，它把世界大洋联系在一起，使世界大洋的各种水文、化学要素及物理状况得以保持长期相对稳定。

（9）上升流（upwelling）是指表层以下沿直线上升的海流，是由表层流场产生水平辐散所造成的。

（10）下降（沉）流（downwelling）是指表层海水被迫下沉的水流。大多发生在大陆或岛屿的迎风岸，风力作用使沿岸地区发生增水现象，迫使沿岸表层海水下沉。在海流辐聚地区，海水也会因为辐聚而下沉。下降流可使下层海水增温，沿岸气候变暖。

（11）西部边界流（western boundary current）是指大洋西侧沿大陆坡从低纬度向高纬度的海流，包括太平洋的黑潮与东澳大利亚海流，大西洋的湾流与巴西海流及印度洋的莫桑比克海流等，具有赤道流的高温、高盐、高水色和透明度大等特征。

（12）东部边界流（eastern boundary current）。它们从高纬度流向低纬度，因此都是寒流，同时都处在大洋东边界，故称东部边界流。与西部边界流相比，它们的流幅宽广、流速小，而且影响深度也浅，主要有太平洋的加利福尼亚流、秘鲁流、大西洋的加那利流、本格拉流及印度洋的西澳大利亚海流等。

（13）水团（water mass）是指源地和形成机制相近，具有相对均匀的物理、化学和生物特征及大体一致的变化趋势，而与周围海水存在明显差异的宏大水体。

第二节　世界海洋形态

一、海洋面积与划分

海洋面积为 3.16 亿 km^2，约占地球总面积的 70.8%。海洋在南、北半球分布不均匀：北半球，海洋占半球总面积的 60.7%，陆地占 39.3%；南半球，海洋占 80.9%，而陆地只占 19.1%。同时地球也可分为两个半球：一个为水半球，集中了大部分水面，约占 91%；另一个为陆半球，集中了大部分陆地，但陆地也仅占 47%（图 2-1）。

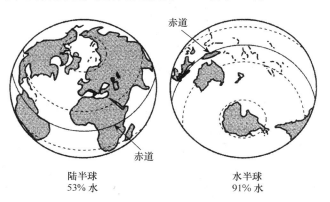

陆半球　　　　　　　水半球
53% 水　　　　　　　91% 水

图 2-1　陆半球和水半球

根据海洋要素及形态特性，将海洋水域分为主要部分及其附属部分。主要部分为大洋（ocean），附属部分为海（sea）、海湾（bay）和海峡（strait）。

1. 大洋

大洋是指远离大陆、深度在 2000～3000m 以上的水域。其面积约占海洋总面积的 89%。海洋因素如盐度、温度等不受大陆影响。盐度平均值为 35‰，年变化小，水色高，透明度大，并且有着自己独立的潮汐和海流系统。

根据上述特征，可将世界大洋分为三部分，即太平洋（Pacific Ocean）、大西洋（Atlantic Ocean）和印度洋（Indian Ocean）。各大洋的分界点如下：太平洋与大西洋以 70°W

南美洲顶端的合恩角为界，大西洋与印度洋以好望角（20°E）为界，太平洋与印度洋的分界线由马来半岛、苏门答腊岛、爪哇岛、东帝汶，经伦敦德里角至塔斯马尼亚岛到南极（以147°E为界）。但也有人将围绕南极大陆的海洋称为南大洋或南冰洋、南极洋（Southern Ocean 或 Antarctic Ocean），北极海也有人称为北冰洋（Arctic Ocean）。

2. 海

海是指深度较浅（一般在200～300m以内）的水域。面积较小，只占海洋总面积的11%。温度受大陆影响很大，并有着显著的季节变化。盐度在没有淡水流入而蒸发强烈的内海地区较高，有大量河水流入而蒸发量又小的海区盐度较低，一般在32‰以下。水色低，透明度小。几乎没有独立的潮汐和海流系统，主要受所属大洋的影响。海又可分为地中海和边缘海两种：地中海介于大陆之间或伸入大陆内部，如欧洲地中海、波罗的海、南海、墨西哥湾、波斯湾、红海等；边缘海位于大陆边缘，如北海、日本海、东海、黄海等。

3. 海湾

海湾是指洋或海的一部分延伸入大陆，且其深度逐渐减小的水域。一般以入口处海角之间的连线或入口处的等深线作为与洋或海的分界。由于海湾中的海水和邻接的海洋可以自由沟通，因此其与洋或海的海洋状况很相似。海湾中常出现最大潮差，这显然与深度和宽度的不断减小有关。

4. 海峡

海峡是指海洋中相邻海区之间宽度较窄的水道。海峡中海洋状况的主要特征是流急，尤其是潮流速度很大，底质多为岩石或砂砾，细小的沉积物很少，这与它具有较大的流速有关。海流有的由上、下层流入或流出，如直布罗陀海峡；有的由左、右侧流入或流出，如渤海海峡等。海峡中具有不同海区的两种水团，因此，海洋环境状况便形成明显的差异。

必须指出的是，由于历史上的原因，很多分类名称都被混淆。有的海被称为湾，如波斯湾、墨西哥湾等；而有的把湾称为海，如阿拉伯海等。

二、海底形态

尽管总的来看，海洋是一个连续整体，但在海洋的不同区域，其环境要素仍有很大区别，不同生境栖息着不同种类的生物，没有一种生物能生活在海洋的一切环境中。

海洋分为水层部分和海底部分，前者指海洋的整个水体，后者指整个海底，它们各自又可分成不同的环境区域。海洋生物的主要生活方式也有两大类：在水层中漂浮或游泳；栖息于海洋底部（底上或底内）。

海底地形是渔场形成中的一个重要因素，如平坦的大陆架渔场、隆起的海底地形等。海底地形一般分为大陆架、大陆坡、大洋底（大洋盆地）、海沟等。此外，还有沙洲、浅滩和礁堆等，这些都与渔场的形成有一定的关系。凸起地形如海隆或隆起（rise）、海岭或海脊（ridge）、海台（plateau）、浅滩（bank）、海峰（crest）、海礁（reef）、沙洲（shoal）等都与渔场的形成、鱼类的集群有关。海底形态大体可分为以下几个主要部分：海岸带（coast）、大陆边缘（continental margin）[包括大陆架（continental shelf）、大陆坡（continental slope）、大陆隆起（continental rise）] 和大洋盆地（包括深海平原，各种海底高地和洼地等）。

1. 海岸带

海岸带是海陆之间的界线，是指那些水位升高时（由潮汐、风等因素引起的增水）便被淹没，水位降低时便露出的海陆相互作用的区域。

海岸带是陆地和海洋的相互作用区，因此是引起海岸轮廓改变、海底地形变化和海底沉积物移位进行得最为迅速的地方。海岸线是指海陆的分界线，它在某种程度上是不固定的。由于潮位的升降和风引起的增水或减水的作用，海岸线能发生移动，在垂直方向海面升降的幅度能达到10～15m，在水平方向的进退有时能达几十千米。在海岸带中，潮汐涨落的区域称为潮间带。潮间带在渔业生产和科学研究中具有一定的重要性。

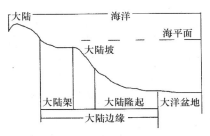

图2-2 海底形态的示意图

2. 大陆边缘

大陆边缘具体包括了大陆架、大陆坡、大陆隆起等（图2-2）。

1）大陆架

大陆架简称陆架，也称大陆浅滩或陆棚。根据1958年日内瓦第一次海洋法会议通过的《大陆架公约》，大陆架定义为"邻接海岸但在领海范围以外深度达200m或超过此限度而上覆水域的深度，容许开采其自然资源的海底区域的海床和底土"，以及"邻近岛屿与海岸的类似海底区域的海床与底土"。依自然科学的观点，大陆架则是大陆周围被海水淹没的浅水地带，是大陆向海洋底的自然延伸。其范围是从低潮线起以极其平缓的坡度延伸到坡度突然变大的地方为止，是从低潮线延伸到坡度向更大深度显著增加的大陆周围地带。此地带虽被海水淹没，但实际上仍是大陆的一部分。它的深度一般不超过200m，个别地区深度也有大于800m或小于130m的，平均深度在130m左右。

大陆架的特点是坡度不大，平均坡度为7°，大多数大陆架只不过是海岸平原的陆地部分在水下的延续。在岩岸附近，陆架的坡度较大，但一般情况仍不超过1°～2°。

大陆架的宽度和深度变化很大，它与陆地地形有密切的联系。在崇山峻岭的海岸外，大陆架狭窄；反之，在曾经遭受冰川作用的海岸或者是宽广的平原海岸和大河河口外，大陆架却非常宽广。以全世界而论，大陆架平均宽度约为70km，但其幅度变化为0～600km或0～700km，欧洲北部和西伯利亚沿岸大陆架十分宽广，达600～800km，中国沿岸大陆架也很宽广，大陆架的面积约占整个海底面积的7.6%。

大陆架区的许多海洋现象都有显著的季节变化，潮汐、波浪和海流的作用比较强烈，因此，水层之间的垂直混合十分发达，底层海水不断得到更新，从而使海水含有大量的溶解氧和各种营养盐类。大陆架区特别是河口地带是渔业和养殖业的重要场所。

大陆架的沉积物主要是由河流从大陆带来和波浪冲蚀作用形成的陆屑沉积物，有大石块、砾石、卵石、砂和细泥等。这些沉积物在海底的分布是有规律的，离岸距离变远，卵石、砂子就逐渐被细砂和泥的沉积物所替代。

2）大陆坡

大陆坡（或称陆坡），是指大陆架外缘以下更陡的区域，实际上是指大陆构造边缘以内的区域，且处于由厚的大陆地壳向薄的大洋地壳的过渡带之上。它的坡度达到4°～7°，有时达到13°～14°，如比斯开湾。但在火山岛等的岸旁可能有特别大的倾角，最大可达40°，有时几乎是垂直的。

大陆坡的坡度随海岸性质而不同，位于沿岸多山地区的大陆坡，其平均坡度为3°33′，而在沿海平原以外的大陆坡，其平均坡度只有2°。大陆坡能伸展到的深度是不一致的，大多数人认为应包括200～2500m的深度。

位于大陆坡的海区，由于距离大陆较远，受大陆的影响较小，因此，这里的海洋状况一般来说较大陆架海区更稳定，海洋要素的日变化不能到达底层，年变化也已经十分微弱。底层海水的运动，主要是海流和潮汐的作用，风浪的影响在此已经逐渐消失。海底的沉积也不同于大陆架，这里主要是陆屑软泥。光能经过上层海水的吸收和散射以后，到达底部的已经极其微弱或完全消失，因此，基本上没有深层和底层的植物，而以植物为食料的动物也逐渐被食泥的动物所代替。这些动物的残骸形成生物软泥，混杂于陆屑软泥之中。在倾斜最大的海底，常会发生地滑现象，使疏松沉积物沿坡面滑向深处，因此这些地区的海底常为石礁底。

大陆坡上最特殊的地形是海底峡谷，它具有峭壁的狭窄形状，呈"V"形，长达数十千米至数百千米。研究认为，大多数海底峡谷是地层结构的变动而产生的。大陆坡是地壳的活动地带，地壳断裂作用在大陆坡上会造成一些巨大的裂缝，在强大的海底浊流和冰的作用下，形成了现在的海底峡谷。日本海沿岸、北美西岸、印度、非洲、南美沿岸和其他地区都有海底峡谷存在。

3）大陆隆起

如果大陆坡在到达深海底以前变得平坦，则其下部称为大陆隆起或大陆裙。它是大陆坡基部向海洋深处缓慢倾斜的沉积裙，一般包括水深 2500～4000m 的范围，可横过洋底而延伸达 1000km 之多。大陆隆起的面积约为 1900km^2，占整个大洋底的 5% 左右。大陆隆起在大三角洲附近特别广阔，如印度河、恒河、亚马孙河、赞比亚河、刚果河及密西西比河的三角洲。

3. 大洋盆地

大洋盆地（deep-ocean basin）或称大洋床，是海洋的主要部分，地形广阔而平坦，占海洋面积的 72% 以上。倾斜度小，在 0°20′～0°40′。深度从大陆隆起一直可以延伸到 6000m 左右。按照地形的性质，大洋底就是一片平坦的平原，与地球的曲率相适应，并微微拱起。有许多横向和纵向的海岭交错绵延，将海底分为一连串的海盆。在大洋中还有自海底起到 5000～9000m 高度的珊瑚岛和火山岛所形成的个别高地，以及深于 6000m 的陷落地带。最常见的地形有下列几种。

（1）海沟：深海海底的长而窄的深洼地，两壁比较陡峻。

（2）海槽：深海海底长而宽的海底洼地，两侧坡度平缓。

（3）海盆：面积巨大而形状多少带盆状的洼地。

（4）海脊：深海底部的狭而长的高地，相比海隆具有较陡的边缘和不太规则的地形。

（5）隆起地（海隆）：深海底部长而宽的高地，其突起和缓。

（6）海底山与平顶山：深度近 1000m 或更大一些的深海底部的孤立或相对孤立的高地，称海底山。深度大于 1200m 的海底山，其顶部大致呈平的台地称为平顶山。海底山与平顶山呈线状排列或在一个范围内密集成群时，则称为海山群。

（7）海底高原：深海底部广阔而不明显的高地，其顶部由于较小的起伏而变化多端。

由于没有光线和温度很低，大洋深处的海底动物群稀少，不能形成显著的堆积。所有这里出现的沉积物，都是繁殖在大洋上层的浮游生物的石灰质和硅质骨骼沉到海底上堆积形成的。在大洋区的生物软泥主要有属于根足类的抱球虫软泥、硅藻软泥和放射虫软泥。

4. 海沟

海沟（ocean trench）是指大洋中深于 6000m 的长而窄的陷落地带。海沟和海岭常常是连在一起的，而且通常呈弧形，海岭有时露出海面形成海岛或群岛，而深海沟一般位于弧形海岭的凸面。深度在 10 000m 以上的深海沟共 5 个（全在太平洋），最深的海沟是马里亚纳海沟（11 500m）。太平洋海沟多集中在西岸，沿太平洋亚洲沿岸，太平洋与印度洋交界线一直伸至澳大利亚的一条弧线上。

三、海底沉积物

由于海底的底质与底栖生物的分布关系特别密切，特别是以底栖生物为食的鱼类，掌握底质的分布状态，对开发底层鱼类资源意义重大。海洋底部覆盖着各种来源和性质不同的物质，它们通过物理、化学和生物的沉积作用构成海洋沉积物（marine sediment）。

海洋沉积物按其来源可分为陆源沉积和远洋沉积两大类。陆源沉积是河流、风、冰川等从大陆或邻近岛屿携带入海的陆源碎屑，包括了岸滨及大陆架沉积和大陆坡及陆裾沉积。岸滨及大陆架沉积是指分布于潮间带和大陆架上的沉积物，其粒度组成变化很大，但以砂和泥为主。大陆坡及陆裾沉积指分布于大陆斜坡及其陡坡下的平缓地带的沉积物，除局部以生物或火山物质为主外，绝大多数地区也是由陆源碎屑组成的，包括各种类型的砂、粉砂、泥等。

远洋沉积（也称深海沉积）主要包括红黏土软泥、钙质软泥和硅质软泥。其中，红黏土软泥是从大陆带来的红色（褐色）黏土矿物及部分火山物质在海底风化形成的沉积物。钙质软泥主要由有孔虫类抱球虫、浮游软体动物的翼足类及异足类的介壳组成，广泛分布于太平洋、大西洋和印度洋，覆盖世界洋底面积的 47% 左右。硅质软泥主要是硅藻的细胞壁和放射虫骨针所组成的硅质沉积。

大陆架海底的底质，主要来源于陆地。在没有强流的情况下，一般规律为由岸到外海，底质出现颗粒由粗变细的带状分布，近岸是较粗的砂质，向外依次是细砂、粉砂、粉砂质泥和淤泥等。但在很强海流通过的海域，粗大的颗粒会被带到很远，从而打破了上述分布规律。

第三节　世界大洋海流分布

一、海洋环流的概念及其成因

海流（ocean current）是指海水大规模相对稳定的流动，其是海水重要的普遍运动形式之一。"大规模"是指它的空间尺度大，具有数百、数千千米甚至全球范围的流动；"相对稳定"的含义是在较长的时间内，如一个月、一季、一年或者多年，其流动方向、速率和流动路径大致相似。

海流一般是三维的，即不但水平方向流动，而且在垂直方向上也存在流动，当然，由于海洋的水平尺度远远大于其垂直尺度，水平方向的流动远比垂直方向上的流动强得多。尽管后者相当微弱，但它在海洋学中有着特殊的意义。习惯上把海流的水平方向运动狭义地称为海流，而其垂直方向运动称为上升流和下降流。

海洋环流（ocean circulation）一般是指海域中的海流形成首尾相接的相对独立的环流系统。就整个世界大洋而言，海洋环流的时空变化是连续的，它把世界大洋联系在一起，使世界大洋的各种水文、化学要素及物理状况得以长期保持相对稳定。

海流形成的原因很多，但归纳起来主要有两种：第一种原因是海面上的风力驱动，形成风生海流。由于海水运动中黏滞性对动量的消耗，这种流动随深度的增大而减弱，直至小到可以忽略，其所涉及的深度通常只为几百米，相对于几千米深的大洋而言是一薄层。第二种原因是海水的温度、盐度变化。因为海水密度的分布与变化直接受温度、盐度的支配，而密度的分布又决定了海洋压力场的结构。实际海洋中的等压面往往是倾斜的，即等压面与等势面并不一致，这就在水平方向上产生了一种引起海水流动的力，从而导致了海流的形成。另外，海面上的增密效应又可直接引起海水在铅直方向上的运动。海流形成之后，由于海水的连续性，在海水产生辐散或辐聚的地方，将导致升流、降流的形成。

为了讨论方便，也可根据海水受力情况及其成因等，从不同角度对海流分类和命名。例如，由风引起的海流称为风海流或漂流，由温盐变化引起的称为温环流、盐环流；根据受力情况又有地转流、惯性流等；考虑发生的区域不同，又可分为洋流、陆架流、赤道流、东西部边界流等。

二、上升流与下降流的产生

上升（涌）流是指海水从深层向上涌升，下降（沉）流是指海水自上层下沉的铅直方向流动。实际上海洋是有界的，且风场也并非均匀与稳定。因此，风海流的体积运输必然会导致海水在某些海域或岸边发生辐散或辐聚。由于连续性，又必然会引起海水在这些区域产生上升或下沉运动，继而改变了海洋的密度场和压力场的结构，从而派生出其他的流动。有人把上述现象称为风海流的副效应。

由无限深海风海流的体积运输可知，与岸平行的风能导致岸边海水最大的辐聚或辐散，从而引起表层海水的下沉或下层海水的涌升，而与岸垂直的风则不能。当然对浅海而言，与岸线成一定角度的风，其与岸线平行的分量也可引起类似的运动。例如，秘鲁和美国加利福尼亚沿岸分别为强劲的东南信风和东北信风，沿海岸向赤道方向吹，由于漂流的体积运输使海水离岸而去，下层海水涌升到海洋上层，形成了世界上有名的上升流区。又如，非洲西北沿岸及索马里沿岸（西南季风期间），由于同样原因，都存在着上升流。上升流一般来自海面下 200～300m 的深度，上升速度十分缓慢。尽管上升流流速很慢，但由于它常年存在，将营养盐不断带到海洋表层，有利于生物繁殖，因此上升流区往往是有名的渔场，如秘鲁近岸就是世界有名的渔场之一。

赤道附近海域，由于信风跨越赤道，在赤道两侧所引起的海水体积运输方向相反而离开赤道，从而引起了赤道表层海水的辐散，形成上升流。大洋中风场的不均匀也可产生升降流。表层海水的辐散、辐聚与风应力的水平涡度有一定的关系，其关系式可表达为

$$散度（海水辐散）=\frac{\partial \tau_y}{\partial x}-\frac{\partial \tau_x}{\partial y}$$

当散度为正值时，海水辐散，产生上升流；当散度为负值时，海水辐聚，产生下降流。

大洋上空的气旋与反气旋也能引起海水的上升与下沉。例如，台风（热带气旋）经过的海域表层观测到"冷尾迹"，就是下层低温水上升到海面而导致的降温。

在不均匀风场中，由于漂流体积输运不均，表层海水产生辐散（图 2-3）与辐聚。在气旋风场中，同样会因辐散产生上升流。在北半球，不均匀风场中表层辐散、辐聚与气旋式风场中的上升流，在沿岸地区受到风力作用产生上升流与下降流（图 2-4）。

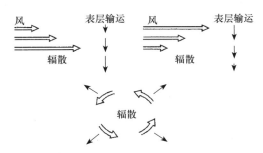

图 2-3 不均匀风场和气旋风场中产生辐散

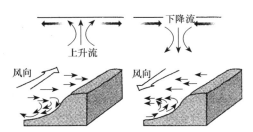

图 2-4 北半球风海流产生示意图

三、世界大洋环流分布

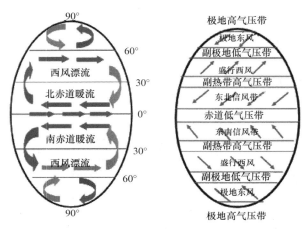

图 2-5 大气环流与海流规律分布示意图

世界大洋上层环流的总特征可以用风生环流理论加以解释（图 2-5）。太平洋与大西洋的环流型有相似之处：在南、北半球都存在一个与副热带高压对应的巨大反气旋式大环流（北半球为顺时针方向，南半球为逆时针方向）；它们之间为赤道逆流；两大洋北半球的西部边界流（在大西洋称为湾流，在太平洋称为黑潮）都非常强大，而南半球的西部边界流（巴西海流与东澳大利亚海流）较弱；北太平洋与北大西洋沿洋盆西侧都有来自北方的寒流；在主涡旋的北部有一小型气旋式环流。

各大洋环流型的差别是由它们的几何形状不同造成的。印度洋南部的环流型，在总的特征上与南太平洋和南大西洋的环流型相似，而北部为季风型环流，冬、夏两半年环流方向相反。在南半球的高纬度海区，与西风带相对应的为一支强大的自西向东的绕极流。另外，在靠近南极大陆沿岸尚存在一支自东向西的绕极风生流。

1. 赤道流系

与两半球信风带对应的分别为西向的南赤道暖流与北赤道暖流，也称信风流。这是两支比较稳定的由信风引起的风生漂流，它们都是南、北半球巨大气旋式环流的一个组成部分。在南、北信风流之间与赤道无风带相对应的是一支向东运动的赤道逆流，流幅 300～500km。由于赤道无风带的平均位置在 3°N～10°N，南、北赤道流也与赤道不对称。夏季（8 月），北赤道流在 10°N 与 20°N～25°N，南赤道流在 3°N 与 20°S；冬季则稍偏南（图 2-6）。

赤道流（equatorial current）自东向西逐渐加强。在洋盆边缘不论赤道逆流或信风流都变得更为复杂。赤道流系主要局限在海洋表面以下到 100～300m 的上层，平均流速为 0.25～0.75m/s。其下部有强大的温跃层存在，温跃层以上是充分混合的温暖高盐的表层水，溶解氧含量高，而营养盐含量很低，浮游生物不易繁殖，从而具有海水透明度大、水色高的特点。总之，赤道流是一支以高温、高盐、高水色及透明度大为特征的流系。

印度洋的赤道流系主要受季风控制。在赤道区域的风向以经线方向为主，并随季节而变

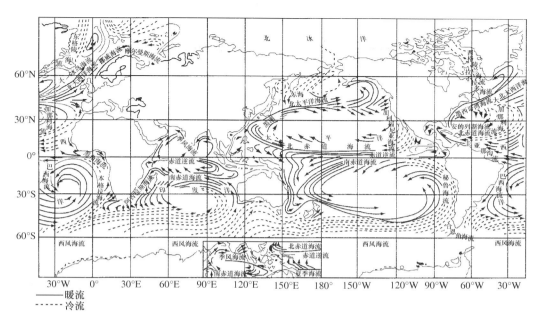

图 2-6　三大洋表层环流分布示意图

化。11 月~次年 3 月盛行东北季风，5~9 月盛行西南季风。5°S 以南，终年有一股南赤道流，赤道逆流终年存在于赤道以南。北赤道流从 11 月~次年 3 月盛行东北季风时向西流动，其他时间受西南季风影响而向东流动，其与赤道逆流汇合在一起而难以分辨。

赤道逆流区有充沛的降水，因此，相对赤道流区而言，其具有高温、低盐的特征。它与北赤道流之间存在着海水的辐散上升运动，把低温而高营养盐的海水向上输送，致使水质肥沃，有利于浮游生物生长，因而水色和透明度也相对降低。

太平洋南赤道流区，赤道下方的温跃层内，有一支与赤道流方向相反自西向东的流动，称为赤道潜流或克伦威尔流。它一般呈带状分布，厚约 200m，宽约 300km，最大流速达 1.5m/s。流轴常与温跃层一致，在大洋东部位于 50m 或更浅的深度内，在大洋西部约在 200m 或更大的深度上。赤道潜流的产生显然不是由风直接引起的，关于其形成、维持机制有许多观点，其中，有人认为是因为南赤道流使表层海水在大洋西岸堆积，海面自西向东下倾，从而产生向东的压强梯度力。由于赤道两侧科氏力的方向相反，向东流动的潜流集中在赤道两侧。这种潜流在大西洋、印度洋都已相继发现。

2. 西部边界流

西部边界流（western boundary current）是指大洋西侧沿大陆坡从低纬度向高纬度的海流，包括太平洋的黑潮与东澳大利亚海流，大西洋的湾流与巴西海流，以及印度洋的莫桑比克海流等。它们都是北半球、南半球反气旋式环流主要的一部分，也是北赤道流、南赤道流的延续。因此，与近岸海水相比，具有赤道流的高温、高盐、高水色和透明度大等特征（图 2-6）。

3. 西风漂流

与南、北半球盛行西风带相对应的是自西向东的强盛的西风漂流（west wind drift），即北太平洋流、北大西洋流和南半球的南极环流，它们分别是南、北半球反气旋式大环流的组成部分。其界限是向极一侧以极地冰区为界，向赤道一侧到副热带辐聚区为止。其共同特点是在西风漂流区内存在着明显的温度经线方向梯度，这一梯度明显的区域称为大洋极锋。极锋两侧的水文和气候状况具有明显差异（图 2-6）。

（1）北大西洋海流。湾流到达格兰德滩以南转向东北，横越大西洋，称为北大西洋流。它在 50°N、30°W 附近与许多逆流相混合，形成许多分支，已不具有明显的界线。在欧洲沿岸附近分为三支：中支进入挪威海，称为挪威流；南支沿欧洲海岸向南，称为加那利流，再向南与北赤道流汇合，构成了北大西洋气旋式大环流；北支流向冰岛南方海域，称为伊尔明格流，它与东格陵兰流、西格陵兰流及北美沿岸南下的拉布拉多流构成了北大西洋高纬海区的气旋式小环流。北大西洋流将大量的高温、高盐海水带入北冰洋，对北冰洋的海洋水文状况影响深远，同时对北欧的气候状况也有巨大的影响。

（2）北太平洋海流。北太平洋海流是黑潮的延续，在北美沿岸附近分为两支：向南一支称为加利福尼亚流，它汇于北赤道流，构成了北太平洋反气旋式大环流；向北一支为阿拉斯加流，它与阿留申流汇合，连同亚洲沿岸南下的亲潮共同构成了北太平洋高纬海区的气旋式小环流。

（3）南极环流。由于南极周围海域连成一片，南半球的西风漂流环绕整个南极大陆（应当指出南极绕极流是一支自表至底、自西向东的强大流动，其上部是漂流，而下部的流动为地转流）。南极锋位于其中，在大西洋与印度洋平均位置为 50°S，在太平洋位于 60°S。风场分布不均匀造成了来自南极海区的低温、低盐、高溶解氧的表层海水在极锋的向极一侧辐聚下沉，此处称为南极辐聚带。极锋两侧不但海水特性不同，而且气候也有明显差异，南侧常年为干冷的极地气团盘踞。海面热平衡几乎全年为负值，海面为浮冰所覆盖；北侧，冬夏分别为极地气团与温带海洋气团轮流控制，季节性明显。故称极锋南部为极地海区，北部至副热带海区为亚南极海区。

南极环流在太平洋东岸的向北分支称为秘鲁流；在大西洋东岸的向北分支称为本格拉流；在印度洋的向北分支称为西澳大利亚海流。它们分别在各大洋中向北汇入南赤道流，从而构成了南半球各大洋的反气旋式大环流。

北半球的极锋辐聚不甚明显，只在太平洋西北部的黑潮与亲潮的交汇区，以及大西洋西北部的湾流与拉布拉多海流的交汇区存在着比较强烈的辐聚下沉现象，一般称为西北辐聚区。寒暖流交汇产生强烈混合，海洋生产力高，从而使西北辐聚区形成良好的渔场。这正是世界有名的北海道渔场和纽芬兰渔场所在海区。

4. 东部边界流

大洋中东部边界流（eastern boundary current）有太平洋的加利福尼亚流、秘鲁流，大西洋的加那利流、本格拉流及印度洋的西澳大利亚海流。由于它们从高纬度流向低纬度，因此都是寒流，同时都处在大洋东边界，故称东部边界流。与西部边界流相比，它们的流幅宽广、流速小，而且影响深度也浅。

上升流是东部边界流海区的一个重要海洋水文特征。这是由于信风几乎常年沿岸吹，而且风速分布不均，即近岸小，海面上大，从而造成海水离岸运动。上文已提及上升流区往往是良好渔场。

另外，由于东部边界流是来自高纬海区的寒流，其水色低，透明度小，形成大气的冷下垫面，造成其上方的大气层结构稳定，有利于海雾的形成，因此干旱少雨。与西部边界流区具有气候温暖、雨量充沛的特点形成明显的对比（图 2-6）。

5. 极地环流

在北冰洋，其环流主要有从大西洋进入的挪威海流及一些沿岸流。加拿大海盆中为一个巨大的反气旋式环流，它从亚洲和美洲交界处的楚科奇海穿越北极到达格陵兰海，部分折向西流，部分汇入东格陵兰流，一起把大量的浮冰携带进入大西洋。其他多为一些小型气旋式环流（图2-6）。

南极环流在南极大陆边缘一个很狭窄的范围内，由于极地东风的作用，形成了一支自东向西绕南极大陆边缘的小环流，称为东风漂流。它与南极环流之间，由于动力作用形成南极辐散带，与南极大陆之间形成海水沿大陆架的辐聚下沉，即南极大陆辐聚。这也是南极陆架区表层海水下沉的动力学原因。

极地海区的共同特点是几乎终年或大多数时间由冰覆盖，结冰与融冰过程导致全年水温与盐度较低，形成低温低盐的表层水。

四、各大洋主要海流

1. 太平洋

在北太平洋海域，主要环流系统有北赤道流（North equatorial current）、黑潮（Kuroshio current）、北太平洋海流（North Pacific current）和加利福尼亚海流（California current），附属海的海流有阿拉斯加流（Alaska current）、亲潮（Oyashio current）、东库页海流（East Karafuto current）、里曼海流（Liman current）、中国沿岸流（China coastal current）、对马海流（Tsushima current）和南海季风流（South China Sea monsoon current）。在南太平洋海域，主要环流系统有南赤道流（south equatorial current）、东澳大利亚海流（East Australian current）、西风漂流（west wind drift）和秘鲁海流（Humboldt current，Peru current）（图2-6）。在赤道太平洋海域的海流有反赤道流（equatorial counter current）和赤道潜流（克伦威尔流，Cromwell current）。现介绍对渔场影响较大的主要海流。

（1）黑潮。北太平洋环流从北赤道海流开始，向西流至西边陆界就一分为二，一部分往南而另一部分往北，向北一支形成强大的太平洋西部边界流，这就是黑潮；向南的一支称为明达瑙海流。黑潮的主流经日本本州岛南岸，沿36°N～37°N线向东流去。离开日本后继续往东流至170°E左右，称为黑潮续流（Kuroshio extension），续流之后便是北太平洋海流。黑潮在流经琉球群岛附近，有一支沿大陆架边缘北上，称为对马暖流，通过朝鲜海峡流入日本海（图2-7）。

在日本三陆近海，黑潮与来自北方的亲潮相遇，形成暖寒流相交汇的流界渔场，也称为流隔渔场，并盛产秋刀鱼、鲸类和金枪鱼类等。

（2）亲潮。亲潮主要来自白令海，部分来自鄂霍次克海。北太平洋海流接近北美大陆时分为南北分支，部分往南为加利福尼亚海流，最后接上北赤道海流，其他部分则往北，在阿拉斯加湾形成阿拉斯加环流，然后一部分流经阿留申群岛进而进入白令海。亲潮的生物生产力高，浮游植物含量丰富，水色、透明度均低于黑潮（通常，黑潮水色为3以上，亲潮水色为4以下）。

（3）加利福尼亚海流。加利福尼亚海流沿北美西岸南下，成为大洋东部边界流。其表面流速一般较慢，约

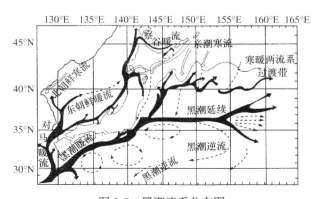

图2-7　黑潮流系分布图

为 1km/h。夏季，在强盛的偏北风作用下，沿岸南下的加利福尼亚海流，其表层水向外海方向流去，其下层的深层水作为补偿流并在沿岸上升而成为著名的加利福尼亚上升流。加利福尼亚海流的一部分沿中美海岸南下到达东太平洋低纬度海域。另外，沿赤道附近东流的赤道逆流，其东端在墨西哥近海流向转北 - 西而成为北赤道流，以 10°N 为中心向西流去。北赤道流与转向西流的加利福尼亚海流汇合，继续西流，而成为北太平洋大规模水平循环的一部分。在此汇合海域附近，形成金枪鱼围网渔场。

（4）赤道海流及其潜流。太平洋的赤道海流系统至少包括 4 个主要海流，其中三个延伸到海面，另一个在海面以下。三个主要的上层海流在表面都很明显：一为向西的北赤道海流，在 2°N～8°N 的范围；二为向西的南赤道海流，在 3°N～10°S 的范围；三为上述两海流之间，较窄而向东流的北赤道逆流，而在海面下为往东流的赤道潜流。夏季，赤道逆流在转变流向的哥斯达黎加近海形成逆时针回转涡流，从而诱发强烈的上升流。该上升流即为哥斯达黎加冷水丘（Costa Rica dome），这是金枪鱼渔场的重要海洋条件。

赤道潜流，又称克伦威尔海流，在赤道表面下往东流。赤道潜流的海水运送量，与向西流的南北赤道海流相等，它在赤道表面下 100m（或少于 100m）向东流，1952 年人们才发现它的存在。赤道潜流至少长达 14 000km，就像一条薄缎带，厚约 0.2km，宽约 300km，分布在 2°N～2°S。

在赤道海域，向西流的北赤道流、南赤道流的表层水在北半球向北流，在南半球向南流。因此，赤道海域就产生较强的辐散现象的上升流，使富有营养盐类的深层水上升，促进生物生产力提高，并形成水温、溶解氧跃层。在北赤道流流域的温跃层，一般自西向东逐渐变浅。温跃层的深度影响金枪鱼的分布水层，在渔业上具有重要意义。

（5）秘鲁海流。秘鲁海流相当于东南太平洋逆时针回转环流的寒流部分，它起源于亚南极海域。高纬度的西风漂流到达南美西岸 40°S 附近，向北流去的这支海流，就是秘鲁海流。秘鲁海流靠近沿岸的称秘鲁沿岸流，在外海的一支称秘鲁外洋流。这两支海流是南下的不规则的秘鲁逆流把它们分开的，该逆流称为太平洋赤道水，通常为距岸 500～180km 的次表层流，在 11 月～次年 3 月流势最强时，秘鲁逆流浮出表面；在 11 月之前流势弱，不浮出海面，此时秘鲁海流不分沿岸和外洋两支而成为单一的海流，这是秘鲁海流的最盛期。秘鲁沿岸海流的南端即为在智利沿岸形成的上升流区的南限，其位置约在 36°S 附近。

另外，据日本学者研究，在 20°N～30°N 处有一支向东流的亚热带逆流，其位置几乎与亚热带辐合线的位置相重合，该海流的东端至少可达 160°E，流速一般为 0.3～2.4km/h，流幅 60～180km，厚度达 300m。日本学者认为，该逆流水域是蓝鳍金枪鱼（bluefin tuna）和鲣鱼（skipjack）的产卵场，也可能是日本鳗鲡（Japanese eel）的产卵场。日本学者宇田道隆指出，亚热带逆流和亚热带辐合线对鲣鱼初期的生长与生活环境有极大的影响。

2. 大西洋

大西洋海域，其上层有两个很大的反气旋环流，在南大西洋呈逆时针，在北大西洋则呈顺时针。大西洋的主要海流有湾流（gulf stream）、北大西洋海流（North Atlantic current）、拉布拉多海流（Labrador current）、加那利海流（Canary current）、本格拉海流（Benguela current）、巴西海流（Brazil current）和马尔维纳斯海流（又称福克兰海流，Falkland current）等（图 2-6）。

顺时针转的大环流由北赤道海流开始，到了西岸，加入流进北大西洋的部分南赤道海流，然后分成两部分，一部分流向西北而成安的列斯海流（Antilles current），另一部分经加勒比海流入墨西哥湾，经加勒比海时受当地东风的吹送，海水在墨西哥湾堆积，然后经佛罗里达和古巴之间入北大西洋而成佛罗里达海流，这一海流的海水很少是墨西哥湾当地的，它穿过墨西哥湾时常形成一个大圆圈，这个圆圈常产生呈反气旋转的涡旋在湾内往西移动，佛罗里达海流与安的列斯海流在佛罗里达外海会合，流过哈特勒斯角后，海流离岸而去，称为湾流。湾流往东北一直流到纽芬兰附近，大约 40°N、50°W 的地方，之后继续往东、往北而成北大西洋海流，然后它又一分为二，一部分流向东北，经苏格兰和冰岛之间而成为挪威、格陵兰和北极海环流的一部分，其他部分则转向南流，经西班牙和北非沿岸后回到北赤道海流而完成北大西洋环流。

　　信风吹起的南赤道海流向西流向南美洲，最后分开了，一部分跨过赤道流入北大西洋，其余的向南沿着南美洲海岸而成巴西海流，后来转向东流而成南极绕极流的一部分，到非洲西岸转向北流而成本格拉海流；巴西海流来自热带，海水的温度和盐度都高，而本格拉海流受亚南极海水及非洲沿海上升流的影响，海水温度及盐度都较低，南大西洋海水有部分来自福克兰海流由德雷克水道往北流到南美东海岸，在 30°S 左右把巴西海流推离海岸。

　　现介绍对渔场影响较大的主要海流。

　　（1）湾流。在西北大西洋海域，对渔业极为重要的海洋学特征是有暖流系的湾流和寒流系的拉布拉多海流存在。湾流沿北美大陆向东北方向流去，它是由佛罗里达海流（Florida current）和起源于北赤道流的安的列斯海流（Antilles current）的合流组成的。它和太平洋的黑潮一样，成为大西洋的西部边界流，其流速在北美东岸近海最强流带为 7～9km/h，其厚度达 1500～2000m。

　　湾流运动呈显著蛇行状态，这种现象是以金枪鱼为主的渔场形成的主要海洋学条件；蛇形运动自哈德勒斯角向东行进逐步发展，从而形成伴有涡流系的复杂流界。有人把湾流的流动称为多重海流。在加拿大新斯科舍（Nova Scotia）附近海域，由于周围的地形影响，特别在夏季，形成非常复杂的局部涡流区，这一海洋学条件被认为是许多鱼类等渔场形成的主要因素之一。

　　湾流在到达纽芬兰南方的大浅滩（Grand Bank）之南时流幅扩大，成为北大西洋海流，向东北方向流去，其中继续向东北方向流去的一支成为挪威海流直达挪威西岸海域，这是分布于 70°N 附近的金枪鱼渔场的主要成因；向北流的一支到达冰岛之南向西流去，成为伊尔明格海流，该流大部分在格陵兰东岸与南下的东格陵兰海流形成合流。

　　（2）东格陵兰海流（East Greenland current）。东格陵兰海流源于北极洋，它与伊尔明格海流之间形成流界；东格陵兰海流的一部分和伊尔明格海流一起合成西格陵兰海流。该流又和从巴芬湾的南下流合流成为拉布拉多海流，沿北美东岸南下在纽芬兰近海与湾流交汇形成极锋，使得该海域渔业资源丰富，其是传统的世界三大渔场之一。

　　（3）北大西洋海流（North Atlantic current）。受北大西洋海流的影响，从英国到挪威沿岸的北欧地方呈现暖性气候。北大西洋海流的前部经法罗岛沿挪威西岸北上后，分为两支，一支向斯匹次卑尔根的西部北上，另一支沿挪威北岸流入北极洋，这一分支使巴伦支海的西部和南部变暖。

　　沿英国西岸北上的北大西洋海流，有一股经北方的设得兰岛附近沿英国东岸南下的支流，和英国南岸从英吉利海峡流入的另一支流，这些都是支配北海渔场海洋学条件的主要因素。

　　（4）加那利海流。北大西洋海流的南下支流，沿欧洲西北岸南下，经葡萄牙和非洲西北岸近海形成加那利海流。加那利海流的流向、流速的变化受风的影响，在它到达非洲大陆西岸后，通常向西流去，具有北赤道海流的补偿流性质。加那利海流在葡萄牙沿岸和从西班牙西北近海到非洲西岸近海一带沿岸水域形成上升流，这是葡萄牙沿岸水域雾的主要成因。

加那利海流的一部分沿非洲西岸继续南下，通常这支海流在北半球的夏季发展成为东向流的几内亚海流。几内亚海流冬季仍然存在。

（5）巴西海流。南赤道海流在赤道以南附近流向西，至南美沿岸分为北上流和南下流两支，南下的一支为盐度很高的巴西海流。该海流在35°S～40°S处与从亚南极水域北上的福克兰海流汇合，形成亚热带辐合线，夏季，海水表面温度为14.5℃。巴西海流与福克兰海流的辐合区即巴塔哥尼亚海域，该海域水产生物资源丰富，是世界上主要的作业渔场。

3. 印度洋

印度洋北部海域，特别在阿拉伯海域的海流受季风的影响很大。该海域的主要海流夏季为西南季风海流，冬季为东北季风海流，南半球的主要海流是莫桑比克海流（Mozambique current）、厄加勒斯海流（Agulhas current）、西澳大利亚海流（West Australian current）和西风漂流（west wind drift）（图2-6）。

印度洋的范围往北只到25°N左右，往南则到副热带辐合带大约40°S的海域。此处的环流系统和太平洋、大西洋的不太相同。在赤道北方由于陆地的影响，风的季节性变化十分明显，11月～次年3月吹东北季风，而5～9月吹西南季风；赤道南方的东南信风则是整年不停，而西南季风可视为东南信风越过赤道的延续。

赤道北方的风向改变时，当地海流也改变，11月～次年3月吹东北季风期间，从8°N到赤道有一向西流的北赤道海流，赤道到8°S有一向东的赤道逆流，而8°S到15°S～20°S则有一向西的南赤道海流。5～9月吹西南季风时，赤道以北的海流反过来向东流，与同向东流的赤道逆流合称（西南）季风海流，位于15°N～7°S的范围，南赤道海流则在7°S以南依旧往西流，但比吹东北季风时强了些。在吹东北季风期间，60°E以东在温跃层的深度有赤道潜流，比太平洋和大西洋的弱，吹西南季风时则看不出潜流的存在。

在非洲沿海部分，11月～次年3月吹东北季风期间，南赤道海流流近非洲海岸后，一部分转向北进入赤道逆流，另一部分则往南并入厄加勒斯海流，该海流深而窄，大约100km宽，沿非洲海岸往南流，到了非洲南端转向东流而进入南极环流。5～9月吹西南风时，部分南赤道海流转向北而成索马里海流沿非洲东岸北上，大部分在表层200m内，南赤道海流、索马里海流和季风海流构成了北印度洋相当强的风吹环流。

在西南季风期的5～9月，索马里海流是低温水域，它和黑潮、湾流一样都是有代表性的西部边界流。冬季索马里沿岸近海的东北季风海流的流速，比索马里海流的流速小。在印度洋其他海区，东南信风强盛时出现上升流；分布在东部的阿拉弗拉海，在东南信风盛行期也有上升流存在。在上升流发展期间，磷酸盐的含量相当于周围水域的6倍左右。

第四节　世界海洋水团分布

一、基本概念

源地和形成机制相近，具有相对均匀的物理、化学和生物特征及大体一致的变化趋势，而与周围海水存在明显差异的宏大水体，称为水团（water mass）。水团一词是B.海兰-汉森于1916年首先用于海洋学中的。1929年，A.德凡特参照大气科学中气团的定义，首次给出了水团的定义。

中国的近海，大部分地处中纬度温带季风区，四季交替明显，季节变化显著；深度不足200m的浅海，区域宽阔，岛屿棋布，岸线复杂；东部海域有强大的黑潮及其分支，西部有众多的江河径流入海，因而使中国浅海区域的水团及其变性问题更加复杂。

二、水团的形成与变性

世界大洋及其附属海的绝大多数水团，都是先在海洋表面获得其初始特征，接着因混合或下沉、扩散而逐渐形成。初始特征的形成，主要取决于水团源地的地理纬度、气候条件和海陆分布及该区域的环流特征。水团形成之后，其特征因外界环境的改变而变化，终因动力或热力效应而离开表层，下沉到与其密度相当的水层。通过扩散及与周围的海水不断混合，继而形成表层以下的各种水团。

因外界气候条件的变化，或者由于和性质不同的水团继续混合，水团的初始特征将变化甚至消失，这就是水团的变性。变性过程依其原因不同，一般可分为区域变性、季节变性和混合变性三种。

三、水团的核心边界

水团的均一性是相对的，实际上，在同一水团内的不同区域，海水的物理、化学及生物等特征仍有一定的差异。然而，总有一部分水体最能代表该水团的特征而且变性最小，即水团的核心。核心位置变动的趋向，一般能反映水团扩展的动向。由核心向外，水体渐次变性直至不再具有原水团特征之处，即为该水团的边界。在两个水团的交界处，由于性质不同的海水交汇混合，往往形成具有一定宽（厚）度的过渡带（层）。如果这两个水团的特征有明显的差异，其水平混合带中海水的物理、化学、生物甚至运动学特征的空间分布，都将发生突变。各种参数的梯度明显增大的水平混合带，称为海洋锋。非常著名的南极锋，就是南极表层水团和亚南极水团的边界。在大西洋和太平洋的西北部，也有相应的极锋。广义的海洋锋，可指海洋中海水任何一种性质的不连续面。例如，上下位置的性质不同的水体之间的跃层，也有人称之为海洋锋。在海洋锋中，由于海水混合增强，生物生产力增高，往往能够形成良好的渔场。

四、水团的分布特征

在世界大洋的中纬度区域，铅直方向的水团分布比较典型。通常沿铅直方向将海洋分为表层、次表层、中层、深层和底层5个基本水层。对于每个基本水层来说，在各大洋的不同海域，又可再分为几种不同的水团。

（1）表层水团。大洋表层的海水在大气的直接作用下，通过内部的混合及与相邻水体的相互作用，形成了一些表层水团。其厚度因海区而异，从几十米到200m，取决于湍流混合和对流混合的深度。表层水团具有明显的区域特征，这与海流的性质、海面气候的区域特征及海 - 气之间的热量和水量交换有关。中纬度海域的表层水团，还具有很大的季节变化。

（2）次表层水团。次表层在表层之下，其间以跃层为界。次表层的厚度，一般为200～300m，而在大洋的西部边界处，厚度达最大值。例如，在北大西洋的马尾藻海区内，厚度可达900m。按水团的形成过程和特征的不同，可把次表层中的水团分成中央水团、亚南极水团和亚北极水团三类（图2-8）。

中央水团是表层水团在亚热带辐合带下沉形成的，其典型特征是盐度比较高。在大西

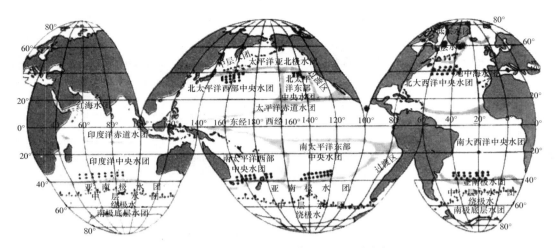

各中央水团所形成的海区 ＋ 南极中层水下沉的海区 ↑ 下沉后的散布方向

图 2-8 海洋次表层水团的大致边界

洋，南、北两个中央水团之间以一过渡带相连；但在太平洋的南、北两个中央水团之间，隔着一个赤道水团。太平洋的南、北两个中央水团，都可以再细分为东、西两个水团。在印度洋也有相应的赤道水团，但是中央水团只有一个。

亚南极水团是由亚热带辐合带的表层水下沉后，向南散布的海水与当地的海水混合而成的，故其盐度低于中央水团，但仍高于当地的表层水和其下的中层水。因此，这一海区盐度的垂直分布，在次表层出现一个相应的极大值。亚南极水团的分布范围，以南极辐合带为其明确而连续的南界，向北可达 40°S。在南太平洋东部，部分亚南极水团沿南美大陆的西海岸向北扩展，其影响可达 20°S。

亚北极水团在北大西洋中的范围很小，盐度较高。它是由东格陵兰寒流从北极海区携运而来的。太平洋的亚北极水团盐度较低，范围也广，散布在亚极地海区，东部还向低纬海域扩展，其影响可达 25°N。它是由西北辐合带的表层水下沉后形成的。由于有强烈淡化的表层水渗入，其盐度虽比表层水高，但已低于中层水。

（3）中层水团。中层水团分布于次表层水团之下深达 1000～1500m 的水层之内。源于高纬和中、低纬度海区的中层水团，分别以低盐度和高盐度为突出的特征。前者如南极中层水团和北太平洋中层水团，后者如红海水团和地中海水团。南极中层水团在太平洋、大西洋和印度洋中都分布很广，它是南极表层水向北运动到南极辐合带附近，与周围的海水强烈混合再下沉而形成的，具有盐度极小值的水团。在 60°S 附近，它迅速下沉到 800～1000m 深处，一面参加向东的绕极运动，一面北上进入三大洋。它在大西洋的势力最强，可扩展到 25°N 附近。在太平洋西部它可达赤道，而在东部只能到 10°S 左右。它在印度洋的势力最弱，不会越过 10°S。因为那里有高盐度的红海水团，其密度和南极中层水团相当，所以阻挡了南极中层水团的继续北上。在太平洋北部，也有一个势力较强的中层水团——北太平洋中层水团。北大西洋的北极中层水团很弱，仅出现于其西北部海域。高盐度的地中海水团，经直布罗陀海峡进入大西洋之后，迅速下沉到 1000～1500m 深处，广泛地散布于北大西洋的中央海域。

（4）深层水团。深层水团位于中层水团之下到 4000m 深的范围内，厚度比其他水层都大。北大西洋深层水团主要是从挪威海盆中溢出的海水与中层水和底层水混合而形成的。在它向南运动的过程中，由于上层与地中海水团混合，显出高盐度和贫氧等特征。印度洋的深层水团和大西洋相似，也具有高盐度和贫氧等特征，它是由底层水和中层高盐度的红海水团混合而形成的。太平洋深层水团的盐度较低，介于中层水和底层水之间，特别是其氧含量比中层和底层都低。一般认为其源地不在太平洋，而是由大西洋和印度洋移来的。

（5）底层水团。大洋底层的水团，主要是在南极大陆架一些海区形成的南极底层水团散布的结果。南极底层水团主要是在威德尔海形成的。它进入绕极流后，有一部分向北运动，散布于各大洋的底层，在大西洋向北可达45°N，在太平洋影响可达50°N，在印度洋也可到赤道以北（图2-9）。至于在北极海区中形成的北极底层水团，受格陵兰 - 设得兰海岭和白令海峡的影响，仅局限于大西洋和太平洋的北部。

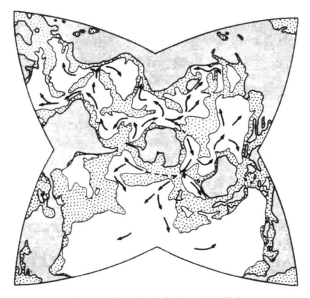

图 2-9　南极底层水团向北的散布

第五节　世界海洋中水温分布

一、基本概念

海水温度（sea-water temperature）是表示海水热力状况的一个物理量，海洋学上一般以摄氏度（℃）表示，测定精度要求在 ±0.02℃。海水温度体现了海水的热状况。太阳辐射和海洋大气热交换是影响海水温度的两个主要因素。海流对局部海区海水的温度也有明显的影响。在开阔海洋中，表层海水等温线的分布大致与纬圈平行，在近岸地区，受海流等的影响，等温线向南北方向移动。海水温度的垂直分布一般是随深度的增加而降低，并呈现出季节性变化趋势。

海水温度是海洋水文状况中最重要的因子之一，常作为研究水团性质、描述水团运动的基本指标。研究、掌握海水温度的时空分布及变化规律，是渔场学的重要内容，对于海上捕捞生产等都有重要意义。

二、水温分布规律

1. 表层海水温度的水平分布规律

海水表面平均温度的纬度分布规律：从低纬向高纬递减。这是因为地球表面所获得的太阳辐射热量受地球形状的影响，从赤道向两极递减。

海水表面温度的变化特点：海水表面温度受季节影响、纬度制约及洋流性质的影响。

2. 海水温度的垂直变化

海水温度的垂直分布规律是随深度增加而递减。表层海水到1000m，水温随深度增加而迅速递减，1000m以下水温下降变慢。其原因主要是海洋表层受太阳辐射影响大，海洋深处受太阳辐射和表层热量的传导、对流影响较小。

世界海洋的水温变化一般在−2~30℃，其中年平均水温超过20℃的区域占整个海洋面积的一半以上。直接观测表明：海水温度日变化很小，变化水深范围为0~30m处，而年变化可到达水深350m左右处。在水深350m左右处，有一恒温层。但随深度增加，水温逐渐下降（每深1000m，下降1~2℃），在水深3000~4000m处，温度达到−1~2℃。

影响海水温度的因素：①纬度，不同纬度得到的太阳辐射不同，则温度不同。全球海水温度分布规律为由低纬度海区向高纬度海区递减。②洋流，同纬度海区，暖流流经海水温度较高，寒流流经海水温度较低。③季节，夏季海水温度高，冬季海水温度低。④深度，表层海水随深度的增加而显著递减，1000m以内变化较明显，1000~2000m变化较小，2000m以下常年保持低温状态。

三大洋表面年平均水温约为17.4℃，其中以太平洋最高，达19.1℃，印度洋次之，达17.0℃，大西洋最低，为16.9℃。水温一般随深度的增加而降低，在深度1000m处的水温为4~5℃，2000m处为2~3℃，深于3000m处为1~2℃。占大洋总体积75%的海水，温度在0~6℃，全球海洋平均温度约为3.5℃。海水温度还有日、月、年、多年等周期性变化和不规则变化规律。

三、全球表面水温分布

海面水温是大气与海洋（海面）之间交界的水温。实际上，我们不可能测量海面本身的温度。我们测量的表温因所观察到的深度而异，一般是测量海面至水深约10m左右的温度。

因为地球是球形的，所以海洋从太阳接收的热量（日射量）随纬度而变化。图2-10（a）显示了海面水温的年平均值（1981~2010年的30年平均值）分布。总体而言，水温在低纬度地区较高，而在高纬度地区较低。此外，由于地球的自转轴相对于轨道平面倾斜，海面接收的太阳辐射随季节而变化，因此海面水温的分布也随季节变化。图2-10（b）和（c）显示了1月和7月的海面水温分布。在中高纬度地区，与年平均水温相比，1月海面水温在北半球一侧较低，而在南半球一侧较高。另外，7月海面水温在北半球一侧较高，而在南半球一侧较低。

海面水温还受到大气运动的影响。例如，在太平洋赤道海域的海面附近，有东向的信风存在。通过东风的作用，海面附近温暖的水被吹到太平洋的西部，为了补偿这一点，在东部的南美海域，冰冷的水从很深的地方涌到了海面附近。图2-10（a）表明，太平洋赤道海域的海面水温在西部较高，在东部较低。

此外，在北半球（南半球）的大陆西海岸附近，当南风（北风）沿着海岸吹动时，海面附近的温暖海水会受到风向的作用力，并且由于地球的自转而产生明显的作用力，并被卷入海上。为了弥补这一点，冷水可能会从深处涌入海面附近，这是 7 月北美西海岸附近海面水温低于周围地区的原因之一［图 2-10（c）］。

如上所述，受太阳射量、大气运动、海水运动和地形等各种因素的影响，海面水温具有复杂的分布规律。

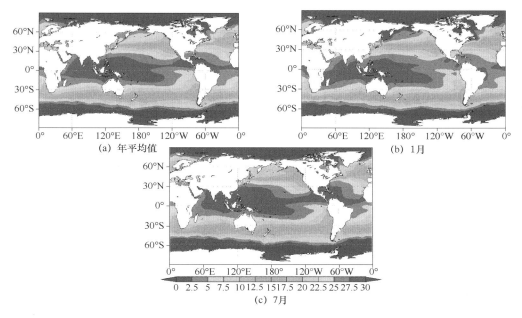

图 2-10　海面水温平均值（1981～2010 年）分布（单位：℃）

第六节　世界海洋中营养盐和初级生产力的分布

一、营养盐

1. 基本概念

海水营养盐（nutrient salt of sea water）是指溶解于海水中作为控制海洋植物生长因子的元素。海洋植物生存除需要二氧化碳、氧气等气体外，还需要磷、氮、硅、硫、镁、钙等多种元素，以构成蛋白质和细胞核等物质。海洋中铅直对流和上升流等将富含氮、磷、硅等营养盐的底层海水带至上层，因而在河口、锋面、寒暖流交汇和上升流等区域，浮游植物生产量高，渔获量也高。

海水中有一些含量较微的磷酸盐、硝酸盐、亚硝酸盐、铵盐和硅酸盐。严格地说，海水中许多主要成分和微量金属也是营养成分，但传统上化学海洋学中海水营养盐只指氮、磷、硅元素这些盐类。因为它们是海洋浮游植物生长繁殖所必需的成分，也是海洋初级生产力和食物链的基础。反过来说，营养盐在海水中的含量分布，明显地受海洋生物活动的影响，而且这种分布通常和海水的盐度关系不大。

2. 营养盐的季节影响及其来源

20 世纪初期，德国人布兰特发现海洋中磷和氮的循环及营养盐的季节变化，都与细菌和浮游植物的活动有关。1923 年，英国人 H.W. 哈维和 W.R.G. 阿特金斯系统地研究了英吉利海峡的营养盐在海水中的分布和季节变化与水文状况的关系，并研究了它的存在对海水肥度的影响。德国的"流星"号和英国的"发现"号考察船，在 20 年代也分别测定了南大西洋和南大洋一些海域中的某些营养盐的含量。中国学者伍献文和唐世凤等，曾于 30 年代对海水营养盐的含量进行过观测，后来朱树屏长期研究了海水中营养盐与海洋生产力的关系。20 世纪以来，海水营养盐一直是化学海洋学的一项重要研究内容。

海水营养盐的来源，主要为大陆径流带来的岩石风化物质、有机物腐解的产物及排入河川中的废弃物。此外，海洋生物的腐解、海中风化、极区冰川作用、火山及海底热泉，甚至大气中的灰尘也都为海水提供营养元素，也为渔场形成提供了基础条件。

3. 营养盐的分布

大洋之中，海水营养盐的分布，包括垂直分布和区域分布两方面。在海洋的真光层内，有浮游植物生长和繁殖，它们不断吸收营养盐。另外，它们在代谢过程中的排泄物和生物残骸，经过细菌的分解，又把一些营养盐再生而溶入海水中；那些沉降到真光层之下的尸体和排泄物，在中层或深层水中被分解后再生的营养盐，也可被上升流或对流带回到真光层之中，如此循环不已。总的说来，依营养盐的垂直分布特点，可把大洋水体分成 4 层。

（1）表层：营养盐含量低，分布比较均匀。

（2）次层：营养盐含量随深度而迅速增加。

（3）次深层：深 500～1500m，营养盐含量出现最大值。

（4）深层：厚度虽然很大，但是磷酸盐和硝酸盐的含量变化很小，硅酸盐含量随深度而略为增加。就区域分布而言，由于海流的搬运和生物的活动，加上各海域的特点，海水营养盐在不同海域中有不同的分布。例如，在大西洋和太平洋间的深水环流，使营养盐由大西洋深处向太平洋深处富集；南极海域的浮游植物在生长繁殖过程中，大量消耗营养盐，但因来源充足，海水中仍然有相当丰富的营养盐。近海区夏季浮游植物的繁殖和生长旺盛，使表层水中的营养盐消耗殆尽；冬季浮游植物生长繁殖衰退，而且海水的垂直混合加剧，使沉积于海底的有机物分解而生成的营养盐得以随上升流向表层补充，使表层的营养盐含量增高。

近岸的浅海和河口区与大洋不同，海水营养盐的含量分布，不但受浮游植物的生长消亡和季节变化的影响，而且与大陆径流的变化、温度跃层的消长等水文状况有很大的关系。

二、初级生产力

总初级生产力（gross primary production）是指光合作用中生产的有机碳总量。不过，海洋植物与其他生物一样昼夜都进行连续不断的呼吸作用，消耗掉一部分生产出来的有机碳。因此，总初级生产力扣除生产者呼吸消耗后其余的产量即为净初级生产力（net primary production），即净初级生产力＝总初级生产力－自养生物的呼吸消耗。海洋初级生产力常以单位时间单位面积（m^2）生产的有机碳量［$mg\,C/(m^2 \cdot d)$］来表示。

影响初级生产力的因子主要是光照条件和植物所需营养物质的含量，包括与两者相关的其他水文条件。在自然条件下，这些因子是不断地改变的。海洋初级生产力测定的主要方法有：①^{14}C 示踪法；②叶绿素荧光测定法；③黑白瓶测氧法；④水色遥感扫描法。由于已有专门的调查规范，下方仅简单介绍水色遥感扫描法。

　　水色遥感扫描法是主要的方法之一。卫星携带的海洋水色遥感装置（CZCS）可以记录海水的颜色，反映海区叶绿素和藻类的其他色素、带有一定颜色的溶解有机物（CDOM）等的浓度，还可以探测水中悬浮颗粒物的含量。因此，CZCS 的突出贡献就是克服现场调查所难以做到的大面积采样问题，其调查的覆盖范围可遍及整个海洋。同时，通过 CZCS 还可分析影响海洋浮游植物的空间分布和初级生产力的大、中尺度物理过程，包括北大西洋涛动（North Atlantic oscillation，NAO）和厄尔尼诺 - 南方涛动（El Niño-southern oscillation，ENSO）等。随着遥感技术的不断发展，人们将可能更全面地了解浮游植物生物量和生产力与海洋水文特征的关系。海洋水色遥感所反演的叶绿素等产品，已在渔场学得到广泛的应用。

三、海洋生产力分布

　　海洋初级生产力的分布是很不均匀的。总体上看，初级生产力的高值区主要位于各类辐散上升流区、大陆架和近岸海区，其次是北半球温带亚极区和南大洋锋面区，低值区则出现于南北两半球的热带、亚热带大洋区，北冰洋海区初级生产力最低（图 2-11）。

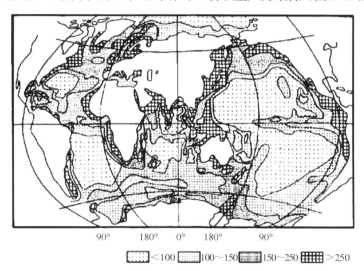

图 2-11　世界海洋初级生产力分布图［单位：mg C/（m² · d）］

　　近几十年来，卫星遥感技术在海洋监测中得到广泛应用，促进了渔场学、海洋生物地理学的发展。高分辨率卫星遥感可对不同海区浮游植物的丰度、真光层的深度及初级生产力的变化进行连续观测。英国学者 Longhurst（1971）运用这些卫星遥感数据结合动物组成及风、海流等物理海洋学特征将海洋划分为 4 个基本生物群区（biome），即极地生物群区（polar biome）、西风带生物群区（westeries biome）、信风带生物群区（trades biome）和近岸生物群区（coastal biome）。每个生物群区又划分为若干生态省区（ecological province）。这些分区的边界存在年际和季节变化，现结合上述生物群区的特点介绍海洋初级生产力的地理分布。

　　1. 热带、亚热带大洋区和赤道带

　　1）热带、亚热带大洋区

　　信风带生物群区的范围为 30°N～30°S，其边界正好穿越亚热带中央环流区，中轴位于赤道带。该海域的混合层深度主要受大尺度海洋环流的影响。

热带、亚热带大洋区有充足的太阳辐照，海水透明度高，真光层的深度超过 100m，这是对初级生产力有利的光照条件。但是，该海区属于大洋反气旋型环流的范围（也称中央环流区），表层海水向环流中心辐聚下沉，混合层的深度超过真光层的深度。温跃层在夏季可达 100~200m，冬季增加到 400m 左右。同时，由于水温高加强了海水的垂直稳定性，直接限制了深层水向上补充营养盐。混合层内浮游植物所需要的无机营养盐主要（90%以上）来源于系统内的循环和再生。真光层内的硝酸盐仅 0~5mg/m³，叶绿素含量 5~25mg/m²，平均年初级生产力只有 50~100mg C/m²。因此，该海区是初级生产力最低的水域，被称为大洋的"生物沙漠"。另外，与温带海区相比，热带海区的光照强度和海水垂直稳定度没有明显的季节变化，初级生产可以常年进行，而且生产层的深度较中高纬度的海区深，周转率高，从而是维持一个没有明显季节周期的低生产力特点的大洋区（图 2-12）。

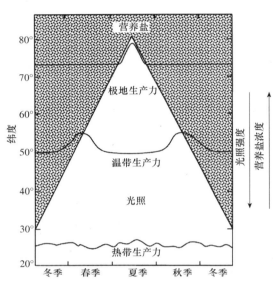

图 2-12　热带、温带海区初级生产力季节变化
与光照、营养盐关系示意图
（Lalli and Parsons，1997）

2）赤道带

南赤道流、北赤道流自东向西流动，是两半球大洋反气旋型环流在赤道海区的连续部分，其间是由西向东的赤道逆流（也称北赤道逆流）。由于赤道上水平科氏力分量为0，在赤道逆流附近的海水辐聚。同时，东北信风流和东南信风流产生向北和向南的水体输送分量，从而在赤道逆流的南北两侧形成海水的辐散（图 2-13）。

赤道海域的营养盐并不缺乏，特别是东部混合层内的硝酸盐浓度一般均高于 2μmol/L，即高于限制浮游植物生长所需的最低营养盐浓度。赤道海域铁的缺乏是限制其浮游植物生长的主要因素。该海域铁的主要来源是由赤道潜流产生的上升流带入近表混合层及由大气粉尘沉降至海面所提供的少量铁。缺铁使得浮游植物生产量与营养盐含量不匹配，因此，赤道海域属于典型的高营养盐 - 低叶绿素（HNLC）海域，该海域微型浮游植物占其总生物量的 90%，摄食浮游植物的消费者主要是微小鞭毛虫、腰鞭毛虫和纤毛虫。

赤道带的东部与西部的生产力有差别，信风流引起西部边界水位上升产生压强梯度力，混合层底部温跃层的深度也自西向东抬升。同时，赤道潜流流至

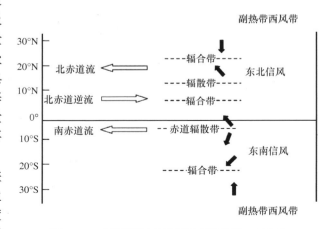

图 2-13　赤道辐散区示意图（陈长胜，2003）

东部边界时受阻，出现穿越等密度线的上升流。还有，大洋东部边界上升流的表层富营养水随信风向西延伸。以上环境特征的综合作用使得赤道带东侧部分的生产力水平比其西侧的高，平均可超过 0.5g C/（$m^2 \cdot d$）。

赤道带西部没有东部那样的上升流，其初级生产力与亚热带大洋区的相近。例如，太平洋的赤道流推动较暖的海水向西流动，在西部形成"暖池"（warm pool），较高的水温促进了海水的蒸发和降水，使得在温跃层上方又形成盐跃层。双重层化作用增加了"暖池"的水体稳定性，常量营养盐很快被耗尽，因此赤道西部水域的生产力很低。

2. 温带（亚极区）海洋

温带区处于西风带和极区海洋之间，两半球温带区的生态特点有明显差别。

1）北半球

北太平洋和北大西洋的温带海洋处于大洋气旋型辐散环流区，表层海水从环流中心向外扩散，将深层水引向表层，补充真光层的营养盐。这里混合层深度主要受风力的影响。硝酸盐含量 5～25mg/m^3，比其南部的亚热带大洋区高出数倍。叶绿素 a（chlorophyll-a, Chl-a）浓度 15～150mg/m^2，不少海域的初级生产力可达 300～500g C/（$m^2 \cdot a$），均比亚热带大洋区高得多。

在太平洋的东北部，出现以 HNLC 为重要特征的海域，例如，阿拉斯加湾虽然营养盐丰富，但受铁不足的限制，加上所处纬度较高，冬季光照条件差，初级生产力水平未能得到充分体现。很多水域的浮游植物粒径较小，硅藻仅偶尔占优势。原生动物成为主要的食植动物，其生长繁殖速度较快，常在水华初期就大量摄食浮游植物并促进营养盐再生。中型浮游动物以桡足类占优势，不少种类发育到桡足幼体第Ⅴ期后有一个休眠期，下沉到 400m 以下逃避捕食者。北大西洋的情况与北太平洋不同，由于源于陆地的铁补充较多，春季水华显著，并以硅藻占优势。这里的食植性浮游动物是个体较大的哲水蚤，包括飞马哲水蚤（*Calanus finmarchicus*）等。

在西北太平洋，黑潮暖流分支沿日本海岸北上与来自千岛群岛方向南下的亲潮寒流交汇处，海水产生强烈的混合作用。这里的生产力水平高，形成了著名的日本北海道渔场。同样，在西北大西洋，北向的湾流（暖流）与拉布拉达寒流的汇合处形成了著名的纽芬兰渔场。这两个寒暖流汇合处称为北半球的西北辐聚带。

2）南半球

南半球与北半球不同的是西风漂流不受大陆的阻隔，形成环绕南极大陆的南极绕极流。南大洋的重要物理特征是大风和强湍流混合。大部分海域硝酸盐含量很高，磷酸盐含量也不低，但是初级生产力并不高，是大洋中主要的 HNLC 海区，其初级生产力与氮、磷等营养盐含量不相匹配的主要原因是铁限制（其含量范围仅 0.2～0.5nmol/L），生源硅含量一般也很低。但是，在南极锋，即南极辐聚带海区（在太平洋位于 60°S 附近，在大西洋和印度洋平均位置在 50°S 附近），由风生和垂直湍流混合特性产生的海水上升为锋面带内真光层提供了较充足的铁。表层铁含量比大部分南大洋海区高 10 倍，生源硅也得到补充，加上近表混合层较浅（50～100m），因此该锋面带有利于浮游植物出现水华，是南大洋高生产力区。浮游植物以硅藻为主，而在其他海域以非硅藻或硅含量较低的种类为主。

南大洋 HNLC 海域的浮游动物以一种新哲水蚤（*Neocalanus tonsus*）的数量最丰富，该种与上述北太平洋的优势种类似，也具有储存脂类、休眠的习性。

很多温带海区光照条件及温度和海水垂直稳定度具有明显的季节周期，这些物理因素的综合作用导致其初级生产力有明显的季节变化特征，通常呈现一个明显的春季高峰和一个秋季次高峰（图 2-12）。

3．极地海区

极地海区的主要环境特征是大部分海域被冰覆盖，平均水温很低（<5℃），特别是光照条件差、生产季节短，成为影响初级生产的主要因素。

北冰洋基本上被大陆包围，大部分海域处于 75°N 以北的高纬度地区，海冰常年或季节性存在。北冰洋的初级生产基本上不受营养盐缺乏的限制，而是受光照条件差的限制。这里一年中有很长时间光照微弱（太阳高度角低，白昼时间短）或连续几个月黑暗（极夜）。该海区仅在光照期有浮游植物的净产量，并出现一个浮游植物生产高峰期，属于单周期型生产区。例如，靠近大西洋一侧，从格陵兰岛至巴伦支海，结冰前的水体混合出现丰富的营养盐，在有光照的春季出现水华。水华从浮冰下的附生群落开始，随着海冰的融化，初级生产具有净产量，紧随海冰的退却，水华范围也迅速向北移动。通常认为，北冰洋年平均初级生产力比贫营养的亚热带大洋区还低，但实际调查认为，北冰洋是生物生产力的"沙漠"的传统观点值得商榷。

由于浮游植物生产季节短，北冰洋植食动物的世代周期较长。例如，北极哲水蚤（*Calanus glacialis*）的生活史长达 2～3 年，冬季在深度 1000m 的深水区越冬。北极鳕（*Boreogadus saida*）则是能量和物质从浮游植物传递至鸟类和哺乳类过程中的关键种。

南极的极区海洋是指南极锋以南至南极大陆的海域。在南极大陆边缘的东风环流与其北侧的南极绕极流之间，由于动力作用形成南极辐散锋面，深层水上升带来丰富的营养盐（特别是氮、磷等无机盐类）。另外，东风环流与大陆之间形成海水沿大陆架的辐聚下沉，即南极大陆辐聚带。极区海洋随着季节性海冰的融化和向南退缩，附生藻类快速生长，出现硅藻水华。南半球极地海洋的初级生产力比北冰洋的高。调查认为，普里兹湾及其邻近海域的初级生产力呈现湾内高、湾外低、陆坡及深海最低的特征。调查结果还表明，浮游植物光合作用速率在次表层最高，然后随深度增加而递减。一般认为，微量元素特别是铁的供应决定了水华的规模。浮游动物中最重要的是南极大磷虾（*Euphausia superba*）。此外，南极银鱼（*Pleurogramma antarcticum*）也摄食硅藻等浮游植物。这里的海豹、鲸和鸟类（企鹅）资源也很丰富。

4．沿岸区

沿岸浅海区是海洋的高生产力区，其主要机制是有各种海洋锋面存在，为浮游植物光合作用提供丰富的营养盐。

1）上升流锋面

世界海洋最大的沿岸上升流是大洋东部上升流区。西风漂流在大洋东部主流沿大陆西岸流向低纬度并最后汇入信风流中。当它逐渐进入信风影响区时，表层海水分别受东南信风和东北信风作用离岸外流，遂使下层海水向表层涌升，形成上升流并向真光层输送营养盐，促使浮游植物的生长（图 2-14）。海洋中这类上升流主要有太平洋的秘鲁上升流和加利福尼亚上升流、大西洋的加那利上升流和本格拉上升流。这些上升流一年中大部分时间都有深层富营养水补充到表层，同时都位于纬度 10°～40°，太阳辐照充足，从而支持浮游植物的高生产力，并且维持着大量的鱼类和鸟类种群。例如，秘鲁上升流区的秘鲁鳀鱼产量曾占世界捕鱼量的 20% 左右。

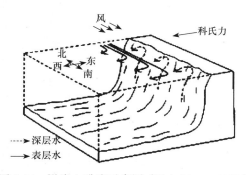

图 2-14 沿岸上升流示意图（Nybakken，1982）

沿岸上升流也出现在其他陆架浅海区，包括风生上升流或地形（如岛屿、浅滩）引起的底层水爬升的上升流（或者二者相结合的上升流）等，这些海区也是富营养的高生产力区，不过其局域性和季节性较为明显。

2）陆架坡折锋面带

很多海洋大陆架坡折处出现陆架坡折锋面带。例如，西太平洋的中国海陆架坡折处的黑潮锋面和北大西洋湾流与陆架水边界的湾流锋面都是典型的陆架坡折锋面。黑潮与湾流都来源于赤道附近的高温高盐水，表层营养盐含量很低。它们在横跨西边界大陆架坡折处等深线的剖面上与低温低盐的沿岸水相遇，产生一个狭窄的温度或盐度的剧变带，即黑潮或湾流的陆架坡折锋面。另外，这两段暖流在向北蜿蜒曲折流动时，与大陆架水的边界经常会在其两侧产生冷锋面涡旋、暖锋面涡旋。当气旋型暖中心的锋面涡旋出现在陆架坡折时，近表层水以逆时针旋转方式抽离黑潮或湾流近岸，主体进入陆架外海，在陆架坡折处产生辐散上升流。这种涡旋锋面将较冷而富营养盐的深层水带到表层，补充真光层浮游植物生长所需要的无机盐类。在充足光照条件下，这里就会出现浮游植物水华。美国东南陆架海域内浮游植物的初级生产力取决于陆架坡折处上升流向真光层的营养盐输送过程。上升流产生的动力机制是湾流锋面涡旋和春夏盛行的西南风。研究发现，美国东南沿海陆架坡折的湾流锋面涡旋处，当上升流将营养盐从深层带入表层时，平均初级生产力比通常在陆架坡折混合层内的高4倍左右。在上升流补充的营养盐被消耗后，初级生产力也随之下降。在中国海的陆架坡折处也常见黑潮流系中这种锋面涡旋。

应当指出，并不是所有的陆架坡折都是大洋水与陆架水相遇所造成的边界过渡带。从广义上说，任何出现在陆架坡折处的锋面结构都可以归为陆架坡折锋面。

3）低盐锋面和潮汐混合锋面

大陆的江河径流源源不断地将淡水输入陆架浅海区，从而在该海区产生低盐水和高盐海水之间的急剧过渡带，称为低盐锋面。由于河流的输入量有明显的季节变化（雨季与旱季），低盐锋面的强度及影响范围也具有明显的季节变化特征。

江河径流给河口区带来大量悬浮有机颗粒、溶解有机物和无机营养盐，这些营养物质主要来源于农田施肥和沿岸城市的污水排放。其中，氮、磷等无机营养盐类可直接被河口区浮游植物吸收，有机物质通过营养盐的内循环再生和悬浮沉积物的营养盐释放而被浮游植物利用。同时，河流输入的淡水在近岸浅海流动时会导致局部的河口垂直环流，将海底释放出的营养盐带到上层。在低盐锋面内侧的河口，湍流混合程度高，海水浑浊，真光层很浅（有的甚至只有1m左右），加上浮游生物本身的遮阴作用，影响浮游植物充分利用丰富的营养盐。但是在低盐锋面处，真光层加深，加上有充足的营养盐，往往容易出现浮游植物水华（图2-15）。

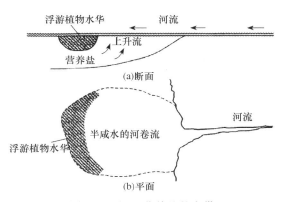

图 2-15　河口营养盐的夹带
（Lalli and Parsons，1997）

潮汐混合锋是指由潮汐混合所产生的温度、盐度（或密度）的过渡带。潮汐锋面出现在潮流和海底摩擦较大的陆架浅海区。值得提出的是，在很多河口区，低盐锋面和潮汐混合锋面同时存在，人们观测到的锋面其实是河流冲淡水、潮汐及风混合共同作用的综合写照。

通过以上讨论可确定，具有不同水文特征的海域，其初级生产力差异很大（表 2-1），主要与表层海水的辐散（上升）或辐聚（下沉）导致表层营养盐能否得到补充有关。

表 2-1　不同海区年初级生产力范围（Lalli and Parsons，1997）

海区类型	平均年初级生产力 /[g C/（m² · a）]
大陆架上升流区（如秘鲁海流、本格拉海流）	500～600
大陆架坡折（如欧洲陆架、Grand 浅滩、Patagonia 陆架）	300～500
亚北极区（如北大西洋、北太平洋）	150～300
反气旋型涡旋区（如马尾藻海、太平洋亚热带海区）	50～150
北极（冰覆盖）	<50

四、海洋初级生产力总量估计

科学家对各海区的初级生产力已进行了很多调查和估算。Ryther 把世界海洋分为大洋区、沿岸区和上升流区三种类型，估计它们的平均产量分别为 50g C/（m² · a）、100g C/（m² · a）和 300g C/（m² · a），认为全世界海洋最可能的初级产量约为 20×10⁹t C/a（表 2-2）。

表 2-2　世界海洋最可能的初级生产力估算

海区	占大洋面积 /%	面积 /（10⁶km²）	平均产量 /[g C/（m² · a）]	总产量 /（10⁹t C/a）
大洋区	90.0	326.0	50	16.3
沿岸区 *	9.9	36.0	100	3.6
上升流区	0.1	3.6	300	0.1
总计		365.6		20.0

* 包括高生产力的外海

Koblentz-Mishke 等把世界海洋水域分成 5 种类型。其中，亚热带中部的贫营养水的初级生产水平仅 70mg C/（m² · d），而沿岸海域可达 1000mg C/（m² · d），估计全世界浮游植物的总初级产量为 23.2×10⁹t C/a（表 2-3）。

表 2-3　世界海洋浮游植物的初级生产力估算

海域类型	海域面积 /（10⁸km²）	初级生产力（平均值）/[mg C/（m² · d）]	年生产量 /（10⁹t C/a）
亚热带贫营养海域	1.48	70	3.97
亚热带和亚极区过渡海域	0.82	140	4.22
赤道辐散区和亚热带海域	0.86	200	6.31
近海海域	0.38	340	4.80
沿岸海域	0.10	1000	3.90
总计	3.64		23.20

20 世纪 70 年代以后，一些学者对海洋初级生产力的估计都超过 Ryther 和 Koblentz-Mishke 等的估计值。例如，Platt 等和 Berger 等估计为 30×10⁹t C/a，Lalli 和 Parsons（1997）

估计每年海洋浮游植物生产量约为 36.8×10^9 t C/a（表 2-4）。应当指出，迄今报道的海洋初级生产力总量的数值都仅是粗略的估计，其原因与调查方法的不同有关，但总的看来，都比过去估计的数值高。

表 2-4 海洋浮游植物的初级生产力估算（Lalli and Parsons，1997）

海域类型	大洋区	沿岸区	上升流区
占海洋总面积 */%	89	10	1
平均初级生产力 / [g C/ ($m^2 \cdot a$)]	75	300	500
总初级产量 / (10^9t C/a)	24.0	11.0	1.8

* 海洋总面积 = 362×10^6 km²

思 考 题

1. 描述海底的形态、特征及其与渔场的关系。
2. 描述海底底质分布的一般规律。
3. 描述上升流和下降流产生的原因。
4. 描述世界大洋环流的特征。
5. 描述西部边界流和东部边界流的特征，哪些海流属于西部边界流？哪些属于东部边界流？
6. 列举说明三大洋的主要海流。
7. 水团的概念、分布特征和五大类型。
8. 描述海洋中水温的分布规律。
9. 描述海洋中营养盐的分布规律。
10. 初级生产力的概念及世界海洋生产力分布特征。

建议阅读文献

陈长胜. 2003. 海洋生态系统动力学与模型. 北京：高等教育出版社.

冯士筰，李凤岐，李少菁. 1999. 海洋科学导论. 北京：高等教育出版社.

沈国英. 2016. 海洋生态学. 3 版. 北京：科学出版社.

Lalli C M, Parsons T R. 1997. Biological Oceanography: an Introduction.2nd ed.Oxford: Butterworth-Heinemann.

Nybakken J W. 1982. Marine Biology—an Ecological Approach. New York: Harper & Row Publishers.

第三章　鱼类集群与洄游分布

第一节　本章要点和基本概念

一、要点

本章将阐述集群和洄游的基本概念，以及研究集群和洄游的意义，介绍集群和洄游的类型，以及研究洄游的基本方法。本章要求学生重点掌握鱼类集群与洄游的基本概念、洄游机理及基本研究方法，特别是新技术和新方法的应用。

二、基本概念

（1）集群（shoaling fish）：集群是由于鱼类在生理上的要求和在生活上的需要，一些生理状况相同又有共同生活需要的个体集合成群，以便共同生活的现象。在不同的生活阶段和不同的海洋环境条件下，鱼类集群的规模、形式等是有变化的。

（2）生殖集群（breeding shoal）：由性腺已成熟的个体汇合而成的鱼群，称为生殖鱼群或产卵鱼群。其群体的结构一般为性腺发育程度基本一致，体长基本一致，群体的密度较大，也较为集中和稳定。

（3）索饵集群（feeding shoal）：根据鱼类的食性，以捕食相同饵料生物为目的的鱼群，称为索饵集群。索饵集群的鱼类，其食性相同。一般来说，食性相同的同种鱼类，其体长一般相近；不同种类的鱼，往往为了摄食相同的饵料也聚集在一起。索饵鱼群的密度大小主要取决于饵料的丰度与分布范围。

（4）越冬集群（overwintering shoal）：由于栖息水温条件的改变，集合起来共同寻找适合其生活的新环境的鱼群，称为越冬集群。凡是肥满度相近的同种鱼类，不一定属于同一年龄和同一体长的个体，都有可能集群进行越冬。

（5）临时集群（temporary shoal）：当环境条件突变或遇到凶猛捕食者时，暂时性集中的集群称为临时集群。

（6）鱼群（shoal of fish；stock of fish）：由基本种群分化而改组重新组合的鱼类集合体，它们各个体的年龄不一定相同，但生物学状况相近、行动统一，且长时间结合在一起。

（7）洄游（fish migration）：是指由于遗传因素、生理习性和环境影响等要求，鱼类等水生动物会出现一种周期性、定向性和集群性的规律性移动。

（8）主动洄游（active migration）：鱼类凭借本身的运动能力，进行主动的洄游活动，称为主动洄游，如接近性成熟时向产卵场的洄游，达到一定肥满度时向越冬场的洄游，生殖或越冬后向索饵场的洄游等。

（9）被动洄游（passive migration）：鱼类的浮性卵、仔鱼或幼鱼由于运动能力微弱，常会被水流携带到很远的地方，这种移动称为被动洄游，如鳗鲡的仔鱼会被海流携带到很远的地方。

（10）生殖洄游（spawning migration；breeding migration）：是指从索饵场或越冬场向产卵场的移动。生殖洄游是当鱼类生殖腺成熟时，生殖腺分泌性激素到血液中，刺激神经系统而导致鱼类排卵繁殖的要求，并常集合成群，去寻找有利于亲体产卵、后代生长、发育和栖息的水域而进行活动的洄游。

（11）向陆洄游（landward migration）：是指从大洋深处向沿岸浅水区进行的生殖洄游，大多数鱼类属于这一类型。

（12）溯河洄游（anadromous migration）：是指在海洋中成长，成熟时溯河川进行产卵，由海入河、逆流而上的生殖洄游，如鲑、鲟、大麻哈鱼等。

（13）降河洄游（catadromous migration）：是指在河川中成长，成熟时游往海洋产卵，由河入海的生殖洄游，如鳗鲡，其洄游方向与大麻哈鱼相反。

（14）索饵洄游（feeding migration）：又称摄食洄游或肥育洄游，是指从产卵场或越冬场向索饵场的移动。越冬后的性未成熟鱼体和经过生殖洄游及生殖活动，消耗了大量能量的成鱼，游向饵料丰富的海区进行索饵，准备越冬和来年生殖。

（15）越冬洄游（overwintering migration）：又称季节洄游或适温洄游，是指从索饵场向越冬场的移动。各种鱼类适温范围不同，当环境温度发生变化时，鱼类为了追求适合其生存的水域，便发生集群性的移动，这种移动称越冬洄游。

（16）标志放流（tagged releasing）：是研究鱼类等水生动物的洄游分布和估算渔业资源数量的一种方法。将天然水域中捕获的鱼类做上标记后放回原水域，重新捕获时可据此研究鱼类的洄游、分布、生长和资源等状况。

（17）标记法（marking method）：最早使用的标志放流的方法之一，是指在鱼体原有的器官上做标记，如全部或部分切除鱼鳍的方法。

（18）标牌法（tagging method）：标志放流的方法之一，是把特别的标志物附加在渔业资源的生物体上，标志物上一般注明标志单位、日期和地点等，它是现代标志放流工作所采用的最主要方法，可分为体外标志法、体内标志法、生物遥感标志法、数据储存标志和分离式卫星标志等。

（19）体外标志（external tag）法：一种常用的标志放流方法，即在放流鱼体外部的适当部位刺上或拴上一个颜色明显的标志牌。该方法传统、简单、操作成本低。但存在着不少缺陷，可获得的有效数据也少。

（20）生物遥感标志（bio-remote sensing tag）法：标志放流的方法之一，是指利用遥感传感器的功能，将超声波或电波发生器装在鱼体上作为标志，标志放流后，可用装有接收器的试验船跟踪记录，连续观察，以查明标志鱼的洄游路线、速度、深度变化、昼夜活动规律等。该方法简单，可较为详细地记录鱼类的生活规律，但一般使用周期不长。

（21）同位素标志（isotopic tag）法：标志放流的方法之一，是指用放射周期长（一般为1～2年）而对鱼体无害的放射性同位素引入鱼体内部作为标志，用同位素检验器检取重捕的标志鱼的一种方法。目前采用最多的同位素是 ^{32}P、^{43}Ca。

（22）数据储存标志（data-storage tag）法：标志放流的方法之一。此方法就是把数据储存标志装在被捕获的鱼体腔内，一旦鱼被释放后，标志每隔128s激活一次，一天共有675次记录（来自4个传感器的水压、光强和体内外温度数据）。每天标志利用记录定额数据计算当天的地理位置。根据存储在标志中的信息，研究者可以详细了解鱼的洄游和垂直运动。

（23）分离式卫星标志（pop-up satellite archival tag）法：现代标志放流的方法之一。由时钟、传感器、控制存储装置、上浮控制部分、能量供给装置及外壳等组成的一个标志装置，该装置标志装在海洋动物身上，可以记录其活动时间、位置、水深、环境参数等信息，并通过 Argos 卫星回传。该方法已广泛用于研究海洋动物的大规模移动及其栖息环境特性，如海洋哺乳动物、海鸟、海龟、鲨鱼及金枪鱼类等。目前，制作分离式卫星标志的公司主要有美国的 Microwave Telemetry 和 Wildlife Computers，二者均通过 Argos 卫星传送数据。

第二节 鱼类集群与洄游的意义

栖息在海洋中的鱼类或其他经济动物（以下统称为鱼类），一般都有集群和洄游的生活习性，这是鱼类在长期生活过程中对环境（包括生物环境和非生物环境）变化相适应的结果，是鱼类生理上与生态习性上所引起的条件反射。

通常鱼类因生理上的要求，以及保存其种族延续的需要，通过集群进行产卵洄游，完成其产卵繁殖；季节变化导致水温逐渐变化，作为变温动物的鱼类，为了避开不适宜生活的低温水域，它们会集结成群，寻找适合生存的水域，进行越冬（或适温）洄游；鱼类在生殖或越冬洄游过程中，消耗了大量的能量，为了维持其生命的需要，集群向富有营养生物的海域洄游，以补充营养，进行索饵洄游；鱼类生活环境中，经常遇到敌害的突然袭击或天气的突然变化，或者受到环境（如声、光、电等）的刺激而集结成群，形成临时集群。因此，鱼类的集群、洄游原因多样，集群、洄游的时间也有长有短，集群的群体有大有小，集群的鱼种既有单一种类的，又有几个种类混杂的；有些集群有规律性，有些却没有规律性。总之，鱼类的集群与洄游是一种较为复杂的鱼类行为，是其对自然海洋环境条件的适应和选择。

海洋捕捞者和渔业资源研究者所关心的问题是鱼类究竟在什么时间、什么地点、什么海区出现并集群，集群的时间有多长，鱼群的规模有多大，鱼类集群的海洋环境条件是什么，鱼类集群之后的移动路线是什么等。因此，研究鱼类集群与洄游的目的，就是要掌握鱼类集群与洄游的规律及产生的机制，为合理开发、利用和管理海洋渔业资源提供基础。海洋捕捞业大多数是以鱼群为捕捞对象，研究鱼类集群行为更有直接的实践意义。此外，通过对鱼类集群行为的研究，可找到人为聚集鱼群的方法或控制鱼群行为的方法，如金枪鱼围网流木集群、灯光诱集鱼群等，从而大大提高捕捞效率和渔获产量。

一、鱼类集群的概念及其类型

集群是由于鱼类在生理上的要求和在生活上的需要，一些生理状况相同又有共同生活需要的个体集合成群，以便共同生活的现象。在不同的生活阶段和不同的海洋环境条件下，鱼类集群的规模、集群的时间、集群的形式及集群的种类等是有变化的。通常鱼类集群根据其产生原因的不同，可分为四类：生殖集群、索饵集群、越冬集群和临时集群。

（1）生殖集群。由性腺已成熟的个体汇合而成的鱼群，称为生殖鱼群或产卵鱼群。其群体的结构一般为性腺发育程度基本一致，体长基本一致，群体的密度较大，也较为集中和稳定。

（2）索饵集群。根据鱼类的食性，以捕食相同饵料生物为目的的鱼群，称为索饵集群。索饵集群的鱼类，其食性相同。一般来说，食性相同的同种鱼类，其体长一般相近；不同种类的鱼，往往为了摄食相同的饵料也聚集在一起。索饵鱼群的密度大小主要取决于饵料的丰度与分布范围。随着鱼类肥满度的增大，以及海洋环境条件的改变，索饵鱼群可能会发生改组。例如，分布在热带和亚热带的索饵鱼群，到了性腺成熟度或重复成熟阶段就会形成生殖鱼群；分布在温带和寒带的鱼类，由于水温的下降，就会形成越冬集群。

（3）越冬集群。由于栖息水温条件的改变，集合起来共同寻找适合其生活的新环境的鱼群，称为越冬集群。凡是肥满度相近的同种鱼类，不一定属于同一年龄和同一体长的个体，都有可能集群进行越冬。在集群前往越冬场的洄游过程中，不少鱼群根据其肥满度的差异又分成若干小鱼群，但到达越冬场后，多数小群又集合成较大的鱼群，其数量巨大。在越冬场集群的鱼，依其食性和肥满度的不同，有停止摄食或减少摄食的现象。越冬鱼群一般群体较为密集，但由于环境条件的不同，鱼群密度也不相同。

（4）临时集群。当环境条件突变或遇到凶猛捕食者时，暂时性集中的集群称为临时集群。一般情况下，分散寻食的鱼群或移动的鱼群，不论其属于哪一生活阶段，当环境条件突然变化时，特别是温度、盐度急剧变化或凶猛捕食者出现的时候，以及栖息环境变化时（如声、光、电等），往往会引起鱼群的暂时集中，这样的集群就是临时性集群，当环境条件恢复正常时，它们又可能离散、正常生活。

二、鱼类集群的一般规律

一般情况下，根据鱼类生活过程的不同阶段，其鱼类集群的规律如下：在幼鱼时期，主要是同种鱼类在同一海区同时期出生的各个个体集合成群，群中每个个体的生物学状态完全相同，以后生物学过程的节奏也基本一致，这就是鱼类的基本种群。此后，随着个体的生长发育和性腺成熟的程度不同，基本种群发生分化改组；由于幼鱼的生长速度在个体间并不完全相同，其中有的摄食充足、营养吸收好、生长较快且性腺早成熟，常常会脱离原来群体而优先加入较其出生早且性腺已成熟的群体；在基本种群中，那些生长较慢且性成熟度较迟的个体，则与较其出生晚且性腺成熟度状况接近的群体汇成一群；在基本种群中，大多数个体生长一般，性腺成熟度状况较为相近的个体仍维持着原来的那个基本群体。由基本种群分化而改组重新组合的鱼类集合体，称为鱼群。在这一鱼群中，鱼类各个体的年龄不一定相同，但生物学状况相近，行动统一，长时间结合在一起。同一鱼群的鱼类，有时因为追逐食物或逃避敌害，可能临时分散成若干个小群，这些小群是临时结合的，一旦环境条件适宜它们会自动汇合。

三、鱼类集群的作用

到目前为止，人们对鱼类集群的作用、生物学意义及集群机制还在不断研究之中，出现了许多假设，了解和研究还不够充分，但鱼类集群至少在以下几个方面具有重要的作用。

1. 在鱼类防御方面

目前，在鱼类集群行为的作用和生物学意义中，最有说服力的就是饵料鱼群对捕食的防御作用。已有研究普遍认为，集群行为不但可以减少饵料鱼被捕食鱼发现的概率，还可以减少已被发现的饵料鱼遭到捕食鱼成功捕杀的概率。由几千尾甚至几百万尾鱼汇集的鱼群看起来也许十分显眼，但实际上，在海洋中一个鱼群并不比单独的个体更容易被捕食鱼发现。这是因为海水中悬浮微粒对光线的吸收和散射等，使物体在水中的可见距离是非常有限的，即使在特别清澈的水中，物体的最大可见距离也只有200m左右，并且这个距离与物体的大小无关，因此，实际上最大的可见距离还要小得多。在长期的进化过程中，作为一种社会形式而发展起来的鱼群，不但可以减少饵料鱼被发现的概率，而且必然还有其他形式的防御作用，以减少已被发现的饵料鱼遭到捕食鱼成功捕杀的概率。有人在水族箱里做过试验，结果表明：单独行动的绿鳕稚鱼平均每 26s 被鳕鱼吃掉一尾，而集群的绿鳕稚鱼平均每 135s 才被鳕鱼吃掉一尾。

此外，集群行为也有助于鱼类逃离移动中的网具。当鱼群只有一部分被网具围住时，往往一个鱼群全部都可逃脱。有生产经验的渔民明白，只有把一个鱼群全部围起来，才可能获得最好的捕捞效果。这是因为鱼群中的个体都十分敏感，反应速度极快，只要一尾鱼受惊而改变方向，整个鱼群几乎同时产生转向的协调运动。因此，鱼类的集群行为可减少其被捕食或者围捕的危险性，使鱼群及早地发现敌害，起到防御作用。

2. 在鱼类索饵方面

食物关系是生物种间和生物种内联系的最基本形式之一。鱼类的集群使得它们可以更容易发现和寻找到食物。已有的研究发现，不但饵料鱼会集结成群，而且某些捕食鱼也是集群的。由此可以断定，集群行为在捕食鱼生活中也有一定的作用。但是，至今为止，对这个问题的深入研究仍然很少。

已有少量的研究认为，捕食鱼形成群体之后，不仅感觉器官总数会增加，搜索面积也会增加。鱼群中的一个成员找到了食物，其他成员也可以捕食。如果鱼群中成员之间的距离勉强保持在各自的视线之内，则鱼群的搜索面积会达到最大。因此，鱼类在群体中比单独行动时能更快找到食物。实际上，处在食物链中间的一些鱼类，既是饵料鱼，又是捕食鱼，鱼类集群既起到防御的作用，又起到寻找食物的作用。

3. 在鱼类生殖方面

一些性腺已经成熟的鱼类个体，为了产卵和生殖的需要聚集在一起，形成生殖鱼群，以提高繁殖效果、繁衍后代。已有研究表明，繁殖鱼群对水温有着特别高的要求，往往限制在一定的水温范围内，如果水温不合适，即使性腺已经成熟的个体，也不会发生产卵的行为，因此，繁殖鱼群通常集群密度大，这也有利于提高繁殖力。对于大多数鱼来说，集群是产卵的必要条件，而且许多个体聚集于一起进行产卵、交配，在遗传因子扩散方面也起到了某些作用。毫无疑问，这对于鱼类繁衍后代、维持种族有着决定性的意义。

4. 在鱼类的其他方面

大量研究已经表明，鱼类集群除了防御、捕食和生殖等方面的作用和生物学意义外，还有其他作用。Ahe 认为，与单独个体鱼相比，鱼群对不利环境变化有较强的抵抗能力。集群行为不但能够增强鱼类对毒物的抵抗，而且能降低鱼的耗氧量。Shaw 和 Breder 等认为，从水动力学方面来看，在水中集群游泳可节省个体的能量消耗，正在游泳的鱼所产生的涡流能量可被紧跟其后的其他鱼所利用，因而群体中的个体就可减少一定的游泳努力而不断前进。

Shaw 认为，将集群行为的生物学意义只限于一种加以考虑是不正确的，鱼群的生存效应不是一种生物学意义的结果，而应该是许多种生物学意义综合而成的。例如，集团互利效应、混乱效应、拟态行为（假装成大的数量和大的动物等）、能量效应及其他效应全部综合起来，从而使集群行为有利于鱼类的生存。

四、鱼类集群的行为机制及其结构

1. 鱼类集群的行为机制

鱼类是通过什么机制来形成群体并使之维持下去的呢？已有研究表明，鱼的信息主要是通过声音、姿态、水流、化学物质、光闪烁和电场等来传递的。因此，视觉、侧线感觉、听觉、嗅觉及电感觉等在鱼群形成和维持中均起到重要的作用。但是，鱼类集群的行为机制研究目前还没有一个较为统一的说法。

1）视觉在鱼类集群行为中的作用

许多学说都认为，视觉是使鱼类集群的最重要感觉器官，甚至有的学说还认为：视觉是与集群行为有关的唯一感觉器官。但是，现在已经知道这些看法是片面的，因为除视觉之外，听觉、侧线、嗅觉等也都与集群行为有着密切的关系，而且它们的作用未必不如视觉。不过，视觉的确在集群作为中发挥了重要的作用。

Radakov 认为，视觉在集群行为中的作用主要有两点：一是个体通过视觉相互诱引同伴；二是视觉使群体的游泳方向得到统一。诱引力是集群的第一阶段，起着使分散于任意方向个体集中于一处的作用，主要在群体静止状态下发挥作用。方向的统一性则起着使聚集在一起的个体朝向同一方向、使个体周围保持充分的空间、给其行为以统一性的作用，主要在群体移动状态下发挥作用。其他研究者的看法也大致相同。

研究认为，视觉能够提供一种鱼群成员间的相互引诱力，使鱼群内的各个体相互诱引和相互接近，因而在集群行为中发挥了重要的作用。但是，最近的研究结果进一步表明视觉系统似乎是一种保持最邻鱼的距离和方位的重要感觉器官。

2）侧线感觉在鱼类集群行为中的作用

大多数鱼类在身体的两侧都具有侧线系统。虽然过去人们曾提到侧线在鱼群形成过程中能发挥一定的作用，但多数研究者都认为视觉比侧线更为重要。已有研究认为，侧线感觉在鱼类集群行为中具有与视觉同等重要的作用，是一种用以确定邻近鱼速度和方向的最重要感觉器官。有充分的证据证明，鱼在游动时共同利用了视觉和侧线感觉这两种感觉器官。

3）嗅觉在鱼类集群行为中的作用

已有研究表明，嗅觉在鱼类集群行为中也起到重要的作用。例如，活泥鳅和死泥鳅皮肤渗出液给予同伴的诱引效果是相同的，死泥鳅皮肤渗出液没有使同伴产生恐怖反应。对脂鳞的研究发现，当视觉不能起到集群作用时，嗅觉作用对集群是重要的。同样证实，鳗鲶的嗅觉在集群中起到重要的作用。

综上所述，鱼类的集群行为是通过多种感觉源的信息来实现的。其产生的原因，也许只能从进化上来找，自然选择势必使鱼类等水生动物能够利用多种信息。我们相信，除了视觉、侧线感觉和嗅觉以外，或许还会有其他的感觉系统参与集群。近年来已有人提出听觉、电感觉等也与鱼类集群行为有关，但有关这方面的系统研究还很少。

2. 鱼群的结构

研究鱼群的结构，对于进一步阐明鱼类集群行为和侦察鱼群、渔情预报有着重要的意义。鱼群的结构可以从两个方面来考虑：一是鱼群的外部结构，如鱼群的形状、大小等；二是鱼群的内部结构，如鱼群的种类组成、体长组成，个体的游泳方式、间距、移动速度及鱼群密度等。在鱼群的外部结构方面，不同种类的鱼类，其形状、大小等都是不同的。即使同一种鱼类，其鱼群的外部构造也会随时间、地点、鱼类的生理状态及环境条件等变化而发生改变。

在鱼群侦察和渔业生产中，主要从鱼群的外部形态来考虑。不同种类、不同生活时期、不同环境条件，以及中上层与下层鱼类鱼群的外部形态均不相同，主要表现在形状、大小、群体颜色等方面，特别是中上层鱼类。例如，分布在我国北部海区的鲐鱼鱼群，以及南海北部大陆架海域的蓝圆鲹和金色小沙丁鱼群，这些鱼群的形状可分为 9 种：三角形、"一"字形、月牙形、三尖形、齐头形、鸭蛋形、方形、圆形、哑铃形（图 3-1 和图 3-2）。

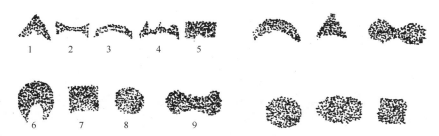

图 3-1　黄海北部鲐鱼鱼群形状图　　图 3-2　蓝圆鲹、金色小沙丁鱼群形状图

对中上层鱼类的鱼群来说，一般可根据群体形状、面积大小、鱼体颜色和鱼群游泳速度来推测鱼群的数量多少。从鱼群的游速来看，游泳速度快的鱼群，其群体规模相对较小；游泳速度较慢的群体，其群体数量相对较大。从鱼群的颜色来看，群体的颜色越深，鱼群的规模越大；群体的颜色越浅，鱼群的规模越小。以图 3-1 的鲐鱼鱼群为例，前三种群形的鱼群，一般群体小或较小，通常无群色，行动迅速，天气晴朗风浪小时，常可看到水面掀起一片水波；第 1 种和第 2 种鱼群数百尾，最多不过 1000 尾、2000 尾；第 3 种群体较大，游动稍迟缓；第 4~6 种鱼群群体稍大；第 7 种鱼群为方形群，群体数量比第 4~6 种大，游动也较稳，其数量视群色而定，一般有数千尾至万余尾；第 8 种圆形群，从海面上来看鱼群不大，群色深红或紫黑，越往下群体数量越大，估计一般在 20 000 尾、30 000 尾以上，甚至可达 60 000 尾或 70 000 尾，鱼群移动极缓慢，便于围捕作业；第 9 种哑铃形群又称扁担群，群体最大，一般不达水面，移动最缓，也不受干扰，如船只在其上通过鱼群立即分开，船过后，鱼群又合拢，估计一般在 30 000 尾、40 000 尾以上，如群色深紫或深黑则可达十余万尾。

以图 3-1 的鲐鱼鱼群为例，鱼群的群色反映在海面，色泽深浅依群体密度大小而异。群色一般分黄、红、紫、紫黑 4 种，色泽越深群体越大，也越稳定。有时鱼群接近底层，海面仅几尾起水，像吹起的波纹，如群色呈深紫或紫黑色，则为大群体。

第三节　鱼类的洄游分布

一、鱼类洄游的概念与类型

1. 鱼类洄游的概念

由于遗传因素、生理习性和环境影响等要求，鱼类会出现一种周期性、定向性和集群性的规律性移动，这一现象称为洄游（migration）。洄游是鱼类为扩大其分布区和生存空间，以保证种的生存和增加种类数量的一种适应行为，具有周期性、定向性和集群性的特点，一般以周年为单位。洄游是一种社会性行为，是从一个环境到另外一个环境，是种的需要和适应，也是进化和自然选择的结果。洄游是按一定路线进行移动的，洄游所经过的途径，称为洄游路线。

鱼类在洄游过程中，会定期大量地出现在某一海域，并形成可捕捞的密集群体，因此在鱼类洄游经过的海域，又可能形成渔场。研究并掌握鱼类洄游规律，对于探测渔业资源量及其群体组成的变化状况，预报汛期和渔场，制定鱼类繁殖保护与管理措施，提高渔业生产和资源保护管理的效果，以及开展增殖放流等都具有十分重要的意义。其他水生动物如对虾等也有同样的洄游习性。

　　鱼类的洄游是一种先天性的本能行为，有一定的生物学意义。洄游在漫长的进化过程中逐渐形成并且稳定之后，就成为它的遗传性而巩固下来。不同鱼类或同一种鱼类的不同种群，由于洄游遗传性的不同，各自有其一定的洄游路线，以及一定的生殖、索饵和越冬场所，这是自然选择的结果，有着相当强的稳定性，不可轻易改变。在一定的内外因素作用下，鱼类是依靠其遗传性进行洄游的。不过，现有研究表明，由气候变化导致的水温上升，也正在影响着一些鱼类等海洋动物的洄游和分布，扩大或者缩小了这些鱼类的分布。

　　研究表明，并非所有的鱼类都会根据季节的变化或者自身的需求进行洄游。根据进行洄游与否，可将鱼类分为洄游性鱼类和定居性（resident and straggle）鱼类两大类。对于大多数鱼类来说，洄游都是其生活周期中不可缺少的一环。只有较少数的鱼类经常定居，不进行有规律的较远距离的移动，如鰕虎鱼科的某些种类等。有些种类（如鲑鱼）只有已达到性成熟的成鱼会进行洄游，幼鱼从产卵场游到索饵场后就在那里生活一直到性成熟，性成熟前不进行较远距离的移动。一些种类（如分布在里海的勃氏褐鲱鱼等）的幼鱼却会像成鱼一样进行较远距离的洄游。一般来说，鱼类洄游经历了仔鱼从产卵场→肥育场→索饵场→产卵场这样一个生命周期，而成鱼直接从产卵场到索饵场，从索饵场到产卵场。温带和寒带的鱼类，由于鱼类的适温性作用，对栖息温度有一定的要求，因此还有越冬洄游。

　　2. 鱼类洄游的类型

　　洄游是一种有一定方向、一定距离和一定时间的变换栖息场所的运动。这种运动通常是集群的、有规律的、周期性的，并具有遗传的特性。鱼类洄游的类别按照不同的标准有以下几种划分方法。

　　1）根据洄游动力划分

　　根据洄游动力的不同，可分为主动洄游和被动洄游。鱼类凭借本身的运动能力，进行主动的洄游活动，称为主动洄游，如接近性成熟时向产卵场的洄游、达到一定肥满度时向越冬场的洄游、生殖或越冬后向索饵场的洄游等。鱼类的浮性卵、仔鱼或幼鱼由于运动能力微弱，常会被水流携带到很远的地方，这种移动称为被动洄游，鳗鲡的仔鱼会被海流携带到很远的地方，这便是一个典型的被动洄游例子。

　　2）根据洄游性质划分

　　根据洄游性质的不同，可分为生殖洄游（或称产卵洄游）、索饵洄游（或称摄食洄游）和越冬洄游（或称适温洄游）。

　　（1）生殖洄游是指从索饵场或越冬场向产卵场的移动。生殖洄游是当鱼类生殖腺成熟时，生殖腺分泌性激素到血液中，刺激神经系统而导致鱼类排卵繁殖的要求，并常集合成群，去寻找有利于亲体产卵、后代生长、发育和栖息的水域而进行活动的洄游。通常根据洄游路径和产卵的生态环境不同，将鱼类的产卵洄游分为三种：向陆洄游、溯河洄游和降河洄游。①向陆洄游是指从大洋深处向沿岸浅水区的生殖洄游，大多数鱼类属于这一类型；②溯河洄游是指在海洋中成长，成熟时溯河川进行产卵，由海入河、逆流而上的生殖洄游，如鲑、鲥、大麻哈鱼等；③降河洄游是指在河川中成长，成熟时游往海洋产卵，由河入海的生殖洄游，如鳗鲡，其洄游方向与大麻哈鱼相反。

　　生殖洄游的特点是：①游速快，距离长，受环境影响较小。如果事先了解生殖洄游鱼群的前进速度和方向，就可根据当前的渔况来推测下一个渔场和渔期。②在生殖洄游期间，分群现象最为明显，通常按年龄或体长组群循序进行。③在生殖洄游期间，性腺发生剧烈的变化，无论从发育情况还是体积和重量来看，前后差异都是非常明显的。④生殖洄游的目的地是产卵场，一般在固定的海区，但在水文条件（如温度、盐度的变化等）的影响下，产卵场可能会发生一些变化。

（2）索饵洄游，又称摄食洄游或肥育洄游。索饵洄游是指从产卵场或越冬场向索饵场的移动。越冬后的性未成熟鱼体和经过生殖洄游及生殖活动消耗了大量能量的成鱼，游向饵料丰富的海区强烈索饵，生长育肥，恢复体力，积累营养，准备越冬和来年生殖。

索饵洄游的特点：①洄游目的在于索饵，因此，其洄游的路线、方向和时期的变更较多，远没有生殖洄游那样具有比较稳定的范围。②决定鱼类索饵洄游的主要因子是营养条件，水文条件（温度、盐度等）则属于次要因子。饵料生物群的分布变化和移动支配着索饵鱼类的动态，鱼类大量消耗饵料生物之后，如果饵料生物的密度降低到一定程度，这时摄食饵料所消耗的能量高于能量的积累，那么，索饵鱼群就要继续洄游，寻找新的饵料生物群。其洄游时间和空间往往随着饵料生物的数量分布而变动。因此，了解与掌握饵料生物的分布与移动的规律，一般能正确判断渔场、渔期的变动。例如，带鱼在北方沿海喜食玉筋鱼、黄鲫等，每年这几种饵料鱼类到达带鱼渔场以后，再经过10多天，便可捕到大量带鱼，形成带鱼的渔汛。③索饵洄游一般洄游路程较短，群体较分散。例如，我国许多春夏季节产卵的鱼，产卵后一般就在附近海区进行索饵。

（3）越冬洄游，又称季节洄游或适温洄游。越冬洄游是指从索饵场向越冬场的移动。鱼类是变温动物，对水温的变化甚为敏感。各种鱼类适温范围不同，当环境温度发生变化的时候，鱼类为了追求适合其生存的水域，便发生集群性的移动，这种移动称为越冬洄游。

越冬洄游的特点：①鱼类越冬洄游时通常向水温逐步升高的方向前进。因此，我国海洋鱼类洄游的方向一般是由北向南、由浅海向深海进行的。②在越冬洄游期间，鱼类通常减少摄食或停止摄食，主要依靠索饵期中体内所积累的营养来供应机体能量的消耗。因此，这时饵料生物的分布和变动，在一定程度上并不支配鱼类的行动。③鱼类只有达到一定的丰满度和含脂量，才有可能进行越冬洄游，因此鱼体生物学状态变化是鱼类越冬洄游的前提。鱼类达到一定的生物学状态，以及外界环境条件的刺激（如水温下降），会促使鱼类开始越冬洄游。因此，环境条件的变化是鱼类越冬洄游的条件。未达到一定丰满度和含脂量的鱼，将继续索饵肥育，而不进行越冬洄游。

越冬洄游在于追求适温水域越冬，因此，越冬洄游过程中受水域中水温状况，尤其是等温线分布情况的影响。

生殖洄游、索饵洄游和越冬洄游是相互联系的（图3-3），生活周期的前一环节为后一环节做准备。洄游状态是与鱼类的一定生物学状态相联系的，如丰满度、含脂量、性腺发育、血液渗透压等。洄游的开始主要取决于鱼类的生物学状态，但也取决于环境条件的变化。

但是，海洋中不是所有洄游性鱼类都进行这三种洄游，某些鱼类只有生殖洄游和索饵洄游，没有越冬洄游。还有一些鱼类这三种洄游不能截然分开，而且有不同程度的交叉。例如，分批次产卵的鱼类，小规模的索饵洄游就已经在产卵场范围内进行了；在索饵洄游中，由于饵料生物量或季节发生变动，有可

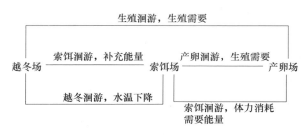

图3-3 各种洄游种类的关系图

能和越冬洄游交织在一起进行。

3）根据鱼类所处生态环境划分

根据鱼类所处生态环境（水域性质）不同，洄游可分为海洋鱼类的洄游、溯河性鱼类的洄游、降海性鱼类的洄游和淡水鱼类的洄游4种。

（1）海洋鱼类的洄游（oceanodromous）：最多的洄游鱼类是海洋鱼类，大约有500种海洋洄游鱼在国际水域洄游，约属于104个不同的种类，最重要的称为高度洄游种类，包括鲭亚科（Scombridae）、乌鲂科（Bramidae）、旗鱼科（Istiophoridae）、颌针鱼科（Belonidae）和帆鳍鱼科（Histioteridae）、箭鱼（*Xiphias gladius*）、竹刀鱼科（Scomberesocidae）、鲯鳅科（Coryphaenidae），以及软骨鱼类的17个属。

海洋洄游鱼类完全在海洋中生活和洄游，同种鱼往往分成若干种群，每一种群有各自的洄游路线，彼此不相混合，各海区的鱼群有不同的变异特征，每个海区都分布有自己的洄游群体。例如，中国东海、黄海的小黄鱼可分为4个种群，分别有自己的越冬、产卵与索饵的洄游路线。海洋鱼类洄游最简单的方式，是鱼群在外海（越冬场）和近岸（产卵和索饵场）之间做季节性迁移。

（2）溯河性鱼类的洄游（anadromous）：溯河性鱼类生活在海洋，但溯至江河的中上游进行繁殖，这些鱼类对栖息地的生态条件，特别是水中的盐度有严格的适应性。典型种类有太平洋鲑、鲥、刀鲚、凤鲚及中华鲟等。例如，北太平洋的大麻哈鱼溯河后不摄食，每天顶着时速几十千米的水流上溯数十千米，在洄游过程中体力消耗很大，到达产卵场生殖后亲体即相继死亡。幼鱼在当年或第二年入海。但某些生活在河口附近的浅海鱼类，生殖时只洄游到河口，如长江口的凤鲚等，溯河洄游的距离较短。

（3）降海性鱼类的洄游（catadromous）：降海性鱼类绝大部分时间生活在淡水里而洄游至海中进行繁殖。例如，鳗鲡、欧洲鳗鲡和美洲鳗鲡降海后不摄食，分别洄游到数千千米海域后产卵，生殖后亲鱼全部死亡。其幼鱼回到各自大陆淡水水域的时间不同，欧洲鳗鲡需3年，美洲鳗鲡只需1年。中国的鳗鲡、松江鲈等的洄游也属于这一类型。

（4）淡水鱼类的洄游（potamodromous）：淡水鱼类在整个淡水中迁移，季节性向产卵区回归运动，通常位于上游。在河中，称为河流洄游；如果索饵区或产卵区在湖泊，称为湖泊洄游型（limnodromous），如一些鲈鱼等。淡水鱼类完全在内陆水域中生活和洄游，其洄游距离较短，洄游情况多样。有的鱼生活于流水中，产卵时到静水处；有的则在静水中生活，产卵时到流水中去。我国著名的四大家鱼草鱼、青鱼、鲢鱼、鳙鱼等都是半洄游鱼类。这些鱼类平时在江河干流的附属湖泊中摄食肥育，繁殖季节结群逆水洄游到干流的各产卵场生殖。产后的亲鱼又陆续洄游到食料丰盛的湖泊中索饵。

由于海水、淡水的盐度不同，渗透压有差异，进行溯河或降海洄游的鱼类，过河口时往往需要在咸淡水区停留一段时间，以适应这种生理机能的转变。

二、鱼类洄游的机制与生物学意义

（一）鱼类洄游的机制

1. 影响鱼类洄游过程的因素

影响鱼类洄游过程的因素很复杂，既有内部因素，又有外界因素，其洄游过程是内部因素和外界因素综合作用的结果，即当鱼类生理活动状态达到一定程度时，又有相应的环境因素的刺激，鱼类洄游便发生。

1）内部因素

影响鱼类洄游过程的主导因素是内部因素，也就是其生物学状态的变化，如性腺发育、激素作用及肥满度、含脂量、血液化学成分的改变等。性腺发育到一定程度时，性激素分泌作用就会引起神经系统的相应活动，从而导致鱼类的生殖洄游。肥满度和含脂量必须达到一定的程度，才能引起越冬洄游。生殖或越冬后由于对饵料的需要，鱼类才会进行索饵洄游。

鱼类血液化学成分和渗透压调节机制的改变，也是影响洄游过程的内部因素。鳗鲡入海以前，血液中二氧化碳含量逐渐升高，因而增加了血液渗透压，这时入海就成了生理上的迫切需要。鲑科鱼类进入淡水时，血液渗透压逐渐降低，消化道萎缩，停止摄食，这能够使其生殖洄游得以积极进行。

鱼类如果性腺发育不好，即使已达到生殖的年龄，生殖洄游也不会开始。同样，鱼类如果肥满度和含脂量尚未达到一定的程度，即使冬天已经来临，越冬洄游也不会开始。因此，内部因素是鱼类洄游过程的主导因素，而外界环境条件的变化对洄游起着刺激或诱导作用。

2）外界因素

鱼类已完成洄游准备并不意味着其洄游立即就会开始，通常已做好洄游准备的鱼类只有在一定的外界因素刺激下才会开始洄游，同样已开始的洄游也会受到外界因素的影响。如果出现不利的外界因素，鱼类往往会暂时停止洄游活动，或偏离当年的洄游路线。因此，外界因素不仅可以作为洄游开始的信号或刺激，还会影响洄游的整个过程。

影响鱼类洄游的外界因素很多，但各种外界因素的作用大小很不相同，必须把它们区分为主要因素和次要因素。值得指出的是，这种主次划分并不是固定不变的，不但依种类而异，而且同一种类在不同的发育阶段和生活时期，外界因素的主要因素和次要因素也会发生相互转化。鱼类在生殖洄游时期，洄游主要是为了寻求生殖的适宜场所，它在游向产卵场的过程中，水温、盐度、透明度和流速等外界因素对其行为往往有较为显著的影响；在索饵洄游时期，洄游主要是为了寻求饵料，因此决定鱼群行为的主要外界因素已转化为饵料；在越冬洄游时期，洄游主要是为了寻求适合的越冬场所，它们逐渐游至水温较高的海区或水流较缓的深水区，这时决定洄游的外界因素主要是水温和地形。

以带鱼越冬洄游为例，已有调查研究认为，影响嵊山渔场带鱼越冬洄游的外界因素主要有水温、盐度、水团、风、流、透明度和水色等。①水温的影响最为明显，当嵊山渔场水温（表温）降到20℃时，带鱼进入渔场；水温为13℃时带鱼离开渔场，旺汛时的水温为15.3～18.6℃，因此，可以依据水温预报预测渔期的发展。②带鱼一般沿着30～40m等深线南下，渔场水色为11～14号，渔民常称之为"白米米"水色。③在沿岸低温低盐水系与外海高温高盐水系的混合区，鱼群很密集。沿岸流强的时候，洄游路线偏外，反之则偏内。④风情也会影响渔情，偏东风时，外海高温高盐水系的势力加强，洄游路线偏内；偏西风时则反之。长时间缺少大风时，水温垂直分层明显，带鱼结群较差，不利于生产；风暴后流隔明显，鱼群密集，有利于生产。如果连续风暴，鱼群则加速南下，渔汛提早结束，对生产也是不利的。由上可知，探讨影响带鱼越冬洄游的各种外界因素时，要抓住主要的因素，这些主要的因素可作为带鱼渔情预报的科学依据，而且在生产上能起到一定的指导作用。

综上所述，可将鱼类各类型洄游的影响因素进行简要归纳（表3-1），总体上讲，内部因素是主导，外部因素是条件。

表 3-1　各种洄游产生的内外部因素

洄游类型	内部因素中的主要因子	外部因素中的主要因子
生殖洄游	生理状况达到一定程度，性腺已经开始成熟，如鲑鱼由于性腺刺激，改变体形和体色等，进入河川	外界环境条件的刺激，主要为温度，温度没有达到要求，即使性腺完全成熟，也不能排卵
越冬洄游	肥满度和含脂量也达到一定的要求	水温下降
索饵洄游	因产卵体力消耗或越冬后饥饿	饵料生物的分布

2. 洄游过程中的定向机制

几乎所有的鱼类都是以集群方式进行洄游的。洄游鱼群一般均由体长和生物学状态相近的鱼类所组成。洄游鱼群中的鱼类并无固定带路者，先行的鱼过一段时间后就会落后而被其他鱼所代替。洄游鱼群通常具有一定的形状，这种形状能保证鱼群具备最有利的动力学条件。鱼群的洄游适应作用不仅在于使运动得到比较有利的水动力学条件，还在于洄游中易于辨别方位。不同种类鱼的洄游鱼群大小各不相同，这无疑与保证最有利的洄游条件有关。

鱼类能够利用其感觉器官进行定向，从而顺利地完成有时长达数千千米的洄游。鱼类洄游为什么会向着一定的方向和一定的路线进行？并会在同一地方产卵？目前还没有一个较为满意的答案。值得指出的是，有关这方面的研究还很不完善，许多看法还都仅是推测。一般认为上述问题主要有以下几个方面的原因。

（1）水化学因素。水化学成分，特别是盐度是影响鱼类洄游的重要因素，因为水中的盐度变化会引起鱼类渗透压的改变，从而导致鱼类神经系统的兴奋而产生反应。另外，水质的变化对鱼类洄游的影响和作用也很大。

大量的研究已经表明，鲑鱼依靠嗅觉能够顺利地找到自己原来出生的河流进行产卵，在这种情况下，它们出生河流的水的气味起到了引导的作用。有些人认为，盐度和溶解氧含量等的梯度分布也常会被鱼类洄游定向所利用，鱼类根据这些化学因子的梯度也许可以感知自身正在离开还是靠近沿岸，从而使洄游能够顺利实现。同样，鱼类也可能会利用水温的梯度分布进行定向。但也有研究认为，盐度、溶解氧含量及水温等的分布梯度很小，鱼类感觉器官是不能感受到的，因而在洄游定向过程中可能没有太大的意义。

水中悬浮的泥沙使水增加了一种特性，也就是浑浊度。鲑鱼、白鲈鱼、杜父鱼回避浑浊水；鲤鱼、鲶鱼正好相反，它们洄游时，正是水最浑浊的时候。因此，浑浊度与水的其他特性一起有条件地通过鱼的感觉器官，并与产卵洄游相联系。这些悬浮的泥沙不但在淡水河川，而且在大洋中也能被感觉出来。按一定路线流动的这些泥沙是一种稳定因素，能引导鱼类从海洋向河流洄游。

（2）水流。鱼类感受水流的感觉器官主要是眼睛和某些皮肤，如侧线有感流能力。侧线的感流刺激，能指示鱼类的运动方向。一般来说，鱼类的长途洄游是由水流作为定向指标的，仔鱼的被动洄游则完全取决于水流。现在的研究认为，鱼类能够依靠水流感觉进行洄游定向，这在溯河性鱼类及海水、淡水鱼类中都存在，如鳕鱼和大西洋鲱鱼。游入黑龙江产卵的大麻哈鱼，进入鄂霍次克海后就沿阿穆尔海流定向向前游泳；赤梢鱼和拟鲤也会根据水流定向。

（3）鱼类的趋性。一定的条件下，鱼类一般都具有正趋电性。有些研究指出，由地球磁场形成的海中自然电流在鱼类的洄游定向过程中也许有一定的作用。但也有人认为，能够引起鱼类正趋电性的电流强度比在海中所测得的自然电流强度大4~9倍，因此鱼类根据自然电流定向似乎不大可能。

（4）温度。温度对于鱼类的洄游方向、路线起着很大的作用。鱼类是变温动物，产卵时对温度的要求特别严格，因此，鱼类洄游会沿着一定的等温线进行。

（5）地形等。许多鱼类在洄游时还可能依靠海岸线和地形进行定向，一定程度上可能与水压感受有关。

（6）历史遗传因素。鱼类洄游是具有遗传性的，这种遗传性对每个种、每个种群来说有其特殊性。遗传性是从其祖先在种的形成开始，经过漫长的历史过程不断选择而产生，并存在于其神经系统之内的特性，长期历史进化所引起的差异也参与了遗传性形成的过程。因此，在内部条件和外部条件刺激下，就会产生一种特定的行为，这就是本能。这也是鱼类进行一年一度的生殖洄游、索饵洄游和越冬洄游的主要原因之一。

（7）宇宙因子。环境水文因素对洄游方向起着重要影响，特别是海流周期性的变化，导致鱼类的周期性洄游。海流的周期性变化同地球物理和宇宙方面的周期变化，首先与所获得的太阳辐射热量的变化有关。太阳辐射热量与太阳黑子的活动有关，太阳黑子活动有 11 年的周期性。当太阳黑子活动增强时，热能辐射也增强，海洋吸收巨大热量，水温增高，从而影响该年度的暖流温度与流势，这对海洋鱼类的发育和洄游就产生了直接的影响。

（二）鱼类洄游的生物学意义

鱼类洄游是在漫长的进化过程中逐渐形成的，是鱼类对外界环境长期适应的结果，因此其具有一定的生物学意义。现在研究普遍认为，鱼类通过洄游能够保证种群得到有利的生存条件和繁殖条件。生殖洄游是鱼类为保证鱼卵和仔鱼得到最好发育条件而对环境的适应，尤其早期发育阶段是为防御凶猛动物而形成的。索饵洄游有利于鱼类得到丰富的饵料生物，从而使个体能够迅速生长发育，并使种群得以维持较大的数量。越冬洄游是营越冬生活的种类所特有的，能保证越冬鱼类在活动力和代谢强度低的情况下具备最有利的非生物性条件并充分地防御敌害。越冬是保证种群在不利于积极活动的季节生存下去的一种环境适应。越冬的特点是活动力降低，摄食完全停止或强度大大减弱，新陈代谢强度下降，主要依靠体内积累的能量维持代谢。

以海洋上层鱼类的洄游为例，这类鱼群的索饵洄游、生殖洄游一般是从外海到沿岸区。沿岸区水温较高，有强大的水流，营养有机物质丰富，鱼的饵料更有保证。由于沿岸地区较狭窄，对于鱼类繁殖时雌雄相遇来说较之无边的海洋好得多。因温度升高较快，同时有充足的饵料，鱼卵发育期可以缩短，可以更早地摆脱危险期，孵出仔鱼。另外，从大陆流到海洋的水流对这些鱼也会有影响。然而，沿岸区并不是各个时期对鱼都是有利的，寒冷来临，水温会迅速下降，食物也会减少，鱼类就会到一定深度海区进行越冬，这样就有了所谓的越冬洄游。

鲑科鱼类溯河洄游的生物学意义也很明显。如果在河中出生的鲑科鱼类留在河中索饵而不入海肥育，那么，由于河中饵料生物的不足，其种群数量必然会受到很大的限制，这对种群的生存和繁衍都是不利的。显然，它们通过长途洄游到达饵料生物丰富的海洋，能够得到良好的营养条件，从而使种群得以维持较大的数量。另外，鲑科鱼类有埋卵于河床石砾中缓慢发育的习性，由于海洋深处比较缺氧，而靠岸的石砾又受到海浪的冲击，这种生殖习性在海洋中是不利的。由此看来，鲑科鱼类仍旧留在河中生殖，这样能够保证其幼鱼有较大的成活率，这也是鱼类为维持较大种群数量的一种适应。既然河中对鱼卵及仔鱼有良好的发展条件，为什么鳗鲡却到海中产卵？据目前的研究，欧洲鳗鲡产卵场正是大西洋中吞食鱼卵仔鱼的凶猛动物最少的地区，而且盐分高，是最适于鳗鲡卵发育的地区。

有人还提出所谓历史因素的作用问题。冰川融化形成强大的水流倾泻入海，使河口及附近海区的海水被冲淡，因而成为鱼类游入河川的有利过渡水域。因此，溯河鱼类洄游与冰川期以后环境变迁有关。例如，鲑科鱼类随着冰川后退和河流延长而扩大分布，从而产生越来越远的洄游，并在自然选择的基础上形成完善的洄游本领，形成强有力的肌肉和储备物质的能力，以克服各种障碍到达产卵场。大西洋鳕鱼长距离洄游是在短距离洄游上延伸的结果。冰川盛期，鳕鱼被大量冰块挤到南方，之后冰川逐渐消失，大西洋暖流向北移动，鳕鱼就向北洄游进行索饵，但产卵场仍留在南方。又如，欧洲鳗鲡洄游到遥远的西大西洋中产卵，也有历史因素。因为鳗鲡出现时的中新世至今，地球上的海洋、陆地发生了很大的变迁，当时欧洲鳗鲡离出生地较近，以后随西欧大陆的东移，欧洲鳗鲡的洄游路程就变远了。

三、鱼类的垂直洄游

为了捕食或繁殖等活动，鱼类等水生动物于昼夜间移动于上下水层的节律行为，称为鱼类昼夜垂直移动（vertical migration）。这是对生活环境的适应性行为，它直接关系捕捞效果。例如，底层鱼类垂直移动离开海底到中上水层时，不利于拖网捕捞而有利于围网或中层拖网捕捞；中上层鱼类下沉到深层时，除非围网高度达到鱼群移动所到达的深层，否则就无法捕捞。因此，查明各种鱼类昼夜垂直移动节律及其变化，是渔业生产的重要课题，也是鱼类行为学和渔场学的重要研究内容。

1. 垂直移动的特点

鱼类昼夜垂直移动范围、速度和升降时刻，因各种鱼类生物学特性不同，环境条件的差异而有所不同，特别是因性腺成熟状况、丰满度、年龄和栖息环境中光照情况、温度分布及食物因素的不同而有变化。

多数鱼类白天栖息于较深水层，黄昏开始上升，夜晚活动于水体的中上层，黎明时下降，呈昼沉夜浮的节律。但也有表现为昼浮夜沉节律的，如绿鳍马面鲀。鱼类周年各生活阶段中，昼夜垂直移动并非都表现得同样明显，如小黄鱼在生殖期间、绿鳍马面鲀在索饵期间、太平洋鲱在越冬和索饵期间，昼夜垂直移动并不明显。移动节律也会随外界环境季节变化而改变。例如，北极海区，只有在明显昼夜更替的秋季，鱼类才具有昼夜垂直移动；在极昼和极夜期间则不进行昼夜垂直移动，而是栖息于一定水层中。热带水域的昼夜垂直移动不因季节而变动。

鱼类有依年龄或体型大小垂直分层分布的趋势。垂直移动多在其分布水层中，以小群形式呈分散性连续移动，形成在垂直分布上具有密集中心的上下移动。这个密集中心，可以由某一体长、年龄或性别的个体组成。

垂直移动幅度因种类和栖息环境水文条件的不同而不同。许多鱼类下降水深与水体照度线的分布状态有关。移动幅度大者可达500m以上，一般在500m以下。较浅的淡水水体仅十几米而已。移动幅度除与季节转换有关外，还与月龄、天气和鱼的生理状态有关系。例如，绿鳍马面鲀满月（望日）期间下降较浅，新月（朔日）或黑夜则较深；晴天，带鱼下降较深，阴天、雨天、雾天则较浅；随着性腺逐渐发育成熟，太平洋鲱昼夜垂直移动现象日趋明显，移动幅度相应增大。

2. 垂直移动速度

自然状况下很难测定鱼类垂直移动速度，一般以密集中心移动的时间间接推算。由于光线对水生动物的影响自上而下逐渐减弱，同时由于重力的作用，垂直移动速度一般都是上升慢下降快，黄昏以前上升较慢，黄昏以后上升较快，开始上升或开始下降时较快，上升或下降快结束时较慢。鱼类栖息水域、种类及年龄不同，移动速度也不同。一般是热带鱼类的上升速度较寒带、温带鱼类快。在自然水域，鱼类移动速度比实测速度要快些，因为移动过程并非直线上下，而是曲折迂回。水体温度、盐度结构状况，尤其是跃层的存在，限制了鱼类垂直移动。

3. 影响因素

已有研究表明，影响鱼类垂直移动的因素主要有：①光照条件，水生动物一般栖息在光照条件最适宜的水层里。光照条件昼夜变化时，它们的垂直分布相应发生变化，移动与光照的周日节律相一致。有些鱼类如鳗、太平洋鲱等在产卵期间需借助良好的光照条件促进性腺成熟，因此在这期间白昼上升至表层。②食物因素，浮游动物昼夜垂直移动明显，夜间上升至表层，白天下降。鱼类因追逐这些饵料便相应地做垂直移动。很多鱼类摄食最强烈的时间，正是晚间和黎明前时刻。为避免靠视觉捕食的敌害，也促使一些鱼类白天下降至深层。③温度因素，鱼类在黑暗时分上升到水的上层与食物的消化条件有关。因为水的上层温度较高，消化过程进行得较快。研究表明，温度变化在 0.03～0.07℃时，就可成为鱼类移动的有效刺激条件。引起水温周期变化的潮汐内波也直接促成一些大洋性中上层鱼类全日或半日垂直移动。

四、鱼类洄游的研究方法

研究鱼类洄游分布是渔场学的主要内容，其目的是掌握鱼类的洄游规律，与海洋环境之间的关系及产生的机制。研究鱼类洄游分布的主要方法有探捕调查法、标志放流法、渔获物统计分析法、仪器直接侦察法、分布模型预测及微量元素和稳定同位素分析推测等，这些方法各有利弊。如果大量渔船能长期提供详尽、准确、连续的生产记录，那么渔获物统计分析方法是最实用的，但往往由于各方面因素影响，统计数据产生很大的误差，不能达到预期目的；专门派出调查船，所取得的数据准确，有针对性，但是花费大，另外所调查的范围有限，耗时很长。标志放流是一种比较传统的方法，其结果是最直观最有效的。卫星遥感技术的应用和电子技术的发展，赋予了标志放流法新的生命力，如数据存储标志、分离式卫星标志等的出现，现分别进行叙述。

1. 渔获物统计分析法

长期大量地收集生产渔船的渔捞记录，按渔区、鱼种、旬月进行渔获量统计，将统计资料按鱼种分别绘制各渔区渔获量分布图，然后根据渔获量分布图可分析鱼类的洄游路线和分布范围。地理信息系统等空间分析手段及海洋监测技术的不断发展，为渔获物统计分析法赋予了新的生命力。长期不断地进行这项工作，可以绘制各种经济鱼类的渔捞海图，对分析渔场、渔期具有重要的参考价值，同时结合卫星遥感数据，可以初步获得鱼类洄游与海洋环境之间的关系。该方法的优点是成本低、效果明显，缺点是需要长时间、系列的捕捞日志，特别精确的作业船位和各种类的产量及其生物学特性。

2. 标志放流法

1）标志放流的概念

标志放流是指在捕获到的鱼体拴一个标志牌或做上记号，或装上电子标志等装置，再将其放回海中自由生活，然后根据放流记录和重捕记录进行分析研究的一种方法。标志放流在渔业资源学和渔场学的研究中占有重要的地位，这项工作早在 16 世纪就已经开始，至今已有很长时间。随着传感器、卫星遥感等技术的发展，标志放流技术在不断进步，标志放流的对象也在不断增加，用途在不断扩大，目前除经济鱼类外，还进行了蟹、虾、贝类和鲸类等各种水产动物的标志放流。

标志放流按所采用的方法不同，主要分为两大类，即标记法（marking method）和标牌法（tagging method）。标记法是最早使用的方法之一，是在鱼体原有的器官上做标记，如全部或部分地切除鱼鳍的方法。标牌法是把特别的标志物附加在水产资源生物体上，标志物上一般注明标志单位、日期和地点等，它是现代标志放流工作所采用的最主要方法，可分为体外标志法、体内标志法、生物遥感标志法、数据储存标志和分离式卫星标志等。

2）标志放流的意义

标志放流的渔业资源生物体，经过相当时间后重新被捕，因此可根据放流与重捕的时间、地点，加以分析研究，从而了解和掌握标志鱼类的踪迹及其水中生长情况，因此，标志放流是调查渔场、研究鱼群洄游分布与鱼类生长的常用方法。该方法也可用于估计鱼类资源量，对于渔业生产和渔业管理具有很重要的意义。标志放流的意义主要表现在以下几个方面。

（1）了解鱼类洄游移动的方向、路线、速度和分布范围。标志放流的鱼类伴随其鱼群的移动，某一时间在某一海区会被重捕，这样与原来放流的时间、地点进行对照，就可以推测它移动的方向、路线、分布范围和移动速度。它是直接判断鱼类洄游最有效的方法。不过，根据放流地点到重捕地点的距离，可推算洄游速度，这只能作为概念性的参考，不能确定为绝对的洄游速度。

（2）推算鱼类体长体重的增长率。根据放流时标志鱼类的体长和体重的测定记录，与经过相当时间重捕鱼类的体长和体重进行比较，就可以推算出鱼类的体长和体重的增长速率。

（3）推算近似的渔获率、递减率及资源量。通过大量标志放流的鱼类，这些标志鱼游返原来鱼群的尾数可能较多，被重捕的机会也可能较大，这些鱼类若能适当地混散于原来鱼群，则重捕尾数与放流尾数的比例，将与渔获量和资源量的比例相似。因此，利用渔汛期间在某一渔场标志放流的鱼类总尾数和重捕尾数作为基础，并对放流的结果加以各种修正，可以估算出渔获率的近似值；结合总渔获量，可估计出资源量，从而为渔业生产和渔业管理提供参考。

设标志放流的鱼类尾数为 X，渔汛期间的渔获总尾数为 Z，重新捕到的有标志牌的鱼类尾数为 Y，则标志放流鱼类的资源量 N 的计算公式为

$$N=XZ/Y$$

（4）获得形成渔场的环境指标。结合实际测定的环境条件，以及卫星遥感等获得的环境因子，可以分析鱼类洄游与海洋环境之间的关系，探讨渔场形成的环境指标等。

3）标志放流的方法

（1）体外标志法。体外标志法是研究鱼类在自然海区生长、洄游、资源量变动，以及检验增殖放流效果的一种最为常用的方法，即在放流鱼体外部的适当部位刺上或拴上一个颜色明显的标志牌。这种方法简单、传统、相对操作成本低，但存在着不少缺陷，可获得的有效数据少。

在使用体外标牌时，应当考虑鱼类在水中运动时所受阻力的大小和材料腐蚀等问题，这样才可能达到标志放流的目的。目前，一般多用小型的金属牌签，材料以银、铝或塑料为

主，其次为镍、不锈钢等，较多使用牌型和钉型（图 3-4）。所有标志牌均应刻印放流机构的代表字号和标签号次，并在放流时将放流地点和时间顺次记入标志放流的记录表中，以便重捕后作为标记鱼类的基本数据。标志部位依鱼的体型而不同（图 3-5）。

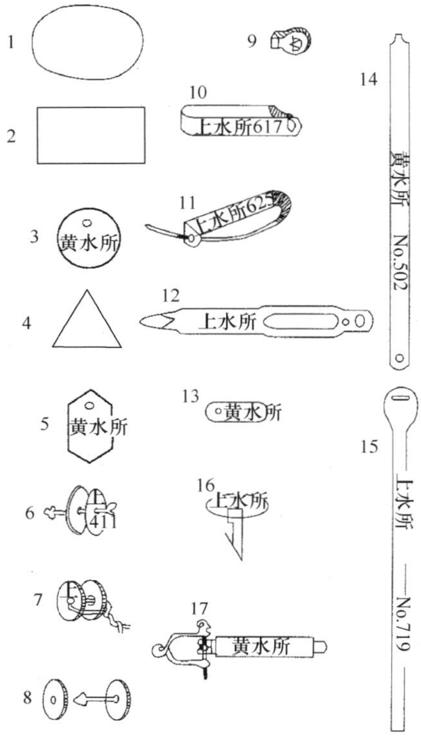

图 3-4　标志牌的种类

1～5. 挂牌型；6～8. 扣子型；9～12. 夹扣型；13. 体内标志；14、15. 带型；16. 掀扣型；17. 静水力学型

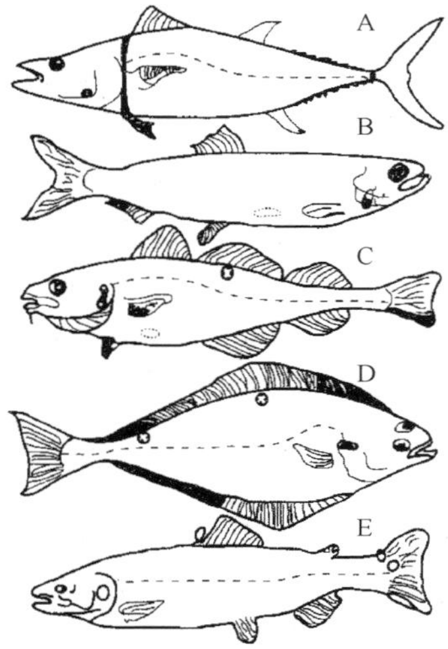

图 3-5　不同体型鱼类的标志部位

A. 金枪鱼；B. 鲱鱼；C. 鳕鱼；D. 鲽类；E. 鲑鳟。圆点表示标志部位

浙江省海洋水产研究所为摸索对虾在新的海域环境条件下生长、成活情况及移动分布规律，于 1982～1984 年共放流各种标志虾 19.3 万尾，其中，36 221 尾为挂牌标志虾，回捕 9987 尾。为进一步了解放流虾群的洄游分布规律，于 1986～1990 年继续进行海区标志放流的试验。标志放流基本可以反映放流虾群的移动分布情况，阐述了对虾在新的海域环境条件下生长、成活情况及移动分布的规律。

同时，标志放流还可获得对虾的洄游速度。对虾的洄游速度取决于对虾的本身条件，即个体大小、游泳能力、运动方向和洄游性质及海况条件等。根据重捕标志虾资料，测算了对虾在放流海区每昼夜的平均洄游速度，发现不同生活阶段其洄游速度有所不同。

此外，标志放流还可获得对虾的生长速度。统计结果表明，标志虾的生长速度一般随标志放流时间的推迟而变慢。8 月中旬标放的对虾，一个月内雌虾、雄虾日生长最大速度为 1.5～1.3mm，但到 11 月交尾前标志对虾有显著差异，雌虾日增长为 0.7mm，雄虾为 0.3mm。例如，标志对虾在 9～10 月生长阶段，日增长范围为 1.1～1.3mm，月平均增长 3.5cm。

（2）同位素标志法。将放射周期长（一般为 1～2 年）而对鱼体无害的放射性同位素引入鱼体内部作为标志，用同位素检验器检取重捕的标志鱼。目前采用最多的同位素为 ^{32}P、^{43}Ca。将放射性同位素引入鱼体的方法主要有两种：一是用含有同位素的饵料喂鱼；二是将鱼放入溶有同位素物质的水中直接感染。该方法放流操作简单，但是回收较为困难，因为标志的鱼类难以发现。

（3）生物遥感标志法。该方法利用遥感器的功能，在鱼体装上超声波或电波发生器，标志放流后，可用装有接收器的试验船跟踪记录，连续观察，以查明标志鱼的洄游路线、速度、昼夜活动规律等。该方法简单，可较为详细地记录鱼类的生活规律，但是一般使用周期不长。

（4）数据储存标志。数据储存标志是指由微电脑控制的记录标志鱼行为的设备。此方法就是把数据储存标志装在被捕获的鱼体腔内，一旦鱼被释放后，标志每隔 128s 激活一次，一天共有 675 次记录，分别来自多个传感器关于水压、光强和体内外温度等的数据。每天标志利用记录定额数据计算当天的地理位置。根据存储在标志中的信息，研究者可以详细了解鱼的洄游和垂直运动。但是要成功做到这一步需要在鱼被重捕时找回标志。

数据储存标志的安装：小鱼装在体腔内，大鱼插在紧靠第一背鳍的背部肌肉上。实践经验也证实肌肉插入法完成较快，而且比置于体腔内危险小。

数据储存标志特征：标身由不锈钢制成，重 52g，直径 16mm，长 100mm；传导竿由聚四氟乙烯制成，直径 2mm，长 200mm，电池寿命超过 7 年。

（5）分离式卫星标志。分离式卫星标志由一只带天线的流线型环氧羟基树脂耐压壳、一件耐腐蚀分离装置、一只能在标志脱离鱼体时使天线竖直的浮圈构成（图 3-6）。内装有一只微处理器，在鱼被释放到海里后可以马上连续记录长达 1 年多的温度和深度等数据，并在标志脱离鱼体后在第一时间把存储器内的数据通过 Argos 卫星传送给地面接收站。其作业原理见图 3-7。

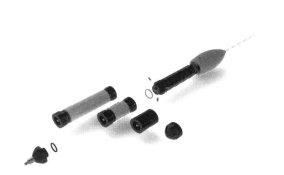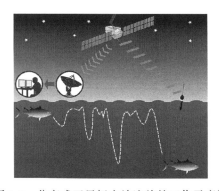

图 3-6　分离式卫星标志放流牌示意图（PAT 型号）　图 3-7　分离式卫星标志放流牌的工作示意图

分离式卫星标志的主要组成部分包括时钟、传感器、控制存储装置、上浮控制部分、能量供给装置及外壳等。各装置的功能如下：①时钟装置为该标志装置提供时间；②传感器作用在于获取不同的环境参数资料，常用配置包括温度传感器、压力传感器和亮度传感器等；③上浮控制部分可用于控制卫星标志释放脱离鱼体，进而也表明放流过程的结束，其主要由浮圈和天线组成，保证该标志物可与 Argos 卫星进行通信；④能量供给装置是该标志的动力系统，从标志物的获取存储数据到上浮后与卫星的通信均需要该装置的工作，因此能量系统具有持久高容量性能；⑤控制存储装置是该标志的中枢系统，控制着以上其他部分的正常运行；⑥外壳通常由耐腐蚀耐高压的环氧羟基树脂组成，呈流线型以减少鱼体的运动阻力。目前制作分离式卫星标志的公司主要有美国的微波遥测公司（Microwave Telemetry）和野生动物计算机公司（Wildlife Computers），二者均通过 Argos 卫星传送数据（表 3-2）。

表 3-2 两种分离式卫星标志的比较

公司	Microwave Telemetry	Wildlife Computers
产品名称	PTT-100 Archival Pop-Up Tag	Pop-Up Archival Transmitting Tag
测定范围（最大水深）	2000m	1000m、1750m
水温范围	0～35℃	−40～60℃
最长时间	500d、12d、24d	1 年半
测定间隔	1h、2min、4min	自行设定，1s～9min
分离时间设置	购买时预先设定	用户各自设定
非正常状态下的浮起条件	同一水深 4d 不变（预先设定）	外部水深大于 1000m、同一水深 24～96h 不变（各自设定）
数据的利用方法	由厂商解析数据后送给用户	用户自行解析使用数据
数据形式	水深、水温、根据照度推定的位置	图形化的水深、水温、照度

分离式卫星标志放流方法已广泛用于研究海洋动物的大规模移动（洄游）及其栖息地物理特性（如水温等），如海洋哺乳动物、海鸟、海龟、鲨鱼及金枪鱼类等，并取得了成功。例如，1997 年 9～10 月在北大西洋海域首次进行了金枪鱼类的卫星标志放流，20 尾蓝鳍金枪鱼被拴上 PTT-100 卫星标志牌后放流，并设定于 1998 年 3～7 月释放数据。其中 17 尾被回收并成功地释放了采集的数据，回收率达 85%，每个标志平均记录数据为 61d。通过这次放流，获得一些宝贵的资料，如不同时段金枪鱼的垂直与水平分布、洄游方向及路线、栖息水温等。

通过分离式卫星标志放流，可获得放流对象的洄游分布及移动速度、昼夜垂直移动规律，在不同水层的栖息规律及最适水层、栖息分布与温度的关系，适宜水温和最适水温等，同时也可为较准确地评估鱼类的资源量提供科学依据。

3. 分布模型预测

基于数据建模的种类分布模型（species distribution models，SDMs）是分析研究种类和栖息环境之间关系，以及推测鱼类等洄游分布的有效工具，SDMs 是利用研究对象的分布数据（出现 / 不出现）与环境数据，基于特定的算法估计并以概率的形式反映研究对象对环境因子的偏好程度，结果可以解释研究对象出现的概率、生境适宜度等。SDMs 在物种分布上的研究可追溯至 20 世纪 20 年代，起初其被应用于植物群落与环境梯度关系的研究上。SDMs 在水生生物分布、扩散上的应用，较多的研究认为是始于 20 世纪 80 年代对浮游性有孔虫的季节和垂直分布研究，这成为 SDMs 在海洋生物研究领域的先例；90 年代，计算机技术的迅速发展和统计科学的不断深入研究，使得分布模型的研究更为广泛，许多编程语言和计算软件为分布模型的内在运算提供了有力支撑。进入 21 世纪，计算机科学的飞速发展带动了 SDMs 计算编程（程序包）的免费共享，进一步促进了 SDMs 的相关研究。

SDMs 的分类没有统一标准，将所用模型分为基于统计学方法的模型（如广义加性模型 GAM、广义线性模型 GLM 等）、人工智能模型（如人工神经网络 ANN）和机器学习模型

（如随机森林 RF、支持向量机 SVM、分类回归树 CART 等）。

4. 微量元素和稳定同位素分析推测洄游

1）微量元素分析

微量元素分析基于耳石等组织具有生境"指纹"等特征，常被用于推测鱼类等个体的"生活履历"。利用耳石等组织推测鱼类等海洋动物的洄游分布的方法，其原理一般为利用激光剥蚀等离子电感耦合质谱等设备，测定研磨后的硬组织的切面微化学元素分布，以微量元素与钙元素比值（如 Sr/Ca）等方式，建立研究个体从硬组织切面核心区（个体出生）至边缘区（个体死亡）整个时间序列的元素分布模式，结合研究对象的采样时间和年龄反推得到其出生至死亡（捕捞或采样死亡）的时间周期，利用时间周期内相应时间的水域温 / 盐度和相应元素浓度等环境数据，依据或参考实验室条件或野外环境条件下已确定的相应元素沉积与水体温度、盐度等环境因子之间的关系，推测研究个（群）体从出生至死亡各主要生命阶段出现在高 / 低温、高 / 低盐度、高 / 低元素浓度等环境因子对应水域的可能性。例如，Zumholz 运用 LA-ICPMS 从时间序列上分析了赡乌贼（*Gonatus fabricii*）耳石中的 9 种微量元素，一方面从 Ba/Ca 的变化证实了赡乌贼幼年期生活在表层水域而成年期生活在深层水域，另一方面根据耳石中心至外围区 U/Ca 和 Sr/Ca 逐渐增加推断赡乌贼成体向冷水区进行洄游。

元素与 Ca 的比值中，Sr/Ca 的研究最为广泛，现有研究较多地认为耳石中 Sr/Ca 的大小与水体盐度存在正相关关系，且海水中 Sr 的浓度要远大于淡水中 Sr 的浓度，所以，Sr/Ca 被广泛应用于鱼类等海洋动物在淡水和海水之间的洄游推测。国内此类研究主要集中在鲚属、鳗鲡属、带鱼、金枪鱼等鱼类和头足类等水生动物中。

2）稳定同位素分析

近年来，稳定同位素分析逐渐应用在鱼类等海洋动物洄游移动的推测研究中，其方法原理可总结为机体组织当中稳定同位素印记反映了栖息水域的食物网，基于不同的生化过程，食物网中的稳定同位素含量具有空间差异性，鱼类等海洋动物在同位素不同的食物网之间移动时，可以保留先前摄食位置的信息，这些信息印记依赖于组织对化学元素的转化效率，通过热电离质谱仪分析（部分）机体组织中稳定同位素含量，或者利用激光剥蚀等离子质谱仪等设备检测机体组织截面的稳定同位素含量，然后与水体当中相应稳定同位素的含量进行比较，推测研究个（群）体可能出现的地理位置。其中，碳稳定同位素比值（$\delta^{13}C$）能够反映环境的空间差异，多用来指示鱼类等个（群）体在远近海、表底层、高低纬海域的洄游经历；氧稳定同位素比值（$\delta^{18}O$）可作为 $\delta^{13}C$ 的有效补充，用来指示鱼类等个（群）体所经历的温度和盐度变化。耳石、鳍条、骨骼和肌肉常被选择用作此类研究的信息载体，且较多地应用于鱼类等海洋动物在近海与外海、海洋与河流之间洄游移动的研究中。

思　考　题

1. 集群的概念及其类型。
2. 集群的作用及其生物学意义。
3. 鱼类洄游的概念及其类型。
4. 生殖洄游、索饵洄游、越冬洄游的概念及其特点。
5. 生殖洄游的类型有哪些？

6. 影响鱼类洄游的因素有哪些？
7. 试从生殖洄游、越冬洄游和索饵洄游来说明产生洄游的原因。
8. 研究鱼类洄游的方法有哪些？
9. 研究鱼类洄游的意义是什么？
10. 标志放流的概念、类型及其作用意义。

建议阅读文献

陈锦淘, 戴小杰. 2005. 鱼类标志放流技术的研究现状. 上海水产大学学报, (4): 4451-4456.

林龙山, 丁峰元, 程家骅. 2005. 运用 POP-UP TAG 对金枪鱼进行标志放流几个值得注意的问题. 现代渔业信息, (2): 17-19.

林元华. 1985. 海洋生物标志放流技术的研究状况. 海洋科学, (5): 54-58.

刘修业. 1986. 鱼类的行为—集群与信号. 生物学通报, (11): 14-16.

马金, 田思泉, 陈新军. 2019. 水生动物洄游分布研究方法综述. 水产学报, 43 (7): 1678-1690.

徐兆礼, 陈佳杰. 2009. 小黄鱼洄游路线分析. 中国水产科学, 16 (6): 931-940.

徐兆礼, 陈佳杰. 2011. 东黄海大黄鱼洄游路线的研究. 水产学报, 35 (3): 429-437.

袁传宓. 1987. 刀鲚的生殖洄游. 生物学通报, (12): 1-3.

张衡, 戴阳, 杨胜龙, 等. 2014. 基于分离式卫星标志信息的金枪鱼垂直移动特性. 农业工程学报, 30 (20): 196-203.

周应祺, 王军, 钱卫国, 等. 2013. 鱼类集群行为的研究进展. 上海海洋大学学报, 22 (5): 734-743.

Campana S E, Joyce W, Manning M J, et al. 2009. Bycatch and discard mortality in commercially caught blue sharks *Prionace glauca* assessed using archival satellite pop-up tags. Marine Ecology Progress Series, 387: 241-253.

DeCelles G, Zemeckis D. 2014. Chapter seventeen - acoustic and radio telemetry//Cadrin S X, Kerr L A, Mariani S. Stock Identification Methods. 2nd ed. New York: Academic Press.

Galuardi B, Lam C H. 2014. Chapter nineteen-telemetry analysis of highly migratory species//Cadrin S X, Kerr L A, Mariani S. Stock Identification Methods . 2nd ed. New York: Academic Press.

Hall D A. 2014. Chapter sixteen - conventional and radio frequency identification (RFID) tags//Cadrin S X, Kerr L A, Mariani S. Stock Identification Methods . 2nd ed. New York: Academic Press.

Marcinek D J, Blackwell S B, Dewar H, et al. 2001. Depth and muscle temperature of Pacific bluefin tuna examined with acoustic and pop-up satellite archival tags. Marine Biology, 138(4): 869-885.

Schwarz C J. 2014. Chapter eighteen - estimation of movement from tagging data// Cadrin S X, Kerr L A, Mariani S. Stock Identification Methods . 2nd ed. New York: Academic Press.

Taylor N, Mcallister M K, Lawson G L, et al. 2011. Atlantic bluefin tuna: a novel multistock spatial model for assessing population biomass. PloS One, 6(12): e27693.

第四章　鱼类行动与海洋环境的关系

第一节　本章要点和基本概念

一、要点

本章将介绍影响鱼类行动的各种环境因子，以及与鱼类行动的关系和规律，这些环境因子包括非生物环境因子和生物环境因子，非生物环境因子有水温、海流、盐度、光、溶解氧等，生物环境因子有浮游生物、底栖生物、游泳动物等。通过本章学习，学生需要重点掌握水温、海流等重要因子对鱼类行动的影响，以及如何把握和分析这些环境因子的作用。

二、基本概念

（1）生境（habitat）：是指某些特定鱼类等生物种群或群落栖息地的生态环境。

（2）生态因子（ecological factor）：是指环境中对生物生长、发育、生殖、行为和分布有直接影响或间接影响的环境要素。

（3）限制因子（limiting factor）：是指在所有这些海洋环境因子中，任何接近或超过某种鱼类等海洋生物的耐受极限而阻碍其生存、生长、繁殖或扩散的因素。

（4）耐受限度（limit of tolerance）：是指鱼类等海洋生物对各种海洋环境因子的适应有一个最小量和最大量，它们之间的幅度称为耐受限度。

（5）温跃层：是指水温在垂直方向急剧变化的水层。一般情况下，浅海温跃层强度为 $\Delta T / \Delta Z = 0.2℃ / m$，深海温跃层强度为 $\Delta T / \Delta Z = 0.05℃ / m$。

（6）寒流（cold current）：是指水温低于流经海区水温的海流，通常是从高纬度流向低纬度（如千岛寒流），寒流一般低温低盐，透明度较小。

（7）暖流（warm current）：是指水温高于流经海区水温的海流，通常是从低纬度流向高纬度（如黑潮暖流），暖流一般高温高盐，透明度也较大。

（8）狭盐性种类（stenohaline species）：是指对盐度变化很敏感，只能生活在盐度稳定的环境中的种类。例如，深海和大洋中的鱼类，就是典型的狭盐性种类。这类鱼类如被风或流带到盐度变化大的沿岸海区、河口地带，就会很快死亡。

（9）广盐性种类（euryhaline species）：是指对海水盐度的变化有很大的适应性，能忍受海水盐度剧烈变化的种类，沿海和河口地区的鱼类及洄游性动物都属于广盐性种类。

第二节　海洋环境特点及其对鱼类分布作用的一般规律

一、海洋环境特点

鱼类等动物广泛分布在海洋中，其空间分布与海洋环境有着密切的关系。海洋中具有三大环境梯度，即从赤道到两极的纬度梯度、从海面到深海海底的深度梯度，以及从沿岸到开阔大洋的水平梯度，这些梯度对海洋鱼类等的生活、生产力时空分布等有着重要影响。

纬度梯度主要表现为赤道向两极的太阳辐射强度逐渐减弱，季节差异逐渐增大，每日光照持续时间不同，从而直接影响光合作用的季节差异和不同纬度海区的温跃层模式。深度梯度主要由于光照只能透入海水的表层，其下方只有微弱的光或是无光世界。同时，温度也有明显的垂直变化，表层因太阳辐射而温度较高，底层温度很低且较恒定，压力也随深度而不断增加，有机食物在深层很稀少。在水平方向上，从沿海向外延伸到开阔大洋的梯度主要涉及深度、营养物含量和海水混合作用的变化，也包括其他环境因素（如温度、盐度）的波动。因此，这些梯度对鱼类的集群、水平分布、垂直分布等有很大的影响，在一些环境梯度较大的海域会形成密集的鱼群，从而形成渔场。

相对于陆地来说，海洋环境是比较稳定的。海洋水体大，海水有较高的比热，加上混合作用，使得热量分布相对均匀，因而海洋的温差较小，温度变化也比较缓慢。此外，海水的组分稳定，其 pH 也是相对稳定的。这些环境条件在相当大的距离内较为恒定，使得海洋鱼类可分布在很大的范围内，并在适宜的区域形成密集的鱼群。同时，由于海洋表面与大气接触，加上光合作用产生 O_2，表层 O_2 含量基本上是饱和的，但深水层的 O_2 含量有较大的差异，可能会影响到鱼类的分布。高纬度表层海水冷却下沉并向低纬海底流动，可以把含氧量高的表层水带到底层，因而海洋的所有深度都有海洋生物生存。

二、海洋环境对鱼类分布作用的一般规律

1. 海洋环境因子

环境（environment）的概念是对某一特定主体而言的，通常是指生物之外所有自然条件的总和，包括生物栖息的空间和直接影响或间接影响生物的各种环境因素，这些因素本身形成一个相互作用的系统。

环境有相对大小之分，大环境指大的地区中各种自然因素的组合，包括大气环流、地理纬度、海陆分布和大范围的地形地貌，生活在这些大环境中的生物组合称为生物群系（biome）。小环境是范围小的区域性环境，是某些特定鱼类等生物种群或群落栖息地的生态环境，这类小环境也称为生境（habitat）。

生态学上，将环境中对生物生长、发育、生殖、行为、集群和分布有直接影响或间接影响的环境要素称为生态因子（ecological factor）。各种生态因子对鱼类等有机体的影响程度并不一样，有些对鱼类等海洋生物的生存和繁殖有决定性作用，例如，食物影响新陈代谢的理化因素、种内和种间关系、生活空间等。另外，有些可能对某一特定鱼类等海洋生物种不具直接的影响，而是间接的影响。但是，对于每个鱼类物种来说，周围环境中完全无关的因子实际上是不存在的，因为这些因子都是相互联系、相互影响的。它们综合地影响着鱼类的空间分布、集群及渔场的形成。

鱼类的外界环境包括非生物环境因子和生物环境因子两个方面。非生物环境因子指不同性质的水体、水的各种理化因子及人类活动所引起的各种非生物环境条件，包括温度、盐度、光、海流、底形、底质和气象等。生物环境因子是指栖居在一起包括鱼类本身的各种动植物，它们多数是鱼类的食物，有的还以鱼类为食，包括了饵料生物、种间关系等。这些外界环境因子对鱼类行为的影响规律，既可为渔况分析、渔场寻找等提供基础，同时又为渔具、渔法的改进提供了依据。

海洋环境因子对鱼类分布的作用主要包括以下几点。

（1）综合作用。海洋环境中各种环境因子之间是相互联系、相互作用的，因而必须从因子的综合作用来分析它们对鱼类等海洋生物分布的影响。例如，海流与水温、盐度等环境因子，本身就综合性地影响鱼类的分布与集群。

（2）主导因子作用。海洋环境中各种环境因子很多，但对鱼类等海洋生物的影响并不一样，其中对鱼类等海洋生物的生活、生长、发育起决定作用的因子称为主导因子。在鱼类生活史的不同阶段，主导因子往往会有转换。例如，在很多海洋鱼类的产卵阶段，温度是影响产卵及其个体死亡的主导因子，而产卵孵化后幼体的食物供应就成为其存活的主导因子。

（3）直接作用和间接作用。海洋环境因子对鱼类分布的作用有直接和间接之分。例如，海水中游离 CO_2 的含量本身往往并不对鱼类的生长与分布构成直接的影响，但通过 CO_2 体系的平衡过程而改变海水的 pH，海水中 CO_2 含量升高就通过 pH 的下降而间接地对鱼类空间分布产生作用。

2. 海洋环境因子的限制原理

一种鱼类要能在某环境中生存和繁衍，必须从环境中不断得到生长和繁殖所需的各种基本物质，同时还要有适宜的各种理化条件。在所有这些海洋环境因子中，任何接近或超过某种鱼类的耐受极限而阻碍其生存、生长、繁殖或扩散的因素，均称为限制因子（limiting factor）。

海洋环境因子不仅由于其性质不同（如温度、盐度、光的不同），对鱼类产生不同的影响，而且同一种因子的量太多或太少都影响鱼类的生存、繁殖和分布。这样鱼类对各种海洋环境因子的适应就有一个最小量和最大量，它们之间的幅度称为耐受限度（limit of tolerance）。如果某一海洋环境因子的量增加或降低到接近或超过这个界限，鱼类的生长和发育就受到影响，甚至死亡。鱼类只能在耐受限度所规定的海洋生态环境中生存，这种最大量和最小量限制作用的概念就是所谓谢尔福德耐受性定律（Shelford's law of tolerance）。一方面，鱼类可能调节其活动范围，如进行越冬洄游等，避开耐受极限。耐受性定律与鱼类集群分布和种群水平的关系如图 4-1 所示。另一方面，鱼类对任何一种海洋环境因子都能在其适应范围内的不同点上找到其最适宜的生存条件（如最适温度等），这时鱼类在保证本身代谢正常条件下消耗的能量最少。此外，鱼类对海洋环境因子的耐受限度在其生活史中往往不是恒定的，而是随年龄及其他条件改变。多数鱼类在繁殖期及卵、胚胎和幼体阶段的耐受限度较低。

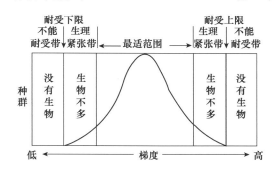

图 4-1　耐受性定律与鱼类集群分布和种群水平的关系

耐受限度表示某种鱼类对海洋环境改变有一定的适应能力。有些鱼类能适应较大幅度的环境变化，有些鱼类则只能适应较小幅度的环境变化。分布广而能栖居于多种环境条件、具有宽广海洋环境幅度的种类称为广适性种类，反之，则称为狭适性种类。对温度而言，则有广温性和狭温性种类；对盐度而言，则有广盐性和狭盐性种类等。鱼类生活的环境变化越剧烈，其海洋环境幅度就越大。例如，在海洋沿岸生活的种类，较大洋种类更能适应温度和盐度的变化（图 4-2）。

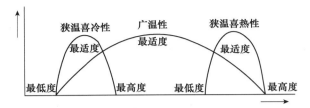

图 4-2　广温性和狭温性鱼类的海洋环境幅度比较

3. 海洋环境对鱼类行动规律的影响

鱼类对海洋环境因素的适应性和局限性决定了鱼类的洄游、分布和移动。研究它们之间的关系实际上就是研究它们的适应性和局限性。外界环境是鱼类生存和活动的必要条件，环境条件发生变化，鱼类的适应也就随之发生变化，以适应变化了的环境条件。环境条件的变化必然要影响到鱼类的摄食、生殖、洄游、移动和集群等行为，但是环境条件对鱼类行为的影响首先取决于鱼类本身的状况，具体包括鱼类个体大小、不同生活阶段和生理状况等。同时，鱼类本身的活动也影响着环境条件的变化。此外，不但鱼类与各环境因子之间存在着相互影响，而且各因子之间也有密切联系和相互影响。因此，鱼类与环境的关系是相互影响的对立统一关系，两者始终处于动态的平衡之中。

非生物环境因素与鱼类行动的关系一般可归纳为持续安定的或长时间保持均一海况的海域，鱼类分散，不大可能浓密集群。只有在环境条件（如水温等）的时空分布梯度较大或这些因素发生剧烈变化时，鱼类才会集群，形成好的渔场。因此，可以用"变则动，动则集"来表达非生物环境因素与鱼类行动的关系。一般可用下式表示：

$$N = f(S, \Delta S, S')$$

式中，N 为鱼类的集群；S 为环境条件群；ΔS 为空间梯度分布；S' 为变化率。

第三节　鱼类行动与水温的关系

在海洋环境条件的各项物理因素中，温度是一项最重要的因素。陆地上最高气温为 65℃，最低为 −65.5℃，两者相差 130.5℃，但海水最高温度只有 35℃，最低仅 −2℃，两者相差 37℃。海洋中温度变化尽管只有几摄氏度，但也属于较大的变化，特别是寒带和两极海域，0.1℃ 的变化都是显著的。因此，水温变化对鱼类的集群、洄游及渔场的形成都具有重大的影响，甚至可以说，鱼类的一切生活习性直接或间接地受到一年四季水温变化的影响。因此，水温在侦察鱼群、寻找中心渔场中具有决定性的作用。

一、鱼类对水温的反应

鱼类是变温动物，俗称"冷血动物"，它们缺乏调节体温的能力，其体内产生的热量几乎都释放于环境之中，鱼类体温随环境温度的改变而变化，并经常保持与外界环境温度大致相等。尽管如此，鱼类体温和它的环境水温并不完全相等。一般来说，鱼类体温大多稍高于外界水域环境，一般不超过 0.5～1.0℃。

通常，鱼类体温是随着环境温度的不同而发生改变的。大量研究证明，活动性强的中上层鱼类的体温一般都比较高，如金枪鱼类体温通常比其外部水温高 3～9℃。一般认为，活动性强的中上层鱼类体温大于水温的原因是，其体内具有类似热交换器的结构，但不同种类其体温调节能力差异明显。例如，金枪鱼因它们的体温调节能力具有明显差异而分成两大类：第一类为暖水种，包括鲣鱼、黄鳍金枪鱼、黑鳍金枪鱼等，主要栖息在热带海域的温跃层之上；第二类为冷水种，如大眼金枪鱼、长鳍金枪鱼和马苏金枪鱼等，它们栖息在较高纬度的海域或是热带海域的温跃层之下。通过对鱼类体温的研究与分析，认为鱼体温度可间接地反映出其所处的水温状况，从而为渔场的寻找、鱼群的侦察等提供科学的依据。

二、鱼类对水温变化的适应

随着海洋中水温的变化，鱼类的体温也会发生改变，同时对温度变化也会产生适应性，但这种适应能力是非常有限的。根据鱼类对外界水温适应能力的大小，可将鱼类分为广温性鱼类和狭温性鱼类，大多数鱼类属于狭温性鱼类。一般来说，沿岸或溯河性鱼类的适温范围广，近海鱼类的适温范围狭，而大洋或底栖鱼类的适温最狭。热带、亚热带鱼类比温带、寒带鱼类更属狭温性。狭温性鱼类又可分为喜冷性（冷水性）和喜热性（暖水性）两大类。暖水性鱼类主要生活在热带水域，也有生活于温带水域，冷水性鱼类则常见于寒带和温带水域。

水温对鱼类的生命活动来说，有最高界限（上限）、最低界限（下限）和最适范围之分。鱼类对温度高低的忍受界限及最适温度范围因种类而有所不同，甚至同一种类在不同生活阶段也有所不同。一般认为，最适温度与最高温度比较接近，而与最低温度相距较远。通常鱼类对温度变化的刺激所产生的行为是主动选择最适的温度环境，而避开不良的温度环境，以使其体温维持在一定的范围之内，这也就是鱼类体温的行为调节。鱼类的越冬洄游主要就是环境温度降低所引起的。

海水温度对鱼类分布有重要影响，鱼类分布与海水等温线密切相关。按鱼类对分布区水温的适应能力，海洋上层的鱼类可以分为以下三种。

（1）暖水种（warm-water species）：一般生长、生殖适温高于20℃，自然分布区月平均水温高于15℃，包括热带种（tropical species）和亚热带种（subtropical species）。前者适温高于25℃，后者适温为20～25℃。我国南海南部、东海东部、台湾东岸水域都是热带海区。东海西部和东北部海域及南海北部海域的近岸水域都是亚热带海区。海南岛以南水域，暖水种占主导地位。暖水种发源于赤道附近的热带海区，主要依靠暖流（如黑潮及其分支的影响）分布到中纬度海区。

（2）温水种（temperate-water species）：一般生长、生殖适温范围较广，为4～20℃。自然分布区月平均水温变化幅度很大，为0～25℃，包括冷温种和暖温种，前者适温为4～12℃，后者适温为12～20℃。我国北部的渤海和黄海海域属暖温带海区，有很多温水种。温水种发源于中纬度的温带海域，并向南北两方向分布。

（3）冷水种（cold-water species）：一般生长、生殖适温低于4℃，其自然分布区月平均水温不高于10℃，包括寒带种和亚寒带种。前者适温为0℃左右，后者为0～4℃。我国近海没有寒带、亚寒带和冷温带海区，但冬季受大陆气候和沿岸流的影响，渤海和黄海近岸水温很低，因而有些冷水种存在。冷水种发源于极地海洋及邻近寒冷海区，主要依靠寒流侵入中纬度海区。

三、鱼类的最适水温范围

鱼类在最适温度范围内活动正常，超出此范围，鱼类的活动便受到抑制，若温度过高或过低，鱼类就会死亡。因此，鱼类总是主动地选择最适的温度环境，以避开不良的温度环境。显然，在最适温度范围内鱼类将有大量的分布，这一特点对海洋捕捞业来说是极为重要的。研究认为，鱼类对水温具有选择性，其选择水温随适应温度不同而改变，并且可以推断选择水温还会随着其他各种环境因子及本身生物学状态的不同而发生变化，因此同种鱼类的选择水温并不是固定不变的。

　　自然环境中，鱼类对水温也同样表现出选择性。但由于各种环境因子的影响极其错综复杂，以及个体生物学状态的变化，选择水温常表现为一定的温度范围。从行为学角度看，这一温度范围可能就是鱼类的最适温度范围。在渔业生产方面，常常把对于某一鱼类具有高产量时的水温称为鱼类的最适温度，这种水温有一个范围，而不是某一个固定值。一般来说，此值与最适温度范围相对应。

　　渔业生产实践表明，不同种鱼类的适温范围是不同的，而且范围的大小也不一致。据研究，我国近海主要经济鱼类的适温范围如下：大黄鱼的适应水温一般为9～26℃，小黄鱼一般为6～20℃，带鱼为10～24℃，黄海青鱼为0.5～9.0℃。

　　同种鱼因栖息水域不同或种群不同，其适应的水温也不相同。例如，东海岱衢族大黄鱼产卵期适温为14～22℃，最适水温为16～19.5℃；而闽粤东族大黄鱼在产卵期的适温为18～24℃，最适水温为19.5～22.5℃；硇洲族大黄鱼在产卵期的适温为18～26℃，最适水温为22℃左右。南海北部大陆架的蓝圆鲹因栖息水域不同，它们的产卵适温也不同，每年春汛洄游到珠江口万山渔场产卵的蓝圆鲹，其产卵期适温为18～24℃，而夏汛在海南岛近海清澜渔场产卵的蓝圆鲹其产卵适温为24～28℃。据调查，吕泗洋小黄鱼幼鱼的适应水温为16～24℃，广东大亚湾蓝圆鲹幼鱼的适温为26～28℃，均比该水域同种成鱼的适温要高。这说明鱼类在不同的发育阶段其对水温的适应也是不同的，一般幼鱼比成鱼对较高的温度更具有适应性。

　　另外，成鱼在不同生活阶段，其适温范围也是不一样的（表4-1）。浙江近海大黄鱼产卵适温为14～22℃，在舟山外海越冬适温为9～12℃。在烟威渔场产卵的鲐鱼其产卵最适水温为14～12℃，产完卵后在海洋岛水域索饵时的最适水温为17～19℃，在越冬场越冬的适温不低于8～9℃。总之，鱼类的适温会随种类、种群、栖息水域、发育阶段及生活阶段等不同而改变。研究并掌握各种鱼类的不同适温范围及其最适水温，对于探索鱼类的行为、掌握中心渔场和预测渔汛是非常重要的。

表 4-1　不同鱼类不同生活时期适应水温范围　　　　（单位：℃）

鱼种	越冬时期	产卵时期	索饵时期
小黄鱼	8～12	12～14	16～23
带鱼	14～21	14～19	8～25
鲐鱼	12～15	12～18	19～23
鲅鱼	8～14	10～12	15～18
青鱼	5～8	2～3	8～12

　　图4-3为长鳍金枪鱼渔场表层水温与渔获量的关系。从中可以看出，在某一特定表层水温值处，其渔获量呈山峰状分布，人们把渔获多时的水温称为渔获最适水温。金枪鱼类不同发育阶段、生活年周期所对应的最适水温值各不相同。除了长鳍金枪鱼外，其他种类金枪鱼、枪鱼、旗鱼类也有能利用表层水温来判断海洋环境进而找到渔场的例子。例如，分布在大西洋的黄鳍金枪鱼，其中心渔场位于表层水温极高的热带赤道海域。日本学者宇田研究了日本产的主要金枪鱼类和枪鱼、旗鱼等鱼类的适温范围（图4-4），图中斜线的区域为各种鱼类的最适水温，利用水温预测中心渔场，效果十分明显。

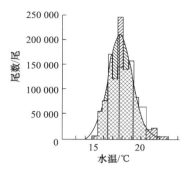

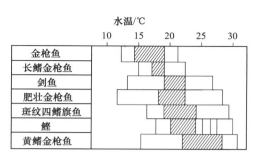

图 4-3　长鳍金枪鱼渔场表层水温　　图 4-4　日本产金枪鱼类和枪鱼类等的适温范围
　　　　　与渔获量的关系　　　　　　　　　　　斜线表示适宜水温范围

但是，需要注意的是，水温只能作为判断鱼类可能存在或出现的一种指标，并不是凡是具有鱼类适温的水域都有鱼类分布。例如，普通小沙丁鱼可在温度为 6～22℃的海域中发现。具有这种温度的海水约占世界海洋面积的 3/8，而普通小沙丁鱼实际栖息的水域不到上述面积的 1/10。由此可见，探测鱼类存在或出现，除水温这一指标外，还必须结合其他有关环境因素及鱼类的生物学特性。但是，有一点可以肯定，利用水温状况可提高预报渔场分布和鱼群范围的准确性。

四、水温对鱼类洄游集群的影响

一年四季海洋温度的变化导致了鱼类进行周期性的洄游，即在北半球出现了南、北和近海、深海洄游。因此，水温是影响鱼类洄游移动的重要因素。例如，每年春季，水温逐步回升，栖息在黄海中、南部越冬场的中国对虾、小黄鱼就会集群向北洄游，其中大部分经山东半岛进入渤海产卵场产卵。在洄游过程中，渤海流出的冷水系和北上的黄海暖流之间的强弱消长影响到中国对虾、小黄鱼进入渤海的时间或在烟威渔场停留时间及距岸的远近。在渤海沿岸河流径流量多的年份和该海区冷水势力强的年份，中国对虾、小黄鱼一般在烟威外海 40～50m 水深的海区逗留。例如，1955～1958 年庙岛列岛的水温在 4℃以下，比烟威外海（4℃以上）的水温低，因此，中国对虾、小黄鱼在烟威渔场大量聚集，且停留较长的时间，从而使得烟威渔场渔获量大增。

渔汛开始的时间（或鱼群洄游到渔场的时间）、鱼类集群的大小及渔期的长短，往往与渔场水温有着密切的联系，因此，在渔汛到来之前，可利用水温作为指标来预测渔汛发生（简称渔发）的水域和时间。例如，大黄鱼在浙江近海各产卵场，当水温（5m 水层）上升到 13～16℃时，有蓬头鱼群出现并开始产卵，俗称为"花水"；当水温上升到 17～19.5℃时，鱼群密集而普遍旺发，渔汛最旺，俗称为"正水"；待水温上升到 22～23℃时，又成为"花水"，产卵即将结束。因此，在渔汛前或旺汛中，若水温上升快，则渔汛开始早，结束也早。又如，带鱼在东海北部近海进行越冬洄游，对水温也有一定的要求。汛初，嵊山渔场水温（10m 水层）下降到 22～20℃时，带鱼鱼群在花鸟岛北偏西至北偏东 20～40 海里（1 海里＝1.852km）的海区（一般在 11 月中旬）；当渔场水温下降到 12～15℃时，带鱼鱼群在花鸟岛东北至海礁、嵊山、浪岗之间海区（一般在 12 月上旬、中旬）形成旺汛；待水温下降到 15℃左右（一般在 12 月下旬），则渔汛接近尾声，带鱼鱼群通过浪岗并南下。因而，在渔汛前期、中期，渔场水温下降的快慢，将会直接影响带鱼南下洄游的速度和渔汛的迟早。又如，在舟山渔场的鲐鲹鱼秋汛，9月下旬汛初至11月中旬汛末，鲐鲹渔发较佳的表层水温为20.5～25℃。随着水温的下降，鲐鲹鱼群南下洄游日趋明显，水温下降越快，南游的速度也越快，渔汛也将提前结束。当表层水温下降到20℃时，便很少发现鲐鲹鱼群，即使偶尔发现，鱼群也不稳定，渔民以此作为判断渔汛结束的一项指标。因此，可以水温为指标来预报渔发的时间和渔发的水域。在我国近海渔场，一般来说水温上升快，渔汛来得早；水温下降快，渔汛结束早。

鱼群的移动和集结与水温的水平梯度有密切的关系，最好的渔场往往在两个不同性质的水系交汇区，或水温水平梯度大的区域，特别在等温线分布弯曲呈袋（锋）状的水域，鱼群更为密集。通常在渔场范围内，水温水平梯度大的水域鱼群集中，水温水平梯度小的地方鱼群分散。例如，南海北部粤东海区的鲐鲹渔汛期间，鱼类一般都集聚在沿岸水和外海水的交汇区。若此范围内水温水平梯度大，容易形成主要渔场；若水温水平梯度小，等温线分布稀疏，则鱼群分散，渔场广阔。又如，分布在日本附近海域的秋刀鱼、金枪鱼、沙丁鱼，通常也都集群在黑潮（暖流）和亲潮（寒流）的交汇区域，并且经常向表层水温梯度最大的地方集中，形成中心渔场。

水温对鱼类的影响，在产卵前期和产卵期间也表现得特别明显。鱼类的成熟、产卵有一定的适温范围，一般来说，产卵（繁殖）适温范围比其生存的适温范围要狭窄。在成熟、产卵的适温范围内，水温升高，性腺成熟将会加快，低于或高于适温范围，其性腺发育就会受到抑制，或即使成熟也不能产卵。例如，鲑鱼成熟的适温范围，上限为12～13℃，下限为4～5℃，若水温为16℃时，卵巢虽已很大，但仍不产卵。因此，某一产卵场出现产卵鱼群的时间，往往由该海区水温变化的情况而定。如果产卵场的水温不正常，偏高或偏低，就会迫使该产卵群体离开产卵场而转移到水温合适的邻近水域产卵。长期的水温变化，还可以促使产卵场（渔场）向北或向南移动。水温对进行生殖洄游的鱼类结群行为也有非常明显的影响。例如，浙江近海大黄鱼产卵的适温范围为14～22℃，当渔场温度达到16～19.5℃时，鱼群密集，渔期进入旺汛。在莱州湾生殖的小黄鱼，当底层水温达到8℃时，鱼类到达产卵场，水温升至9.5℃时，出现中等密集鱼群或大鱼群；当水温达到12℃左右时，进入产卵高峰，鱼群密集，结成大群，捕捞作业出现高潮。因此，鱼群密集的旺汛期的水温也就是鱼群集聚的最适温度。

鱼类的索饵能力不仅与饵料有关，还与水温有关。当水温低于最适值时，鱼类索饵能力一般较低。例如，鲑鱼的最适索饵温度为15.5～22℃，当温度低于1℃时，就停止摄食。另外，水温偏高，对鱼类摄食也不利。许多鱼类，特别是温带地区的鱼类，摄食强度存在着季节性的变化，这与相应的水温变化紧密相关。温带地区的鱼类在春夏季强烈摄食，冬季停止摄食或显著降低摄食强度。相反，冷水性鱼类在较高温度条件下，摄食强度下降。例如，鲱鱼在冬季月平均水温为4.7～9.1℃时，仍继续摄食的个体占3.2%～4.9%；而春末夏初水温提升到22.7～30.6℃时，多数个体强烈摄食。

五、水温的垂直结构与鱼类的分布

影响鱼类分布和产量的除了水温的水平结构外，还有水温的垂直结构。在水温急剧下降的水层，往往出现水温垂直梯度大的温跃层。北半球温跃层的垂直分布趋势通常是高纬度海区接近海面，25°N～30°N附近的亚热带海区温跃层所在水层最深，朝赤道方向逐渐上升至10°N附近最浅，再往南又有深潜的趋势。亚热带以北的海区，一般在春、夏季有季节温跃层存在，而在秋、冬季垂直对流期温跃层消失，下层营养盐类随着海水的对流循环补充到表层。因此，温跃层的存在与浮游生物、鱼类垂直分布，以及渔业生产的关系甚为密切，特别是中上层鱼类的分布水层和温跃层的形成与消长关系更为密切。

温跃层是指水温在垂直方向急剧变化的水层。温跃层形成原因有两类：第一类是外界环境条件引起的如增温、风力的作用；第二类是不同性质的水系叠置而成。图 4-5 为温跃层结构示意图，图中水温垂直分布曲线上曲率最大的点 a 和 b 分别成为跃层的顶界和底界，a 点所在的深度 Z_a 为跃层的顶界深度，即混合层深度（mixed layer depth，MLD）；b 点所在的深度 Z_b 为跃层的底界深度，ΔZ 为跃层厚度；当 a、b 两点对应的水温差值为 ΔT 时，则 $\Delta T/\Delta Z$ 为跃层的强度；当温度的垂直分布自上而下递减时，强度取正号，反之取负号。跃层强度最低标准值依需要和海区具体情况而定，一般情况下做出

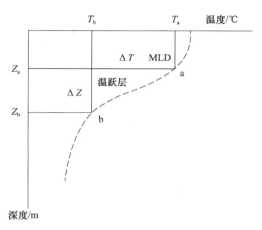

图 4-5　温跃层结构示意图

如下规定：浅海温跃层强度为 $\Delta T/\Delta Z = 0.2℃/m$，深海温跃层强度为 $\Delta T/\Delta Z = 0.05℃/m$。

中上层鱼类的栖息水层，在很大程度上取决于水温的垂直结构。例如，分布在我国黄海的鲐鱼，最低忍耐水温为 8℃，最低起群水温为 12℃。5～6 月鲐鱼一般伴随表层水温 8～10℃等温线的移动而洄游到烟台、威海和海洋岛渔场，该区温跃层支配着鲐鱼的栖息水层，从而形成鲐鱼起群，下部有冷水团存在时，鲐鱼为避免下层的冷水影响而在表层起群，温跃层深度越浅，鲐鱼集群越大，且温跃层越接近表面，渔获量也越多。

有的鱼类生活在温跃层之上，有的常出现在温跃层，有的则主要生活在温跃层下的深层水域。许多鱼类具有昼夜垂直移动的习性。在温跃层上下，由于水温差异显著，跃层本身相当于一道天然的环境屏障，它限制了鱼类的上下移动，特别是对中上层鱼类。因此，水温的垂直结构分布在渔场形成中是极为重要的，特别是在金枪鱼围网渔业中。图 4-6 表示了热带水域中几种金枪鱼的垂直分布。

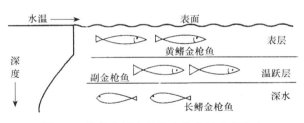

图 4-6　热带水域中几种金枪鱼的垂直分布

六、水温的长期变化对鱼类分布的影响

水温的长期变化，在不同海洋，甚至在同一海洋的不同海区，具有不同的特征（图 4-7）。这些变化由基本流系的变化和海区气象条件所决定。前人研究认为，水温长期变化和鱼类分布变化之间有密切的联系，但是这种联系是比较复杂的。例如，波罗的海水温曾经不断升高，使鳕鱼渔获量增长。波罗的海水温升高，是大气环流增强的结果。大气环流还使盐度较高的海水从卡特加特海峡进入波罗的海西南盆区，使盆区积滞的含丰富营养物质的海水波及波罗的海广大海区，从而使以后几年鳕鱼旺发。另外，冰岛、格陵兰鳕鱼的丰产与北大西洋水温普遍升高同时发生。7～8 月，格陵兰西部渔场鳕鱼减产，与进入渔场的法韦尔低温海流

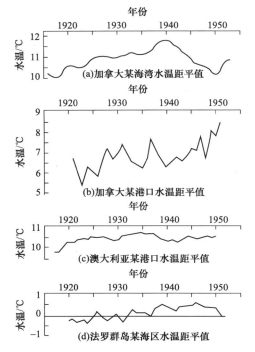

图 4-7　太平洋和大西洋表面水温的长期变化

（Farewell current）有关。水温连续升高，也使冬季在日本海南部和春季在日本海北部连续几年获得沙丁鱼丰产。以后几年，日本沿海水温降低，使沙丁鱼向长崎附近主要产卵场的北部转移。沙丁鱼渔获量的波动与金枪鱼类的波动趋势一致，而鲱鱼、鱿鱼类、太平洋秋刀鱼、鳕鱼的渔获量波动趋势与之相反。

第四节　鱼类行动与海流的关系

研究表明，海流的水平运动是海洋环境产生局部变化的主要因素，这些因素的变化对鱼类的分布、洄游、集群等的影响极大。

一、海流的类型

海流中最重要的是大洋环流，包括表层环流和深层环流。前者取决于表面风场，故称风生环流；后者起源于极地或亚极地海域，由海水冷却下沉及海水结冰造成的高盐冷水下沉并沿大洋深层流动，故称深层环流。大洋环流的流向几乎是恒定的，但流速和流量则可以随季节变化。

海流按温度特征（相对于周围海水温度而言）可分为寒流（cold current）和暖流（warm current）两种。寒流是指水温低于流经海区水温的海流，通常是从高纬度流向低纬度（如千岛寒流），寒流一般低温低盐，透明度较小。暖流是指水温高于流经海区水温的海流，通常是从低纬度流向高纬度（如黑潮暖流），暖流一般高温高盐，透明度也较大。

上述的海流或环流指的是恒定的海水运动，还有一种周期性的海水运动形式是潮流。在天体（主要是月球）引潮力作用下，海水产生的周期性水平运动称为潮流，而周期性垂直涨落称为潮汐。潮流、潮汐现象是潮间带最重要的环境特征。

此外，由于风的作用或地形因素产生深层水向上涌升的海流称为上升流（upwelling）；表层海水辐聚向次层下降称为下降流（downwelling）。

二、海流对仔鱼成活率的影响

种群不同世代数量的大小取决于仔鱼、稚鱼的成活数量。环境对种群数量变动有很大影响，特别是对鱼卵、仔鱼、稚鱼的死亡率影响显著。鱼类一生中适应环境的能力最低、死亡率最高的是早期发育阶段，这一时期如果环境条件适宜，饵料充足，鱼卵的发育孵化、仔稚鱼的成活及其生长条件得到保证，仔鱼的成活率就高，种群世代的实力就强，反之则弱。因此，种群的数量不取决于产生卵子的多少，而取决于鱼类早期发育和仔鱼的成活条件。大量的调查研究证明，大多数鱼类资源数量波动，首先是早期发育和仔鱼成活等条件引起的。

在鱼类早期发育阶段，正常的海流把浮性卵和仔鱼、稚鱼从产卵场输送到肥育场，仔鱼、稚鱼在环境适宜、饵料充足的肥育场发育成长，长大到一定程度再随海流洄游到索饵场进行索饵。如果这样的正常海流的输送发生变化，把仔鱼、稚鱼带到不利于发育生长的海区，这一代的仔鱼可能会大量死亡，这将对鱼类的后代和生长产生很大的影响，从而引起鱼类资源的数量波动，如厄尔尼诺使得秘鲁海域大量的鳀鱼死亡。鱼类数量波动与海流的关系很大，而海流又随各年不同的风场发生变化，因此有些学者通过对各年风场变化的研究，对仔鱼的成活率做出预报。

三、海流与鱼类洄游分布的关系

不同的海流均具有一定的温度、盐度和各种化学性质，并栖息着一定种类和性质不同的海洋生物，因而各鱼类对不同的水系、水团和海流都有一定的适应性。一般暖水性鱼类多栖息在受暖流影响的海区，其洄游移动也多随暖流的变动而变动；冷水性鱼类对寒流及沿岸性鱼类对于沿岸水系的关系，也具有同样的规律。我国近海外洋水系（黑潮）与沿岸水系之间的消长推移，对渔业影响极大。若外洋水系势力强，渔汛来得早，渔场偏内；若外洋水系势力弱，渔汛来得迟，渔场偏外。

不同流系相交汇的混合水区，以及不同水团相接触的锋区，往往形成一条水色明显不同的界线，通常称为"流隔"，或称为"潮境"。流隔处往往会产生涡流和上升流，从而将底层的营养盐类带到表层，有利于浮游生物的生长繁殖，因而鱼类喜欢密集于流隔附近进行摄食。流隔有多种类型，除寒流和暖流的流隔、沿岸水和外洋水的流隔外，还有在岛礁、岬角等附近水流受地形障碍物影响所引起的流隔，以及水质、水温不同的水流交汇所形成的流隔等。例如，在西北太平洋，亲潮（寒流）与黑潮（暖流）交汇所形成的流隔，是秋刀鱼、柔鱼类、金枪鱼及鲸类等的好渔场；在东北大西洋，北大西洋暖流与北极寒流的流隔区域形成鳕鱼、鲱鱼的良好渔场等。

浙江近海的冬季带鱼渔汛，带鱼鱼群通常喜欢聚集在外洋水与沿岸水交汇的混合水区附近，并形成中心渔场。在浙江嵊山渔场，11月中旬前后的渔汛初期，等温线的水平和垂直梯度均很稀疏，这时中心渔场主要分布在外海高盐水舌边缘（盐度为33‰）附近。到11月下旬，等温线密集，流隔也随之形成，在花鸟岛东北25海里处及浪岗至甩山一带有两个西北—东南向的海水混合锋区，其温度、盐度的水平梯度逐渐增大，两个锋区附近常是带鱼渔发比较稳定的渔场。根据渔民生产经验，带鱼喜欢聚集在"白米米"的水隔中，实际上就是水系交汇的混合水区。因此，渔场水系交汇的锋区位置及其变化规律，是判断中心渔场和鱼群移动的有效指标。

在黄海中部海域，每年早春黄海暖流开始活跃后，在黄海中央深沟洼地形成水体很大的冷水团。这个水团每年4月上旬开始出现，夏季最为明显，至11月下旬或12月初消失，其中心区的水温年变化幅度为8℃（3.5～11.5℃）。黄海冷水团对鱼群的活动起着抑制作用，暖水性的底层鱼类在洄游前进时受到冷水的阻挡，往往逗留于冷水的边缘，而在冷水边缘曲率较大的水域比较集中。例如，1963年和1969年在较强冷水团的影响下，石岛、烟威等渔场的底层鱼类普遍偏向近岸，因而近岸定置渔业生产很好。又如，1968年春汛期间，叫姑鱼在威海附近高度集中，生产获得丰收，就是因为黄海冷水团边缘南伸冷水边缘曲率较大，在鱼群西侧又有低于3.5℃的低温水阻挡。再如，青鱼的索饵和越冬适温范围为6～9℃，因而在黄海冷水中心附近能形成良好渔场，其中以7℃处最为密集。冷水性的鳕鱼渔场也与冷水团有密切关系，鱼群的密集区都在低温8℃等温线范围内，5～7月最为明显。当冷水团的位置移动并缩小范围时，中心渔场也随之移动并缩小，到8月9℃等温线出现时，鱼群便分散，并向8℃等温线方向移动。但其适温下限不低于6℃。南海珠江口、粤东海区蓝圆鲹渔场也在沿岸水与外海水（南海暖流）交汇的混合区，中心渔场往往随混合区位置的变化而变动。

大量生产实践证明，水系、水团的消长和海流的变化，与鱼群的集散和分布有着非常密切的关系，它们的变化都将影响渔场的变动、渔期的早晚或长短及渔获量的多少。以大西洋东北部渔场为例，1938年大西洋暖流的流势特别强，使鲱鱼的洄游分布较往年向东推进100海里。但另一些年份大西洋暖流的流势较弱，使北极区的冷水流到挪威沿岸，从而寒流性的鱼类也随之到达挪威沿岸。海流突然异常，往往给渔业带来意外的重大损失。例如，秘鲁鳀鱼分布在近岸受寒流控制的水域，1971年产量达到1200多万吨，1972年遭到自北而来的赤道流的侵袭，使得该海域的温度剧增，鳀鱼集群大受影响，产量急剧下降，仅有往年的一半。

我国近海传统高产的经济鱼类多为沿岸浅海性鱼类，特别是底栖和近底层鱼类，经常栖息在沿岸水系范围内。但也有少数上层鱼类，如鲐鱼、沙丁鱼、鲣鱼、竹筴鱼等，以及部分暖水性中下层鱼类，如马面鲀、黄鲷、蛇鲻、大眼鲷、金线鱼等经常栖息在外洋水系。每年外洋（即黑潮暖流和其支流）和沿岸水系的消长推移，对我国近海渔业的影响很大。例如，1971年夏秋汛，舟山渔场海礁、浪岗一带由于长江径流冲淡水势很弱，台湾暖流势力显著增强并向沿岸靠拢，夏秋季鲐鲹渔发偏内，渔发时间提早，鱼群较密集，渔获物中以大个体的鲐鱼和蓝圆鲹为多（1970年以扁舵鲣为主），大个体的鱼较靠里，小个体的鱼稍偏外，两者交替出现（1970年分栖明显），同年后期黄海冷水和沿岸水势力逐渐增大，水温下降快，鲐鱼群迅速南下进行越冬洄游，渔汛比往年提早结束。1972年9～11月舟山渔场外洋暖流比1971年偏弱偏南偏外，暖流与沿岸水交汇的混合水区范围广，渔发偏外，中心渔场的温盐梯度均小，因而鲐鱼渔发不好，进入渔场的鲐鱼比往年少，渔发的面积小，渔获普遍减产。又如，南海北部的蓝圆鲹栖息于大陆架底层冷水，每年初春，蓝圆鲹随着冷水向沿岸延伸而洄游到珠江口、粤东近海产卵，中心渔场往往与冷水上升处相一致。总之，水系、水团和海流对鱼群行为的影响极为显著，在渔场预测、鱼群侦察等方面必须要对水团、海流等进行分析和研究。

四、海流与金枪鱼分布的关系

一定程度上，金枪鱼分布与海流分布的关系相当紧密。因为海流要承担包括鱼卵、仔稚鱼在内的各种物质的输送，还要承担热、盐的输送（即水温、盐度等海水各种特性的输送），因此在同一海流系统中，可以发现相似的海洋特点，若从生物角度看，生物的生活圈是根据海流系统形成的。

已有研究认为，在太平洋西中部的热带海域，肥壮金枪鱼的分布区位于以赤道逆流为中心的海域，在西部位于赤道潜流北侧的流界附近，在东部即位于赤道潜流的南侧。但是，随着肥壮金枪鱼延绳钓渔场向东部扩大，在太平洋东部赤道逆流区域，没有形成肥壮金枪鱼渔场，因而延绳钓作业向南部海域移动。以赤道逆流为中心的太平洋西中部热带海域，其肥壮金枪鱼的适温（10～15℃）水层与延绳钓钓钩设置深度是一致的。此外，在太平洋东部的赤道逆流区，没有形成肥壮金枪鱼渔场的原因主要是这一海域从100m水深以内到深层海域，溶解氧均在1mL/L以下，肥壮金枪鱼在这些海域无法生存。

金枪鱼和枪鱼、旗鱼类都是太平洋洄游鱼类，它们的分布和洄游移动与海流的关系密切。例如，在太平洋8°S～10°S线偏南的海域里，长鳍金枪鱼分布多，黄鳍金枪鱼分布少，而北侧海域黄鳍金枪鱼分布多。其分界海域，10月～次年3月为南赤道流和赤道逆流，4～9月为南赤道流和不定向海流的境界。又如，长鳍金枪鱼分布在南赤道流系，黄鳍金枪鱼则分布在赤道逆流和不定向海流的海域里。

五、潮流与渔业的关系

潮汐及其形成的潮流，在沿岸浅海尤其是岛屿之间、岬角、港湾和河口邻近海区变化最为显著。潮汐和潮流的变化，可以调剂水体间的差异，改变温盐梯度的分布和邻近水体间的含有物，还可使水位、水深、流向、流速等发生有规律的周期性水平和垂直变化，从而使栖息的鱼类受到一定影响，鱼类集群密度和栖息水层及移动的方向和速度会产生相应的变化。因此，在研究海洋环境和鱼群行为的关系及渔场变动时，必须考虑潮汐和潮流的影响。

研究表明，鱼类的行动与潮汐关系极为密切，特别是在大、小潮汛时。以鲱鱼为例，研究发现，潮汐和鲱鱼渔获量之间存在负相关，在朔、望时鲱鱼集群数量最少，而在上弦和下弦时集群数量最多。鱼类的昼夜节律行为与强潮流之间的互相作用影响了各种鱼类的移动。

有些鱼类在产卵期排卵时，需要有一定的水流速作为刺激。例如，浙江近海的大黄鱼产卵时除了需要有一定的温度外，还要有一定的流速。岱衢渔场一般要在海流流速达到 2～4kn 时才会有集群并大批产卵，因此大黄鱼通常在大潮汛期间渔获好。潮流流速和潮位差呈正相关，因此在预报渔发时常用潮位差作为指标。有人观察到，江苏近海的大黄鱼在小潮汛时，流速较小，鱼的性腺基本上维持在一定成熟阶段；大潮汛时，性腺发育变化较快，3～5d 性腺发育即可由第Ⅳ期发育到第Ⅴ期，这时大黄鱼结成大群，同时发出强烈的叫声，游向较急的潮流中进行生殖活动。

潮流的变化对渔业生产影响也很大。生产实践表明，大潮汛时底层鱼类分散，有时会使渔场转移。大潮汛时由于鱼受到水压和流速的影响，行动比较活跃，大潮汛常使底层鱼类离开海底起浮到中上层，鱼群密度稀薄，因此，大潮汛不利于底拖网捕捞；小潮汛时流速小，鱼群游速缓慢而密集，比较平静地贴近海底，渔场稳定，有利于底拖网生产。上层鱼类恰同底层鱼类相反：大潮汛时表层流速增大，鱼群往往分散下沉，集群机会少，同时因流速快大作业也困难，故大潮汛时不利于围网作业；小潮汛时，水流缓慢，鱼群多起浮于海面，有利于围网作业。对定置网具来说，大潮汛时潮流大，鱼类往往不能保持位置而被潮流冲走，过滤水体又多，鱼虾进网率就高，渔获量也高；反之，小潮汛时水体过滤体积小，则渔获量低。鱼类一般有晚上起浮、白天下沉伏底的习性；若晚上潮流大，鱼类起浮易被流水冲移，故大潮汛时张网作业夜间渔获量较多。

潮流的大小和方向也直接影响鱼类结群的程度，但因渔场、地势和鱼种而有所不同。近海渔场，特别是径流注入较强烈的水域，在涨潮或落潮时往往发生上下层潮流方向与流速不一致的现象，渔民称之为"潮隔乱"，海洋学上称为"二重潮"。这时鱼群不会有较大的集结，且作业也不方便，渔获量将大幅度降低。

第五节　鱼类行动与盐度的关系

一、海水盐度分布

海水可看成是纯水中溶解一系列物质的溶液，包括无机物、有机物和溶解气体。盐度（salinity）是海水总含盐量的度量单位，是指溶解于 1kg 海水中的无机盐总量（克数）。

尽管大洋海水盐度会因各海区蒸发和降水的不平衡而有差异，但其主要离子组分之间的含量比例几乎是恒定的。大洋表层盐度变化范围为 34‰～36‰，主要与不同纬度海区的降水量与蒸发量比例有关。

赤道海区由于降水量大而蒸发量少（风速小），盐度较低（约 34.5‰）。副热带海区（两半球纬度 20°～30° 的海区）盐度最高（约 36‰），随之向温带海区逐渐下降（至与赤道海区的盐度值相当）。两极海区盐度最低（约 34‰），与极地融冰过程有关。

大洋表层以下的海水是从不同纬度表层水辐聚下沉、扩展而形成的。除了与其上方表层水的盐度有关外，也与温度（因而也与密度）有关，因此，大洋表层下方的盐度分布具有与上述因素相关的分层特征。

大洋表层以下盐度的垂直分层大体上可分为三种：①大洋次表层（高盐）水，从南北两半球副热带高盐表层水下沉后向赤道方向扩展。②大洋中层（低盐）水，从南北两半球中高纬度表层水下沉并向低纬方向扩展。在中、低纬度高盐次表层水与低盐中层水之间等密度线特别密集，形成垂直方向上的明显盐跃层（halocline），与温跃层相对应。③大洋深层水和底层水，它们分别是从高纬度和极地海区的低盐低温上层水下沉后向大洋底扩散。深层水盐度约 35‰，温度约 3℃；底层水的盐度约 34.6‰，温度约 −1.9℃，均比深层水低。

应当指出以上仅是大洋盐度垂直分层的大体情况，各大洋不同盐度层的深度与分布范围是有差别的。浅海区受大陆淡水影响，盐度较大洋的低，且波动范围也较大（27‰～30‰），而半封闭海区（如波罗的海）盐度低于 25‰。河口区受淡水影响更为明显，盐度变化更大（0～30‰）。以上这些海水和淡水混合而盐度下降的海水称为半咸水或咸淡水（brackish water）。另外，有的海区（如红海、热带近岸潟湖）盐度可超过 40‰，称为超盐水（hypersaline）。

二、鱼类对盐度的反应

鱼类能对 0.2‰ 的盐度变化起反应，鱼的侧线神经对盐度起着检测作用。鱼类对水中盐度微小差异具有辨别能力，这一特点在溯河性、降河性鱼类中尤为明显，如鲑鳟、鳗鲡等。

盐度的显著变化是支配鱼类行为的一个重要因素。海水的盐度变化对鱼类的渗透压、浮性鱼卵的漂浮等都会产生影响。在大洋中，盐度变化很少，近岸海区受大陆径流的影响，海水盐度变化很大。因此，经常栖息于海洋里的鱼类一般对高盐水的适应较强，一到近海或沿岸，适盐的能力则有显著的差异。往往有些鱼类遇到盐度大幅度降低，超过了它们渗透压所能调节的范围时，其洄游分布受到一定的限制，盐度突然的剧烈变化往往造成鱼类死亡。只有少数中间类型的鱼类才适于栖息在盐度不高（0.02‰～15‰）的水域。这些被称为半咸水类型的鱼类主要在近海岸一带见到，但数量不多，其原因是能稳定地保持它们能适应盐度的水域不多。

各种海产鱼类对盐度有不同的适应性。根据海产鱼类对盐度变化的忍耐性大小和敏感程度，可将其分为狭盐性（stenohaline）和广盐性（euryhaline）两大类。①狭盐性鱼类对盐度变化很敏感，只能生活在盐度稳定的环境中，如深海和大洋中的鱼类。这类鱼如被风或流带到盐度变化大的沿岸海区、河口地带，就会很快死亡。②广盐性鱼类对海水盐度的变化有很大的适应性，能忍受海水盐度的剧烈变化，沿海和河口地区的鱼类及洄游性动物都属于广盐性种类。例如，弹涂鱼能生活在淡水中，也能生活在海水中，这是因为它们生活的环境中盐度变化无常，经过长期的适应，其对盐度变化的抵抗力大大增强。鲻鱼、梭鱼等对盐度的适应性也很强。

同种鱼类的不同种群，以及同一种群在不同生活阶段，对盐度的适应也是不同的。例如，分布在我国近海的大黄鱼，产卵期在岱衢渔场的适盐范围为17‰～23.5‰，在猫头渔场为26‰～31‰；越冬期在舟山外海渔场为32‰～33.5‰，在福建北部近海为27.5‰～28.7‰，在广东硇洲海域为30.5‰～32.5‰。而小黄鱼在黄海中部越冬期的适盐范围为32‰～33.5‰，在吕泗近海产卵期为29.5‰～32‰；在东海南部越冬期33‰～34‰，产卵期为30‰～31‰。分布在我国近海的带鱼，其产卵期的适盐范围，在大陈山附近为31‰～33‰，在洋鞍、嵊山、海礁一带为31‰～34‰。冬季带鱼越冬期的适盐范围为31‰～33‰。鲐鱼在黄海北部的产卵适盐范围为30.3‰～31.4‰（0～10m水层）；在东海则为32‰～34‰；黄海鳀鱼的适盐范围为24‰～33‰，在吕泗、大沙渔场为31‰～33‰，在青岛、乳山渔场为30‰～31.5‰。

三、鱼类对盐度的反应通过渗透压来调节

鱼类对海水盐度的变化能引起反应，主要是由于海水的盐度影响鱼体的渗透压。一般来说，溶液的渗透压随溶液浓度的增加而增加，海水的盐度越大，其渗透压越高。渗透压的大小通常用溶液冰点下降的度数作为指标，一般用Δ值表示。例如，盐度为35‰的海水，冰点为$-1.91℃$，其渗透压的Δ值为1.91。各种鱼类和水产动物的体液浓度不同，其冰点也不一样，故Δ值各不相同。

根据对内介质Δ值与外介质Δ值的大小进行比较，可以将水产动物分为四类。

（1）当内介质Δ值与外介质Δ值相等时，为等渗性，主要为无脊椎动物。

（2）当内介质Δ值大于外介质Δ值时，为高渗性，主要为淡水鱼类。

（3）当内介质Δ值小于外介质Δ值时，为低渗性，主要海水硬骨鱼类。

（4）由于血液中有尿素存在，内介质Δ值略高于外介质Δ值，为高渗性，但也可列入等渗性，如海水软骨鱼类。

而广盐性鱼类（如鳗鲡）的渗透压调节机能较发达。当它们从淡水移到海洋的前几天，往往失水消瘦；相反，从海洋进入淡水时，往往吸水增重。几天之后，由于渗透压调节机能发挥作用，体重恢复正常。

四、盐度与鱼类行动的关系

盐度与鱼类行动的关系主要表现在间接方面，其间接影响是通过水团、海流等来表现的（图4-8）。例如，暖水性鱼类随着暖流（高温高盐）进行洄游；冷水性鱼类随着寒流（低温低盐）进行洄游。盐度对大多数鱼类的直接影响可以说是很少的，这一研究成果已被国外一些学者所证实。

在盐度水平分布梯度较大的海区，盐度对鱼群的分布或渔场的位置有一定的影响，有时还会成为制约因素。一般在判断渔场位置偏里或偏外的趋势时，常根据实测到的等盐线的分布来确定。但是，适盐范围较广的鱼类在外海形成中心渔场时，盐度便没有明显的制约意

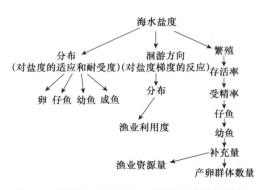

图4-8　盐度与鱼类分布、洄游与繁殖的关系

义，只有在径流很大的河口地区或在不同水系的交汇区，盐度对于渔场的形成才上升为主导因素。例如，处在钱塘江口外的岱衢渔场，1954年春汛雨水过多，大陆径流大量冲入渔场，盐度急剧下降为10‰～11‰，超过了每年来此进行生殖的大黄鱼的适应下限（17‰），因此，造成大黄鱼生殖集群外移到外海海域，渔民几乎找不到密集鱼群，造成历史上罕见的减产。又如，邻近长江口的海礁渔场有外洋流、黄海冷水锋和沿岸水相互交错，交汇区盐度为32‰～34‰，往往是中上层鱼类及底层鱼类密集成群的海区，常常形成较好的渔场。由于海水盐度的变化不是孤立的物理变化现象，它会随水系、水流等运动而变化，盐度和鱼类之间的关系间接地受到海流等因素的影响。例如，分布在夏威夷群岛附近的金枪鱼渔场，该海区受到盐度为34.7‰的加利福尼亚海流影响的年份，渔获量较高；盐度在35.0‰以上的西太平洋高盐水侵入时，渔获量就较低。

一般来说，鱼卵和幼鱼能忍受较大的盐度变化。例如，鲱鱼鱼卵的受精、发育和孵化全过程可以在盐度5.9‰～52.2‰下进行，鲱鱼幼鱼能在盐度为2.5‰～52.5‰的海水中生活68h以上。通常，我国近海海洋经济鱼类在产卵期大致都趋向盐分较稀薄的近海沿岸或河口附近产卵。例如，北方群系的小黄鱼，每年春天在莱州湾的黄河口附近形成小黄鱼集群的产卵场，该海区盐度为26.4‰～29.6‰，盐度超过这个范围的邻近海区，产卵亲鱼群就很少，孵化出的小黄鱼仔鱼密集于盐度为25.3‰～28.1‰的沿岸水中，这充分说明小黄鱼在产卵期和仔鱼期都有趋集于低盐水域的特性。

有关水温、盐度与金枪鱼洄游分布的关系，研究认为，同一种鱼每个生长阶段都要选择不同的水团，同时随着生活年周期的变化进行洄游，移动到别的水团中去生活。例如，马苏金枪鱼与水温、盐度的关系，是随着发育及生活年周期的变化而变化的。马苏金枪鱼在印度洋爪哇南部近海"澳加渔场"产卵，在澳大利亚沿岸度过幼鱼期，再经过北上索饵期后，向广阔的南极环流海域进行索饵洄游，随着性腺逐渐发育成熟，再向"澳加渔场"洄游，在马苏金枪鱼的低龄鱼阶段，被竿钓捕获相当数量的渔获量。也有学者从水温-盐度关系中研究了马苏金枪鱼的渗透压问题，认为"马苏金枪鱼从索饵期到产卵阶段，是向高温、高渗透压水域移动，产卵之后又回到低温、低渗透压水域的"。

盐度在侦察鱼群中具有指导作用，为此进行捕捞时必须要对其有所了解。但是，盐度的调查较为复杂，作业时不能随时得出较正确的结果，而水色与盐度具有一定的内在联系，某些情况下，它可以是盐度的一种表征，因此，渔民常以水色作为探索鱼群存在的标志。事实上，在盐度水平梯度大的海域，即水系不同、盐度悬殊的不连续处，水色也呈现不连续现象，这时水色就成为盐度的一种特殊表象。

第六节　鱼类行动与光的关系

光对鱼类及其饵料生物习性的影响很大，其重要性已被各种渔法所证实，甚至在原始的捕鱼技术阶段就被渔民所了解。但是，由于光和温度的变化具有一定的平行性，光的独立作用常常不为人们所理解。现对光与鱼类行动的关系进行简述。

一、光的垂直分布

到达海面的太阳总辐射能，一部分因海面反射而损失，反射回大气的量与太阳照射角度有关，另一部分被海水吸收（变为热能），同时其中悬浮的或溶解的有机物和无机物对光有选择性地吸收与散射，因而海水中的光照强度随着深度增加而减弱。由于光在海水中随深度增加而迅速衰减，海水根据在垂直方向上的光照条件可分为几个层次。

（1）透光层（也称真光层，euphotic zone 或 photic zone）：有足够的光可供植物进行光合作用，其光合作用的量超过植物的呼吸消耗。透光层在不同海区是不一样的，在清澈的大洋区，透光层深度可超过 150m，而在沿岸区可减少到 20m 甚至更少。对于海洋深度来说，透光层仅占海洋上部的一薄层。

（2）弱光层（disphotic zone）：在透光层下方，植物一年中的光合作用量少于其呼吸消耗，但有限的光线足够动物对其产生反应。

（3）无光层（aphotic zone）：在弱光层的下方直到大洋海底的水层，除了生物发光外，没有从上方透入的有生物学意义的光线。

二、鱼对光的反应

实验证明，光照度 0.01～0.001lx 的刺激就能引起鱼类反应，其能引起反应的光照度的大小取决于鱼类原先对光明或黑暗的适应性，使鱼类产生最大锥体反应（cone response）的最低光照度为 50～200lx。

鱼类对光的反应有趋光性（phototaxis）和避光性（negative phototaxis）。就目前所知，海洋中一些体型较小、生命周期短、数量多、集群性强而且比较喜暖的中上层鱼类，如鳀鱼、鲱鱼、沙丁鱼、秋刀鱼、蓝圆鲹、鲐鱼、鲣鱼等，底层鱼类如魣、鲀类等及对虾、蟹、头足类等均有趋光习性，其中不少种类以浮游生物为饵料。避光性鱼类如海洋中的鳗鱼、大黄鱼等。还有一些鱼类对光无反应，如当年鲤。人们可以利用鱼类的趋光和避光习性采取相应的渔法。光诱围网作业就是利用鱼的趋光性而采取的有效渔法。海鳗是避光的，白天躲在洞穴，晚上出来觅食，渔民利用海鳗的这一习性在夜间捕它。

不同种类的鱼，其趋光性的强弱是不同的，同一种鱼不同性别、不同生活阶段、不同季节及不同环境条件下，其趋光性的强弱也是不同的。一般来说，幼鱼的趋光性比成鱼强，鱼类在索饵期间比产卵时期的趋光性强，饥饿鱼的趋光性比饱食鱼的趋光性强，春夏季节（暖温季节）鱼类的趋光性比寒冬季节要强。由此可见，鱼类对光的反应强度主要取决于机体的生理状态，趋光性的强度与摄食强度相适应，因此，在夜间光就成为鱼类的一种觅食信号。

许多鱼类（甚至包括没有趋光性的鱼种和成熟状态中躲避光线的鱼类）的幼鱼，夜间对电光呈正反应（趋光），如鲻鱼的成鱼只个别在某些时期才被诱来，但它的幼鱼在夜间有大量被电光诱来；成年鳕鱼在照明区从来看不到，但它的幼鱼当电灯一开，立刻就活动起来升到表层。

三、鱼类的最适光照度

可以肯定，各种鱼类对水中的光照度有特定的选择，鱼类在其最适光照度的水域环境中，行动应该是最活泼的，但关于各种鱼类最适光照度的研究到目前为止还不多。

试验证明，喜光性的幼鲱在光照度为 20lx 时开始趋光，400lx 时活动能力最大，光照度增加到 6500lx 时活动减弱；喜暗性的鲱在光照度 3lx 时就开始反应，最适光照度约为 100lx；鲤鱼的最适光照度为 0.2～20lx。日本学者根据探鱼仪测定鱿鱼群栖息水层，初步认为鱿鱼最适光照度为 0.1～10lx，光诱作业观察也表明鱿鱼趋向弱光。

实际观察发现，白天鳀鱼集群游泳于不同的水层，在早晨和黄昏时刻，鳀鱼游到表层或浅水区，正午水清光照度强则下沉到深水处，其游泳的深度与天气和水的透明度有关（与鱼群的大小和季节无关），晴朗天气或水透明度大游至深处，阴天或水透明度低游至浅处。这说明鳀鱼的栖息水层与光照度有密切关系。鳀鱼适应于一定的光照度，但鳀鱼的最适光照度为何值尚未见报道。欧洲北海的鲱鱼，幼鲱趋光性强，成鲱趋光性弱，为了避开强光，白天成鲱多栖息于深层。

趋光和避光是鱼类固有的特性，任何鱼类对于光线都有其特有的适应光照度。在自然光照射下，它们能自己进行光照度的选择，并在其适应光照度的水域或水层中进行集群，因此，了解重要经济鱼类在不同光照度下的适应情况，确定其最适光照度，以及开展渔场海区光照度的垂直分布研究，对渔业具有重要意义。

四、鱼类的昼夜垂直移动

许多鱼类随着光照度的变动进行以昼夜为周期的垂直移动。常见的经济鱼类如小黄鱼、带鱼、鲱鱼、鳀鱼、鲐鱼、蓝圆鲹等。

鱼类昼夜垂直移动的原因有多种，一般认为：①浮游生物白天下沉，夜间上升，鱼类为了摄食而进行相应的垂直移动；②白天浮游植物进行光合作用时，放出一种对动物有毒的物质，浮游幼体为避开这种毒素而下沉，鱼类也做相应运动而移至较深水层；③鱼类对光照度各有一定的适应范围，白天光照强，为了避免强光而下沉于较深水层。当然这些看法并不全面，情况比较复杂。

鱼类的垂直移动既取决于鱼的生理状态（尤其是性腺成熟度和肥满度），又取决于周围环境（风、流、水温等海况），还取决于饵料和凶猛动物的分布及那些生物一天内的昼夜变化和季节变化。上层鱼类的索饵不在夜间，而是在早晨和傍晚，它与饵料生物的垂直移动并不完全一致，有些食浮游生物的鱼类结成小群，每天黄昏上升到表层，黎明后又向下沉降，似与饵料生物的升降有联系。

昼夜垂直移动的幅度在某种程度上取决于水温，不少鱼类（如黑海鲱、波罗的海鲱、大西洋鲱等）都不下降到低于一定温度的水层，这时温跃层成为环境上的限制（如有假海底）。

季节不同，鱼类的垂直移动也不同。冬季，某些鱼（如鳀鱼）游向深层，这时它有无垂直移动取决于肥满度，提前肥满的先降至深处，仍然摄食时，也进行垂直移动，但不像春季在沿岸洄游时那样活泼；春季鱼类对光呈现不同的反应，许多鱼类在此期间改变了昼夜垂直移动的性质，性成熟期鱼类需要阳光，白天上升到表层，而在较上层产卵。

浮游生物（图4-9）和以此作为食物的鱼类，将黄昏时光线的消失，即薄暮的降临，视为索饵的信号，于是鱼类随之向表层而到水的上层摄食，白天浮游动物和鱼类随其肥满度的提高而下降到深层。这是一种生物学上防御的适应，这种适应可以理解为它们游到深层是为了寻找水文条件平稳而少受凶猛动物袭击的环境。在黄昏，鱼上升到较浅水层乃至表层时，所有的种类都在一个较短时间同时上升，而下降到深层时有先有后，有些种类是在黎明到来之前下降，有些种类是黎明到来时或稍后才陆续下降。

年幼而在发育的个体，需要较恒定的营养，因此不下降或完全不下降，或留在上层的时间比成体长。尚未储足脂肪的鱼多留在上层，其开始向近底层下降较迟，游抵越冬场的较肥满的鱼下降到较低水层中比不太肥满的鱼要早。

许多上层鱼类在暗夜时鱼群散开，随着天明的到来，鱼群再行恢复。生产实践证明，不同云层所引起的光照变化，甚至月夜的光照变化也能引起鱼类垂直移动相应的变动，渔民利

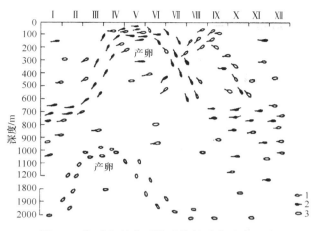

图 4-9 挪威海某些浮游动物的季节垂直洄游

1. 飞马哲水蚤 *Calanus finmarchicus*；2. 小拟哲水蚤 *Paracalanus parvus*；3. 极北哲水蚤 *Calanus hyperboreus*

用月夜捕捞带鱼，就是根据这个规律。

鱼类在无月光的黑夜里，由于失去视觉不能发现同类而群体分散，如偶然受到人工光线的照射，它们在集鱼灯的光照范围内发现同类，就会产生集群反应，形成群体，结果往往有大量鱼群在集鱼灯附近出现。

第七节 鱼类行动与溶解氧的关系

一、海水中的溶解氧

海水中溶解氧含量范围为 0～8.5mg/L，鱼类与海水氧含量有密切的关系。鱼类同其他动物一样，需要从水中吸收（一般通过鳃）溶解氧，以保证新陈代谢的进行。空气中氧的含量每升约为 200mL，水中气体溶解度与温度和盐度有关。海洋中氧的来源主要有三方面：①从空气中溶解氧（通过波浪、对流等）；②河水供给；③浮游植物通过光合作用产生氧。

表层海水由于与空气接触，加上浮游植物在表层的光合作用旺盛，因此表层氧含量很高，通常处于相应的大气压和海水温度条件下的饱和状态。在浮游植物大量繁殖的海区，水中溶解氧出现暂时的过饱和现象，饱和度可达 100%～140%。

透光层下方缺乏光合作用的氧气补充，溶解氧含量逐渐下降。在 400～800m 深处，由于海水密度梯度变化和温跃层的影响，从上层沉降的颗粒有机物（主要是浮游动物粪团等）较集中在这个层次，细菌的分解作用很旺盛。此外，鱼类的呼吸作用也大量消耗氧气，加上底层富氧水未能补充到这里，于是出现垂直分布的最小含氧层（oxygen minimum layer），氧含量可从正常值（5～6mg/L）下降至 2～3mg/L。

超过 1000m 深的水层，氧含量并不随深度的增加而连续下降，而是在最小值后又开始上升。大洋下层潜流着从极区表层下沉而来的低温富氧的水团，加上大洋深层生物量较少，呼吸作用和分解作用的耗氧也较少，这是最小含氧层下方溶解氧又上升的原因。

当然，在上述总的分布模式下，世界各大洋氧的垂直分布曲线还有各自的特征。例如，大西洋受两极注入大量新的富氧冷水的影响，在 2000～3000m 深处氧含量仍属正常范围，而在太平洋北界及印度洋，则有陆地所阻隔，深层水循环较差，加上长期较多的有机质被氧化，其氧含量就较低。因此，深层水的氧含量取决于它们是从高纬度来的"新冷水"还是"静止水"。氧的垂直分布曲线有助于鉴别不同大洋的水系。

二、缺氧水对鱼类的危害和对鱼类行动的影响

海水中氧的含量达到饱和程度，海水鱼类在海洋中生活一般不会缺氧，即使在深海中的生物也是足够的。对于多数海洋生物的分布、移动来说，氧气并不是一个决定性因素。然而，特殊情况下，如与外海不交流的内湾，夏季表层水受热、无风，或淡水流入，海水强烈层化，上下不对流，缺氧层上升等，都会造成海水缺氧现象；近底水缺氧，则会出现硫化氢，致使生物全部死亡，缺氧水层上升会对鱼类行动产生影响。

在缺氧的海区，鱼卵的发育受到抑制。当某些海区缺氧时，鱼类就会转移，例如，俄罗斯季克斯湾（Tiksi bay）的目笋白鲑，平时栖息于离岸较远的较深水区，该水域饵料生物丰富，但氧含量少，不能长期停留，因此定期向岸洄游。又如，美国的莫比尔湾（Mobile bay），夏季在东风劲吹的夜间涨潮时分，由于东部沿岸沟缺氧水向岸推移，大量底层鱼类、虾、蟹类及其他河口型生物涌向东北沿岸形成极好的渔汛。

涌升流使缺氧深层水上升，对鱼类也有很大的影响。这些缺氧深层水有两类：一类是回归带的缺氧深层水；另一类是海底有机沉积物大量消耗氧而造成的缺氧深层水。回归带和亚热带具有明显的缺氧层，大洋东侧比西侧更为显著。在正常条件下，缺氧层大体分布在100～150mm水层，顶界清晰。阿拉瓦海的缺氧层最明显，层内含有大量的硫化氢。太平洋的缺氧层比较弱，分布水层也较深。缺氧层的形成原因是一部分有机物产生的氧不足以补偿另一部分有机物大量消耗的氧。当海底沉积物中含有大量的有机物时，近底层海水的氧就被大量消耗。在大陆架浅水区，海底沉积中的有机物含量丰富，就会产生这种情况。另外，在孤立的大陆架盆地，海水停滞，也会出现这种情况。当回归带缺氧深层水沿大陆架涌升时，近底层鱼类被迫游向浅水区域或近表层。

三、溶解氧与金枪鱼分布的关系

水中的溶解氧是水中生物生息中一个不可缺少的环境因子，特别对游泳能力很强的金枪鱼类来说，溶解氧是一个非常重要的环境要素。以前由于水中氧含量的测定很困难，这方面的研究较少，特别是在渔获水层的氧含量，以及鱼类的生息能耐氧含量方面，基本上没有研究。

理论研究表明，金枪鱼类为了保持高速游泳，肥壮金枪鱼、黄鳍金枪鱼、长鳍金枪鱼在鱼体长为50cm时，其必需的氧含量分别是0.5mL/L、1.5mL/L、1.7mL/L，在鱼体长为75cm时，其必需的氧含量分别为0.7mL/L、2.3mL/L、1.4mL/L。对金枪鱼氧气缺乏抵抗力的试验表明，金枪鱼窒息时的极限氧含量为1mL/L。根据延绳钓钓获率和氧含量分布研究，肥壮金枪鱼的生息能耐氧含量为1mL/L以上，1.0mL/L以下的海域，几乎没有渔获。上述分析表明，金枪鱼类的生息能耐氧含量的下限随金枪鱼的鱼种、鱼体体长而变化。

针对太平洋海域金枪鱼延绳钓渔获水深（100～250m），以及适温（10～15℃）、生息能耐氧含量（1mL/L）等海洋环境因子对肥壮金枪鱼渔获分布的影响进行了研究，发现好渔场出现在钓钩设置深度和适温水层一致，以及溶解氧含量在1mL/L以上的海域。研究结果表明，水温、氧含量是影响肥壮金枪鱼分布的海洋环境因子，肥壮金枪鱼全都分布在10～15℃的适温水层中，但是即使在适温水层里，若溶解氧含量在1mL/L以下，肥壮金枪

鱼也没有分布。为获得肥壮金枪鱼的高产，应把延绳钓钓钩的位置设置在 10～15℃ 的适温水层，溶解氧在 1mL/L 以上的海域。

第八节　鱼类行动与气象因素的关系

气象因素变化会引起海况变化，从而影响鱼类的集散和移动，同时恶劣的天气还将影响海上捕捞生产，因此，气象因素在鱼类洄游分布及渔业生产中有重要的意义。

一、风

风会使海水产生运动，导致水温变化，从而使鱼类移动。风向与海岸线走向的关系、风速大小及持续时间等都会对渔场变动产生影响。在我国近海，一般来说，当季风风向与海岸线的走向大致平行时，春秋季期间，南风送暖，北风来寒；当西风或东北风向时，鱼群远离近岸或向深海游动；东南风或西南风向时，鱼群偏向近岸浅海区域。在山东半岛附近的渔场（烟台、威海、石岛等渔场），鱼类春季产卵洄游期间，西北风向多时，渔场位置偏移外海，南风或西南风向偏多时，渔场位置偏移近岸；秋季洄游期间，偏北风向多时，鱼群停留渔场时间短，偏南风向多时，鱼群停留渔场时间长。向岸风向偏多时，产生向岸海流，鱼群随着海流游向近岸。

在日本沿岸偏南风向多时，鲱鱼成群来临；在富山湾连续有西北风和西南风向、相漠湾有强南风向时，鲐鲹渔获量增多；在九州的平户岛和生月岛附近，连续吹强北风时，则飞鱼渔获量增多。离岸风向偏多时，风向和海底地形的影响产生上升流，将海底营养物质带到表层，鱼类在这里集群并形成渔场。世界沿岸上升流区域的面积仅为海洋总面积的 1/1000，但渔获量占世界总渔获量的一半，说明沿岸上升流区域是最好的渔场。

渔汛期间，一般在 5～6 级风前后，鱼群都有集群过程，风前集群是鱼类感受到"气压波"和"长浪"的刺激作用发生的；风后集群则是因为大风改变了海水理化条件。因此，民间渔民有"抢风头"和"赶风尾"的说法，这期间捕捞生产可使渔获量增多，但渔船的生产风险也大。

风向促使海面升温或降温，水温超过鱼类适温范围，就使渔汛期早早结束。春季在黄海北部海洋岛渔场捕捞鲐鱼时，最忌东南大风，在烟台和威海渔场最忌偏北大风，上述方向大风在渔汛后期经过渔场时，渔汛期则提前结束。

寒潮经过海面时，产生大风、降温，使海水蒸发，引起海面扰动，海水表层至底层温度和盐度分布均匀。寒潮入侵的时间早晚，与鱼类越冬洄游早晚一致。随着寒潮入侵的频率增加和强度变强，渔场从浅海区向越冬场转移，幼鱼生长时期，活动能力较弱，极易受风浪冲击影响，往往一次大风过后，幼鱼大量漂浮死亡。

二、波浪

低气压出现或风暴过境，往往造成海水剧烈运动，一般鱼类都经受不住这种强烈的冲击而畏避分散，游向深处，栖息于静稳的低洼地带。因为波浪表面上是波形的传播，实际上是海水的质点在平衡位置上做圆周运动，圆周的半径（振幅）随深度的增加而迅速减小。设表面波的高度为 H，波长为 λ，在深度 Z 处的波高为 H_Z，按摆动波的理论，其关系式为

$$H_Z = H_e^{2\pi\frac{Z}{\lambda}} \tag{4-1}$$

根据该公式，在等于波长的深度处，水质点运动的轨迹半径仅为表面波的1/536；2倍波长的深处则 H_z 只有表面波高的1/300 000左右。可见，尽管海面风浪很大，但在深处的波高很小。例如，表面波高2m，波长60m，水深60m的海底波高只有4mm；120m深处的波高接近于零，故波浪的影响并不到达很深的地方。在暴风雨来临之际，鱼类游向深处，就是为了避免上层海水波浪的冲击。渔民掌握这个规律后，往往在大风之后到深水区捕鱼。广东闸坡深水拖网渔民就有大风浪后要拖"正沥"的经验，渔场的正沥就是指地势低洼的地方。

在渔业上，风暴情况对渔业生产影响甚大。渔汛初期有强烈风暴，如风吹方向与鱼群洄游方向一致，往往可将鱼群向渔场推进，渔汛提前，如风吹方向与鱼群洄游方向相反，则风浪可把先头的鱼群打散，渔汛推迟；渔汛期间，大风或风暴可使海水产生垂直混合或短暂的上升流，表温下降，海水温度的分布发生明显变化，鱼群分布也发生较大的变动，小型中上层鱼类更是如此，从而导致渔获量下降；渔汛末期，大风、风暴可使渔汛提早结束。

连续晴朗天气，风平浪静，鱼类一般不密集，产量低，最好是隔几天刮一次大风，风力强，过程短，可以促使鱼类密集成群，利于捕捞。但是，如遇大风暴或连续的风暴，风暴期长，则情况相反，鱼群将被打散，渔场转移，致使渔业减产。舟山渔场冬汛带鱼的情况就是这样，在偏北大风频繁时，鱼群偏外、偏深，迅速南移，给追捕鱼群带来困难，造成渔业减产。

风暴过境或向岸风持续劲吹，造成浅海海水浑浊，某些鱼类不适应浑浊的海水环境而迅速避离，有的甚至由于鳃丝积厚污泥而致死。但海水骚动浑浊，使某些鱼类惊畏群起急游，同时由于海水浑浊鱼类看不见渔具而无法回避，在这种情况下，刺网和定置网渔业往往丰收。

三、降水量

近岸海区降水量的大小、持续时间等可影响渔场的水温、盐度、无机盐含量及入海径流量等。渔汛前期降水量的多少，常影响沿岸低盐水系势力，从而影响其与外海高盐水系交汇界面的位置，而渔场位置随交汇界面的变动而改变。从降水量的多少，可以预测鱼类资源数量变动的趋势。挪威研究人员曾根据2~3月降水量预测了该年的鳕鱼渔获量；中国渤海辽东湾春季毛虾捕捞数量与前一年6~9月平均降水量呈直线相关。降水与渔场的关系主要表现在以下几个方面。

（1）降水量的多少可引起沿岸水系和水团的分布、变动，从而影响渔场，如降水量多，渔场外移，渔期推迟，反之相反。

（2）近岸海水和河口淡水的交汇界是渔场，饵料生物集中，降水量的多少直接影响渔场位置的变动。

（3）径流量的多少会影响沿岸饵料生物、仔稚鱼、虾类的繁殖生长，饵料生物取决于径流量的多少。

（4）降水量的多少还可以影响海水的垂直对流。降水量多，混入的淡水多，表层水低盐，海水分层稳定；降水量少，表层水盐度高，降温时可引起垂直对流。

四、气候与渔场的关系

渔场位置受气候条件影响显著，根据渔场所处位置，分为热带渔场、亚热带渔场、温带渔场和寒带渔场：①热带渔场受赤道洋流的影响，鱼类适温高，分布在太平洋和大西洋赤道附近海域。②亚热带渔场受热带海洋性气候的影响，鱼类终年繁殖，生长迅速，鱼类群体补充快，一年四季都可以捕鱼。③温带渔场受温带海洋性气候影响，四季明显，春季鱼类进行生殖洄游，并产卵、繁殖、生长；秋季则进行越冬洄游。渔汛期分为春汛和秋汛。④寒带渔场受极地寒流影响，鱼类适温低，分布在南极附近海域、白令海东部和鄂霍次克海附近。中国渔场属亚热带渔场和温带渔场：亚热带渔场包括南海和东海南部，温带渔场包括东海北部、黄海和渤海渔场。

现代渔业气象研究始于 20 世纪初期，日本学者三浦定之助和宇田道隆于 1927 年分别对低气压、气象要素与渔获量之间的关系进行了研究。中国于 50 年代中期，开始了局部海区气象要素的观测，并就天气对渔场的影响进行了研究。随着科学技术的发展，国内外开始利用气象卫星监测气象和海况变化，预测渔场的变化。

五、气压

西汉《淮南子》一书中曾记载："故天之且风，草木未动而鸟已翔矣；其且雨也，阴曀未集而鱼已噞矣"，是指当时已察知阴雨前低气压来临之际，鱼类浮出水面呼吸。长期以来渔民上观天象，下察物候，总结出出海捕鱼的时机。低气压经过渔场前后，都是很好的捕捞时机。低气压通过渔场前，海面风平浪静，由于海水缺氧，一些鱼类如鲐鱼集群海面，是捕捞的良机；低气压通过渔场时，天气恶劣无法捕捞；低气压通过渔场后，引起渔场环境条件的改变，鱼群向适宜的环境条件集群。

六、气温

气温通过对水温的影响，从而影响鱼类产卵时期的适温条件。例如，波罗的海鲱鱼当春季气温上升快时，水温达 8～12℃时产卵；当气温上升慢时，则在水温 6～10℃时就产卵。产卵过程中气温突降，可能使产卵中断。春季气温的偏高或偏低，与渔汛期、洄游提前与推迟是一致的（气温高，渔汛提前），秋季气温的偏高或偏低，与渔汛期、洄游提前与推迟相反（气温低，渔汛提前）。

第九节　鱼类行动与其他因素的关系

影响渔场的因素除了上述经常变动的环境因素之外，还有一些变动比较小的海洋地理环境因素，如水深、底形和底质等，以及生物因素。海洋地理环境因素对鱼类行为的影响虽不甚明显，但在了解它们之间的关系后，可以把探索鱼群的范围缩小到最小限度，这在鱼群侦察、中心渔场掌握上将起到一定的作用。

一、水深和底形

水深和海底底形是密切联系着的，底形虽不被人们直接察觉，但能以水深的分布来表征。海水深浅直接影响着海区各种水文要素，特别是温度、盐度、水色、透明度、水系分布、流向、流速等的空间和时间变化，从而间接影响生物的分布和鱼类的聚集。不同水深的海区各有其水文分布与变化的特点，水深越小，其变化越为剧烈。

海区底形不同，鱼类的分布也不同。倾斜度大的陡坡不适于鱼类长期停留，海底较为平坦的盆区和沟谷是鱼类聚集的良好场所，如黄海中央深处就是不少经济鱼类的越冬场或冷水性鱼类的渔场。海底局部不平偶有起伏，鱼类多聚集在较深凹地。因此，范围不大的局部深沟或低洼坑谷，鱼群经常聚集较密，而凸岗或陡坎处鱼群稀少。但是，后者隆起的底形导致深层海水发生涌升流，因此表层往往有上层鱼类聚集。这是围网渔业生产者所熟悉的事实。

海洋鱼类根据其生理和生活的要求，在不同的生活阶段对水深也有一定的要求。我国主要经济鱼类多分布在近海大陆架范围以内，产卵场多在 30~80m 范围内的海区，如黄海中央、济州岛西北、西南以至舟山正东一带是多数洄游于渤海、黄海、东海鱼类的越冬场。小黄鱼和带鱼等一般分布于不超过 100m 等深线处，除产卵季节聚集在 30m 以内浅海外，它们的密集区多在 40~80m 的水深范围内，许多其他底栖鱼类也都聚集在这一水深地带，因而这一带就成为底拖网的良好渔场。大黄鱼分布的水深一般不超过 80m。蛇鲻分布的海区在 60~200m 的倾斜地带，黄鲷主要分布在 80~200m 的倾斜地带，在 100m 等深线附近最多，较浅的海区则很少捕到。南海北部底层鱼类金线鱼多分布在 60m 以浅水域，以 30~60m 为主，60m 以深很少。多齿蛇鲻成鱼主要分布在 60~120m 海区，生殖时移至 50~80m 水域。二长棘鲷的栖息水深以 60m 以浅为主，30m 以浅以幼鱼为主，超过 90m 的海区很少。红鳍笛鲷分布的水深范围以 30~120m 为主，30m 以浅次之，120m 以深甚少。鱼类分布与水深和底形的关系表述如下。

1. 鱼类分布与不同生活阶段或不同季节的关系

浙江近海的大黄鱼产卵期间栖息水深为 5~20m；索饵期间栖息水深为 20~40m，很少超过 50m；冬季主要栖息在水深 40~80m 处。其他经济鱼类各个生活阶段的栖息水深也有差别。另外，同种鱼类即使在同一生活阶段，在不同的海区，其栖息的水深也是不同的。例如，越冬期的小黄鱼，在东海的栖息水深为 30~70m，在黄海为 55~75m。在黄海、渤海进行产卵洄游的鲅鱼，在吕泗渔场、大沙渔场栖息水深为 25~50m，在海州湾为 15~25m，在青岛渔场、乳山渔场为 15~40m，在烟威渔场为 16~50m，在海洋岛渔场为 15~30m，在渤海中南部渔场和辽东湾渔场为 10~25m。

2. 鱼类分布与底质有一定的关系

鱼类对底质的性质和色泽的适应与选择，因种类不同而不同。多数鱼类不经常接触海底，有的终生不接触海底。这些鱼类的分布似乎与底质的关系不大，或根本没有关系。但是，海洋鱼类中有些种类经常接近海底或栖息在海底，有些种类虽不接触海底，但在某些时期其分布和底质有一定的联系。因此，在研究鱼类行为时，底质还是不能忽视的。据研究，海洋鱼类对于底质的适应，有以下几种类型。

（1）经常埋藏或潜伏在海底。这些鱼类的体型多为扁平，行动较为迟缓，为躲避敌害或猎取食物而经常栖息在海底，成为底栖鱼类，鲆、鲽、鳎等种类都属于这一类型。它们适应或选择的底质是较细的粉砂质和由砂泥混合组成的砂泥质或泥砂质。

（2）为摄取食物而在某些时期潜伏于水底。属于这种类型的鱼种类很多，当其接触或接近海底时就成为下层或近底层鱼类。它们能自由浮沉，行动也颇敏捷，嗜食和追逐的饵料多为底栖生物，其选择喜好的底质性质与底栖饵料生物的分布有密切的联系，故常有多种类型。

（3）为了生殖的需要而到具有一定底质的场所。鱼类进行生殖时，必须洄游到适于产卵、孵化的场所，产沉性、黏着性卵或埋藏卵的鱼类，一到性腺成熟，就到具有适于鱼卵附着或埋藏的处所进行生殖。例如，太平洋鲱鱼（青鱼）产沉性黏着性卵，它的产卵场一般选择在具有岩礁、海草丛生的近岸。乌贼把卵产在岩礁海底，黏着在海藻或其他物体上。银鱼则在河口产卵，使卵黏附在水底泥表或水生植物上。多数产浮性卵的鱼类对产卵场的底质也有一定的选择，如大黄鱼、小黄鱼产卵场的底质多为粉砂质软泥或黏土质软泥；带鱼产卵场的底质多为粉砂质软泥、粉砂或细砂；真鲷产卵场的底质多为砂，并夹杂着砂砾、石砾、贝壳或丛生的水生生物，也有局部为砂质泥和泥质的；鳓鱼产卵场的底质为泥沙、黄烂泥、黑色硬泥沙和沙泥质；对虾的产卵场底质为黏性软泥，其在洄游过程中喜栖息的底质和越冬场的底质也几乎都是泥或黏性软泥。

有丰富的陆上供给的有机物质沉积的外海海区，一般底质较细，分选性较好，一定程度上保持了海水的稳定性，形成不少优良渔场。在泥质或泥砂质海区，沙蚕类和其他柔软纤维的饵料生物较多，因而以此类饵料生物为食饵的鱼类在这里就聚集较多。在砂质或砂泥质海区，有虾、蟹、贝、海星、蛇尾、海百合和其他短小生物，底栖生物相当丰富，鱼类常成群来游，到此追索食饵或进行生殖或选择较稳定的深水区越冬，因此这一带往往是良好渔场所在。

离开海岸的岩礁（包括人工鱼礁）、远离大陆的岛屿边缘及大洋中的"孤礁"附近，随水深、底质等的不同，分布着相应的底栖生物群落。岩礁附近，除海藻外，有鲍鱼、贻贝、龙虾、章鱼、石斑鱼等附礁性海洋动物栖息其间，也有其他鱼类来此洄游，从而形成较好的渔场。

生物群集的海区，必然是鱼类的聚集场所，有的是产卵场，有的是索饵场，也有的是越冬场，或兼为两种渔场。例如，我国渤海的三大海湾、海洋岛附近、烟威近海、石岛近海、乳山近海、海州湾、黄海中部、舟山附近、鱼山附近等重要渔场，多分布于细颗粒沉积物和有机物质含量较高而生物茂盛的海区。底质的微妙差异，常使底层鱼类的分布发生显著的差别。例如，自上海至日本长崎的半途有一弧形底界，其东侧是较粗的泥质砂海底，多产鲷类和黄鲷类；其西侧是较细的砂质泥海底，多产大黄鱼、小黄鱼、带鱼、红娘鱼等。又如，日本东京湾的木更津至本牧间有一条纵走的界线，比其周围的海底稍隆起，常受潮流的冲刷，浮泥沉积较少，底质是较粗的泥质砂，但其周围地带水深稍增，底部是较细的单纯泥质，此处鲆、鲽类分布较多。

3. 海底地形和渔场的关系

鱼类渔场的形成与特殊的海底地形有关。研究表明，在南非厄加勒斯浅滩，8月肥壮金枪鱼钓获率与等深线的关系密切。在沙洲、浅滩和大陆架陡坡等附近海域，均可能有好渔场出现。又如，新西兰近海的马苏金枪鱼渔场分布，也与海底地形相关。

产生上述好渔场的原因，主要是海底地形影响，海水发生扰动产生复杂的涡动，以及由此而形成上升流和下降流海域，饵料生物在此繁殖和集聚，从而大型鱼类在这里滞留和集聚。实际上深海海区也会对海面海水运动带来影响。

二、鱼类行动与饵料生物的关系

鱼类与生物性环境因素的关系，主要是指鱼类与生活在水体中各种动植物之间的关系。在海洋中，鱼类的生物性环境因素主要包括可以直接或间接作为鱼类饵料生物基础的海洋生物，以及成为鱼类敌害的海洋生物。

1. 饵料生物

海洋中鱼类的饵料生物虽有多种多样，但归结起来可分为浮游生物、底栖生物和游泳动物三大类。

1）浮游生物

浮游生物个体很小，但数量很多，分布又广，在水生生物界占据重要的位置，是鱼类的饵料基础。一般鱼虾类都吃浮游生物。根据它们的食性，有的以浮游动物为主要食物，如鲐鱼、鲹鱼（包括蓝圆鲹、竹筴鱼）、鲱鱼、鳀鱼、鲚鱼、小黄鱼等；有的以浮游植物为主要食物，如沙丁鱼、蛇鲻、鲮鱼等；有的兼食动物性和植物性浮游生物，如对虾、脂眼鲱等。多数鱼类仔鱼期或幼鱼期食浮游生物，到成鱼期则改食大型动物，如大黄鱼、带鱼、鳕鱼、鲈鱼、鲅鱼、鲨鱼、鳐鱼等。因此，浮游生物的分布与数量变动，可以直接或间接影响各种鱼类的行为，在索饵期间影响更为显著。

研究表明，各种鱼类喜食的太平洋磷虾、太平洋哲镖水蚤、细长脚䗁、真刺唇角镖水蚤、糠虾、毛虾、各种箭虫和宽额假磷虾等浮游动物，广泛分布于我国近海，尤其在外海暖流、沿岸水系和黄海冷水团混合海区及其附近。这些密集区的分布与各种鱼类的中心渔场有密切关系，如大沙渔场、长江口渔场、舟山渔场、鱼山渔场、温台渔场、石岛渔场、烟威渔场、海洋岛渔场等均缘于此。海洋岛附近每年鲐鱼、竹筴鱼等渔场的变动一般可以根据磷虾和长脚䗁集群分布情况来判断。大量磷虾和长脚䗁密集群团散布在海洋岛近海时，预兆着鲐鱼、竹筴鱼即将丰产；如果磷虾等集群延续时间长，鲐鱼、竹筴鱼等停留的时间就可能延长；反之，磷虾等分布稀疏，或密集的浮游生物群团受气象、风力影响，其栖息时间短暂或突然消失，则鲐鱼、竹筴鱼的渔汛将提前结束而使渔业减产。在舟山渔场秋汛对网作业时发现，磷虾多的海区，鲐、鲹等中上层鱼类常结群起浮水面，这时是围捕的最佳时机。可见，磷虾可以作为寻找渔场的指标。

由于鱼类的行为与浮游生物具有密切的联系，可根据浮游生物的数量变化来预测渔获量的变动。有人曾对英国近海 1903～1907 年浮游生物和鲐鱼渔获量间的关系进行研究，结果表明，浮游动物的生物量多时鲐鱼的渔获量高，反之则低，两者呈正相关；但鲐鱼的渔获量和浮游植物的生物量则呈负相关。有关调查资料表明，南海北部浮游动物生物量的高低与蓝圆鲹渔获量关系也十分密切。珠江口渔场春汛蓝圆鲹渔汛期是 11 月～次年 3 月，而珠江口一带浮游动物总生物量的变化也是从 11 月开始上升，高生物量一直持续至次年 3 月，至 4 月开始下降，这种高生物量的持续期恰好是珠江口一带蓝圆鲹的渔汛期，由此说明蓝圆鲹渔汛与饵料基础的丰盛有着密切关系。

2）底栖生物

底栖生物包括终生或某个生活阶段在海底营固着生活的生物，或长时期栖息于近底层但能做短距离移动的生物。底栖鱼类或近底层鱼经常捕食底栖生物，如黄鲷、二长棘鲷、金线鱼、鳕鱼等。在索饵期间，这些鱼类的分布往往与底栖生物群有密切关系。因此，在探索鱼群时，可以用一些与捕捞对象有密切关系的底栖生物作为侦察指标。

底栖鱼类或近底层鱼类嗜食的底栖生物的种类也因鱼种的不同而有所不同。例如，鳕鱼、鲷鱼、鲆鲽类、鳐类等底层鱼类都以底栖无脊椎动物的瓣鳃类、甲壳类、环节动物和棘皮动物等为食物，但鳕鱼嗜食脊腹褐虾和寄居蟹等，高眼鲽则嗜食萨氏真蛇尾、脊腹褐虾等。多数近底层鱼类的食性较复杂，因其常游动到中上层，底栖生物只是它嗜食饵料中的一部分。例如，带鱼的胃含物中，底栖的小虾和蟹类只占 1/4 左右，头足类和细长脚䗁占的比例更少；黄鲷的主要饵料是糠虾类、蛇尾类、长尾类、端足类、短尾类及鱼类等，它以食底栖生物为主，兼食浮游生物和游泳动物；二长棘鲷主要食蛇尾类、长尾类、多毛类、端足类等，以食底栖生物为主，也食底栖性的浮游生物。

现场调查证明，我国黄海、东海底栖生物的高密度分布区，特别是在冬季，大体和各经济鱼类的密集区是相一致的。例如，黄海南部和东海北部水深 50～80m 等深线间的海底斜坡上底栖生物密集，也正是小黄鱼、白姑鱼、带鱼、大黄鱼、鲆鲽、红娘鱼等鱼类越冬时密集成群的好渔场。最明显的是，底栖生物量最大的海区，正是高眼鲽集中的场所，而底栖生物量最低的海区，高眼鲽的数量便很少，不易捕到。

某些底栖生物的分布作为探索渔场的指标是行之有效的。例如，棘皮动物中蛇尾类的分布与高眼鲽或小黄鱼的鱼群动态有一定联系。捕捞实践证明，凡萨氏真蛇尾占优势的海区，多为高眼鲽的优良渔场；而筐蛇尾丛生的海区多为小黄鱼群集区，20 世纪 50～60 年代沿着筐蛇尾分布区（大沙渔场中央偏西北海区水深 43～50m 自西北向东南延伸的斜长地带）的边缘投网，可以捕获大量的小黄鱼。

3）游泳动物

在许多经济鱼类中，有不少是属于以游泳动物为主要食物的肉食性鱼类。一般经济鱼类在仔鱼期摄食微小而不太活动的浮游生物，其逐渐长大后便改食较大的浮游生物，以后随着鱼体的渐趋成形又改食较大型的游泳动物或底栖生物以至各种动物的幼体，其中鱼类的幼体也占一定的比例。虽然少数鱼类终生摄食浮游生物，但大多数鱼类的成鱼则兼食浮游生物、底栖生物及比它个体小的游泳动物或鱼类，因此鱼类的饵料生物也应包括鱼类。供鱼类捕食的弱小鱼类，也可称为饵料鱼类。我国近海的经济鱼类中属于肉食性的种类也不少，它们的成鱼往往吞食或捕食鱼类。因此，在某一生活阶段，它们的鱼群是依饵料鱼类的分布而转移的，如带鱼、大黄鱼、马鲛鱼、鲈鱼、鳕鱼等都是以较其个体小的鱼类为主要食物，有的甚至残食其同类或自身的幼体。小黄鱼、鲐鲹类、鳓鱼、大眼鲷等的食物中，中小型鱼类和幼鱼也占一定的比例。了解这些鱼类的食性，再结合当时环境中饵料鱼类的分布和动态，就可以掌握中心渔场。例如，浙江近海的带鱼以鳀鱼、七星鱼、梅童鱼、龙头鱼、黄鲫鱼、青鳞鱼、小黄鱼幼鱼等为主要食物，在嵊泗渔场带渔汛前，渔民常以上述饵料鱼类的分布作为探索渔场的指标。进入渤海的鲅鱼在产卵基本结束以后，立即强烈摄食，这时常成群追逐其主要饵料如鳀鱼等小型鱼类，因此，鳀鱼等小型鱼类的分布活动规律，是鲅鱼中心渔场的重要参考指标。

2. 敌害生物

1）凶猛鱼类和凶猛动物

肉食性鱼类往往捕食成群的鱼类。就被追捕对象来说，这种凶猛的鱼类就是它们的敌鱼。此外，一些海洋凶猛动物也对鱼类进行摄食，如带鱼、大黄鱼、小黄鱼、鳕鱼、鲐鱼、竹筴鱼和鲅鱼等都捕食鳀鱼；鳕鱼、带鱼等也捕食鲱鱼，鲥鱼、鲣鱼等捕食沙丁鱼；鲨鱼、魟鱼、鳐鱼、海豚、鲸类和海鸟等也时常捕食各种鱼类。掌握了它们之间的相互关系和活动规律之后，就可以根据凶猛鱼类或凶猛动物的活动情况来探索鱼群的行为动态。有人发现，某些鳀鱼白天栖息在深层（20m 以下），到晚间则上升到表层或转移到浅海区，半夜又离开表层或沿岸，回到较深水层，在垂直移动过程中同时进行水平移动。产生上述有规律移动的原因主要是，鳀鱼是某些凶猛鱼类或凶猛动物的捕食对象，鳀鱼为了防御敌害而进行回避移动，白天在海水表层易遭敌害袭击，于是潜入较深水层而分散为小群，以躲避敌害的威胁；但是鳀鱼是上层鱼类，不宜经常停留在深层，当追捕者的威胁稍轻时，趁天黑又移到上层和适于活动的近岸进行索饵。因此，可以根据这种规律，利用敌害动物的情况作为探索鳀鱼鱼群动态的指标。值得指出的是，正在觅食中的敌鱼不能作为鱼群大量存在的指标；只有那些已经找到捕食对象而正在袭食中的敌鱼，才能作为指标。一般情况下，如该海区尚未发现鱼群来到，敌鱼也不会立即到来，一旦发现有了敌鱼的踪迹，则可断定鱼群已经来到。

捕捞上层鱼类时，如遇海鸟成群飞翔在上空，用它作为探索鱼群的指标是很有成效的。因为海鸟发现鱼群以后，常成群鸣啼叫嚣，上下俯冲。根据它们的动态，可以从远处知道那里是否有鱼群。海鸟追逐鱼群时，数量聚集越多，说明水中的鱼群越大。鸟群在高处飞行时，说明鱼群潜入深层尚未浮到水面；鸟群飞得低时，说明鱼群游在浅层；鸟群上下飞翔频繁时，说明鱼群已出现在表层；如果鸟群停留在水面并不断地注视水中，有时更换地点、有时成群一致飞掠水面，则鱼群已游集深层；多数海鸟向同一方向飞行，反映鱼类游在鸟群的前面；鸟群如移动，反映鱼群也在移动，这时鸟群飞行的方向，就是鱼群移动的方向，鸟飞得快，说明鱼群也游得快。

吕泗渔场鳓鱼渔汛期常常发现鲨鱼捕食鳓鱼，有时几条，有时成群，根据鲨鱼的动态，可以推测鳓鱼的聚散。若渔场原来没有鳓鱼，在出现鲨鱼后就预知鳓鱼将要来到，并且将有浓密的鱼群；但若渔场已有鳓鱼，鲨鱼一到，鳓鱼群随即被驱散。渔场出现鲸鱼后，鳓鱼群也会被驱散奔逃。福建东山渔民也有经验，农历六月中后，发现鲨鱼猛吃鳓鱼，鱼就很少捕到。齿鲸类遇到鱼群会不断进行追逐，如发现鲸类的行动很不规则，在海面忽上忽下出没不定时，水下必然有鱼群。有些底栖生物经常捕食鱼类的幼鱼或成鱼，如海星、海胆、梭子蟹等。腔肠动物中的一些水母类，常以其延长的触手捕食鱼类。海洋中的乌贼类也摄食鱼类，如分布在北大西洋海域的乌贼类的食物中，鱼类出现率可达 62%；分布在印度沿岸海域的拟乌贼，在其食物中鱼类有时占到 73%。

2）赤潮生物

赤潮是海域环境条件改变，促使某些浮游生物暴发性繁殖，引起水色异常的现象。发生赤潮的海水颜色并非都是红色，它随形成赤潮的浮游植物种类不同而呈现不同颜色。目前，我国沿海海域中能引起赤潮的生物有 260 多种，其中已知有毒的就有 78 种。这种现象在古代文献中就有记载，达尔文也曾于 1832 年报道了智利外海发生的赤潮现象。20 世纪后，尤其是 60 年代以来，沿海水域污染日趋严重，因而赤潮在亚洲、美洲和欧洲许多国家沿海水域相继发生，次数也逐年增加。赤潮发生的原因尚未完全查明，但从理化环境的变化分析，初步认为其与气候、海温、盐度、营养料和环境污染等多种因素有关。

归纳起来，赤潮的危害方式主要有：①分泌黏液，黏附于鱼类等海洋动物的鳃上，妨碍其呼吸，导致窒息死亡；②分泌有害物质（如氨、硫化氢等），危害水体生态环境并使其他生物中毒；③产生毒素，直接毒死养殖生物或者随食物链转移引起人类中毒死亡；④导致水体缺氧或造成水体含有大量硫化氢和甲烷等，使养殖生物缺氧或中毒致死；⑤吸收阳光，遮蔽海面，使其他海洋生物因得不到充足的阳光而死亡。

赤潮严重的水域，常造成鱼类、虾类和贝类大量死亡，对渔业危害极大。例如，1958 年 5 月浙江近海发生大规模赤潮，使大黄鱼大量减产；1952 年 5 月 5 日起渤海沿岸发生赤潮，许多鱼虾死亡，渔民捕不到鱼，使渔业大幅度减产；1972 年 9 月下旬至 11 月初，浙江海礁、浪岗东侧发生面积很大的"臭水"，使上层鱼的渔发不佳。

思 考 题

1. 研究海洋环境与鱼类行动的意义。

2. 简要描述水温与鱼类行动的关系。
3. 温跃层的概念及其判断标准。
4. 简要描述海流与鱼类行动的关系。
5. 简要描述盐度与鱼类行动的关系。
6. 简要描述气象与鱼类行动的关系。
7. 简要描述水深、底形和底质与鱼类行动的关系。
8. 如何理解"变则动，动则集"？
9. 简要描述饵料生物与鱼类分布的关系。

建议阅读文献

陈新军. 2004. 渔业资源与渔场学. 北京：海洋出版社.

胡杰. 1995. 渔场学. 北京：中国农业出版社.

黄锡昌，苗振清. 2003. 远洋金枪鱼渔业. 上海：上海科学技术文献出版社.

沈国英. 2016. 海洋生态学. 3 版. 北京：科学出版社.

小仓通南，竹内正一. 1990. 渔业情报学概论. 东京：成山堂书店.

周应祺. 2011. 应用鱼类行为学. 北京：科学出版社.

第五章　渔场学的基本理论

第一节　本章要点和基本概念

一、要点

本章主要介绍了渔场及渔场学的基本概念和研究内容，提出了五大优良渔场形成的基本原理和世界主要渔场的分布，描述了寻找中心渔场的方法和手段，并介绍了编制渔场图的基本方法和编制种类。本章需重点掌握渔场学的研究内容，优良渔场的类型和形成的基本原理，以及依靠海洋环境因子和生物因子来寻找中心渔场的方法。

二、基本概念

（1）渔场（fishing ground）：一般是指海洋经济鱼类或其他海产经济动物比较集中，并且可以利用捕捞工具进行作业，具有开发利用价值的一定面积的场所（海域）。

（2）沿岸渔场（coastal fishing ground）：一般分布在靠近海岸，且水深在30m以浅的渔场。

（3）近海渔场（inshore fishing ground）：一般分布在离岸不远，且水深在30～100m的渔场。

（4）外海渔场（offshore fishing ground）：一般分布在离岸较远，且水深在100～200m的渔场。

（5）深海渔场（deep sea fishing ground）：分布在水深200m以深水域的渔场。

（6）远洋渔场（distant-water fishing ground）：是指分布在本国200海里以外的渔场。通常可分为大洋性渔场和过洋性渔场。大洋性渔场是指超出大陆架范围分布在大洋水域的渔场；过洋性渔场是指在他国200海里专属经济区内的渔场。

（7）流界渔场（fishing ground in the current boundary）：是指分布在两种不同水系交汇区附近的渔场。

（8）上升流渔场（upwelling fishing ground）：是指分布在上升流水域的渔场。

（9）涡流渔场（fishing ground in the eddy area）：是指分布在涡流附近水域的渔场。

（10）渔期（渔汛）（fishing season）：是指鱼类等水产经济动物在某一海域高度集中，并具有一定捕捞规模和生产价值的时间段。渔汛形成过程中，按其群体密集程度和时间，可分为捕捞初期群体数量较少，称为"初汛"；捕捞中期群体数量最密，产量最高，称为"旺汛"；后期群体数量递减，产量也逐步下降，称为"末汛"。

（11）渔区（fishing area）：为了渔业生产、管理和科研的需要，把渔业水域划分为若干个区划单位，这些区划单位就称为渔区。

（12）北原渔况法则（Kitahara's law of fishing condition）主要有三条：①鱼类都聚集在两海流冲突线附近；②由于外海洋流逼近沿岸，能驱赶鱼群浓密集结；③在相通两海流的水道区，双方面流来的海流的逼近使水道鱼群聚集。

（13）那塔松法则（Nathansohn's law）：是指"上升流水域，一般生产力高，因而形成优良渔场"的论断。

（14）渔场图（fishing chart）：也称渔捞海图，是指绘制捕捞对象在不同生活阶段的分布、洄游、栖息海域环境、浮游生物数量变化，以及渔获量分布等图册，可作为侦察鱼群、渔业生产、科学研究和渔业管理的参考依据。

第二节　渔场的基本概念及其类型

一、渔场的概念及其特性

1. 渔场

广阔的海洋蕴藏着极为丰富的鱼类和其他海洋生物资源，但是海洋中并非到处都有可供捕捞的密集鱼群分布。因为海洋中的鱼类和其他海洋动物并不是均匀分布在各个水域中，而是由于它们本身的生物学特性和受外界环境因素的共同影响或作用呈现出不同的分布状态。因此，有的海域鱼类比较密集，有的海域比较稀疏；有的海域具有开发利用价值，有的海域则不具备开发价值。为此，通常所说的海洋渔场（fishing ground），一般是指海洋经济鱼类或其他海产经济动物比较集中，并且可以利用捕捞工具进行作业，具有开发利用价值的一定面积的场所（海域）。

2. 渔场的基本特性

渔场并非一成不变，而是具有动态变化的基本特性，即渔场会随着一些环境条件的变化、一些因素的制约或者捕捞强度过大等因素而发生变化（如消失或变迁等）。纽芬兰渔场（fishing ground of Newfoundland），是世界著名渔场之一，位于加拿大纽芬兰半岛沿岸（纽芬兰大浅滩，Grand Bank）海域，该渔场因著名的拉布拉多寒流与墨西哥湾暖相互交汇而形成，是重要的流界渔场之一。历史上，该渔场的渔业资源十分丰富，产量甚高，特别是大西洋鳕，甚至"供养了欧洲"。几百年间，大西洋鳕一直兴盛不衰。第二次世界大战后，渔业技术获得很大发展，大型机械化拖网渔船已十分普及，大型拖网 1h 就能捕捞 200t 鳕鱼。20 世纪 60 年代末，加拿大联邦政府发现其渔业资源比全盛期减少了 60%，大西洋鳕更是几乎看不到了。1992 年大西洋鳕资源量已减少到 20 年前的 2%，于是联邦政府宣布禁渔令，即永久性禁止拖网渔船在纽芬兰渔场作业。2003 年，禁渔令发布 11 年后的调查发现，大西洋鳕资源在纽芬兰海域几乎没有什么恢复。如今该渔场只在每年 5～12 月允许捕捞大西洋鳕。20 世纪 60～70 年代分布在广东硇洲附近海域的大黄鱼，在资源未受到破坏之前，历年秋汛在硇洲岛北部海域首先形成产卵场，继而进入南部渔场。但是在环境条件发生变化的年份，硇洲岛附近海域的大黄鱼秋汛几乎不形成渔场。有些渔场由于鱼群分散成若干个小群体，鱼群疏散，渔场的利用价值也随之下降。

此外，新捕捞对象的发现、捕捞能力的提高、捕捞对象利用价值的发现等因素使得一些新渔场得到开发。实际上，人们对渔场的认识是在渔业生产发展过程中不断提高和完善的。远古时代，人类祖先只是在潮间带、浅滩或岛屿附近从事简单的渔业活动，在生产实践中，逐渐发现并认识和掌握了各类鱼群与水产动物的密集程度、季节变化规律，进而产生了渔场的概念。同时由于科学技术的进步和渔业生产的不断发展，捕捞生产工具得到了改进和提高，到外海和远洋的能力得到加强，因此，渔场也从潮间带向浅海、外海和深海、大洋发展，不断地开发出新的作业渔场。

当然，海域污染等现象的发生也会使渔场发生变迁甚至消失。例如，在我国近海，大量污染物质的排放造成产卵场环境改变和破坏。据统计，2001年全国经济鱼虾产卵场的污染面积达70%以上，资源调查表明：中国对虾由最高年产4万t左右锐减到2000t左右，其中一个重要原因就是这些鱼虾类的产卵场（如渤海湾、杭州湾）的环境污染过重。污染改变了鱼虾类的洄游路线和方向，导致捕捞产量下降，并改变了生物种群结构，导致生态平衡失调，使许多低质鱼类数量增加，优质鱼类数量下降。

3. 渔场学研究的几个基本问题

在海洋中，鱼类的集群、分布和洄游，除了受本身的生理特征、生态习性影响外，还与外界环境因素有着密切关系。因此，在渔场形成原理的研究中，必须要重视有关经济鱼类和海产经济动物的生理特征和生态习性及其与周围环境因素的相互关系，从而找出渔场形成规律和一般原理。因此，渔场学研究必须要掌握和了解以下几个基本问题。

（1）经济鱼类和海产经济动物的生理特征和生态习性，生理特征主要包括生长、繁殖、摄食和种群等。

（2）渔场环境（包括生物和非生物环境）及其变化情况，生物条件是指饵料生物和共栖生物及其他各种生物种间关系；而非生物条件是指海流、水系、水温、盐度、水深、底质、地貌和气象等。

（3）渔场环境因素及其变动与鱼类行动状态的关系，掌握影响鱼类分布、洄游和集群的主要环境指标。

（4）渔况及其变动规律等，主要是渔情预报的基本原理、主要指标及其变动规律等。也就是说，通过对渔业生物资源的行动状态（集群、分布和洄游运动等）及其与周围环境之间的相互关系的研究，可以查明渔况变动的基本规律，并利用模型预测中心渔场、渔汛及可能的渔获量等。

4. 渔场形成应具备的基本条件

海洋中虽然到处可见鱼类或其他经济海洋动物，如在河口、海湾、浅海和大洋等，但是这并不意味着到处是渔场，或者说任何时候都有渔汛。渔场往往局限在某一海区的某一水层，甚至局限于某一时期。这种局限性主要取决于鱼群的密集程度及其持续时间的长短，以及鱼类（经济海洋动物）的生物学特性和生态习性及其环境条件的变化。因此，渔场形成必须要具备以下几个基本条件。

1）大量鱼群洄游经过或集群栖息

海洋渔业生产的主要捕捞对象是那些在进行洄游、繁殖、索饵或越冬等活动的鱼类或经济动物的密集群体，特别是繁殖群体，密度大且稳定，而且多数鱼群是以同一体长组或同一年龄组进行集群的，如鲑鳟鱼类特别明显。因此，在进行捕捞作业时，如果对不达到捕捞规格的对象（如低龄或性未成熟的幼鱼）进行酷捕，则必然会得不偿失，严重影响来年的资源量，甚至导致渔业资源的衰退，后患无穷。

2）有适宜鱼类集群和栖息的环境条件

如果在某一海区的某一时期，具有适宜鱼类和其他经济动物进行洄游、繁殖、索饵和越冬的外界环境条件（包括生物和非生物条件），它们就可以集群或栖息在一起，从而为渔场的形成创造了条件。

外界环境条件主要包括了生物条件和非生物条件。生物条件是指饵料生物和共栖生物及其他各种生物种间关系。而非生物条件是指海流、水系、水温、盐度、水深、底质、地貌和

1

气象等。外界环境因素中，特别是海洋环境因素，具有重要的作用。海洋水温状况的变化，对经济鱼类的洄游分布和集散有着重要影响，而鱼类在不同的生活阶段对其周围的环境条件又有着不同的要求，因此，海洋环境条件是渔场形成的重要条件，而在海洋环境的各个因子中，水温和饵料生物是最重要的因子。当然其他因子也有着各自不同的作用，同时它们彼此之间又有着密切的联系，绝非单一因子所能左右的。也就是说，生物与其各个非生物性和生物性环境因素的关系并不是孤立存在的，而是处于统一的、不可分割的、相互联系的系统中。因此，在进行渔场的调查研究和分析时，需要用全面系统的观点来看待问题，既要注意到形成渔场的主要海洋环境因素，又要注意到渔场与其他环境因子之间的密切联系。

3）有适合的渔具、渔法

尽管具备了大量的鱼群和其他经济水产动物，同时也具备了适合于鱼类停留的海洋环境条件，但是渔场的开发还必须考虑合适的渔具、渔法，这样才能最大限度地提高渔业生产力。

实际情况中，应根据捕捞对象的洄游、移动、集群的生物学特性和生态习性，以及群体组成的大小和体型状况，结合水文、气象、底质、地貌等环境条件，科学地选择最佳的作业方式和捕捞技术，如拖、围、刺、钓或定置作业等，合理调节作业参数。选择和应用合适的渔具、渔法是必不可少的。例如，北太平洋中东部海域分布着资源量极为丰富的柔鱼（*Ommastrephes bartramii*），20 世纪 70 年代中期人们开始采用流刺网进行作业，取得了较好的效果。但由于混捕鲑鳟类及损害海洋哺乳动物等，联合国通过决议，公海大型流刺网于1993 年 1 月 1 日起全面被禁止使用。

总之，在上述渔场形成的基本条件中，首先要有大量的鱼群存在，这是先决条件。其次要有适宜的环境条件，否则鱼群不可能洄游经过或停留栖息。因此，在选择或确定作业渔场时，应根据鱼类分布与海洋环境相统一的基本原则，将上述两个条件有机地结合起来。最后，使用适合的捕捞工具进行捕捞作业，并获得一定产量，这是构成渔场的次要条件。只要有鱼群的存在和适合的海洋环境条件，随着科学技术的进步及人类的不断实践，一般来说都可以找到合适的渔具、渔法。

二、渔场的类型

由于渔场形成是海洋环境与鱼类生物学特性之间对立统一的结果，同时鱼类等渔业资源极为丰富、种类繁多，因此人们根据实际生产与渔业管理的需要划分渔场。渔场划分的类型多种多样。一般来说，根据渔场离渔业基地的远近、渔场水深、地理位置、环境因素、鱼类不同生活阶段的栖息分布、作业方式及捕捞对象等的不同，进行各种各样的划分。通常，渔场的划分有以下方式。

1. 根据离渔业基地的远近和渔场水深划分

（1）沿岸渔场（coastal fishing ground）：一般分布在靠近海岸，且水深在 30m 以浅的渔场。

（2）近海渔场（inshore fishing ground）：一般分布在离岸不远，且水深在 30～100m 的渔场。

（3）外海渔场（offshore fishing ground）：一般分布在离岸较远，且水深在 100～200m 的渔场。

（4）深海渔场（deep sea fishing ground）：分布在水深 200m 以深水域的渔场。

（5）远洋渔场（distant-water fishing ground）：是指分布在本国 200 海里以外的渔场。通

常可分为大洋性渔场和过洋性渔场。大洋性渔场是指超出大陆架范围分布在大洋水域的渔场；过洋性渔场是指在他国 200 海里专属经济区内的渔场。

2．根据地理位置的不同划分

（1）港湾渔场（fishing ground in the bay）：分布在近陆地的港湾内渔场。

（2）河口渔场（fishing ground in the estuary）：分布在河口附近的渔场。

（3）大陆架渔场（continental fishing ground）：分布在大陆架范围内的渔场。

（4）礁堆渔场（fishing ground in the bank of reef）：分布在海洋礁堆附近的渔场。

（5）极地渔场（polar fishing ground）：分布在两极海域圈之内的渔场。

（6）按具体地理名称的渔场：如烟威渔场是指分布在烟台、威海附近海域的渔场，舟山渔场是指分布在舟山附近海域的渔场，北部湾渔场是指分布在北部湾海域的渔场等。

3．根据海洋学条件的不同划分

（1）流界渔场（fishing ground in the current boundary）：是指分布在两种不同水系交汇区附近的渔场。

（2）上升流渔场（upwelling fishing ground）：是指分布在上升流水域的渔场。

（3）涡流渔场（fishing ground in the eddy area）：是指分布在涡流附近水域的渔场。

4．根据鱼类生活阶段的不同划分

（1）产卵渔场（spawning fishing ground）：是指分布在鱼类产卵场海域的渔场。

（2）索饵渔场（feeding fishing ground）：是指分布在鱼类索饵场海域的渔场。

（3）越冬渔场（overwintering fishing ground）：是指分布在鱼类越冬场海域的渔场。

5．根据作业方式的不同划分

（1）拖网渔场（trawling fishing ground）：是指使用拖网作业的渔场。

（2）围网渔场（purse seine fishing ground）：是指使用围网作业的渔场。

（3）刺网渔场（gillnet fishing ground）：是指使用刺网作业的渔场。

（4）钓鱼场（jigging fishing ground）：是指使用钓具作业的渔场。

（5）定置渔场（fishing ground of stationary gear）：是指使用定置渔具作业的渔场。

6．根据捕捞对象的不同划分

（1）带鱼渔场（fishing ground of hairtail）：是指以带鱼为目标种类的渔场。

（2）大黄鱼渔场（fishing ground of large yellow croaker）：是指以捕获大黄鱼为目标种类的渔场。

（3）金枪鱼渔场（tuna fishing ground）：是指以捕获金枪鱼为目标种类的渔场。

（4）鱿鱼渔场（squid fishing ground）：是指以捕获鱿鱼为目标种类的渔场。

7．根据地理位置（作业海域）、捕捞对象和作业方式等综合分类

（1）北太平洋柔鱼钓渔场：是指在北太平洋利用钓捕作业方式进行捕捞柔鱼的渔场。

（2）长江口带鱼拖网渔场：是指在长江口利用拖网作业方式进行捕捞带鱼的渔场。

（3）大西洋金枪鱼延绳钓渔场：是指在大西洋利用延绳钓方式进行捕捞金枪鱼的渔场。

在海洋中，凡营养盐类充足、初级生产力高、饵料生物丰富的海域，大多是鱼类和其他海产动物繁殖栖息的良好场所，往往能够形成优良渔场。在上述各大类渔场中，上升流渔场、流界渔场、涡流渔场、大陆架渔场和礁堆渔场等均属优良渔场之列，但是某一海域，既有可能属于大陆架渔场，也有可能属于流界渔场、涡流渔场或礁堆渔场，如秘鲁渔场既是上升流渔场，也是大陆架渔场。

三、渔期

渔期（fishing season，也称渔汛）是指鱼类等水产经济动物在某一海域高度集中，并具有一定捕捞规模和生产价值的时间段。因鱼类等水产经济动物的习性受其水域环境影响而形成有规律的产卵、索饵、越冬等集群洄游，常可形成渔汛。渔汛形成过程中，按其群体密集程度和时间，可分为以下几种：捕捞初期群体数量较少，称为"初汛"；捕捞中期群体数量最密，产量最高，称为"旺汛"；后期群体数量递减，产量也逐步下降，称为"末汛"。按捕捞季节可分为春汛、夏汛、秋汛和冬汛等。根据捕捞对象可分为大黄鱼汛、带鱼汛和对虾汛等，也可综合各方面因素加以命名，如舟山带鱼冬汛、吕泗小黄鱼汛等。渔汛的长短与鱼类生物学、渔场位置、环境变化等相关，这些因素可导致渔汛的持续时间长短或者旺发期的提早或推迟。

渔汛盛衰主要与鱼类等水产经济动物的资源量有关，其次是水域环境变化。中国近海海域一些传统经济种类渔汛（如大黄鱼渔汛）的消失也在于此。渔汛的早迟还与水温有密切的关系。研究表明，长江口刀鲚汛期捕捞量与水温和潮汛关系密切，通常水温升至12℃附近时开始进入旺汛期，各年份最高日捕捞量对应的水温介于13～14.5℃，平均为13.7℃。渔汛最明显的特征是其季节性更替（变化），如东海中南部澳洲鲐的平均渔汛开始时间为7月12日，即7月中旬开始；渔汛持续时间近2个月，一般在9月上中旬结束，个别年份可延迟到9月下旬；渔获产量的高峰期主要在7月下旬和8月。不同年份的渔汛产量和区域范围也可能变化很大，这与资源量的变化和投入的捕捞努力量（fishing effort）有关。例如，2003～2008年，东海中南部澳洲鲐的渔场范围以2005年、2006年和2008年较大；中心渔场集中程度以2003年、2004年和2008年较高，年产量具有较大的波动性。因此，准确地掌握好渔汛期是渔业生产取得高产的重要保证，也是渔业生产效率提高的重要条件。

四、渔区及其划分

1. 联合国粮食及农业组织的渔区划分方法

为了便于渔业生产统计、渔业科学的研究和渔业资源的管理，联合国粮食及农业组织（Food and Agriculture Organization of the United Nations，FAO，简称联合国粮农组织）专门针对世界内陆水域和三大洋进行了渔区（fishing area）统计划分（图5-1）。共划分为24个大渔区，内陆水域6个，海洋中有18个，并都用两位数字来表示，其中，01～06表示各洲的内陆水域，我国属于61渔区。具体说明如下。

内陆水域：01渔区为非洲内陆水域；02渔区为北美洲内陆水域；03渔区为南美洲内陆水域；04渔区为亚洲内陆水域；05渔区为欧洲内陆水域；06渔区为大洋洲内陆水域。

大西洋海域：21渔区为西北大西洋海域；27渔区为东北大西洋海域；31渔区为中西大西洋海域；34渔区为中东大西洋海域；41渔区为西南大西洋海域；47渔区为东南大西洋海域。

印度洋海域：51渔区为印度洋西部海域；57渔区为印度洋东部海域。

太平洋海域：61渔区为西北太平洋海域；67渔区为东北太平洋海域；71渔区为中西太平洋海域；77渔区为中东太平洋海域；81渔区为西南太平洋海域；87渔区为东南太平洋海域。

南极海域：48渔区为大西洋的南极海域；58渔区为印度洋的南极海域；88渔区为太平

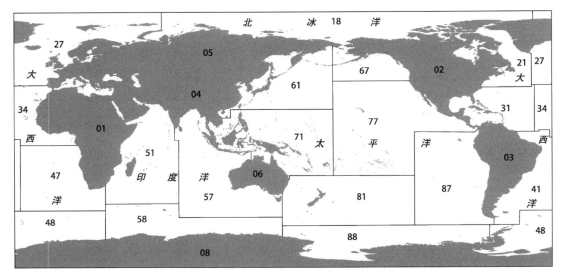

图 5-1　FAO 渔区划分示意图

洋的南极海域。

其他海域：37 渔区为地中海和黑海海域。

2. 各国渔区的划定方法及其面积计算

1）渔区划分方法

为了渔业生产、管理和科研的需要，把渔业水域划分为若干个区划单位，这些区划单位就称为渔区。其目的是便于海洋捕捞生产、统一管理及渔业资源的分析与研究。一般依照经度、纬度来划分渔区，但是各个国家划分渔区的方法不尽相同。有的国家采用 26 个字母来表示，如福克兰海域的作业渔场；有的国家采用经纬度来表示；有的国家则采用数字来表示，如我国和日本等。我国渔区具体划分办法如下。

以经度、纬度各 30′ 的范围为一个渔区单元，每个渔区又按经纬度各 10′ 细分成 9 个小区（图 5-2）。每个渔区单元进行编号，我国采用从西向东、从北向南按顺序编号（图 5-2）。在我国近海，原来的渔区划分从辽东湾 1 号开始，到南海曾母暗沙 945 号为止。后来随着渔业生产发展和科学研究的需要又向东部海域延伸。

311	321	331	341	351	361	371
312	322	332	342	352	362	372
313	323	333	343	353	363	373
314	324	334	344	354	364	374
315	325	335	345	355	365	375
316	326	336	346	356	366	376
317	327	337	347	357	367	377

1	2	3
4	322	6
7	8	9

图 5-2　渔区划分示意图

渔业生产中，渔业生产者通常将作业渔场位置按照统一划分的渔区填写在渔捞日志上。其方法为：如作业位置在 422 渔区第 8 小区，则写为 422-8；如中心渔场位于 344 渔区第 5、6、8、9 小区，则写为 344-5、344-6、344-8、344-9。

2）渔区面积计算

由于地球表面是一个巨大的球面，不同纬度上的渔区面积存在着显著的差异。随着纬度逐步增加，渔区的面积逐渐变小。在赤道附近海域，一个渔区的面积约为 900 平方海里；在北纬（或南纬）5° 附近海域，一个海区的面积为 896.2 平方海里；北纬 10° 附近海域，一个渔区的面积为 885.6 平方海里；北纬 20° 附近海域，一个渔区面积为 884.6 平方海里；北纬 30° 附近海域，一个渔区的面积为 777.4 平方海里；在北纬 40° 附近海域，一个渔区的面积为 687 平方海里。渔区面积的简易计算公式可用下式表示：

$$S(\alpha) = \frac{1}{2} \times 30 \times [\cos\alpha + \cos(\alpha + 30')] \times 30$$

若以北纬 35° 的一个渔区为例，则其面积为

$$S(35°) = \frac{1}{2} \times 30 \times [\cos 35° + \cos(35° + 30')] \times 30 \approx 734.98 \text{（平方海里）}$$

五、渔场价值的评价

某一渔场是否具有开发利用价值，通常用以下标准进行科学评价：①渔业资源的蕴藏量，这可以在渔获量中得到反映；②渔场中鱼群的密集程度，即能够进行作业且获得一定产量的海区；③渔期的持续时间，即能够获得一定产量的时间；④适合捕捞的程度，主要表现在渔具和渔法上；⑤远离基地的距离，这涉及渔船航行成本、运输船补给和渔获物运回等成本，主要考虑经济性，以资源量的多少最为重要。

鱼类等渔业资源是渔业生产的物质基础，没有丰富的渔业资源，就不可能有数量众多的可供捕捞的鱼群，也就不可能有高的渔获量。因此，渔获量一般能够反映渔业资源量的多少，两者之间有一定的有机联系。一般情况下，渔业资源的蕴藏量越大，则在渔汛期间渔场出现的鱼群数量也就越多，反之亦然。

但是，总渔获量往往与捕捞强度有直接关系。例如，对某一渔场来说，某年由于某种原因渔船数减少，或由于燃油的限制，出渔率降低，在这种情况下，总渔获量下降，这不能说资源量减少。又如，随着海洋渔业的发展，渔船数逐年增多，吨位增加，马力加大，渔具、渔法改进及设备改善等，总体捕捞能力在逐年加强，对一个资源没有充分开发的渔业来说，其渔获量会逐年上升，这不能说资源量年年在增大。

在资源丰富的情况下，总渔获量是随着捕捞努力量的增加而按比例增大的。但在资源量不稳定的情况下，总渔获量并不随捕捞努力量的增加而按比例增大。由于捕捞强度常有变动，用单位捕捞努力量渔获量（catch per unit fishing effort，CPUE）作为基准，来评价渔场价值是适宜的。单位捕捞努力量渔获量反映渔业资源密度，它可作为资源密度指数。捕捞努力量必须按标准换算，至于标准的捕捞努力量，则可根据不同作业方式或其他条件，按具体情况而定。

以底拖网作业为例，同一捕捞能力的渔船，通常以每小时的产量或网次产量作为单位捕捞努力量渔获量。不同捕捞能力的渔船，则按某一捕捞能力的渔船作为标准进行换算，这个单位捕捞努力量渔获量可以作为评价渔场价值的基准渔获量，以此基准渔获量，核定该渔场有无开发利用价值。渔业经营者常根据渔获量的收入除去各项消耗的支出、是否有利可图或经济效益高低，来判定渔场价值。

需要说明的是，网渔具的网目有大小差异；钓渔具也有钓钩的大小、构造和饵料等的差别，这在捕捞鱼群时有很大的选择性。因此，应当按标准换算后进行比较，把上述各项所得

资料，分别制作成各种渔场图，对分析渔况、判定渔场变化是非常有用的。

渔业资源的蕴藏量估算是一个复杂的问题，也是评价渔场价值时要着重探讨的一个根本问题。如果对渔业资源的蕴藏量有所了解，再联系到渔场密集的大小、渔期时间的长短、适合捕捞的强度及距离渔业基地的远近等，进行全面的评价，那么，渔场的评价问题就可以迎刃而解，并做出符合实际的较为客观的结论。

第三节　优良渔场形成的一般原理

根据渔场形成的条件和栖息环境，通常认为，流界渔场、涡流渔场、上升流渔场、大陆架渔场和礁堆渔场是五大优良渔场。各渔场形成的基本原理描述如下。

一、流界渔场

1. 流界的概念

两个性质显著不同的水团、水系或海流交汇处的不连续面，称为流界、流隔或海洋锋。日本学者把海洋锋称为潮境或海洋前线。

流界的两侧包括水温、盐度、溶解氧、营养盐等海洋学要素的量，以及生物相的质和量都发生剧烈变化，在寒、暖两流的交汇区，海洋学各要素的变化更为显著。沿着其不连续线，明显地产生局部涡流、辐散、辐聚（又称辐合）现象。流界区的这些水文条件，有利于生物群体的繁殖、生长和聚集，交汇区往往出现饵料生物和鱼类等群体汇合的环境条件，因而往往形成了良好渔场，即流界渔场。

2. 流界渔场形成原因

流界区鱼类生物聚集的现象，主要有生物学、水文学等方面的原因。

（1）两种不同性质的海流交汇，辐散和反时针涡流把沉积在深层未经充分利用的营养盐类和有机碎屑带到上层，从而使浮游植物在光合作用下迅速进行繁殖，给鱼类饵料生物以丰富的营养物质，形成高生产力海区，因此，有机鱼类能够聚集栖息。例如，在北赤道流与赤道逆流之间的辐散区，下层海水上升，呈穹丘形或山脉状，是金枪鱼类渔场。

（2）在交汇区界面，两种不同水系（团）的水温和盐度发生显著变化，出现较大的梯度，可以认为是不同生物圈生物分布的一种屏障（barrier）或境界。随流而来的不同水系的浮游生物和鱼类至此遇到"障壁"，不能逾越均集群于流界附近，从而形成良好的渔场。

例如，日本东北海区的秋刀鱼每年11月随亲潮南下洄游到常磐海面产卵，有些年份，常磐近海暖水团控制形成暖水屏障，寒流不能向南伸展，秋刀鱼群由于这个暖水屏障而停止南下，密集成群。又如，日本近海的鲣鱼鱼群，每年5月向常磐海面北上进行索饵洄游，6月上旬黑潮前锋附近表面水温急变，其北侧在17℃以下，形成冷水屏障阻止鲣鱼北上，就在这黑潮前锋南侧的黑潮水域中集群。如果在屏障处有一股狭窄的亲潮（或黑潮）楔入暖水域（或冷水域）而形成屏障水道，秋刀鱼（或鲣鱼）就会沿水道急速南下（或北上）。

（3）两种不同水系的混合区，其饵料生物兼有两种水系性质不同的生物群体，既有高温高盐水系的种类，又有低温低盐水系的种类，从而形成了拥有两种水系所带来的丰富的综合饵料生物群，为鱼虾类提供了一种水系所不能独有的饵料条件。辐聚和顺时针涡流使表层海水辐聚下沉。于是，处于流界附近的各类生物在此汇集，即从浮游生物、小鱼到大鱼都汇集于辐合区的中心，形成良好渔场。

3．北原渔况法则

海洋中，两个不同性质的水团或海流交汇的流界区是良好渔场形成的重要条件，这是沿海渔民很早就知道的。不过，最早从理论上总结其规律，提出法则性见解的是日本学者北原多作。他根据捕鲸船于 1910～1912 年 3 月的生产报告，结合多年调查研究的资料进行分析，于 1913 年得出"金枪鱼、秋刀鱼、沙丁鱼、鲸大群聚集最多的场所就在两海流的冲突线（交汇）附近"的结论（图 5-3）。此后，他进一步调查研究，于 1918 年提出三条"北原渔况法则"（Kitahara's law of fishing condition）：①鱼类都聚集在两海流冲突线附近；②由于外海洋流逼近沿岸，能驱赶鱼群浓密集结；③在相通两海流的水道区，双方面流来的海流的逼近使水道鱼群聚集。

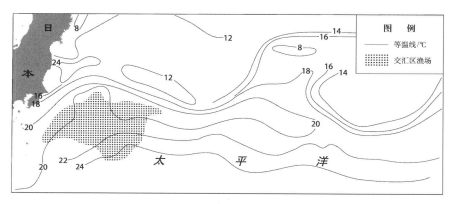

图 5-3　长鳍金枪鱼的交汇区渔场

宇田道隆根据"北原渔况法则"又对流界渔场做了进一步的海洋调查，于 1936 年发表了"东北海区渔场中心与流界的关系"论文，该论文对流界渔场鱼群分布情况做了"鱼群一般都集群于流界附近，流界凸凹曲折大的地方鱼群更加集中"的论述，发展和丰富了"北原渔况第一法则"。

4．流界的判断方法

流界一般经历了发生、发展到衰减的过程。在发展阶段，往往能够形成较好的渔场。而流界一般采用流裂或潮目作为其标志，即指局部水域表面流的辐合现象。沿流裂一带海域，一般浮游物质聚集多，或有泡沫、海雾和不规则波出现。但流裂也可以在同一性质的水团中形成，实际观察中往往与流界混同，故应按两侧的表温、盐度、水色等特征来加以识别。

海洋锋一般以一线来表示，实际上是具有一定宽度和面积的区域，因而又称为"锋区"（或交汇区、混合带等）。海洋锋可以用计算、目测或仪器观测等方法发现。渔民常以海上漂浮物的聚集线或以海水不同水色、透明度界线加以识别。由于海洋遥测仪器的发展，也采用海洋卫星图像、遥测资料进行海洋锋的描述。计算方法则取温度和盐度的最大水平梯度确定。一般水温和盐度的海洋锋位置判断依据为

$$\Delta T/\Delta X \geqslant 1℃/20 \text{ 海里}$$

或

$$\Delta S/\Delta X \geqslant 0.4‰/20 \text{ 海里}$$

式中，ΔT 为温度水平变量；ΔS 为盐度水平变量；ΔX 为水平距离。

海洋流界在大洋和沿岸任何水域均可形成。在大洋，有代表性的如黑潮锋、亲潮锋、亚热带辐合线和南极辐合线等。在沿岸海区，靠近大陆架边缘有沿岸水和外海水交汇形成沿岸锋，在河口大陆径流和沿岸水之间也会形成流界，称河口锋。另外，在岛屿、礁、岬角等附

近还有由地形引起的流界。

5. 流界渔场中浮游物质的聚集量

这里只说明两海流辐合时浮游物质的聚集情况。顺时针涡流（北半球）对浮游物质的聚集作用将在涡流渔场中阐述。

在流界区，往往存在辐合现象，海面浮游生物等浮游物质的聚集量可用下式表示：

$$A=-\int \delta(\frac{\partial u}{\partial x}+\frac{\partial v}{\partial y})\mathrm{d}t=\overline{\delta}KT$$

式中，u、v 为水平流在 x 轴、y 轴方向的分量；K 为辐合度，$K=-(\frac{\partial u}{\partial x}+\frac{\partial v}{\partial y})>0$；$\overline{\delta}$ 为浮游物质在时间 T 内的平均密度。

上式表明，在时间 T 内，浮游物质的聚集量 A 与辐合度 K 成正比，因此它是判明渔场条件的重要因素之一。但是，海流的辐合与鱼类聚集之间的关系并不是简单的统计关系，实际上，它们之间的关系有下列三种情况。

（1）辐合度较弱，流速低于鱼类定位的临界速度，这时辐合区逐步积聚浮游动物和鱼类。

（2）辐合度中等，浮游动物的聚积量较少，鱼类能在流中保持定位，一般聚集在辐合区的上流。

（3）辐合度强，鱼类顶流游泳并随流漂移，一般聚集在辐合区的下流，由于流速大，浮游动物不可能聚集，在此情况下，不能形成渔场。

6. 流界渔场分布

世界流界渔场主要分布在以下海域：①大西洋西北部纽芬兰外海的湾流与拉布拉多寒流交汇的流界渔场，产鳕鱼等；②大西洋东北、冰岛到斯匹次卑尔根群岛、熊岛、挪威近海的北大西洋暖流与北极寒流交汇的极锋渔场，产鳕鱼、鲱鱼等；③太平洋西北部、日本东部近海及千岛群岛、堪察加半岛至阿留申群岛的黑潮暖流与亲潮寒流交汇的极锋渔场，盛产秋刀鱼、鲸、鲣鱼、金枪鱼、鲱鱼等；④澳大利亚东海岸—新西兰沿岸和外海的东澳大利亚海流与西风漂流交汇的流界渔场，产金枪鱼等；⑤南美东南方的巴西暖流与福克兰寒流交汇的流界渔场，产鳕鱼、金枪鱼、沙丁鱼、鱿鱼等；⑥南非厄加勒斯海流与西风漂流交汇的流界渔场；⑦南极群冰带—南极辐合带的南极鲸渔场。

二、涡流渔场

在流界水域（不同温度、盐度的水系）或在不规则地形处（如岛、礁等）均会产生涡流。各种规模的涡流引起上下层水的混合，促进了饵料生物的大量繁殖，从而形成鱼虾类的良好索饵场所，如日本对马列岛东北近海的地形涡流是鲐鱼形成渔场的良好环境。在浅水礁堆处，阳光透射到海底，促进了藻类的大量繁殖，给鱼类提供了良好的栖息场所。按照涡流形成的原因，可分为力学涡流系、地形涡流系和复合涡流系。

1. 力学涡流系

流界两侧相对流速之差，由于切变不稳定性而产生不稳定的波动，从而发展成为涡流，这种由力学原因产生的涡流称为力学涡流系。

根据 Bjerknes 的环流理论，涡度可用下式来表示：

$$\xi=\frac{u_1-u_2}{L}=\frac{\int \frac{g\mathrm{d}p}{\rho_2}-\int \frac{g\mathrm{d}p}{\rho_1}}{2\omega L^2 \sin\varphi}=\frac{\rho_1-\rho_2}{\rho_1\rho_2}\times\frac{1}{2\omega L^2 \sin\varphi}\int g\mathrm{d}p$$

式中，ρ_1、ρ_2 和 u_1、u_2 分别为两个水系的密度和速度；L 为两水系的距离；ω 为角速度；φ 为角度。

由于密度与水温成反比，涡度与两水系的密度梯度或水温梯度成正比。也就是说，集积在涡流区的生物量与水温梯度成正比，温差越大，形成好渔场的可能性也就越大。

两水团运动的相对速度，如果依据地点的不同（不同纬度）而发生差异，那么相应的夹角也会发生变化，这样为两者之间形成很多涡流创造了条件，因此流界水域往往有涡流存在。在北半球，涡流有两种类型：顺时针涡流，其中心部表层海水辐合下沉；逆时针涡流，其中心部下层海水上升扩散。同时在流界水域，也会产生辐散和辐合现象。在辐散区，表层海水扩散，下层海水上升；而在辐合区，表层海水辐聚下沉。

2. 地形涡流系

岛屿、半岛和海峡、海礁等地形因素所形成的涡流系列称为地形涡流系。存在于流水中的岛屿或突出于流水中的半岛，在流的下方，岛屿、半岛的后背一面产生背后涡流，并出现局部辐合现象。在海洋中从底部隆起的礁、堆处也会产生涡流。各种规模的地形涡流，引起上下水层混合，促进饵料生产而成为鱼类良好的索饵场所。

例如，以前南极海南佐治亚岛（South Geogia island）附近的鲸渔场，该渔场是贝林斯豪森海水系（Bellingshausen sea water）和威德尔漂流（Wedell drift）通过南乔治亚岛时，在该岛的东侧形成涡流，促进南极磷虾在该海域大量繁殖，从而成为南极磷虾的重要渔场，同时也是白长须鲸和长须鲸的好渔场。

为了解各类地形涡流系的结构，宇田道隆于 1952～1954 年在水槽中进行了模型试验研究，研究和比较了各类模型的地形涡流系情况（图 5-4）。

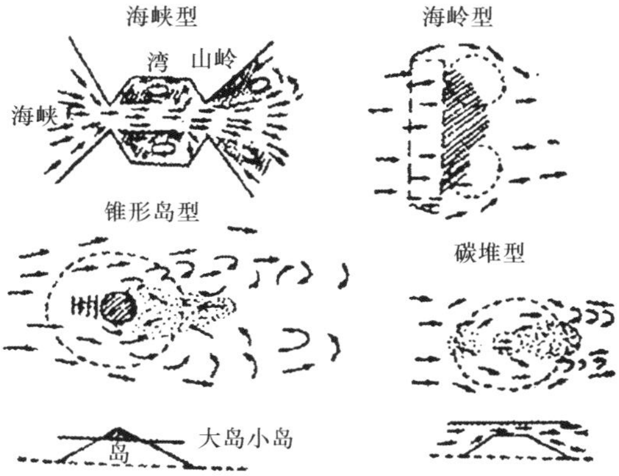

图 5-4　不同类型地形模式试验结果

3. 复合涡流系

由力学和地形两种因素共同作用产生的涡流系列称为复合涡流系，如对马海峡附近海域就是典型的复合涡流系。

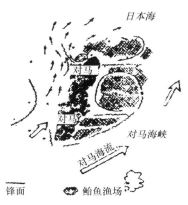

图 5-5　复合涡流系

日本海春夏期间，中层以下被冷水团盘踞，其上方为对马暖流，地形作用影响着对马暖流的行进路线，使其成为蛇行状，冷水团在等深线曲率大的海域突出，出现上升性的冷水涡，在冷水涡流群中间相应地产生冷水性涡流群，这是沙丁鱼、鲐鱼等的良好渔场。这些涡流群的变化、移动与鱼群的分布有着很大的关系。对马海流强时，水层逆时针涡流显著，同时流界也发展，渔发也就旺盛（图 5-5）。

三、上升流渔场

1. 上升流渔场形成的一般原理

上升流（涌升流）海域是世界海洋最肥沃的海域之一，它的面积虽然只占海洋总面积的千分之一，但渔获量占了世界海洋总渔获量的一半左右。那塔松（Nathansohn）通过对大量的渔业生产资料研究及实践后，于 1906 年首先提出"上升流水域，一般生产力高，因而形成优良渔场"的论断，称之为那塔松法则（Nathansohn's law）。

上升流渔场形成的原理如下：通常海洋上层，浮游植物光合作用较强，海水中含有的营养盐类（磷酸盐、硝酸盐等）被消耗，现存量逐渐减少。相反，在海洋的深层和海底的沉积物中，有机物遗骸被细菌分解还原而不断积蓄着丰富的营养物质。这些营养物质通过海水的上升运动被引到表层，并在光合作用下产生有机物质。引起海水上升运动的重要过程就是上升流（upwelling）。

在上升流区，下层冷水上升，水温下降，盐度增加，营养盐不断补充丰富，使浮游植物大量繁殖，海水透明度降低；下层水含氧量较少，上升到表层时，由于大气中的氧气在低温水面能大量溶入而得到补充。因此，含有丰富营养盐的下层水上升量多的地方，就是生产力高的场所，饵料生物丰富，从而形成良好渔场。上升流区域，海洋生物的生产力一般都较高。印度洋的索马里海区到阿曼湾海域，初级生产力可达每天 $5g\ C/m^2$，秘鲁海区的生产力也很高。

上升流水团与同一深度的水团相比，具有低温、高盐、低含氧量、富营养盐、浮游生物繁盛等特点。另外，如果大气气温比上升流水温高，就会产生雾气，因此，上升流现象对沿岸水的气象状况产生影响。

2. 上升流的类型

上升流一般是由回归带和亚热带相对稳定的风沿海岸连续吹刮及赤道区风的辐散所造成的。从原则上讲，上升流是由海洋表层水流动辐散作用引起的，而这种辐散，又是某种特定的风场、海岸线的存在或其他特殊条件形成的，因此，"上升流"一词广义上包括辐散和垂直环流等其他海洋过程。垂直对流过程只限于中、高纬水域冬季表层水冷却下沉而产生。

上升流一般分为 3 种：①大陆沿岸盛行风引起的风成上升流；②两流交汇区和外洋海域辐散引起的一般上升流；③逆时针环流诱发而产生的上升流（北半球、南半球相反）。此外，还有岛屿、突入于海中的海角（岬）、礁或海山等特殊结构地形形成的局部上升流等，其中以风成上升流势力最大。

1）风形成的上升流

由于风海流的副效应，在沿岸会产生上升流。设北半球有一海岸，风向与岸线平行或成一交角，如图 5-6 所示。在这种情况下，表层海水的输送方向在风向之右，因而产生离岸流。由于流体连续性条件的要求，下层海水便补充上升到海面，这种过程称为上升流。这种上升流涉及的深度一般较浅，大约 200m。上升流沿垂直方向的流速一般非常小，为 0.1～3.0m/d，上升流的垂直流速对海洋生物生产起着重要的作用。据测定结果，上升率越小，初级生产力越大。上升水团的扩散在渔场形成方面有着重要意义，其扩散范围大致离岸 50～100km，在此宽度的最外边界为动力边界。在该边界的一边，海水辐合下沉，在另一边，相应地产生辐散而海水上升。上升流的强度，与风速、风向岸线夹角及地形都有密切关系。据日本学者日高的研究，理论上，认为加利福尼亚上升流的强度以风向与岸线的交角 21.5° 为最大，每月上升 80m 左右。沿海上升

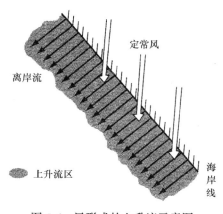

图 5-6　风形成的上升流示意图

流海域是沙丁鱼、鳀鱼和鲐鱼等中上层鱼类的良好场所，在上升流水域的外缘可以形成金枪鱼类等大型中上层鱼类的渔场。

世界大陆沿岸有四处著名的上升流：①北美大陆西岸近海因加利福尼亚海流形成的上升流；②南美西岸近海因秘鲁海流形成的上升流；③非洲西北沿岸近海因加那利海流形成的上升流；④非洲西南近海因本格拉海流形成的上升流。上述 4 个大陆架沿岸上升流区的位置，都在大陆的西岸，即大洋的东部形成。

2）辐散上升流

两海流交汇区辐散引起的上升流已在本章第三节"流界渔场"中讨论过。这里讨论赤道海流系产生的上升流。在赤道海流系中，赤道流自东向西流，北赤道流位于 8°N～18°N，南赤道流可以穿过赤道延伸到 5°N，在两赤道流之间，有一支赤道逆流存在，其方向由西向东，位于 3°N～10°N，在这一流系中有若干辐散系，这些辐散系位于南赤道流、北赤道流的边沿。图 5-7

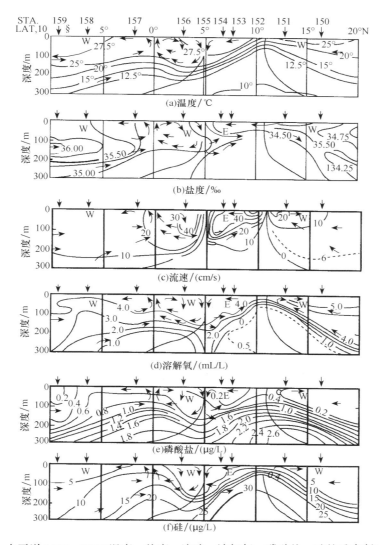

图 5-7　太平洋 10°S～20°N 温度、盐度、流速、溶解氧、磷酸盐、硅的垂直断面分布图

是太平洋 10°S~20°N 温度、盐度、流速、溶解氧、磷酸盐、硅的垂直断面分布图。从该图看出，在赤道逆流南部边界有下降流，北部边界有上升流，相应地，在赤道和逆流之间，靠逆流边界产生下降流，靠赤道边界产生上升流，从而形成两个垂直环流系统，即逆流北界上和赤道上产生辐散，而在逆流南界产生辐合。由辐散和辐合所产生的上升流和下降流叠置于主要海流之内，呈螺旋式运动。海水的上升运动，把富含营养盐的下层海水带入表层，故在赤道和逆流北界的那两个辐散海区，浮游生物丰富，生产力高。

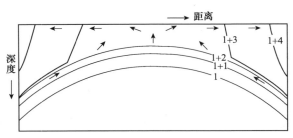

图 5-8　水温斜背结构示意图
1、1+1、1+2、1+3、1+4 代表温度（℃）

3）水温的斜背结构

上层水域的辐散引起深层冷水上升，使跃层隆起（图 5-8），这种水温分布称为水温斜背结构。在热带大洋东部，特别是在热带太平洋的东部，赤道逆流在大陆架分歧，向北和向南分别进入北赤道流、南赤道流。在赤道 150m 深处，有一支由西向东流的赤道潜流，其上方营养盐丰富。这支潜流，由于赤道一带海水产生辐散，冷水上升，故等温线分布呈山脉状隆起而形成脊状水温结构。

在水温斜背结构的上升流海区，温跃层升高到海面附近，使中上层鱼的栖息水层缩小，鱼群更加密集成群形成良好渔场，这种海区生产力一般很高。调查结果表明，大洋赤道水域温跃层的深度分布规律是自东向西递增。例如，在赤道太平洋东部温跃层的深度很浅，最浅的只有 10m 或 15m，一般都在 50m 以浅，但自东向西深度逐渐增大，在太平洋西部至少达 150~200m，从赤道水域表面水温自东向西递增的分布也可看出热带赤道水域的东部海水有较强的辐散。

4）冷水丘

在热带太平洋东部哥斯达黎加外海，赤道逆流在此逆转，引起反时针环流，诱发下层冷水上升，等温线呈圆丘状隆起而形成穹丘状水温结构，也称冷水丘，这就是著名的哥斯达黎加冷水丘。这一冷水丘的周边海域往往是各种鱼类的重要渔场，如金枪鱼、茎柔鱼等。

一般来讲，上升流是渔业高产的主要条件，但也有例外。实际渔业生产中，因为上升流海区的深层水含氧量少，也会发生鱼群逸散的情况。例如，印度洋科钦沿海，上升流水域含氧量很低，约为 0.25mL/L（氧饱和度 5% 以下），使得底层鱼类和龙虾等逸散，不能进行拖网作业。又如，亚丁湾海域，由于上升流底层水的含氧量在 2mL/L 以下，拖网渔获量显著减少。

3.　上升流渔场分布

在上升流海域，尤其是远离大陆的深海区，如深层含有营养盐类的海水涌升，则该海域会出现良好的渔场。世界主要上升流渔场分布在：①亲潮水域，产鲑、鳟、鲱等；②北朝鲜寒流海域，产狭鳕等；③加利福尼亚海流域，产沙丁鱼、鲭、长鳍金枪鱼等；④秘鲁海流域，产鳀鱼、金枪鱼、狗鳕等；⑤本格拉海流域，产沙丁鱼等；⑥西澳大利亚海流域，产金枪鱼等；⑦赤道逆流和赤道潜流海域，产金枪鱼、旗鱼等；⑧西北非加那利海流域，产沙丁鱼、鲐鱼、鳕鱼、金枪鱼，以及章鱼、鱿鱼、底层鱼类等（图 5-9）。

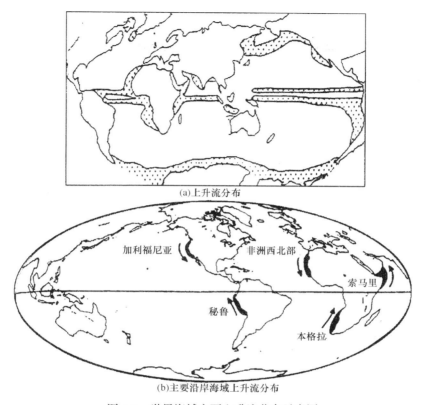

(a)上升流分布

(b)主要沿岸海域上升流分布

图 5-9　世界海域主要上升流分布示意图

四、大陆架渔场

大陆架尤其是近陆浅海，从海面到海底都有较为充分的阳光透射，还有大陆径流带来和从外海深层运来的各种营养物质，是鱼、虾、贝类等经济动物的繁殖、索饵和越冬的良好场所，各种鱼类等捕捞对象在大陆架海域洄游集群，因而形成优良渔场。

1. 影响大陆架渔场的主要水系

一般来说，影响大陆架渔场的主要水系为沿岸水和外洋水（大洋水）。通常，海岸线到200m 等深线之间的大陆架水体称为沿岸水。200m 等深线以外的大洋水体称为大洋水。由于沿岸水和外洋水的温度、盐度及水色透明度等不同，在它们的交汇区形成了锋面，为渔场的形成提供了很好的条件。影响沿岸水的主要因素有大陆径流，特别是在河口、海湾等海域。同时，沿岸水域、潮汐、潮流、波浪等也有较大影响，使得水体充分混合。

2. 大陆架渔场形成的条件

大陆架是开发率最高的好渔场，只有 7.6% 的面积，却占了世界 90% 的渔获量。据现有资料分析，世界海洋中水深在 100m 以内浅海的渔业产量约为 $12.5L/km^2$，$100\sim200m$ 次浅海区为 $5.4L/km^2$，次深海 300m 水深区只有 $1L/km^2$。

大陆架渔场形成的条件主要有以下几个方面：①江河输入大量营养物质；②水域浅，在风浪、潮汐和对流等作用下，水体混合充分，底层补充到上层，整个水体营养好；③光合作用充分，浮游植物大量繁殖，一般来说，光合作用层到水深 $60\sim150m$ 为止；④水域浅，因此物质循环快，初级生产力高；⑤由于饵料生物丰富，大陆架一般都为产卵场，海湾还是鱼类的肥育场所；⑥大陆架的水深适宜，海底较为平坦，适合渔具作业；⑦大陆架边缘，由于上层流的离岸作用，外海下层水被引入，产生上升流；⑧在大陆架边缘附近海域，沿岸水系和外海水系产生沿岸锋面。

尽管前面已经介绍江河入海可输入营养物质，但其输送的量与上升流相比是微不足道的，世界上几大著名的大江大河如长江、密西西比河和亚马孙河等河口水域均属于优良渔场，但并不是世界著名的大渔场，而秘鲁近海、美国西南岸近海及北美东岸等上升流发达的海域，没有大河入海，却是世界上著名的大渔场，这也就是说上升流海区的生产力更高。

3. 世界主要大陆架渔场分布

目前世界上已经开发利用的渔场大多数分布在大陆架上，其中较著名的渔场有：①中国海（包括渤海、黄海、东海和南海）、鄂霍次克海、白令海等海域的底层鱼类、虾蟹类及中上层鱼类的渔场；②欧洲的北海、挪威近海、巴伦支海是鲆鲽、鳕鱼、沙丁鱼和鲐鱼等的渔场；③南美洲东南岸的巴西至阿根廷近海等海域的鳕鱼类、金枪鱼类、沙丁鱼和鱿鱼、蟹等渔场；④西非几内亚沿海等底层鱼类、虾蟹类及沙丁鱼等中上层鱼类的渔场；⑤印度、阿拉伯、伊朗近海等的底层鱼类、虾类和沙丁鱼等鱼类的渔场；⑥澳大利亚近海的底层鱼类、金枪鱼、鱿鱼等渔场；⑦美国阿拉斯加到加拿大沿海的底层鱼类渔场；⑧加拿大大西洋海岸至纽芬兰附近一带的鳕鱼、鲱鱼、比目鱼及鲑鱼等鱼类的渔场。

五、礁堆渔场

1. 礁堆海域的类型及其分布

1）大陆斜坡、岛屿边缘和岩礁周围及没有露出水面的岩礁海域

这些地方周围都有陡坡，沿着陡坡从外海流进的海流或潮流，可把深海底层未经充分利用的营养盐带到中上层甚至表层。同时，时常冲击着陡坡或岩礁的波浪也在一定程度上使上下层海水混合。因此，在大陆斜坡、岛屿边缘和岩礁周围海域的海水比较肥沃，饵料生物较丰富，从而为渔场的形成创造了条件，如我国著名的嵊山渔场、海礁渔场和东海边缘的钓鱼岛渔场等。

2）河口、海湾、海峡、水道和岬角等海域

河口、海湾、海峡、水道和岬角等海域，除了具有上升流和上下层海水对流混合作用外，这些海域还常常发生地形关系造成的背涡流，使较丰富的饵料生物随海水的流动而扩散到一定的范围，从而形成某些鱼类良好的集聚环境。

在大江大河入海的吞吐口，水深较浅，具有咸淡水混合区的特点，既有淡水带来的有机物质，又有随潮流冲来的大量营养盐类，有利于浮游生物大量繁殖。因此，许多鱼类的主要产卵场处在河口附近。河口外有各种程度不同的混合区，这些区域一般是多种鱼类繁殖、肥育及稚幼鱼较完全的肥育场所，同时也是较好的作业渔场。例如，长江口既是刀鲚等鱼类的产卵场，又是带鱼、银鲳、鳓鱼等鱼类的产卵场。

3）海底隆起的海丘、海脊和海岭等海域

这些海底隆起处可以导致海水沿斜坡上升，形成上升流海域，使饵料生物丰富，这是良好渔场的形成条件，如北太平洋中部的天皇山渔场和日本海的大和堆渔场。

4）海底的凹陷处等海域

在大陆架海区的海底凹陷处，由于海底深浅悬殊，经过这里的海流和潮流的流速发生了

变化，近底层水流较稳定，而且水文条件也较稳定，可以容纳集群的鱼类栖息、索饵或移动。有实践经验的渔民都知道，在这些深度突然发生变化的深水潭、沟底等处，常是鱼群密集的良好场所。

2. 礁堆渔场分布

有礁堆海岭的海域，由于上升流的出现而形成较好的渔场。世界上一些典型的礁堆渔场主要分布在：①豆南—小笠原—马里亚纳群岛渔场和萨南—琉球渔场，产鲣鱼、金枪鱼等；②南、北太平洋外海的礁堆海岭渔场，产金枪鱼类；③南、北大西洋外海的礁堆海岭渔场，产底层鱼类（大浅滩）、金枪鱼类等。

六、世界主要渔场分布

世界主要渔场（main fishing ground in the world）是指分布在世界各大洋的优良渔场，它们为人类提供了绝大部分的海洋捕捞产量，主要分布在海洋中西部边界流、东部边界流等海域，主要渔场类型包括上升流渔场、流界渔场、涡流渔场、大陆架渔场及礁堆渔场等优良渔场。这些渔场所在的海域营养盐类充足、初级生产力高、饵料生物丰富，大多是鱼类和其他海产动物繁殖、生长、索饵栖息的良好场所。

按所在的地理位置来分，世界主要渔场通常包括纽芬兰渔场、北海道渔场、澳新渔场、阿根廷渔场、北海渔场、秘鲁渔场、加利福尼亚渔场、加那利渔场、阿拉伯海渔场、中西太平洋渔场等（图 5-10），这些渔场多数分布在大陆架海域。①纽芬兰渔场，由墨西哥湾流与拉布拉多寒流交汇形成的渔场，位于大西洋西北部的纽芬兰岛沿岸，是流界渔场也是大陆架渔场，盛产鳕鱼等冷水性的底层鱼类，以及鲑鱼、鲣鱼、带鱼、鲱鱼、鲽类、马鲛鱼、石首鱼、鱿鱼和金枪鱼等种类。②北海道渔场，由黑潮暖流与亲潮寒流交汇形成的渔场，位于太平洋西北部的日本北海道周边海域，属于流界渔场，盛产狭鳕、秋刀鱼、太平洋褶柔鱼、柔鱼、鲣鱼、远东拟沙丁、鲱鱼等中上层种类。③澳新渔场，由东澳大利亚海流与西风漂流交汇形成的渔场，位于太平洋西南部的澳大利亚和新西兰周边海域，属于流界渔场、上升流渔

图 5-10 世界主要渔场分布示意图

场及大陆架渔场，盛产金枪鱼、鱿鱼、鳕鱼等种类。④阿根廷渔场，由巴西暖流与福克兰寒流交汇形成的渔场，位于大西洋西南部阿根廷的巴塔哥尼亚大陆架海域，属于流界渔场和大陆架渔场，盛产鳕鱼、阿根廷滑柔鱼、石首鱼、鲐鱼等种类。⑤北海渔场，由北大西洋暖流与东格陵兰寒流交汇形成的渔场，位于大西洋东北部的大不列颠岛、斯堪的纳维亚半岛、日德兰半岛和荷比低地之间，属于流界渔场和大陆架渔场，盛产鳕鱼、鲱鱼、毛鳞鱼等种类。⑥秘鲁渔场，由于秘鲁沿岸有强大的秘鲁寒流经过，在常年盛行西风和东南风的吹拂下，产生表层海水偏离海岸、下层冷水上涌形成的渔场，属于上升流渔场，盛产鳀鱼、茎柔鱼、智利竹筴鱼等种类。⑦加利福尼亚渔场，由东北太平洋加利福尼亚沿岸因加利福尼亚寒流经过引起广泛上升流而形成的渔场，属于上升流渔场，盛产沙丁鱼、鲭、长鳍金枪鱼等种类。⑧加那利渔场，由西北非沿岸因加那利寒流经过引起广泛的上升流而形成的渔场，属于上升流渔场，盛产沙丁鱼、鲐鱼、金枪鱼、章鱼、鱿鱼、底层鱼类等种类。⑨阿拉伯海渔场，印度洋西北部阿拉伯海因季风吹拂产生广泛的上升流而形成的渔场，属于上升流渔场，盛产金枪鱼、鲣鱼、沙丁鱼、刺鲅、鲐鱼、鲭鱼、鸢乌贼、乌贼等种类。⑩中西太平洋渔场，在中西太平洋，由北太平洋赤道、南太平洋赤道海流和赤道逆流经过产生广泛的上升流、流界等而形成的渔场，位于南太平洋岛国附近海域，盛产鲣鱼、鲐鱼等种类。

第四节　寻找中心渔场的一般方法

海洋鱼类是变温性动物，它们为了生存、发育、生殖等而觅食。鱼类为了生存、适应海况等的变迁，在一年四季中，从某一海域朝着另一海域以一定方向、周期性、规律性进行产卵、索饵、越冬洄游，在一定的时间和一定的地点，就形成了渔期、渔场。但是，海况（水温、盐度、海流、潮流等）的变化也会导致渔场、渔期的变化，为此在渔业生产中必须准确掌握各种鱼类的生活习性和洄游规律与路线，以及海况的变化，只有这样才能牢牢掌握中心渔场，达到捕捞高效率的目的。本节主要从鱼类生物学及其行动状态和外界环境条件两个方面来论述中心渔场的寻找方法。

一、鱼类生物学及其行动状态

中心渔场的形成是通过鱼类本身的一系列活动和行动等来反映的，鱼类是渔场形成中的主体，因此可以从鱼类集群、移动、生物学特性等指标来反映中心渔场的形成与否。

1. **鱼类集群、移动**

鱼群，特别是中上层鱼类，在水域表层所形成的波纹及其群形、群色是鱼群存在的直接标志。由于鱼群所在海区的水色同周围海区有显著的不同，有经验的"鱼眼"可以通过这种现象判断是否有鱼和鱼的种类、数量。一般来说，群色越浓，鱼群越大。但是在观察水色找鱼时，必须注意不要把云块的影子误认为鱼群。根据大量的生产经验与实践，渔民针对不同的捕捞种类，得出一些规律与结论。

（1）鲐鱼。水色常呈深绿色。在起群的水面有较细而密的波纹，行动一般较慢，特别是产卵后的鲐鱼，因行动快激浪花，远远看去好像冒烟似的，因此渔民称其为"冒烟"鱼。领头鱼较明显，鱼群移动时常呈箭头形、半圆形、方形等。

（2）竹筴鱼。水色呈汞红色。在索饵时向前移动得较快，鱼群稳定，水面上有气泡。

（3）扁舵鲣。若群体不大，鱼群水色与周围水色没有很大区别，一般移动较快，水面波纹突起而粗大，起群不稳定，容易下沉。

（4）蓝点马鲛。个体大，游泳敏捷，游动时激起的波纹较高，群体分散，鱼群无色，没有一定辨向，常跃出水面，有时露出背脊，或将尾柄伸出水面摇动。

（5）马面鲀。鱼群分散，行动迟缓，激起的水花较鲐鱼小，而面积比鲐鱼大。常与鲐鱼混群，鲐鱼在前，马面鲀在后，当渔船靠近时，下潜迅速，且不见翻肚现象。

（6）鳀鱼。起浮水面时，激起小而密集的波纹，远看上去很难同鲐鱼区分。但鳀鱼行动快，起水快，下沉也快，当船接近鳀鱼时，受惊后很快向四下分散，过后又集中在一起。

（7）磷虾。不论在水面或水下均呈淡红色，形状近似圆形，船靠近时能跳动一下即下沉，移动速度很慢。

2. 鱼类生物学特性

渔业生产中，可采用各种手段和方法来侦察鱼群，其主要目的是掌握中心渔场。一般来说，在渔业生产和调查中，除水文因子外，鱼类的各种生物学特性也是一个重要依据。在生产中应结合历史资料和生产经验，尽可能测定生物学等特性，这对进一步了解鱼群动态和掌握渔场的发展动向等是有重要意义的。

（1）体长组成。许多洄游性鱼类（如带鱼、大黄鱼、鲐鱼等）有以年龄和体长大小分批洄游的规律，鱼类在进入索饵场和产卵场时表现更明显。大个体鱼所组成的鱼群洄游在最前面，个体中等鱼组成的鱼群紧跟后面，个体小的鱼组成的鱼群在最后面。个体大的鱼群一般数量不大，中等个体其群体组成均匀，多数群体较大，在渔业生产中一般应跟踪这一群体。若渔获物中个体大小参差不齐，说明渔汛已接近尾声。因此，只要把握了鱼类洄游路线上各长度组鱼的前进次序，就可以分析这种鱼目前处于哪个阶段，进而可判断渔场及渔期所处的阶段。

（2）性腺成熟度。根据鱼类性腺成熟度，可以分析鱼类洄游的早晚及进入产卵场的状态，这对掌握中心渔场是十分重要的。性腺发育的快慢与鱼类年龄、体长、丰满度、水温等因素有关，年龄大或个体长，丰满度高，水温高发育则快，反之发育就慢。根据性腺发育情况，凡成熟度相近的个体，就聚集成群，分期分批向产卵场洄游。在产卵场的渔获物分析中，如性腺未成熟的鱼占多数时，则说明尚未到产卵阶段，这时鱼群不甚稳定，栖息较分散；如性腺已成熟的鱼占多数时，则说明接近产卵阶段，这时鱼群稳定程度和密度都增加；如性腺已完全成熟，则说明即将产卵或正在产卵，这时鱼群最稳定，密度也最大；若渔获物中已产卵或尚未成熟的鱼占多数，则表示该鱼群已产卵将分散，此时可去迎捕另一群来产卵的鱼群。

如分布在黄海产卵的鲐鱼，当性腺成熟度为Ⅲ期时，鱼群不起群；当性腺成熟度以Ⅳ期为主时，鱼群开始到水面活动；当性腺成熟度为Ⅴ期及Ⅵ～Ⅲ期（表明产卵后卵巢内还有一部分卵粒处于Ⅲ期）、Ⅵ～Ⅳ期（表明产卵后卵巢内还有一部分卵粒处于Ⅳ期）时，起群频繁，渔汛进入盛期；当性腺成熟度降为Ⅵ～Ⅱ期（表明产卵后卵巢内还有一部分卵粒处于Ⅱ期）时，则是渔汛末期。

（3）性比组成。根据雌雄性比来判断渔场，也是渔业生产中常用的标志之一。有不少鱼类在生殖阶段的初期，雄鱼进入渔场的多于雌鱼，群体数量较少；盛渔期，雌雄比例较接近，群体数量较大；末期，雌鱼多于雄鱼，群体数量较少，如东海带鱼等。而黄海、渤海对虾在春季生殖洄游过程中，一般是雌虾先行，雄虾随后，因此，雄虾在渔获物中占绝大多数时，意味着对虾主群已转移或表示渔汛即将结束。因此，渔民常说："雌虾捕得多，船只别挪动，雌虾捕得少，另把渔场找"。

（4）肠胃饱满度。鱼群在索饵阶段，摄食是侦察鱼群的重要指标。为此，可通过观察肠胃饱满度及食物组成来推断中心渔场位置及其渔汛的好坏。根据鱼类的摄食习性，解剖鱼类肠胃，观察食饵种类，可以判断鱼体胃里的食饵是属于主要饵料还是次要饵料。如果主要饵料占多数，鱼类在此处停留的时间可能长些，渔场相对较稳定，如肠胃里杂食多，说明此处缺少此种鱼类所喜欢摄食的饵料生物，鱼群不可能久留。例如，带鱼虽然属于广食性的凶猛鱼类，但其饵料组成的98%是甲壳类和鱼类，如磷虾、毛虾、日本鳀鱼、七星鱼、玉筋鱼和带鱼幼鱼等。若发现鱼的肠胃中多属这些饵料生物，说明作业船只已进入中心渔场。

还应指出的是，鱼群的稳定性与饵料数量、组成的相互关系不是一成不变的。由于昼夜不同，鱼的摄食强度也不同，饵料消化速度也不同。因此，必须进行全面具体的分析，鱼类在越冬洄游时，经常解剖观察肠胃饱满度和测定丰满度，对了解越冬洄游途中的鱼群状态也是很有价值的。

二、外界环境条件

1. 生物性条件

1）饵料条件

了解鱼类饵料生物组成分布和变化，是侦察鱼类索饵肥育期间的重要环节。这种侦察必须首先了解鱼类的食饵习性与组成，同时侦察海区的水生生物（浮游生物和底栖生物）地区分布、种别组成与量的季节变化，做好调查研究，绘成渔场辅助图。在侦察鱼群时，利用浮游生物指示器、底栖生物采集器对现场捕获的生物加以分析，根据饵料指标生物出现的多寡，参照以往渔获物记录与现场试捕作为判断鱼群集群与栖息的标志。

例如，根据我国渔船在黄海中南部大沙渔场生产作业的经验，掌握筐蛇尾（俗名芥菜头，属棘皮动物的蛇尾纲）的分布情况，可以决定捕捞小黄鱼的场所，因为在筐蛇尾的边缘就是小黄鱼比较集中的地方，也就是小黄鱼的优良渔场。

又如，在我国东海，作为带鱼主要饵料的磷虾资源丰富，有太平洋磷虾、微型磷虾、宽额假磷虾和中华假磷虾。冬春期间，这几种磷虾常集聚于浙江近海的沿岸水和暖流的交汇区，为带鱼摄食提供了有利条件。实践证明，东海的带鱼渔场常形成于磷虾的密集分布区内，如1963年3月东海磷虾密集分布在鱼山、韭山附近，平均数量达50ind/m^{3}以上，而带鱼在该海区的产量也属东海区最高。可以认为，冬春期间磷虾等大型浮游生物可作为探捕带鱼渔场的良好指标。

2）渔获物组成

在捕捞生产过程中，渔获物组成也是进行中心渔场判别的主要依据。其一般规律如下：如果所捕主要目标鱼类的鱼体小，数量少，而杂鱼较多，这时即使产量较高，也可以判断它不是中心渔场；如果渔获物大部分为目标鱼类，且鱼体整齐，即使产量不太高，也表明作业地点已接近中心渔场，不宜过远地转移渔场。

另外，敌鱼、友鱼的分布情况也可作为判断是否中心渔场的依据之一，如果发现在渔获物中某种经济鱼类的"友鱼"，且有一定数量，即可在其附近找到经济鱼类的集群。例如，小黄鱼经常与黄鲫混栖，鲳鱼常与鳓鱼为邻，因此了解它们之间的关系，就可根据一个鱼种的出现来判断另一鱼种的存在。

同样，如在渔获物中或海面上，出现"敌鱼"时，也可在其附近找到经济鱼类的集群。

例如，鲨鱼是捕食经济鱼类的凶猛性鱼类。鲨鱼的出现，意味着附近海域可能有捕捞对象栖息，但大量鲨鱼的出现往往会驱散鱼群。

3）海鸟等海洋动物行动状态

水鸟及海洋哺乳动物的集群和行动状态可作为侦察鱼群动态的标志，这种方法对中上层鱼类很有效。例如，在渔场中，鸟群的数量大小可暗示水中鱼群的多少；鸟群飞翔的高低，能体现鱼群在水中栖息层的深浅，高飞时表示鱼群潜在水的较深处；鸟群飞翔迅速，表示鱼群移动很快；鸟群飞行的方向表示鱼群移动的方向；鸟群上下飞翔频繁，则鱼群已出现在表层。因此，在金枪鱼围网渔船中通常配备了探鸟仪，甚至配置了利用声音来辨别鸟群种类的设备，以此来侦察中心渔场。

此外，渔场中发现海豚、鲸鱼、鲨鱼时，则表示有鱼群存在，因为这些是以鱼类为食饵的动物。当海豹、海豚等大群出现时，表示渔汛可能丰产。

2. 非生物环境条件

1）水温

水温不仅明显地影响鱼类个体性腺发育的速度，同时也约束鱼类群体的行动分布，是很重要的非生物性预报指标。水温对生殖鱼类行动的影响主要反映在渔期的变化上。渔汛初期，水温的高低直接影响生殖鱼群到达产卵场时间的迟早。这是由于水温的变化对生殖鱼群的性腺成熟度起着加速或延缓的作用，而生殖鱼群性腺成熟度与产卵场渔期的发展关系紧密相关，因而利用水温这个指标来判断各产卵场的渔期及其发展情况是有效的。例如，$4.5 \sim 5.0℃$等温线的出现和消失及其变动趋势，以及$6.5℃$等温线的出现，可作为判断小黄鱼烟威渔场范围渔期发展的有效指标；$20.5 \sim 23℃$、$18 \sim 19℃$、$15℃$和$12 \sim 13℃$等温线被看作秋季渤海对虾集群、移动和游离渤海的环境指标。又如，浙江嵊山渔场冬季带鱼汛，水温是预报渔场、渔期的有效指标。当平均底温降至$21℃$左右时，北部渔场开始渔发；水温降至$18 \sim 20℃$时，渔发转旺，鱼群逐步南移；当平均底温降至$15℃$左右时，渔汛已趋结束。

2）水深

不同鱼类生活的水深范围不同，如外海暖温性鱼类的马面鲀，主要栖息在水深100m左右海域，带鱼大多生活在水深100m以浅海域。同种鱼类在不同生活阶段栖息的水深也有变动，海底地形比较复杂的水域，一定条件下，有利于较大数量鱼群的集聚。因此，可以参考作业海域水深分布情况来寻找中心渔场，以提高经济效益。

3）底质

底质与底栖生物和中下层鱼类栖息分布有密切关系，一般鱼类的栖息水域受底质的限制，如对虾喜欢栖息在烂泥而浮游生物丰富的地方。一般泥质或泥砂质沉积带，营养物质丰富，有利于底栖生物繁殖生长。但不同鱼类对底质要求不同，如小黄鱼、鳓鱼等喜栖于泥质地，马鲛鱼、鳓鱼产卵时多栖息在沙泥底质等。

4）水色、透明度

水色、透明度与水深、水质和水系均有联系，水深、水质和水系不同，其水色、透明度也不相同。鱼类聚集的水域有特殊环境条件，环境条件综合反映出的水色透明度也自然有其特殊表象。现场作业中，可以水色、透明度作为中心渔场的判断指标，这也是比较简捷而有效的方法之一。广大渔民在这方面积累了丰富的经验。

5）潮流

根据潮流判断渔场是现场作业中极为重要的技术措施，因为潮流不仅影响鱼群的分布和动态，还影响船位和航向，如果不能很好地利用潮流，也就不能正确地判断中心渔场的位置。

6）风和低气压

气象要素中的风和低气压对鱼类的集群与洄游有明显的影响，可根据渔汛期间风与低气压判断中心渔场。风吹动海水能形成巨大的风海流，直接影响着水温的增减，间接控制鱼的行动，特别是冬季北风和寒潮对渔业生产影响很大。沿岸风的走向和季节风，在春秋渔汛期间，"南风送暖北风寒"、离岸风和降温是一致的，向岸风和增温是一致的。实践证明，东南、西南风，能增温，鱼群离岸，捕捞应向内；西北风、北风、东北风，能降温，鱼群向外或栖息较深水层，捕捞应向外。

"抢风头、赶风尾"是捕捞实践经验的总结，实践中得知，大风前和大风后，鱼类集群明显，往往形成生产高潮。"抢风头"，大风来临之前，海面出现低气压和长波浪，鱼类为了逃避上层海水激烈运动对它的冲击，在此情况下，鱼易集群、游向低气压中心海区，寻找适宜的栖息场所，如果抓住鱼群，及时捕捞，就能获得高产。"赶风尾"，大风造成海水垂直对流运动，海水涡动，引起浑浊水层，海水大量散热，造成海水表层变冷，这时鱼群分散，当风减弱时，鱼群又一次集群寻找新的栖息场所，因此风后及时赶赴渔场抓住鱼群，能获高产。例如，嵊山冬季带鱼渔汛，风暴情况对鱼群的集散和游动影响颇大。渔汛初期，若接连几次强冷空气南下，天气阴冷，等温线外移，则渔发偏外；反之，风暴少，天气晴暖，潮流稳定，则渔发偏内。

气压的变动对鱼类的集群和分布也有一定的影响，它可以引起渔获量的显著变动。渔汛期间，当低气压出现时，鱼类往往集聚成大群，容易获得高产。例如，闽东渔场的带鱼汛，在出现 1002hPa 低气压时，网产量就增多。又如，在日本海的沙丁鱼、鲐鱼和太平洋褶柔鱼等渔汛期内，若日本海出现低气压而太平洋成为高气压，可获得高产；反之，则低产。

综上所述，现场作业时要及时掌握中心渔场位置，必须不断地观察有关情况，利用各方面的侦察材料，进行综合分析做出比较全面的判断。必须指出，使用上述指标进行预报是建立在对预报对象的洄游分布、行动规律、生活习性、生物学特性和渔场的环境条件，以及与环境之间的相互关系有了充分调查研究的基础之上的。只有这样，才能找到有效的预报指标，正确地运用预报指标，收到预期效果。预报过程中所运用的指标有主要指标和参考指标，在一定条件下它们是可以相互转化的。例如，小黄鱼生殖期间，风情仅是参考指标，但在连续大风的情况下，风情则成为预报的主要指标。

三、仪器侦察

除了利用鱼类本身的生物学、行动和外界环境指标来寻找中心渔场外，还可以利用一些仪器设备来直接侦察鱼群和寻找中心渔场，主要有探鱼仪、飞机侦察和卫星侦察等。

1. 探鱼仪

探鱼仪是借助超声波在水中的传播来探测鱼群及其他水中障碍物的。探鱼仪是掌握渔场和鱼群活动规律必不可少的助渔仪器。目前，生产中使用的有水平式探鱼仪和垂直式探鱼仪。水平式探鱼仪是利用超声波在水平方向的传播来探测渔船周围一定距离内的鱼群。垂直式探鱼仪是利用超声波在垂直方向的传播来探测渔船下方的鱼群。探鱼仪不能记录鱼或鱼群的形状，而是记录各种生物量空间分布的形状，同时估算出其生物量，最新的科学探鱼仪还可以辨别出其种类。这些记录的形状与鱼本身的外形、体长等无关，主要取决于鱼群的结构性能、垂直分布和活动性等。

2. 飞机侦察

随着科学技术和渔业工业的不断发展，目前已有不少国家利用飞机进行空中侦察鱼群。渔船队利用飞机来缩短侦察鱼群的时间已有较长的历史，且其重要性日益增加。目前在智利与秘鲁一带大部分鳀鱼与沙丁鱼船队作业中，飞机侦察是一个重要手段。多年来，飞机在美国捕鱼船队及加利福尼亚沙丁鱼渔业中起着重要的作用，甚至今天现代化的大型金枪鱼围网渔船，也有自备直升机及无人机进行鱼群侦察。

飞机侦察不仅能在短时间内完成大面积的侦察工作，还能进行空中摄影，查明鱼群的分布数量及行动，这些对于引导生产渔船、组织调度、进行鱼类行动的研究、改进和提高捕捞技术、充分开发和利用中上层鱼类资源具有重要的意义。

3. 卫星侦察

除了利用飞机进行鱼群侦察外，目前还发展了利用卫星来侦察鱼群，进行渔业资源调查。利用卫星来侦察鱼群，扩大了侦察鱼群的范围，并且大大提高了工作的及时性和准确性。日本曾于1982～1984年在东北海域、日本海海域和日本以东海域应用卫星开展了秋刀鱼、鲣鱼、枪乌贼、日本鲐鱼、圆鲹、舵鲣和竹筴鱼等渔场形成及其外界环境相适应的调查。美国曾试验应用卫星对鲱鱼等鱼群分布和数量进行调查。由于卫星遥感具有观测范围广、时间短和准确性高等特点，利用卫星遥感来侦察鱼群和渔场正在得到越来越广泛的应用。但是，卫星侦察难以与鱼群种类、数量发生直接联系，而是通过卫星遥感获得海洋环境特征，再与鱼群分布、渔场分布建立关系而得知渔场的，因此可以利用卫星遥感间接探测鱼类渔场分布。

第五节　渔场图及编制方法

一、渔场图的概念与编制意义

1. 渔场图的概念

渔场图（fishing chart）也称渔捞海图，是指导渔业生产的科学参考图册，是指绘制捕捞对象在不同生活阶段的分布、洄游，栖息海域环境、浮游生物数量变化，以及渔获量分布等的图册，可作为侦察鱼群、渔业生产、科学研究和渔业管理的参考依据。这些图册是根据渔业资源与环境科学调查的资料及生产单位所收集的第一手资料，用图解的形式表示出来的，并附以简明的文字说明，为渔业生产编制各个渔汛的渔情预报、安排生产等提供科学依据。同时，可使人们十分清楚地了解经济鱼类或其他捕捞对象在不同季节的空间分布情况，从而对渔业资源的分布有全面的了解。

在我国，编制的渔场图内容主要包括渔场的概貌（渔业基地、渔区的划分、渔场的地形和经济鱼类组成等）；渔场环境，包括海洋和生物环境；经济鱼类各生活阶段的生物学特性；渔捞生产统计等。

2. 编制渔场图的意义

编制渔场图有以下主要意义。

（1）可使生产单位的鱼群侦察船减少盲目性，最大限度地保证尽快发现鱼群分布海域。

（2）为渔场预测和渔获量估算等提供必要的参考。

（3）结合海洋环境条件，对目标对象的渔场位置和渔汛时间进行预报。

（4）结合鱼类等的生活史过程，来绘制鱼类的洄游路线示意图。

二、渔场图的种类

渔场图可分为一般性的渔场图和全面性的渔场图两种。前者是根据不完整的生产资料绘编出的鱼类分布图、渔场生产作业图、产量统计图等。这些资料的缺点是缺乏渔场海洋环境和经济鱼类各生活阶段的生物学特性，因此不能称为完整的渔场图，而全面性的渔场图是本节所要讨论的。

由于探鱼仪的广泛使用、飞机侦察鱼群及卫星侦察鱼群等技术的发展，渔场图的种类已由原来的渔场环境、生产统计等内容，发展到卫星遥感照片等，充实了渔场图的内容，为侦察鱼群、渔情预报和研究鱼类动态提供了有利的依据。现将渔场图的种类分述如下。

1. 依编制方式来区分

1）图解式渔场图

图解式渔场图是把渔场环境因素、经济鱼类各生活阶段的生物学特征和捕捞生产情况，分别概括地或综合地将其相互依存的关系，用鲜明的图解方式表达出来。例如，某一渔场海洋环境的总特点和季节特点，浮游生物和底栖生物总生物量及按季度分布与组成情况，经济鱼类的产卵、索饵、越冬洄游各阶段分布，它们和海洋环境、饵料生物的关系及规律，不同时间段的渔获产量分布，以及与环境的和鱼类生物学的相互关系等，以图的形式进行展现，如图 5-11 所示。总之，就是根据调查和生产资料，用最鲜明的标志，把捕捞对象的分布用图解方式充分表示出来。

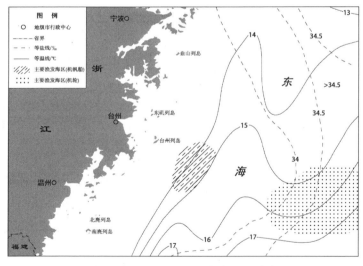

图 5-11　马面鲀主要渔场与温盐分布

2）日历式渔场图

日历式渔场图是按照一定的时间间隔将调查海域的海况、鱼类生物学和生产统计等资料，编制成图册，其中以生产统计资料最为重要，其内容有总产量、作业次数、平均网产量的分布图。它分别按年、季、月、航次、旬、日绘制渔获量的分布，用以了解鱼类在生产中的动态，形成捕捞生产的基础。其次为海洋水文资料，一般以年、季、月、航次调查资料汇编显示出不同水层的水温、盐度、透明度、潮流、水系水团等内容；底栖生物和浮游生物按年、航次调查进行编制；经济鱼类按年、季、月、航次绘制渔获组成分布图（图5-12）。

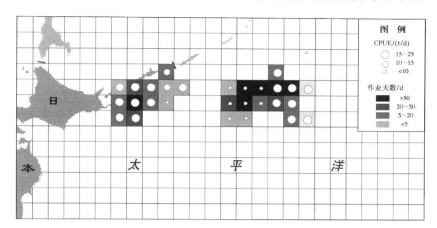

图5-12　2011年9月中国台湾秋刀鱼渔船在北太平洋作业的日产量及作业天数分布示意图

3）探鱼仪映像图和生物摄影图

（1）探鱼仪映像图。收集生产船和科研调查船对于各海区（或一定渔区）在不同时间的探鱼仪的映像，用以判明海底形象和各种经济鱼类集群映像，并观察不同时间段鱼群映像垂直或水平移动范围、群形大小及不同生活阶段的集群情况，用映像图的形式来反映。在鱼群探察的同时，利用渔具捕捞水域中的集群鱼类，以判明其鱼体大小、雌雄性别、年龄组成等。有条件的可对某一海区密集鱼群进行连续探测，结合水文条件汇编成册，从而为估算生物量及集群状况提供依据。

（2）生物摄影图。利用水下摄影等手段，可了解小范围内鱼类等生物的生态形状、生态群落的组成分布及海底形状等。在摄影后，记录其时间、地点、渔区、站位、水深等，以便全面了解经济鱼类不同生活阶段的活动及浮游生物和底栖生物分布的情况。

4）空中摄影和卫星摄影图

（1）空中摄影。飞机观察和空中摄影有助于人们正确掌握中上层鱼类的分布洄游、群形大小和移动方向与速度，以及海流、流界等海况现象。例如，通过对某海区进行长期摄影跟踪（按年、月、日、时、鱼类、海区等），可编制较完整的空中摄影渔场图，用以判明中上层鱼类的生态活动。尤其是对于中上层鱼类的集群，可获得概括的印象。俄罗斯利用空中摄影获得了海兽的形态及其行动分布等资料。

（2）卫星摄影图。除了利用飞机进行空中摄影鱼群洄游分布图外，美国和日本先后从1975年起利用海洋卫星编制渔海况、温度分布和沿岸海况图。日本渔情预报中心根据海洋卫星遥感资料，结合渔业生产情况，编制了日本海、日本东北海域、太平洋道东海域等的渔海况速报图，以及太平洋近海、太平洋外海、太平洋北部、太平洋南部、东海、北太平洋、太平洋东南海域、太平洋西南海域、印度洋海域、南大西洋海域、北大西洋海域、地中海海域等几十种海况速报图。

2. 依编制性质来区分

（1）全面性渔捞海图：根据大面积的海区，将有关调查因子（海况、海洋生物、鱼类和生产统计资料等）分别编册，绘编时基本采用日历式渔场图，并在单项绘编上配有单项因子图示。

（2）重点性渔捞海图：以重点渔场（经济鱼类、产卵、索饵、越冬）为主体，将其有关生活阶段的必要环境因子（水文、浮游和底栖生物）和鱼类生物学分别绘制成图册。在绘制上，具有日历式渔场图、图解式渔场图的双重性质。

（3）简明式渔捞海图：将一种经济鱼类的重要环境（水文、生物等）、鱼类生物学因子及渔业生产情况绘制成一张图或袖珍式的图册，一般绘制成图解式的渔场图。

三、渔场图的编制原则、内容和程序

1. 编制原则

（1）以一种经济鱼类的生活周期（年、季、旬或月）或某一生活阶段（产卵、索饵、越冬、稚幼鱼）编制图册。

渔场图应当在整个水域或水域中的某海区，标志出整个渔捞年度中各种经济鱼类的分布，不过一般在一张渔场图上实现这一完整的概念是不可能的，因此要将每种经济鱼类分别编制出一种渔场图或图册。

（2）渔场图应明显地标志出鱼群在各生活阶段的分布，必须明显地标志出鱼群的游来去处，中心渔场的地点及时期。这些是在整个水域或某水域海区掌握了短期和全年经济鱼类的分布之后才能做到的。

（3）根据编制的目的和要求确定渔捞海图的类型。①全面性渔捞海图（或称总图册）是针对整个海区某一时期、某一种经济鱼类所编的图册。②重点渔捞海图（或称分图册）是针对经济鱼类某一生活阶段的特点所编制的图册。③简明渔捞海图（整个海区或某重点海区）是将海图的整个主要内容，简明扼要地绘编在单张图纸上。

（4）渔场图的渔区大小和图纸的比例。渔场图的渔区大小各渔业国家不同，俄罗斯采用经纬度各 $10'$（即 $10' \times 10'$）为一个渔区，而我国采用经纬度各 $30'$（即 $30' \times 30'$）为一个渔区，其他一些渔业国家也采用类似方法区划。

在渔捞海图比例方面，其比例一般为：表示水文、生物、鱼类生物学组成（长度、性比、成熟度、摄食强度等）及渔获产量的图为 $1:100$ 万～$1:300$ 万；总图为 $1:100$ 万；重点海区（分图册）为 $1:50$ 万。

2. 编制内容

渔场图编制的内容应包括三个方面：渔场环境部分；经济鱼类生物学；渔获物生产统计。现分别叙述如下。

（1）渔场环境部分渔场图——海洋学基础的渔场图。主要有沿岸特点，底质分布和底形，水深分布，水系和水团的分布与移动，海流、潮流和水温，底栖生物群聚的分布，浮游生物总量及优势种生物量的分布。

（2）经济鱼类生物学渔场图——生物学基础的渔场图。主要有各渔场和各季节的鱼类集群、产卵、索饵、越冬地点、环境变化而引起的集群，最大集群的地点等；鱼类的洄游路线；鱼卵、稚幼鱼分布和漂流路线及其出现时期；鱼种组成和渔获量大小；渔获量的变动；其他生物学方面的资料，如性比组成、体长和体重组成，以及性腺成熟度、摄食等级等的分布。

（3）渔获物生产统计渔场图——以捕捞为基础的渔场图。主要有分总产量、种类和渔区（海区）及分时间段的渔获物生产统计图，平均渔获量分布图，生产渔具的分布图，渔场和渔期分布图。

3. 编制程序

渔场图的编制程序一般分为三个阶段。

第一阶段，收集资料。收集某种经济鱼类整个生活周期，尤其是在形成较大捕捞群体时，有关该种鱼类的生态学及各年龄组在某水域中分布特点的全部资料，特别是要收集实际渔获量在各个时间及各个捕捞地点的分布等数据，要注意数据的准确性和完整性。

第二阶段，分析材料。对已收集的捕捞对象的生态学和分布性质的资料进行分析，以便找出应该绘入海图中的最主要环境因素，并且应该先绘制草图。如用电脑绘制渔场图，需将基本素材编入程序正确分析。

第三阶段，修正绘制。将所有材料进行核对，然后把这些材料根据上述分析材料加以修正和补充。

为此，编制出上述一系列的供捕捞作业参考的图纸，有助于侦察鱼群与掌握中心渔场，这是提高渔业生产的措施之一。随着信息技术的发展，地理信息系统在海洋渔业中得到了应用。该技术的应用为渔场图的编制提供了有效、准确、快速的手段。目前地理信息系统已得到了广泛的应用，并逐步形成了渔业地理信息系统学科。图5-13为利用地理信息系统软件处理获得的渔场图。

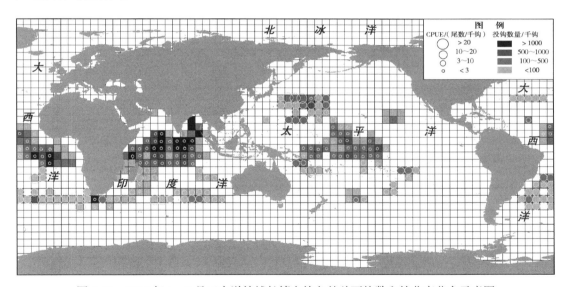

图5-13 2009年1~3月三大洋钓捕长鳍金枪鱼的总下钩数和钓获率分布示意图

思 考 题

1. 渔场的概念及其基本特性。
2. 渔场划分的类型及优良渔场有哪些？
3. 联合国粮食及农业组织将全球三大洋划分为哪些渔区？
4. 我国渔区的划分方法。
5. 渔期的概念。
6. 渔场应具备的条件有哪些？优良渔场有哪些？

7. 渔场形成的一般原理。

8. 流界（隔）的概念及流界（隔）渔场形成的原因。

9. 北原渔况法则的概念。

10. 流界（界）的判断方法。

11. 涡流渔场的概念及其类型。

12. 上升流渔场的类型。

13. 为什么说上升流是极为重要的渔场？主要上升流分布在哪些海域？

14. 哪些地形可形成优良渔场？

15. 如何评价渔场的价值？

16. 掌握中心渔场的方法与手段有哪些？

17. 渔场图的概念、内容及其意义。

18. 我国渔场图编制的内容有哪些？

建议阅读文献

陈新军. 2014. 渔业资源与渔场学. 北京：海洋出版社.

陈新军. 2016. 渔情预报学. 北京：海洋出版社.

高峰. 2018. 渔业地理信息系统. 北京：海洋出版社.

宇田道隆. 1963. 海洋渔场学. 东京：恒星社厚生阁发行所.

郑利荣. 1986. 海洋渔场学. 台北：徐氏基金会出版.

中国海洋渔业资源编写组. 1990. 中国海洋渔业资源. 杭州：浙江科学技术出版社.

第六章　渔情预报基本原理与方法

第一节　本章要点和基本概念

一、要点

本章介绍了渔情预报的概念、类型及预报原理，描述了国内外渔情预报研究状况及其业务化运行情况，提出了渔情预报指标筛选的方法和预报模型组成，并利用案例对渔汛、渔场、渔获量和资源量等预报内容进行了分析。本章要求学生重点掌握渔情预报的基本原理，渔情预报的内容及预报基本模型，能够初步开展渔情预报的研究工作。

二、基本概念

（1）渔情预报（fisheries forecasting）：也可称渔况预报（fishing conditions forecasting），它是渔场学研究的主要内容，是指对未来一定时期和一定水域范围内水产资源状况各要素，如渔期、渔场、鱼群数量和质量，以及可能达到的渔获量等所做出的预报。

（2）全汛预报：是渔情预报的主要形式之一。预报的有效时间为整个渔汛，内容包括渔期的起讫时间、盛渔期及延续时间、中心渔场的位置和移动趋势，同时结合渔业资源状况，分析全汛期间渔发形势和可能渔获量等内容。该预报在渔汛前的适当时期进行发布，可以供渔业管理部门和生产单位参考。

（3）汛期阶段预报：是渔情预报的主要形式之一。根据渔汛的三个阶段进行预报，也可根据不同捕捞对象的渔发特点分段预报，主要预测渔汛期间鱼群分布范围、中心渔场位置及移动趋势等。

（4）现场预报：也称为渔况速报，是对未来24h或几天内的中心渔场位置、鱼群动向及旺发的可能性进行预测。

第二节　渔情预报概述

一、渔情预报的概念

渔情预报，也可称渔况预报，它是渔场学研究的主要内容，同时也是渔场学基本原理和方法在渔业生产中的综合应用，是海洋渔业生产服务的主要任务之一。

渔情预报是指对未来一定时期和一定水域范围内水产资源状况各要素，如渔期、渔场、鱼群数量和质量，以及可能达到的渔获量等所做出的预报。其预报的基础就是鱼类行动和生物学状况与环境条件之间的关系及其规律，以及各种实时的汛前调查所获得的渔获量、资源状况、海洋环境等渔海况资料。

渔情预报的主要任务就是预测渔场、渔期和可能渔获量，即回答在什么时间，在什么地点，捕捞什么鱼，作业时间能持续多长，渔汛始末和旺汛的时间，中心渔场位置及整个渔汛可能渔获量等问题。

我国近海主要以追捕洄游过程中的主要经济鱼类为主,如带鱼、小黄鱼等,以及从外海深水区游向近岸浅水区产卵的生殖群体、处于越冬洄游或索饵洄游的鱼群。渔情的准确预报能为渔业主管部门和生产单位进行渔汛生产部署和生产管理等提供科学依据,同时也能为渔业管理部门预测资源量提供依据。

二、渔情预报的类型和内容

1. 依据预报时效来分

渔情预报的类型有不同的划分方法,主要是根据预报的时效性来划分,但目前还没有形成一个公认的划分标准。例如,费鸿年等在《水产资源学》中将渔情预报分为展望型渔情预报、长期渔情预报、中期渔情预报或半长期渔情预报和短期渔情预报。①展望型渔情预报是指预测几年甚至几十年的渔情状况,如对某种资源的开发利用规模的确定。②长期渔情预报是指年度预报,是根据历年的资料来预测下一年度或更长时间的渔情状况,包括渔场位置、洄游路线等,它是建立在海况预报的基础上的。③中期渔情预报,即季节预报或渔汛预报,是预测未来整个渔汛期间的渔情状况,着重于本渔汛的渔场位置、渔期迟早、集群状况等。④短期渔情预报,可分为初汛期、盛汛期和末汛期等类型,是专门对渔汛中某一阶段的渔发状况进行预报。费鸿年等认为,展望型预报和长期型预报属于根本性的、战略性的预报,是预报的高级阶段,主要供渔业主管部门和生产单位制订发展计划时参考。而中短期预报是实用性的、战术性的预报,是预报的低级阶段,主要供生产部门安排生产时参考。

日本渔情预报服务中心将渔情预报分为两类,即中长期预报和短期预报。①中长期预报,是指利用鱼类行动和生物学等方面与海洋环境之间的关系及其规律,根据所收集的生物学和海洋学等方面信息,特别是通过渔汛前期对目标鱼种的稚幼鱼数量调查,从而对来年目标鱼种的资源量、渔获物组成、渔期、渔场等做出预报。该种长期预报实际上更具有学术性,为渔业管理部门和研究机构提供服务。②短期预报,也称渔场速报,是指结合当前的水温、盐度、水团分布与移动状况等,对渔场的变动、发展趋势等做出预报,该种预报时效性极强,直接为渔业生产服务。

从上述分析可看出,渔情预报种类的划分主要是依据其预报时间的长短,不同的预报类型,其所需的基础资料、预报时间时效性及使用对象等都有所不同。本书根据海洋渔业生产的特点和渔业生产与管理的实际需要,将渔情预报分为三类,即全汛预报、汛期阶段预报和现场预报。

(1)全汛预报。预报的有效时间为整个渔汛,内容包括渔期的起讫时间、盛渔期及延续时间、中心渔场的位置和移动趋势,同时结合渔业资源状况,分析全汛期间渔发形势和可能渔获量等内容。这种预报在渔汛前的适当时期进行发布,可以供渔业管理部门和生产单位参考。其所需的基础资料和调查资料是大范围(尺度)的海洋环境数据及其变动情况、汛前目标鱼种稚幼鱼数量、海流势力强弱趋势等,从宏观角度来分析年度渔汛的发展趋势和总体概况。

(2)汛期阶段预报。整个渔汛期一般分为渔汛初期(初汛)、盛期(旺汛)和末期(末汛)三个阶段进行预报,也可根据不同捕捞对象的渔发特点分段预报。例如,浙江夏汛大黄鱼阶段性预报,依大潮汛(俗称"水")划分,预测下一"水"渔发的起讫时间、旺发日期、鱼群主要集群分布区和渔发海区的变动趋势等;浙江嵊山冬汛带鱼阶段性预报则依大风变化(俗称"风")划分,预测下一"风"鱼群分布范围、中心渔场位置及移动趋势等。这些预报为全汛预报的补充预报，比较及时、准确地向生产部门提供调度生产的科学依据。预报应在各生产阶段前夕发布，时间性要求强。其所需的基础资料和数据应该是阶段性的海洋环境发展与变动趋势，以及目标鱼种的生产调查资料。

（3）现场预报。该预报也称渔况速报，是对未来24h或几天内的中心渔场位置、鱼群动向及旺发的可能性进行预测，由渔汛指挥单位每天定时将预报内容系统迅速而准确地传播给生产渔船，达到指挥现场生产的目的。也可以利用渔情预报软件，通过获取实时的海洋环境信息进行渔场的预报。这种预报时效性最强，其获得的海况资料一般来说应该当天发布。其所需的基础资料是近几天渔业生产和调查资料，如渔获个体及其大小组成等，以及水温变化、天气状况（如台风、低气压等）、水团的发展与移动等。

2. 按渔情预报的内容来分

渔情预报是对未来一定时期和一定水域内水产资源状况各要素，如渔期、渔场、鱼群数量和质量，以及可能达到的渔获量等所做出的预报。按照预报内容的不同，可将渔情预报分为三种类型，即关于资源状况的预报、关于时间的预报和关于空间的预报。每种预报的侧重点不同，相应的预报原理和模型也不同。

（1）关于资源状况的预报，即预报鱼群的数量、质量及在一定捕捞条件下的渔获量，这种预报主要是中长期的。准确的中长期预报对于渔业管理和生产都具有重要意义，不但渔业管理部门可以将预报结果作为制定渔业政策的参考信息，而且渔业生产企业可以根据这些预报合理安排有限的捕捞努力量，在激烈的捕捞竞争中占据优势。目前，关于渔业资源状况的预报模型主要以鱼类种群动力学为基础，数学上则主要采用统计回归、人工神经网络和时间序列分析等方法。

（2）关于时间的预报，主要包括预报渔期出现的时间和持续的时间等。这类预报不但要求预报者对目标鱼类的洄游和集群状况非常了解，而且需要建立一定的观测手段，实时地了解目标区域的天气、海流、水温结构及饵料生物情况，结合渔民和渔业研究者的经验来进行预报。随着国内渔业生产模式的改变，渔情预报研究者已从渔业生产一线脱离，因此目前这类预报主要以有经验的渔业生产者的现场定性分析为主，其原理很难进行明确的量化解释，已有的定量研究一般也仅采用简单的线性回归。

（3）关于空间的预报，即预报渔场出现的位置或鱼类资源的空间分布状况，即通常所说的渔场预报。由于渔业资源的逐渐匮乏及燃油、入渔等成本的不断升高，渔业生产过程中渔场位置的预报变得越来越重要，企业对其实时性、准确性的要求也越来越高。因此，渔场位置的预报模型研究相当活跃，国内外大多数渔情预报模型都是渔场的位置预报模型。

三、主要国家渔情预报业务化概况

鱼群分布与渔场环境条件有着密切关系，但以科学的方法探测渔场环境因子参数并用于分析、指导渔业生产是在飞机、海洋遥感卫星用于探测海洋环境条件出现之后。因为传统基础常规的做法是将各水文站（测站）和船舶测报的水文参数制成海洋参数分布图，这种方法既不准确又不及时。利用飞机、卫星进行某些海洋环境参数（如水温、水色）的探测是较为成功的，用于渔业也是非常方便和快捷的。空间技术时代为渔业遥感带来新的前景。人类获得了在数分钟内观测整个洋区和海区的能力，可根据及时掌握的海洋大环境特征参数进行渔业资源调查和渔场分析测报。最早的研究是为了评价鱼群分布是否与卫星测到的水色和水温有关，后来被逐步应用到渔场等预报中，并得到了大规模的推广应用。现对美国、日本和中国等主要国家的渔情预报研究及其业务化运行工作进行概述。

1. 美国

1972年，美国渔业工程研究所利用地球资源技术卫星（ERTS-1）和天空实验室的遥感资料来研究油鲱和游钓鱼类资源的空间分布。1973年，美国利用气象卫星信息绘制了加利福尼亚湾南部海面温度图，提供给加利福尼亚州沿岸捕捞鲑鳟鱼和金枪鱼的渔民，使用效果甚佳。从1975年起海洋卫星数据开始应用于太平洋沿岸捕捞业务。当时利用卫星红外图像，得出了表示大洋热边界位置的图件，这些图件（通过电话、电传和邮件）提供给商业和娱乐渔民，用于确定潜在的产鱼区。1980年以后，美国海岸警备队使用无线电传真向海上渔船直接发送这些图件，这些图件每周绘制1~3次。渔民们使用这些图件后，节省了寻找与海洋锋特征有关渔区的时间。在美国东部岸和墨西哥湾，美国国家气象局、国家海洋渔业局及国家环境卫星、数据和信息服务署经常合作，用卫星红外图像和船舶测报制作标出海洋锋、暖流涡流及海面温度分布图件，提供给渔民。在美国的带动下，英国、法国、日本、芬兰、南非及联合国粮农组织都相继组织了各种渔业遥感应用研究和试验，部分国家还建立了相应的服务机构。1993~1998年，美国远洋渔业研究所通过TOPEX/Poseidon卫星测定海面高度数据，揭示了亚热带前锋的强度与夏威夷箭鱼延绳钓鱼场的关系，认为每年1~6月75%箭鱼渔业CPUE的变化可用上述卫星测定的数据来解释。

美国国家海洋和大气管理局（National Oceanic and Atmospheric Administration，NOAA）国家海洋渔业服务中心将海洋遥感和地理信息系统应用于海洋渔业资源及渔情分析中，开发了一系列渔业信息系统，包括服务于阿拉斯加州的阿拉斯加渔业信息网络（AKFINC），服务于华盛顿州、新奥尔良、加利福尼亚州的太平洋渔业信息网络（PacFIN）、渔业经济信息网络（EFIN）、娱乐渔业信息网络（ReCFIN），以及地区生产市场信息系统（RMISC）、PITtag信息系统（PTAGIS）等。美国更多地把渔情预报系统应用于海洋休闲渔业中，并取得了很好的效果。

2. 日本

日本海洋渔业较为发达，并于20世纪30~40年代就开展了近海重要经济鱼类的渔情研究与预报工作。由于海洋遥感技术的发展，20世纪70年代日本就开始了渔业遥感的应用和研究。1977年，日本科学技术厅和水产厅正式开展了海洋和渔业遥感试验，并成立了渔情信息服务中心。1980年，日本水产厅成立了"水产遥感技术促进会"，目的是要将人造卫星的遥感技术应用于渔业。渔情信息服务中心负责的海洋卫星应用共分两个阶段，第一阶段是1977~1981年，主要研究内容是收集解译人造卫星信息、绘制间距为1℃的海面等温图；第二阶段是对这种图像进行处理加工，用印刷品和传真两种方式向渔民传递，其产品主要有海况图（水温图）、渔场模式预报。1982年10月日本水产厅宣布，其利用人造卫星和电子计算机搜索秋刀鱼和金枪鱼等鱼群获得成功。现在，渔场渔况图（卫星解译图）成为日本渔情信息服务中心的一个常规服务产品。20世纪80年代初，日本约有900艘渔船装备了传真机，可接收传真图像，并建成了包括卫星、专用调查飞机、调查船、捕鱼船、渔业通信网络、渔业情报服务中心在内的渔业信息服务系统。渔情预报服务中心负责搜集、分析、归档、分发资料，每天以一定频率定时向本国生产渔船、科研单位、渔业公司等发布渔海况速报图，提供海温、流速、流向、涡流、水色、中心渔场、风力、风向、气温、渔况等10多项渔场环境信息，为日本保持世界渔业先进国家的地位起到了重要的作用。日本有效地利用NOAA卫星的遥感资料编制了渔情预报，并在短时间内获得了大量的海洋环境资料，如水文、水色等资料，这大大提高了渔情预报的准确度。目前，日本渔情信息服务中心已将其预报和服务的范围扩展到三大洋海域，直接为日本远洋渔船提供情报。

日本渔情预报服务中心进行渔情预报的海域有西南太平洋、东南太平洋、北大西洋、南大西洋和印度洋海域，内容有太平洋近海、外海的渔海况速报，日本海海渔况速报，东海海渔况速报，太平洋道东海域海渔况速报，日本东北海域海渔况速报，日本海中西部海域海渔况速报，北太平洋整个海域海渔况速报，东部太平洋海域海渔况速报，东南太平洋海域海渔况速报，西南太平洋海域海渔况速报，印度洋海域海渔况速报，南大西洋海域海渔况速报，北大西洋海域海渔况速报等。渔情预报的种类为分布在日本近海的主要渔业种类，主要有鲳鳒、鲭、秋刀鱼、鲣鱼、太平洋褶柔鱼、柔鱼、日本鲐鱼、竹筴鱼、五条鲕、金枪鱼类、玉筋鱼、磷虾等。

3. 我国渔情预报研究及业务化情况

与世界上一些发达渔业国家和地区相比，我国在渔情预报方面的研究工作起步较早。20世纪50~60年代受苏联和日本的影响，我国渔情预报侧重于预测渔场、渔期的渔情、渔汛预报。主要是根据渔场环境调查取得的水温、盐度和饵料生物数量分布及种群的群体组成、性成熟度等生物学资料、种群洄游分布及其与外界环境的关系，编绘渔捞海图，向渔业主管部门和渔民定期发布各种预报。随着遥感技术的发展，卫星遥感取代了大面积的渔场调查。各种预报在海洋主要经济种类资源开发过程中，发挥了很好的作用，其中特别值得提出的是20世纪50年代中期开始的渤海、黄海小黄鱼和黄海、东海大黄鱼的渔情预报，黄海的蓝点马鲛、日本鲐、竹筴鱼、黄海鲱鱼、银鲳、鹰爪虾、毛虾和对虾的渔情预报，嵊泗渔场带鱼、万山渔场蓝圆鲹的渔情预报等都取得了预期的效果。

"七五"期间，海洋卫星遥感应用研究工作较为活跃，如福建省水利厅（1986~1987年）利用卫星和水文资料对福建沿海海区发布的"海渔况通报"，国家海洋局第二海洋研究所（1987~1988年）以卫星图像为依据，用无线电传真方式发布的"东海、黄海渔海况速报图"，中国水产科学研究院渔业机械仪器研究所（1988~1989年）发布的"对马海域冬汛卫星海况团"，中国科学院海洋研究所的"渔场环境卫星遥感图"及中国水产科学研究院东海水产研究所发布的"黄海、东海渔海况速报"（图6-1）等。上述绘制的图件大致分两种类型：一类是以卫星图像为主依据，制定和发布的卫星速报图；另一类则是以常规水文测量信息为主，有时结合卫星图像信息进行定期预报，如中国水产科学研究院东海水产研究所的渔海况速报。

"八五"期间，我国有关科研院所展开了"遥感"（remote sensing，RS）技术和"全球定位系统"（global positioning system，GPS）技术的研究和应用，利用NOAA卫星遥感信息，经过图像处理技术

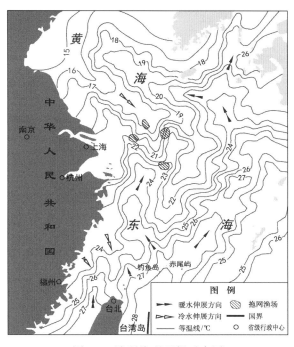

图 6-1　渔况海况通报示意图

处理得到海洋温度场、海洋锋面和冷、暖水团的动态变化图，进行了卫星遥感信息与渔场之间相关关系的研究，为建立海、渔况预报业务系统进行了有益的探索。

"九五"期间，国家 863 计划海洋监测领域项目"海洋渔业服务地理信息系统技术"课题和"海洋渔业遥感服务系统"专题，以服务于东海区三种经济鱼类（带鱼、马面鲀、鲐鱼）的渔情速预报和生产信息服务为目标，在改进海洋渔业服务地理信息支撑软件的基础上，研制开发了具有海洋渔业应用特色的桌面 GIS 系统、渔情分析和资源评估专家系统、渔船动态监测系统等，初步形成了近海海洋渔业地理信息应用系统。"九五"末期，在科学技术部的资助下，开展了以地理信息系统和海洋遥感技术为基础的北太平洋柔鱼渔情信息服务系统的研究，初步建成了远洋渔业渔情信息服务中心，开发了北太平洋柔鱼渔情速预报系统和远洋渔业生产动态管理系统，为北太平洋鱿钓生产提供了渔情速报与预测信息服务产品，为远洋渔业生产指挥调度提供了决策支持。

"十五"期间，国家 863 资源与环境领域开发了大洋渔业资源开发环境信息应用服务系统，分别建立了大洋渔场环境信息获取系统和大洋金枪鱼渔场渔情速预报技术，并开展了大洋金枪鱼渔场的试预报。

"十一五"期间，我国利用自主海洋卫星、极地和船载遥感接收系统及大洋渔船的现场监测，建立了全球渔场遥感环境信息和现场信息的获取系统；开展了多种卫星遥感数据的定量化处理技术，重点获取了大洋渔场的海温、水色和海面高度等环境要素，建立了自主知识产权的全球大洋渔场环境信息的综合处理系统。在此基础上建立了全球重点渔场环境、渔情信息的产品制作与服务系统，形成了我国大洋渔业环境监测与信息服务技术平台。

在远洋渔业渔情预报业务化方面，根据生产企业的需要，上海海洋大学鱿钓技术组从 1996 年开始，进行北太平洋柔鱼渔海况速报工作，每周发布一次，取得了较好的效果。渔海况速报的资料来源有两个方面：一是定期收取日本神奈川县渔业无线局发布的北太平洋海况速报（表层水温分布图）（每周近海两次和外海两次）；二是汇总由各渔业公司提供的鱿钓生产资料，主要内容有作业位置、日产量，1999 年开始选取 5～7 艘鱿钓信息船同时提供水温资料。鱿钓技术组根据上述内容，对北太平洋的水温、海流进行分析，对渔场和渔情进行预报，编制成北太平洋鱿钓渔海况速报，发给各生产单位和渔业主管部门。

2008 年以来，上海海洋大学和国家卫星海洋应用中心合作，利用自主海洋卫星数据，对东海鲐鲹鱼、西北太平洋柔鱼、东南太平洋茎柔鱼和西南大西洋阿根廷滑柔鱼、东南太平洋智利竹荚鱼和中西太平洋金枪鱼围网等三大洋 10 多个经济种类进行了渔情预报研究，获得了海面温度、叶绿素 a 浓度、锋面、涡流等多种海洋渔业环境信息，并开发了相应的渔情预报软件，实现了业务化运行，取得了较好的经济效益和生态效益。

第三节　渔情预报技术与方法

一、渔情预报的基本流程

渔情预报的研究及其日常发布工作一般都由专门的研究机构或研究中心来负责。该中心有渔况和海况两个方面的数据来源及其网络信息系统，其数据来源是多方面的。例如，海况方面数据，主要来源于海洋遥感、渔业调查船、渔业生产船、运输船、浮标等；渔况方面数据，主要来源于渔业生产船、渔业调查船、码头、生产指挥部门、水产品市场等。

渔情预报机构根据实际调查研究的结果，迅速将获得的海况与渔况等资料进行处理、预报和通报，不失时机地为渔业生产服务。对于渔况、海况的分析预报，要建立群众性的通报系统。统一指定一定数量的渔船（信息船），对各种因子进行定时测定，然后将这些测定资料发送给所属海岸的无线电台，电台按预定程序通过电报把情报发送给渔况、海况服务中心，或者从渔船直接传递给渔情预报中心。情报数据输入电子计算机，根据计算结果绘制水温等参数的分布图，图上注明渔况解说，再以传真方式，通过电子邮件、网络、无线电台或通信、广播机构发送。一般来说，渔况速报当天应该将收集的水温等综合情报做成水温等各种分布图进行发布。

渔业情报服务中心在发布各种渔况、海况分析资料的同时，要举办渔民短期培训班，使渔民熟悉有关的基础知识，以便充分运用所发布的各种资料，有效地从事渔业生产。在渔况海况分析预报工作中，通常都建立完整的渔业情报网，进行资料收集、处理、解析、预报、发布等工作。其预报技术的流程示意图见图 6-2。

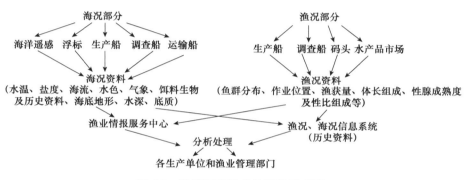

图 6-2   渔情预报技术的流程示意图

二、渔情预报模型的组成

一个合理的渔情预报模型应考虑三个方面的内容，即渔场学基础、数据模型和预报模型。其中，渔场学部分主要包括鱼类的集群及洄游规律、环境条件对鱼类行为的影响、短期和长期的环境事件对渔业资源的影响。数据模型部分主要包括渔业数据和环境数据的收集、处理和应用的方法及这些方法对预报模型的影响。预报模型部分则主要包括建立渔情预报模型的理论基础和方法，相应的模型参数估计、优化、验证及不确定性分析。

1.   渔场学基础

鱼类在海洋中的分布是由其自身生物学特性和外界环境条件共同决定的。首先，海洋鱼类一般都有集群和洄游的习性，其集群和洄游的规律决定了渔业资源在时间和空间的大体分布。其次，鱼类的行为与其生活的外界环境有密切的关系。鱼类生存的外界环境包括生物因素和非生物因素两类。生物因素包括敌害生物、饵料生物、种群关系。非生物因素包括水温、海流、盐度、光、溶解氧、气象条件、海底地形和水质因素等。最后，各类突发或阶段性甚至长期缓慢的海洋环境事件，如赤潮、溢油、环境污染、厄尔尼诺现象、全球气候变暖，对渔业资源也会产生短期和长期的影响，进而引起渔业资源在时间、空间、数量和质量上的振荡。只有综合考虑这三方面因素的影响，才能建立起合理的渔情预报模型。

2. 数据模型

渔场预报研究所需要的数据主要包括渔业数据和海洋环境数据两类,这些数据的收集、处理和应用的策略对渔情预报模型具有重要影响。在构建渔情预报模型时,为了统一渔业数据和环境数据的时间分辨率和空间分辨率,一般需要对数据进行重采样。由于商业捕捞的作业地点不具备随机性,空间和时间上的合并处理将使模型产生不同的偏差;与渔场形成关系密切的涡流和锋面等海洋现象具有较强的变化性,海洋环境数据在空间和时间尺度上的平均将会弱化甚至掩盖这些现象。因此,在构建渔情预报模型时应选择合适的时空分辨率,以降低模型偏差、提高预测精度。另外,渔情预报模型的构建也应充分考虑渔业数据本身的特殊性,如渔业数据都是一种类似"仅包含发现"(presence-only)的数据,即重视记录有渔获量的地点,而对于无渔获量地点的记录并不重视。最后,低分辨率的历史数据、空间位置信息等数据的应用也应选择合适的策略。

3. 预报模型

渔情预报模型主要可分为三种类型,即经验/现象模型、机理/过程模型和理论模型。总的来说,现有的渔情预报模型还是以经验/现象模型为主。这类模型常见的开发思路有两种:一种以生态位(ecological niche)或资源选择函数(resource selection function,RSF)为理论基础,主要通过频率分析和回归等统计学方法分析出目标鱼种的生态位或者对于关键环境因子的响应函数,从而建立渔情预报模型。另一种是知识发现的思路,即以渔业数据和海洋环境数据为基础,通过各类机器学习和人工智能方法在数据中发现渔场形成的规律,建立渔情预报模型。

总的来说,基于统计学的渔情预报模型以回归为中心,其模型结构是预先设定好的,主要通过已有数据估计出模型系数,然后用这些模型进行渔场预测,可以称之为"模型驱动"(model-driven)的模型。而基于机器学习和人工智能方法的预测模型则以模型的学习为中心,主要通过各种数据挖掘方法从数据中提取渔场形成的规则,然后使用这些规则进行渔场预报,是"数据驱动"(data-driven)的模型。近几十年来,传统统计学和计算方法都发生了很大的变化,统计学方法和机器学习方法之间的区别也已经变得模糊。

渔情预报模型的构建。借鉴 Guisan 和 Zimmermann 关于生物分布预测模型的研究,可以将建立渔情预报模型的过程分为 4 个步骤:①研究渔场形成机制;②建立渔情预报模型;③模型校正;④模型评价和改进。

渔情预报模型的构建应以目标鱼种的生物学和渔场学研究为基础,力求模型与渔场学实际的吻合。如果对目标鱼种的集群、洄游特性及渔场形成机制较清楚,可选择使用机理/过程模型或理论模型对这些特性和机制进行定量表述。反之,如果对这些特性和机制的了解并不完全,则可选择经验/现象模型,根据基本的生态学原理对渔场形成过程进行一种平均化的描述。除此之外,无论构建何种预测模型,都应充分考虑模型所使用的数据本身的特点,这对于基于统计学的模型尤其重要。

模型校正(model calibration)是指建立预报模型方程之后,对模型参数的估值及模型的调整。根据预报模型的不同,模型参数估值的方法也不一样。例如,对于各类统计学模型,其参数主要采用最小方差或极大似然估计等方法进行估算;而对于人工神经网络模型,权重系数则通过模型迭代计算至收敛而得到。在渔情预报模型中,除了估计和调整模型参数和常数之外,模型校正还包括对自变量的选择。在利用海洋环境要素进行渔情预报时,选择哪些环境因子是一项比较重要也非常困难的工作。周彬彬在利用回归模型进行蓝点马鲛渔期预报研究时认为，多因子组合的预报比单因子预报要准确。Harrell 等的研究表明，为了增加预测模型的准确度，自变量的个数不宜太多。另外，对于某些模型来说，模型校正还包括自变量的变换、平滑函数的选择等工作。

模型评价（model evaluation）主要是对预测模型的性能和实际效果的评价。模型评价的方法主要有两种：一种是模型评价和模型校正使用相同的数据，采用变异系数法或自助法评价模型；另一种则是采用全新的数据进行模型评价，评价的标准一般是模型拟合程度或者某种距离参数。由于渔情预报模型的主要目的是预报，其模型评价一般采用后一种方法，即考察预测渔情与实际渔情的符合程度。

三、渔情预报指标及筛选方法

（一）渔情预报指标

鱼类与海洋环境之间的关系是一种对立统一的关系。鱼类的集群和分布洄游规律是鱼类本身与外界环境（生物环境与非生物环境）条件相互作用的结果。渔情预报实际上就是研究分析和预测捕捞对象的资源量、集群特性和移动分布特征。因此，必须根据有机体与环境为统一体这一原理，查明捕捞对象的资源变动、行动习性、生物学特性及渔场环境条件和变化，以掌握捕捞对象的行动规律。一般影响鱼群行动规律的生物性或非生物性因素均可成为预报指标。

在开展渔情预报之前和进行过程中，必须采用"三结合"的方法，即生产实践与科学理论相结合、群众经验与科学调查相结合、历史资料与现场调查相结合，多方面大量地收集捕捞对象生物学方面的和渔场环境方面的资料，并有选择地运用资料和群众经验，进行分析研究，找出与鱼类行动分布有密切关系的环境因子（海况、气象和生物学因子）及鱼类生物学特性的变化规律作为预报的指标。

预报指标的选择，因捕捞对象而异，同一捕捞对象又因其在不同生活阶段具有不同的生活习性而对外界环境条件的要求不同，因而所采用的预报指标也不同。应在收集整理海况、气象、生物学等环境因子和渔获产量的多年资料，以及历年鱼类生物学资料的基础上，找出捕捞对象各生活阶段集群时的最适环境条件及其变化规律，以确定应选择的预报指标。将所选定的指标和现场调查资料进行分析对比，然后做出预报。

影响鱼类行动的生物性和非生物性指标均可作为渔情预报的指标，一些比较重要的指标有性成熟、群体组成、水温、盐度、水系、风、低气压、降水量、饵料生物等。具体分析见第五章第四节"寻找中心渔场的一般方法"。

（二）指标筛选方法

在选择渔情预报因子时，可用以下两种方法来加以解决：一是进行一些实验生态研究，明确影响机制，选定稳定性较好的预报因子；二是进行统计优选，挑出几个相关显著的因子，或对因子进行物理组合，以增强因子的稳定性。但是，因子用得过多，同样会降低预报效果的稳定性。通常渔情预报因子选择以统计分析为主。在统计分析中，常用线性相关、时差序列相关法、相似系数、灰色关联度和一般线性模型（general linear model，GLM）等。现分别论述如下。

1. 线性相关

为了明确渔获量（渔期）与各种环境因子是否有直接关系，可以采用线性相关分析法。

检查环境指标是否对渔获量（渔期）有显著性影响，需要通过 F 检验：

$$r = \frac{\sum(x_i - \overline{x})(y_i - \overline{y})}{\sqrt{\sum(x_i - \overline{x})^2(y_i - \overline{y})^2}} \tag{6-1}$$

$$F = \frac{r^2(n-2)}{(1-r^2)} \tag{6-2}$$

式中，y 为渔获量（或渔期）；x 为环境因子；r 为相关系数；F 为检验 r 的显著性；$n-2$ 为自由度；i 为某一时间。

2. 时间序列相关法

利用时间序列相关法对环境指标进行筛选，其计算方法是以反映渔情情况的渔获量或渔期等为基准指标，然后使被选择指标（如环境因子）超前或滞后若干期，计算它们的相关系数。

设 $y = \{y_1, y_2, y_3, \cdots, y_n\}$ 为基准指标，$x = \{x_1, x_2, x_3, \cdots, x_n\}$ 为被选择的指标，r 为时差相关系数，则

$$r_l = \frac{\sum\limits_{t=1}^{n}(x_{t-l} - \overline{x})(y_t - \overline{y})}{\sqrt{\sum\limits_{t=1}^{n}(x_{t-l} - \overline{x})^2 \sum\limits_{t=1}^{n}(y_t - \overline{y})}} \qquad l = 0, \pm 1, \pm 2, \cdots, \pm L \tag{6-3}$$

式中，l 为超前期、滞后期，l 取负数时表示超前，取正数时表示滞后，l 被称为时差或延迟数；L 为最大延迟数；n 为数据取齐后的数据个数；t 为时间。

在时差相关系数中，找出不同时差关系时且满足统计学上的相关系数，一般取其绝对值为最大的。根据绝对值最大时差相关系数和各指标的实际情况，确定各指标与基准指标的时差相关关系。

3. 相似系数

相似系数用来描述多维指标空间中现实点和理想点（最优点）之间的差异。假设现实点 X 的空间坐标为 $X = (x_1, x_2, \cdots, x_n)'$，理想点 Y 的空间坐标为 $Y = (y_1, y_2, \cdots, y_n)'$，现实点和理想点越接近则相似系数 f_{xy} 越大。通常，相似系数满足条件：$0 \leqslant f_{xy} \leqslant 1$，当理想点和现实点完全重叠时，相似系数为 1。

相似系数的计算方法如下：

$$f_{xy} = \cos\alpha_{xy} = \frac{\sum\limits_{k=1}^{n} x_k y_k}{\sqrt{\sum\limits_{k=1}^{n} x_k^2}\sqrt{\sum\limits_{k=1}^{n} y_k^2}} \tag{6-4}$$

4. 灰色关联度

灰色关联度分析的基本思路是一种相对排序分析，它是根据序列曲线几何形状的相似程度来判断其联系是否紧密的。关联分析的实质就是对数列曲线进行几何关系的分析。若两序列曲线重合，则关联度好，即关联系数为 1，两序列的关联度也等于 1。其关联度的计算公式为

$$\begin{bmatrix} r_1 \\ r_2 \\ \vdots \\ r_n \end{bmatrix} = \begin{bmatrix} w_1 \\ w_2 \\ \vdots \\ w_m \end{bmatrix} \times \begin{bmatrix} \xi_{01}^1 & \xi_{02}^1 & \cdots & \xi_{0n}^1 \\ \xi_{01}^2 & \xi_{02}^2 & \cdots & \xi_{0n}^2 \\ \vdots & \vdots & & \vdots \\ \xi_{01}^m & \xi_{02}^m & \cdots & \xi_{0n}^m \end{bmatrix} \tag{6-5}$$

式中，r_i 为第 i 个海况条件下的灰色关联度；w_k 为第 k 个评价指标的权重，且 $\sum_{k=1}^{m} w_k = 1$；ξ_i^k 为第 i 种海况条件下的第 k 个环境指标与第 k 个渔获量（渔期）指标的关联系数。

关联系数的计算过程如下：假定有经过初值化处理后的序列矩阵为

$$X = \begin{bmatrix} x_1^0 & x_2^0 & \cdots & x_m^0 \\ x_1^1 & x_2^1 & \cdots & x_m^1 \\ \vdots & \vdots & & \vdots \\ x_1^n & x_2^n & \cdots & x_m^n \end{bmatrix} \tag{6-6}$$

式中，x_i^0 为第 i 个指标在诸方案中的最优值；x_k^j 为第 j 海况条件中第 k 个指标的原始数据。

关联系数的计算公式为

$$\xi_i^k = \frac{\min_i \min_k \left| x_k^0 - x_k^i \right| + \rho \max_i \max_k \left| x_k^0 - x_k^i \right|}{\left| x_k^0 - x_k^i \right| + \rho \max_i \max_k \left| x_k^0 - x_k^i \right|} \tag{6-7}$$

式中，$\rho \in [0,1]$，一般取 $\rho = 0.5$。

若灰色关联度越大，说明第 i 个海况条件与渔获量（渔期）指标集最接近，即第 i 个海况条件优于其他海况条件。

5. 一般线性模型

一般线性模型（general linear model，GLM）最初主要用于探讨渔业中各种变动因素对资源量的影响。后来，Robson、Gavaris 和 Kimura 等相继把该模型应用于单位努力量渔获量的标准化，也用于影响渔情（渔获量、渔期等）各种环境因子的贡献度等方面的分析。

一般线性模型是假定所有变化因子对单位努力量渔获量（CPUE）的影响程度皆可作为乘数效应，经对数变换后可得一般线性函数。其方程模型为

$$\ln(\text{CPUE} + \text{constant}) = \mu + y_i + s_j + a_k + s_j \times a_k + \varepsilon_{ijk} \tag{6-8}$$

式中，ln 为自然对数；CPUE 为单位努力量渔获量（尾数／千钩）；constant 为常数，一般取 0.1；μ 为总平均数；y_i 为第 i 年的资源量效应；s_j 为第 j 时间的时间效应（如季度、月份等）；a_k 为第 k 渔区的效应；$s_j \times a_k$ 为季节及海域的乘数效应；ε_{ijk} 为残差值。

当然在上述因子项中，还可以增加一些环境因子，如温度、叶绿素等。同时，也可以根据渔情预报的需要，结合实际海域或鱼种选择一些环境因子，利用一般线性模型进行分析和研究。

除了上述方法之外，还有主成分分析、因子分析等数理统计方法和手段。

四、主要渔情预报模型介绍

1. 统计学模型

1）线性回归模型

早期或传统的渔情预报主要采用以经典统计学为主的回归分析、相关分析、判别分析

和聚类分析等方法。其中最有代表性的是一般线性回归模型。通过分析海洋表面温度（sea surface temperature，SST）、叶绿素 a 浓度（CHL）等海洋环境数据与历史渔获量、CPUE 或者渔期之间的关系，建立回归方程：

$$\text{Catch（或 CPUE）}=\beta_0+\beta_1 \cdot \text{SST}+\beta_2 \cdot \text{CHL}+\cdots+\varepsilon \qquad (6\text{-}9)$$

式中，$\beta_0 \sim \beta_2$ 为回归系数；ε 为误差项。一般线性回归模型采用最小二乘法对系数进行估计，然后利用这些方程对渔期、渔获量或 CPUE 进行预报。例如，陈新军认为，北太平洋柔鱼日渔获量 CPUE（kg/d）与 $0 \sim 50m$ 水温差 ΔT（℃）具有线性关系，可以建立预报方程：

$$\text{CPUE}=-880+365\Delta T \qquad (6\text{-}10)$$

一般线性模型结构稳定，操作方法简单，在早期实际应用中取得了一定的效果。但一般线性模型也有很大的局限性。一方面，渔场形成与海洋环境要素之间的关系具有模糊性和随机性，一般很难建立相关系数很高的回归方程。另一方面，实际的渔业生产和海洋环境数据一般并不满足一般线性模型对于数据的假设，因而导致回归方程预测效果较差。目前，一般线性回归模型在渔情预报中的应用已比较少见，而逐渐被更为复杂的分段线性回归、多项式回归和指数（对数）回归、分位数回归等模型所取代。

2）广义线性模型

广义线性模型（generalized linear model，GLM）通过连接函数对响应变量进行一定的变换，将基于指数分布族的回归与一般线性回归整合起来，其回归方程如下：

$$g[E(Y)]=\beta_0+\sum_{i=1}^{p}\beta_i \cdot X_i+\varepsilon \qquad (6\text{-}11)$$

GLM 模型可对自变量本身进行变换，也可加上反映自变量相互关系的函数项，从而以线性的形式实现非线性回归。自变量的变换包括多种形式，多项式形式的 GLM 模型方程如下：

$$g[E(Y)]=\beta_0+\sum_{i=1}^{p}\beta_i \cdot (X_i)^P+\varepsilon \qquad (6\text{-}12)$$

广义加性模型（generalized additive model，GAM）是 GLM 模型的非参数扩展。其方程形式如下：

$$g[E(Y)]=\beta_0+\sum_{i=1}^{p}f_i \cdot X_i+\varepsilon \qquad (6\text{-}13)$$

GLM 模型中的回归系数被平滑函数局部散点平滑函数所取代。与 GLM 模型相比，GAM 更适合处理非线性问题。

自 20 世纪 80 年代开始，GLM 和 GAM 模型相继应用于渔业资源研究中。特别是在 CPUE 标准化研究中，这两种模型都获得了较大的成功。在渔业资源的空间分布预测方面，GLM 和 GAM 也有广泛的应用。例如，Chang 等利用两阶段 GAM（2-stage GAM）模型研究了缅因湾美国龙虾的分布规律。但在渔情分析和预报应用上，国内研究者主要还是将其作为分析模型而非预报模型。牛明香等在研究东南太平洋智利竹䇲鱼中心渔场预报时，使用 GAM 作为预测因子选择模型。GLM 和 GAM 模型能在一定程度上处理非线性问题，因此具有较好的预测精度。但它们的应用较为复杂，需要研究者对渔业生产数据中的误差分布、预测变量的变换具有较深的认识，否则极易对预测结果产生影响。

3）贝叶斯方法

贝叶斯统计理论基于贝叶斯定理，即通过先验概率及相应的条件概率计算后验概率。其中，先验概率是指渔场形成的总概率，条件概率是指渔场为"真"时环境要素满足某种条件的概率，后验概率即当前环境要素条件下渔场形成的概率。贝叶斯方法通过对历史数据的频率统计得到先验概率和条件概率，计算出后验概率之后，以类似查表的方式完成预报。已有研究表明，贝叶斯方法具有不错的预报准确率。樊伟等对 1960～2000 年西太平洋金枪鱼渔业和环境数据进行了分析，采用贝叶斯统计方法建立了渔情预报模型，综合预报准确率达到77.3%。

贝叶斯方法的一个显著优点是其易于集成，几乎可以与任何现有的模型集成在一起应用，常用的方法就是以不同的模型计算和修正先验概率。目前，渔情预报应用中的贝叶斯模型采用的都是朴素贝叶斯分类器（simple Bayesian classifier），该方法假定环境条件对渔场形成的影响是相互独立的，这一假定显然并不符合渔场学实际。而考虑各预测变量联合概率的贝叶斯信念网络（Bayesian belief network）模型在渔情预报方面应该会有较大的应用空间。

4）时间序列分析

时间序列（time series）是指具有时间顺序的一组数值序列。时间序列的处理和分析具有静态统计处理方法无可比拟的优势，随着计算机及数值计算方法的发展，已经形成了一套完整的分析和预测方法。时间序列分析在渔情预报中主要应用在渔获量预测方面。例如，Grant 等利用时间序列分析模型对墨西哥湾西北部的褐虾商业捕捞年产量进行了预测。Georgakarakos 等分别采用时间序列分析、人工神经网络和贝叶斯动态模型对希腊海域枪乌贼科和柔鱼科产量进行了预测，结果表明时间序列分析方法具有很高的精度。

5）空间分析和插值

空间分析的基础是地理实体的空间自相关性，即距离越近的地理实体相似度越高，距离越远的地理实体差异性越大。空间自相关性被称为"地理学第一定律"（first law of geography），生态学现象也满足这一规律。空间分析主要用来分析渔业资源在时空分布上的相关性和异质性，如渔场重心的变动、渔业资源的时空分布模式等。但也有部分学者使用基于地统计学的插值方法（如克里金插值法）对渔获量数据进行插值，在此基础上对渔业资源总量或空间分布进行估计。例如，Monestieza 和 Dubrocab 使用地统计学方法对地中海西北部长须鲸的空间分布进行了预测。需要说明的是，渔业具有非常强的动态变化特征，而地统计学方法从本质上来讲是一种静态方法，因此对渔业数据的收集方法有严格的要求。

2. 机器学习和人工智能方法

关于空间的渔场预测也可以看成是一种"分类"，即将空间中的每一个网格分成"渔场"和"非渔场"的过程。这种分类过程一般是一种监督分类（supervised classification），即通过不同的方法从样本数据中提取出渔场形成规则，然后使用这些规则对实际数据进行分类，将海域中的每个网格点分成"渔场"和"非渔场"两种类型。提取分类规则的方法有很多，一般都属于机器学习方法。机器学习是研究计算机怎样模拟或实现人类的学习行为，以获取新的知识的方法。机器学习和人工智能、数据挖掘的内涵有相同之处且各有侧重，这里不做详细阐述。机器学习和人工智能方法众多，目前在渔情预报方面应用最多的是人工神经网络、基于规则的专家系统和范例推理方法。除此之外，决策树、遗传算法、最大熵值法、元胞自动机、支持向量机、分类器聚合、关联分析和聚类分析、模糊推理等方法都开始在渔情分析和预报中有所应用。

1）人工神经网络模型

人工神经网络（artificial neural network，ANN）模型是模拟生物神经系统而产生的。它由一组相互连接的结点和有向链组成。人工神经网络的主要参数是连接各结点的权值，这些权值一般通过样本数据的迭代计算至收敛得到，收敛的原则是最小化误差平方和。确定神经网络权值的过程称为神经网络的学习过程。结构复杂的神经网络学习非常耗时，但预测时速度很快。人工神经网络模型可以模拟非常复杂的非线性过程，在海洋和水产学科已经得到广泛应用。渔情预报应用中，人工神经网络模型在空间分布预测和产量预测方面都有成功应用。

人工神经网络方法并不要求渔业数据满足任何假设，也不需要分析鱼类对于环境条件的响应函数和各环境条件之间的相互关系，因此应用起来较为方便，在应用效果上与其他模型相比也没有显著的差异。但人工神经网络类型很多，结构多变，相对其他模型来说应用比较困难，要求建模者具有丰富的经验。另外，人工神经网络模型对知识的表达是隐式的，相当于一种黑盒（black box）模型，这一方面使得人工神经网络模型在高维情况下表现尚可，另一方面使得人工神经网络模型无法对预测原理做出明确的解释。当然目前也已经有方法检验人工神经网络模型中单个输入变量对模型输出的贡献度。

2）基于规则的专家系统

专家系统是一种智能计算机程序系统，它包含特定领域人类专家的知识和经验，并能利用人类专家解决问题的方法来处理该领域的复杂问题。在渔情预报应用中，这些专家知识和经验一般表现为渔场形成的规则。目前渔情预报中最常见的专家系统方法是环境阈值法（environmental envelope method）和栖息地适宜性指数（habitat suitability index，HSI）模型。

环境阈值法是最早也是应用最广泛的渔情空间预报模型之一。鱼类对于环境要素都有一个适宜的范围，环境阈值法假设鱼群在适宜的环境条件出现，而当环境条件不适宜时不会出现。这种模型在实现时，通常先计算出满足单个环境条件的网格，然后对不同环境条件的计算结果进行空间叠加分析，得到最终的预测结果，因此也常被称为空间叠加法。空间叠加法能够充分利用渔业领域的专家知识，而且模型构造简单，易于实现，特别适用于海洋遥感反演得到的环境网格数据，因此在渔情预报领域得到了相当广泛的应用。

栖息地适宜性指数模型是由美国地质调查局国家湿地研究中心鱼类与野生生物署提出的用于描述鱼类和野生动物的栖息地质量的框架模型。其基本思想和实现方法与环境阈值法相似，但也有一些区别：首先，HSI模型的预测结果是一个类似于"渔场概率"的栖息地适应性指数，而不是环境阈值法的"是渔场"和"非渔场"的二值结果；其次，在HSI模型中，鱼类对于单个环境要素的适应性不是用一个绝对的数值范围描述，而是采用资源选择函数来表示；最后，在描述多个环境因子的综合作用时，HSI模型可以使用连乘、几何平均、算术平均、混合算法等多种表示方式。HSI模型在鱼类栖息地分析和渔情预报上已有大量应用。但栖息地适应性指数作为一个平均化的指标，与实时渔场并不具有严格的相关性，因此利用HSI模型来预测渔场时需要非常谨慎。

3）范例推理

范例推理（case-based reasoning，CBR）是模拟人们解决问题的一种方式，即当遇到一个新问题的时候，先对该问题进行分析，在记忆中找到一个与该问题类似的范例，然后将该范例有关的信息和知识稍加修改，用以解决新的问题。在范例推理过程中，面临的新问题称为目标范例，记忆中的范例称为源范例。范例推理就是由目标范例的提示，而获得记忆中的源范例，并由源范例来指导目标范例求解的一种策略。这种方法简化了知识获取过程，通过知识直接复用的方式提高了解决问题的效率，解决方法的质量较高，适用于非计算推导，在渔场预报方面有广泛的应用。范例推理方法原理简单，且其模型表现为渔场规则的形式，因此可以很容易地应用到专家系统中。但范例推理方法需要足够多的样本数据以建立范例库，而且提取出的范例主要还是历史数据的总结，难以对新的渔场进行预测。

3. 机理/过程模型和理论模型

前面提到的两类模型都属于经验/现象模型。经验/现象模型是静态、平均化的模型，它假设鱼类行为与外界环境之间具有某种均衡。与经验/现象模型不同，机理/过程模型和理论模型注重考虑实际渔场形成过程中的动态性和随机性。在这一过程中，鱼类的行为时刻受到各种瞬时性和随机性要素的影响，不一定能与外界环境之间达到假设中的均衡。渔场形成是一个复杂的过程，对这个过程的理解不同，所采用的模型也不同。部分模型借助数值计算方法再现鱼类洄游和集群、种群变化等动态过程，常见的有生物量均衡模型、平流扩散交互模型、基于三维水动力数值模型的物理 - 生物耦合模型等。例如，Doan 等采用生物量均衡方程进行了越南中部近海围网和流刺网渔业的渔情预报研究，Rudorff 等利用平流扩散方程研究了大西洋低纬度地区龙虾幼体的分布，李曰嵩利用非结构有限体积海岸和海洋模型建立了东海鲐鱼早期生活史过程的物理 - 生物耦合模型。另外，一些模型则着眼于鱼类个体的行为，通过个体的选择来研究群体的行为和变化。例如，Dagorn 等利用基于遗传算法和神经网络的人工生命模型研究金枪鱼的移动过程，基于个体的生态模型（individual-based model，IBM）也被广泛地应用于鱼卵与仔稚鱼输运过程的研究中。

第四节　渔情预报实例分析

时间（渔汛）、地点（渔场）和数量（资源量和渔获量）预报是渔情预报学的重要研究内容。本节以重要经济种类的渔情预报为例，对渔汛、渔场、渔获量和资源量（资源丰度）进行实证分析。

一、渔汛分析

渔汛时间的迟早直接受到海洋环境因子的影响，特别是表温和海流等。其渔汛时间的迟早也直接影响海洋渔业生产的安排。下文以我国近海带鱼和蓝点马鲛为例进行渔汛、渔期分析。

（一）带鱼的渔汛分析

1. 带鱼洄游分布

带鱼广泛分布于我国的渤海、黄海、东海和南海。带鱼主要有两个种群：黄渤海群和东海群。另外，在南海和闽南、台湾浅滩还存在地方性的生态群。黄渤海种群带鱼产卵场位于黄海沿岸和渤海的莱州湾、渤海湾、辽东湾，水深 20m 左右，底层水温 14～19℃，盐度27.0‰～31.0‰，水深较浅的海域。

3～4 月，带鱼自济州岛附近越冬场开始向产卵场做产卵洄游。经大沙渔场，游往海州湾、乳山湾、辽东半岛东岸、烟威近海和渤海的莱州湾、辽东湾、渤海湾。海州湾带鱼产卵群体，自大沙渔场经连青石渔场南部向沿岸游到海州湾产卵。乳山湾带鱼产卵群体，经连青石渔场北部进入产卵场。黄海北部带鱼产卵群体，自成山头外海游向海洋岛一带产卵。渤海带鱼的产卵群体，从烟威渔场向西游进渤海。产卵后的带鱼于产卵场附近深水区索饵，黄海北部带鱼索饵群体于 11 月在海洋岛近海会同烟威渔场的鱼群向南移动。海州湾渔场小股索饵群体向北游过成山头到达烟威近海，大股索饵群体分布于海州湾渔场东部和青岛近海索饵。10 月向东移动到青岛东南，同来自渤海、烟威、黄海北部的鱼群汇合。乳山渔场的索饵群体 8～9 月分布在石岛近海，9～11 月先后同渤海、烟威、黄海北部和海州湾等渔场索饵群体在石岛东南和南部汇合，形成浓密的鱼群，当鱼群移动到 36°N 以南时，随着陡坡渐缓，水温梯度减小，逐渐分散游往大沙渔场。秋末冬初，随着水温迅速下降，带鱼从大沙渔场进入济州岛南部水深约 100m，终年底层水温 14～18℃，受黄海暖流影响的海域内越冬。

东海群的越冬场，位于 30°N 以南的浙江中南部水深 60～100m 海域，越冬期 1～3 月。春季分布在浙江中南部外海的越冬鱼群，逐渐集群向近海靠拢，并陆续向北移动进行生殖洄游，5 月经鱼山进入舟山渔场及长江口渔场产卵。产卵期为 5～8 月，盛期在 5～7 月。8～10 月，分布在黄海南部海域的索饵鱼群最北可达 35°N 附近，可与黄渤海群相混。但是自 20 世纪 80 年代中期以后，随着资源的减少，索饵场的北界明显南移，主要分布在东海北部至吕泗、大沙渔场的南部。10 月沿岸水温下降，鱼群逐渐进入越冬场。

在福建和粤东近海的越冬带鱼于 2～3 月开始北上，在 3 月就有少数鱼群开始产卵繁殖，产卵盛期为 4～5 月，但群体不大，产卵后进入浙江南部，并随台湾暖流继续北上，秋季分散在浙江近海索饵。

2. 带鱼渔汛分析

带鱼是东海最为重要的渔业，浙江近海冬季带鱼汛是我国规模最大的渔汛，过去其产量约占整个东海区带鱼产量的 60% 以上。因此，进行冬汛带鱼的渔情预报工作对掌握鱼群动态和指导渔业实践有重要意义。冬季带鱼汛的预报始于 20 世纪 50 年代末期。

海洋环境条件的变化与鱼类的行动有密切关系，它不仅影响着鱼群分布、集群程度、洄游速度，还制约着渔期的迟早与渔场的位置。浙江近海与嵊山渔场的水文环境主要受三个水团的影响。

（1）台湾暖流水：具高温、高盐特征，盐度在 34‰ 以上，它控制着渔场的外侧和东南部。如果汛前势力较强，中心渔场可能偏北、偏里，渔期也推迟，汛期相对延长，势力较弱，渔场将随之南移。

（2）沿岸水：主要是长江冲淡水，具低温、低盐，盐度小于 31‰。沿岸水位于渔场的里侧或西北部。入冬后沿岸水减弱并向西或西北退缩，渔场则向西偏拢。如汛初沿岸水势力较弱，花鸟渔场可能出现密集的鱼群，渔场偏里；如汛初其势力较强，渔场向东或向东南延伸，使渔场范围扩大，鱼群分散，不利捕捞。

（3）底层冷水：低温、高盐。汛前势力较强，嵊山渔场渔期可能推迟；势力较弱，渔期则可能提前，旺汛也相应开始较高。

带鱼群体对海洋环境条件的变化十分敏感，带鱼喜栖盐度较高的海域，一般分布在盐度 33‰～34‰ 的海域内，而盐度 33.5‰ 左右的海区，鱼群密集形成渔汛。因此，以台湾暖流水的高盐舌锋位置作为判断带鱼中心渔场概位的指标。渔汛的不同阶段，带鱼中心渔场的概位随高盐水舌锋的分布而变化；而且年际间，汛期高盐水舌锋的变化与带鱼中心渔场的转移有三种类型（图 6-3）。

（1）风与海流作用相对平衡，平均盐度变化甚小，高盐水舌锋分布稳定，汛末高盐水舌锋逐渐退缩。带鱼中心渔场由花鸟岛东北海域逐渐移至浪岗附近海域 [图 6-3（a）]。

（2）大风形成的涡动作用大于其他因素，平均盐度变化大，高盐水舌锋提前偏南退缩，带鱼中心渔场向南移动也相应提前。如1975年，渔汛中期以前东北大风较多，高盐水舌锋在11月上旬就退缩到30°N以南海域，此时带鱼中心渔场位置分布在浪岗至东福山一带海域，比往年偏南［图6-3（b）］。

（3）风力较弱，海流作用相对明显，平均盐度降又回升，高盐锋区退又出现，带鱼中心渔场因而比常年偏北［图6-3（c）］。

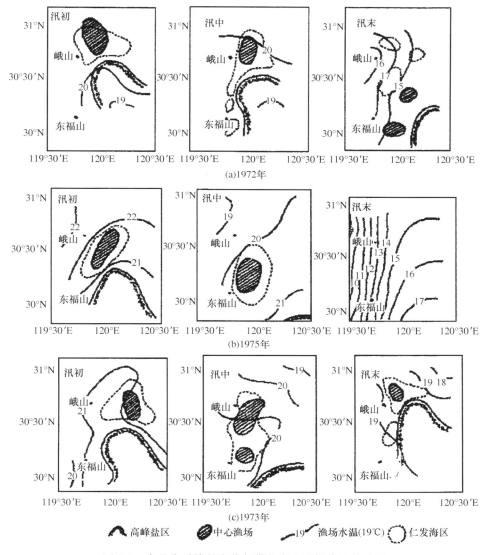

图6-3　高盐水舌锋的变化与带鱼中心渔场位置的关系

冬汛带鱼集群及中心渔场概位除与盐度相关外，与水温、风情（风向、风力和风时）都有密切关系。鱼群适宜水温为17～22℃。而风情又与气温密切相关。上述分析表明，鱼群的洄游分布与环境因子的关系是复杂的，它们相互影响、相互制约。因此，在渔情预报与分析时，必须全面地综合研究和分析各项因子相互关系及其对渔汛的影响。

（二）蓝点马鲛的渔期预测

1. 洄游分布

蓝点马鲛为暖温性中上层鱼类，分布于印度洋及太平洋西部水域，我国黄海、渤海、东海、南海均有分布。20世纪50年代以来，关于蓝点马鲛的繁殖、摄食、年龄生长及渔场、渔期、渔业管理等都有过比较系统的研究。蓝点马鲛为大型长距离洄游型鱼种，我国近海主要有黄渤海种群、东海及南黄海种群。

1）黄渤海种群

黄渤海种群蓝点马鲛于4月下旬经大沙渔场，由东南抵达33°00′N～34°30′N、122°00′E～123°00′E范围的江苏射阳河口东部海域，而后，一路游向西北，进入海州湾和山东半岛南岸各产卵场，产卵期在5～6月。主群则沿122°30′E北上，首批鱼群4月底越过山东高角，向西进入烟威近海及渤海的莱州湾、辽东湾、渤海湾及滦河口等主要产卵场，产卵期为5～6月。在山东高角处主群的另一支继续北上，抵达黄海北部的海洋岛渔场，产卵期为5月中到6月初。9月上旬前后，鱼群开始陆续游离渤海，9月中旬黄海索饵群体主要集中在烟威、海洋岛及连青石渔场。10月上、中旬，主群向东南移动，经海州湾外围海域，会同海州湾内索饵鱼群在11月上旬迅速向东南洄游，经大沙渔场的西北部返回沙外及江外渔场越冬。

2）东海及南黄海种群

东海及南黄海蓝点马鲛1～3月在东海外海海域越冬，越冬场范围相当广泛，南起28°00′N、北至33°00′N、西自禁渔区线附近，东迄120m等深线附近海区，其中从舟山渔场东部至舟外渔场西部海区是其主要越冬场。4月在近海越冬的鱼群先期进入沿海产卵，在外海越冬的鱼群陆续向西或西北方向洄游，相继到达浙江、上海和江苏南部沿海河口、港湾、海岛周围海区产卵，主要产卵场分布在禁渔区线以内海区，产卵期福建南部沿海较早，为3～6月，以5月中旬～6月中旬为盛期，浙江至江苏南部沿海稍迟，为4～6月，以5月为盛期。产卵后的亲体一部分留在产卵场附近海区与当年生幼鱼一起索饵，另一部分亲体向北洄游索饵，敖江口、三门湾、象山港、舟山群岛周围、长江口、吕泗渔场和大沙渔场西南部海区都是重要的索饵场，形成秋汛捕捞蓝点马鲛的良好季节。秋末，索饵鱼群先后离开索饵场向东或东南方向洄游，12月～次年1月相继回到越冬场越冬。

2. 渔期预报

蓝点马鲛的洄游路线、分布状况，常随其生活环境的水文状况变化而变动。渔期早晚、渔场位置的偏移、鱼群的集散程度和停留时间的长短等均与水文环境的变化密切相关，并在一定程度上受其制约。一些学者对蓝点马鲛与水温、气温、风及饵料生物环境的关系进行了分析与研究。韦晟根据渔汛期间的水文、饵料生物环境的变化与蓝点马鲛行动分布特性间的关系，预测了蓝点马鲛渔期迟早、长短、中心渔场的位置及渔情发展趋势等，提出渔汛初期、盛期、后期的阶段性渔情预报及短期渔情预报。

（1）水温与渔期：以历年4月长江口平均表层水温（距平值）与1972～1980年长江口蓝点马鲛渔期数据绘制成图。从图6-4中可以看出，除1980年情况异常外，历年4月的水温较高，渔期则早，反之则晚。

假设y为渔汛日期（4月y日），以x为水温变化值，那么，可以得到如下关系式：

$$y = 42.641\,9 - 2.118\,7x \qquad r = -0.819\,6 \qquad (6\text{-}14)$$

对 r 做显著性检验，取 $a=0.05$ 水平，有 $r=0.819\,6>a_{0.05}=0.666$，检验显著。

由此可见，4 月表层水温与渔期早晚有密切关系，根据历年实际预报工作验证，以水温为预报因子所做的渔期预报结果较为正确。因此，韦晟（1988）认为，4 月表层水温可以作为预报渔期早晚的主要指标之一。

（2）气温与渔期：以历年 4 月长江口平均水温（距平值）与历年蓝点马鲛渔期数据绘制成图 6-5。可以看出，除 1977 年以外，渔汛期的早晚与水温的高低是有关的。与前面相同设 x 与 y，可以得到关系式：

$$y=34.849-1.463\,8x \qquad r=-0.646\,7 \qquad (6\text{-}15)$$

取 $a=0.05$ 水平，$r=0.646\,7>a_{0.05}=0.666$，因此，用 4 月水温作预报因子，是有一定意义的。

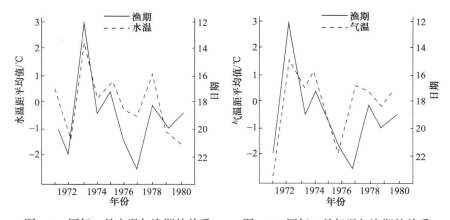

图 6-4　历年 4 月水温与渔期的关系　　图 6-5　历年 4 月气温与渔期的关系

由于气温的变化幅度比水温大，当气温大幅度上升或下降时，则渗透到表层水温而间接地影响鱼群行动，但不如水温对鱼群的行动有直接的影响，故气温可作为参考指标。

二、渔场位置预测

渔场预报重点是预报中心渔场的分布及其移动趋势，渔场分布及其移动直接受到水温、海面高度、叶绿素、海流等多种因子的影响，目前国内外已采用多种方法进行研究与分析，并建立了各种较高精度的渔场预报模型，为渔业生产提供了科学依据。下文以中西太平洋鲣鱼中心渔场预测为例进行分析。

1. 鲣鱼渔业生物学特性

在太平洋海域，鲣鱼的分布和中心渔场与黑潮暖流密切相关。太平洋鲣鱼可分成两个群体，即西部群体和中部群体。西部群体分布于马里亚纳群岛和加罗林群岛附近，向日本、菲律宾和新几内亚洄游；中部群体栖息于马绍尔群岛和土阿莫土群岛（法属波利尼西亚）附近，向非洲西岸和夏威夷群岛洄游。20°N 以南、表层水温 20℃ 以上的热带岛屿附近饵料丰富的海区为其产卵场，而在太平洋，常年产卵于马绍尔群岛和中美洲的热带海域，主要产卵场在 150°E 和 150°W 之间的中部太平洋（图 6-6）。

鲣鱼首次性成熟体长为 40～45cm。单次产卵量在 30 万～100 万粒。每年春季在赤道附近产直径约 1mm 的浮游性卵，分数次产下。卵经 2～3d 可孵化，幼鱼一年可长到 15cm 左右，夏天

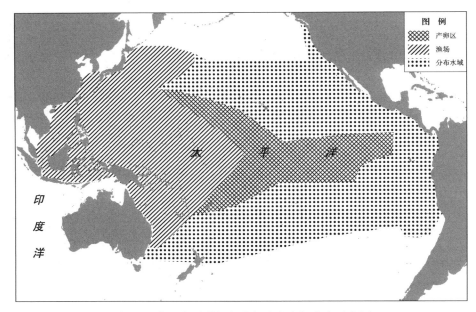

图 6-6　中西太平洋鲣鱼渔场和产卵场分布示意图

开始北上。成长后的幼鱼在秋季又开始南下。鲣鱼的成鱼和仔鱼有明显的季节性分布，3龄全部性成熟。在南沙群岛，产卵期为3～8月，产浮性卵。周年在热带水域产卵，春季至初秋在亚热带水域产卵，一年内有两个产卵峰期。日本近海—冲绳周边水域至伊豆诸岛35°N附近也有仔鱼出现。在日本近海的鲣鱼，春季到夏季北上，秋季到冬季南下，做季节性洄游。

鲣鱼的摄食对象主要以鱼类、甲壳类和头足类为主，对饵料的选择性不强。捕食者包括鲣鱼自身及其他金枪鱼类、旗鱼类、鲨鱼和海鸟等，在这些捕食者胃含物中，鲣鱼的体长在3～70cm，20cm以下个体大量出现。鲣鱼属黎明、昼行性鱼，白天出没于表层至260m水深，夜间上浮。

鲣鱼广泛分布在热带海域，大多数栖息水温为20～30℃，并喜欢集群在上升流及冷暖水团交汇海域。同时喜欢跟随海鸟、水面漂浮物、鲨鱼、鲸鱼、海豚及其他金枪鱼类洄游。大量研究表明，中西太平洋的鲣鱼分布、洄游、集群等与热带太平洋海域的水温变动、厄尔尼诺-南方涛动（ENSO）等关系密切。

2. 渔场预测分析方法

Lehodey等根据1988～1995年美国鲣鱼围网船在西赤道太平洋捕获的鲣鱼渔获量等进行分析，证实鲣鱼的渔获位置随着暖池边缘29℃等温线在经度线上移动而移动。我国台湾学者利用作业渔场分布的渔获量、海洋环境因子（海流、水温、南方涛动指数、叶绿素浓度等）对渔场移动与环境关系进行了分析，得出了一些重要结论。

（1）利用直线相关和时差序列相关等方法对资源丰度（CPUE）与SST、叶绿素浓度等指标进行分析，以分析SST、叶绿素与渔场的关系。

（2）计算渔场重心。其计算公式为

$$G_i = \frac{\sum L_i (C_i / E_i)}{\sum (C_i / E_i)} \tag{6-16}$$

式中，G_i 为某月 CPUE 重心；L_i 为第 i 月经度（或纬度）的中心点位置；C_i 为第 i 月鲣鱼的渔获量；E_i 为第 i 月下网次数。

（3）渔场推移向量分析。渔场推移向量分析采用天野研究海流流向的计算方法，将资料划分为 3×3 排列组合的 9 个方格，每 1 个方格代表该渔区每个月的 CPUE，将 X 分量及 Y 分量分别以相邻的 CPUE 用公式求得区域中心点 $A5$ 的向量与大小及方向，由此获得各月 CPUE 渔场的推移。其计算公式为

$A1$	$A2$	$A3$
$A4$	$A5$	$A6$
$A7$	$A8$	$A9$

$$\Delta x = (A1+A2+A3) - (A7+A8+A9)$$
$$\Delta y = (A1+A4+A7) - (A3+A6+A9)$$
$$\Delta xy = (\Delta x^2 + \Delta y^2)^{1/2}$$
$$\theta = \tan^{-1}(\Delta x/\Delta y)$$

（6-17）

式中，Δx 为东西方向的向量大小；Δy 为南北方向的向量大小；Δxy 为 X 分量与 Y 分量的合力大小；θ 为向量的相位角。

3. 鲣鱼渔场重心变化规律

1）CPUE 时空分布与重心移动

分析显示，历年我国台湾围网船的主要作业渔场集中在 180°E 以西的中西太平洋海域，180°E 以东海域则较为稀疏。1996 年以前多分布在 141°E～156°E 海域，尤其是 1994 年，局限在 147°E～153°E，1997 年渔场重心明显向东大尺度移动，其中 6～8 月渔场重心的移动几乎到 2000km，期间正处在厄尔尼诺现象发生期；1997 年底又向西移动，1998 年和 1999 年厄尔尼诺现象衰退，渔场重心则回到 165°E 为中心的西侧海域。

2）ENSO 与渔场重心移动

由渔场重心的月别移动发现，其重心主要分布在 5°N～5°S 海域，且在经度上有较大变异，因此，可以用渔场经度线重心的移动来简化鲣鱼鱼群的位移。结果显示，在厄尔尼诺期间（南方涛动指数 SOI 为负值）鲣鱼鱼群随着 29℃ 等温线大尺度向东迁移，而在拉尼娜时期（SOI 为正值），也明显地随着 29℃ 等温线往西太平洋迁移，且在时间上均有延迟的现象。延迟时间为 3 个月左右。

3）渔场推移与水温变化关系

结果显示，CPUE 与 SST 的向量大小及推移方向为一致，可以将水温做向量分析来推测鲣鱼鱼群的移动机制。

三、渔获量预测

渔获量（catch yield）是指在天然水域中采捕的水产经济动植物鲜品的重量或数量。渔获量预测是渔情预报的重要内容之一。渔获量多少除了与资源丰度、捕捞努力量等相关外，还与海洋环境因子、气象因子等因素密切相关。科学预测渔获量有利于实现资源的可持续利用和科学管理，同时也能为渔船的合理生产提供科学依据。渔获量预测的方法很多，主要有利用多元线性统计、灰色系统、栖息地指数、时间序列分析、GIS 技术、神经网络等多种方法。下文以东海带鱼渔获量预测为案例进行分析。

带鱼是东海最为重要的渔业，浙江近海冬季带鱼汛是我国规模最大的渔汛，其产量占整个东海区带鱼产量的 60% 以上。因此，进行带鱼渔获量预测对掌握鱼群动态和指导渔业实践有重要意义。冬季带鱼汛的预报始于 20 世纪 50 年代末期。

1. 渔获量趋势预报

已经查明，冬汛带鱼是夏秋季带鱼群体的延续。夏秋季带鱼资源状况可直接影响到冬汛渔获量的多寡，从拖网渔轮带鱼渔获量与冬汛渔获量的变化看，两者的变动趋势完全吻合。因此，可以拖网渔轮的平均网次渔获量作为夏秋季带鱼的资源指数，与冬汛渔获量进行相关分析。资源指数公式：

$$D = \sum_{i=1}^{n} C_i / \sum_{i=1}^{n} E_i \qquad (6-18)$$

式中，D 为资源指数；C_i 和 E_i 分别为第 i 区带鱼渔获量和相应投入的捕捞努力量。考虑历年拖网的时间和捕捞效率变化不大，可作为常数，捕捞努力量可用拖网次数表示。经相关分析，两者存在非常显著的相关关系。选取东海区任一渔业公司机轮拖网同期的平均网次渔获量与冬汛带鱼渔获量进行相关分析，其相关程度均达到极显著水平（表 6-1）。因此，通过回归分析方法，可以求得冬汛带鱼可能渔获量的估计值。

表 6-1　夏秋季拖网渔轮带鱼平均网次渔获量与冬汛带鱼渔获量相关式及相关检验

内容	宁渔	舟渔	沪渔
直线回归式	$Y=45.3+7.06X$	$Y=43.8+6.11X$	$Y=14.1+6.70X$
相关系数	$R=0.928$	$R=0.950$	$R=0.959$
资料年份	1956～1968 年、1970～1971 年和 1973～1978 年	1965～1966 年、1971 年和 1973～1978 年	1955～1967 年和 1973 年

注：Y 为冬汛浙江渔场带鱼渔获量；X 为夏秋汛（5～8 月）拖网渔轮带鱼平均网次渔获量；宁渔、舟渔、沪渔为渔业公司简称

2. 冬汛带鱼渔获量预报（开发初期）

渔获量的变动受众多环境因子的综合影响，在建立预报方程时需要从众多影响因子中筛选与分析出与渔获量相关的因子。吴家骅和刘子藩经过分析得出，冬汛带鱼渔获量中，夏秋季的带鱼资源指数是最重要的因子，冬汛总捕捞努力量为次要因子。根据历年资料，建立冬汛带鱼可能渔获量的两个预报方程：

$$Y_1 = 14.48 + 4.997X_1 + 0.133X_2 \qquad (1954\sim1983 \text{ 年}) \qquad (6-19)$$
$$Y_2 = 103.40 + 6.625X_3 + 1.820X_4 \qquad (1970\sim1983 \text{ 年}) \qquad (6-20)$$

式中，X_1 为上海渔业公司 5～9 月带鱼资源指数；X_2 为冬汛总捕捞努力量；X_3 为宁波渔业公司 5～8 月带鱼资源指数；X_4 为 9 月带鱼相对资源修正数。冬汛的总捕捞努力量是指冬汛中各汛（指汛期两次大风之间能进行捕捞的日数）的机帆船作业对数与实际作业日数乘积的总和（单位：100 对日）。1960～1983 年渔获量预报与实际总产量比较，大多数年份预报准确率在 80% 以上，20 世纪 80 年代初预报准确率达到 96%。

沈金鳌和方瑞生考虑长江径流量的多少和强弱直接影响中国沿岸流，从而间接地影响带鱼的渔场及其渔发，因此在进行渔情预报中增加了长江径流量这一环境因子。利用带鱼资源量指数、各汛总捕捞努力量、长江径流量等建立了预报方程：

$$Y_1 = 58.10 + 6.780X_1 + 0.062X_2 - 0.156X_3 \qquad (6-21)$$
$$Y_2 = 138.34 + 5.390X_1 + 0.007X_2' - 0.313X_3 \qquad (6-22)$$

式中，Y_1、Y_2 分别为浙江近海各汛带鱼总产量、嵊山渔场各汛带鱼总产量；X_1 为上海海洋渔业公司夏秋汛带鱼资源量指数；X_2、X_2' 分别为当年各汛投入浙江近海、嵊山渔场的总捕捞努力量；X_3 为长江（9 月）平均径流量。

3. 带鱼渔获量预报（1995 年以后）

自 20 世纪 80 年代后期以来，带鱼资源状况和捕捞利用方式与过去相比都有了很大的改变，有必要对过去应用的冬汛带鱼渔获量预报方法进行改进。1995 年实施伏季休渔制度后，秋汛开捕后过于强大的捕捞力量使东海带鱼资源的密度迅速逐月降低，传统冬汛（11 月 1 日～次年 1 月 31 日）3 个月之和的带鱼产量已少于秋汛开捕后一个半月（9 月 16 日～10 月 30 日）的带鱼产量，因为秋汛和冬汛捕捞的都是以当年补充群体为主体的同一带鱼群体，传统的冬汛期间带鱼产量受带鱼资源总量和秋汛捕捞产量的制约和影响，因此将秋冬汛带鱼渔获量视为一个整体进行预测预报，具有较大的合理性和可行性。变量因子选取的方法与带鱼补充群体预报方程基本相同。各年的预报量即东海区秋冬汛合计的带鱼渔获量数据，根据浙江省各市的统计资料及东海区的渔场生产统计进行计算和估算而得到。建立的预报方程为

$$Y = 42.09 - 9.283\,3X_1 - 0.082\,8X_2 + 9.915\,8X_3 + 1.118\,0X_4 \qquad (6\text{-}23)$$

式中，Y 为东海区秋冬汛带鱼渔获量（万 t）；X_1 为普陀气象站 2～8 月平均北风速（m/s）；X_2 为普陀气象站 2～8 月平均降水量（mm）；X_3 为伏休生物量增长系数计算值（2 个月伏休取 1.18，3 个月伏休取 1.28，未执行伏休为 0）；X_4 为舟山乌沙门海区定置张网 5～8 月幼带鱼占渔获平均比例（%）与 5～8 月平均网产（kg）乘积的几何平均值。

由表 6-2 可知，建立的秋冬汛东海区带鱼渔获量预报方程对 1987～1997 年各年平均拟合相对误差为 4.43，平均拟合准确率为 95.6%；拟合的平均绝对误差为 1.32 万 t。预报方程经 1998～2000 年的实际检验，年平均绝对误差为 2.96 万 t，最大相对误差为 8.85%，准确率在 90% 以上，符合渔业生产的要求。

表 6-2 秋冬汛东海区带鱼渔获量预报计算结果

序号	年份	渔获量 / 万 t	渔获量预报值 / 万 t	预报误差
1	1987	19.41	16.54	2.87
2	1988	16.30	16.30	0.00
3	1989	15.99	16.62	−0.63
4	1990	19.15	21.74	−2.59
5	1991	22.14	21.82	0.32
6	1992	20.87	23.00	−2.13
7	1993	23.56	25.38	−1.82
8	1994	31.96	27.99	3.97
9	1995	41.49	40.37	1.12
10	1996	35.00	35.11	−0.11
11	1997	43.70	44.71	−1.01
检验	1998	46.20	49.14	−2.94
	1999	46.90	47.54	−0.64
	2000	59.80	54.51	5.29

四、资源量预测

资源量或资源丰度是渔业资源学的重要研究内容，也是渔情预报的主要预报内容之一。科学预测资源量和评估资源丰度会有利于资源的可持续利用和科学管理。资源量或者资源丰度会由于捕捞和海洋环境等因素而变动。科学预测资源量或者资源丰度，首先必须要了解预测对象的生活史过程、栖息环境及其洄游分布。下文以南极磷虾为例进行分析。

1. 海冰对南极磷虾资源丰度的影响概述

南极磷虾（*Euphausua superba*）是南大洋海洋生态系统中的重要部分，同时也是商业捕捞的主要目标种。20世纪60年代初，苏联率先赴南极试捕磷虾。随后，日本、波兰、德国、智利等国家也相继开展了南极磷虾的开发利用研究，到70年代初已形成小规模商业捕捞，1982年达到历史最高产量52.8万t。南大洋海洋环境较复杂，环境对南极磷虾丰度及其分布起着非常重要的作用，特别是海冰。研究认为，48海区南极磷虾资源夏季丰度与上一年度冬季海冰的面积成正比。南大洋变化的海洋环境对南极磷虾生活史至关重要，如海冰范围和浓度、水温和环流方式，这些因素的综合效应使监测和评估磷虾资源状况变得更加困难，同时也直接对磷虾补充量及作业渔场的分布产生重要影响。因此，下文拟分析冬春季海冰范围变动对南极磷虾资源丰度的影响，为我国科学开发和利用南极磷虾资源提供科学依据。

南极磷虾历年生产数据来自南极海洋生物资源保护委员会（Commission for the Conservation of Antarctic Marine Living Resources，CCAMLR，www.ccamlr.org），数据字段包括作业年份和月份、产量（单位：t）、捕捞努力量（单位：h）、捕捞海区。南极海冰数据来自科罗拉多大学博尔德分校国家冰雪数据中心（http://nsidc.org/data/seaice_index/），数据字段包括年份、月份、海冰面积。时间跨度为1996~2008年，分辨率为月。以CPUE（t/h）作为衡量磷虾渔业的资源丰度指数，分析1996~2008年冬春季（7~11月）海冰数据与夏季磷虾资源丰度相关性。

2. 海冰变化及其对磷虾资源丰度的影响

1）冬春季（7~11月）海冰年际和季节变化

纵观1996~2008年7~11月海冰面积变动（图6-7），其海冰年内各月份间呈现显著变化趋势（ANOVA，$F_{5,72}=389.22$，$P<0.0001$），平均海冰面积从初春11月最小值（16.36 ± 0.31）$\times10^6km^2$（mean±SD）增长至9月最大值（18.91 ± 0.37）$\times10^6km^2$（图6-7）。但各月海冰面积变化很大，9月海冰变动最大，7月为最小（$s_7^2=0.26$），各月海冰变动方差（s_i^2）为$s_9^2>s_{10}^2>s_{11}^2>s_8^2>s_7^2$。海冰面积最小时期为2001年11月，仅$15.8\times10^6km^2$；最大为2006年9月，达到$19.4\times10^6km^2$。海冰年际间变化不显著（ANOVA，$F_{12,65}=0.12$，$P>0.05$）。统计表明，海冰季节性变动大于年际间变动。

2）磷虾CPUE与冬春季（7~11月）海冰关系及其回归模型的建立

相关分析结果显示，夏季磷虾资源丰度与上一年度的9月海冰面积（$r=-0.756$，$P<0.05$）、10月海冰面积（$r=$

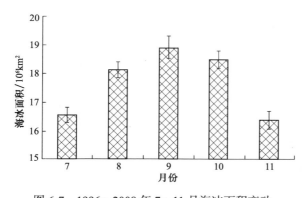

图6-7　1996~2008年7~11月海冰面积变动

−0.674，$P<0.05$）和 7~11 月平均海冰面积显著相关（$r=−0.721$，$P<0.05$）。表明，冬春季（7~11 月）海冰范围对下一年度南极磷虾资源丰度有着显著的负影响，同时也表明冬春季 9 月、10 月两个月海冰面积大小对磷虾资源丰度有着重要影响。为此，以冬春季（7~11 月）平均海冰面积为自变量，与来年资源丰度 CPUE 建立回归模型：

$$CPUE = a_0 + a_1 x + \varepsilon \tag{6-24}$$

式中，CPUE 为夏季南极磷虾资源丰度指数（t/h）；x 为冬春季（7~11 月）平均海冰面积（$10^6 km^2$）；ε 为随机误差；a_0 和 a_1 分别为常数和系数。

回归分析表明（表 6-3），冬春季海冰范围与下一年度夏季磷虾 CPUE 呈显著负相关（$a_1=−9.59$，$P<0.05$），该模型可解释夏季 57.1% 的磷虾 CPUE 变动（$R^2=0.571$）。2006 年冬春季海冰面积较大，次年夏季磷虾 CPUE 最低；1997~1998 年夏季 CPUE 处于中等水平，其冬春季海冰范围较 2006 年小；2008 年夏季 CPUE 较高时，其冬春季海冰大范围减少（图 6-8）。

表 6-3　回归分析结果

	系数	P 值	下限 95%	上限 95%
a_0	177.705	0.006 249	62.864 08	292.546
a_1	−9.594 28	0.008 126	−16.088 6	−3.1
	方差分析 $F=10.83$，$P=0.008$			
回归统计	相关系数 R			0.755 651
	判定系数 R^2			0.571 008
	调整判定系数 R^2			0.528 109
	标准误差			2.364 379

研究认为，48 海区夏季磷虾 CPUE 与上一年冬春季（7~11 月）平均海冰面积呈现显著的负相关，特别是 9 月和 10 月，即当上年冬春季海冰范围较大时，次年夏季磷虾 CPUE 较低，反之亦然。回归模型可以解释 57.1% 的 48 海区夏季 CPUE 变动。因此认为，冬春季海冰范围不仅对磷虾成年体及未成熟个体的生长产生影响，同时也影响到南极磷虾的作业时间和范围，进而影响到南极磷虾渔业 CPUE。

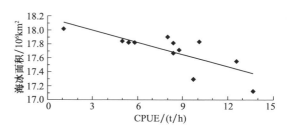

图 6-8　冬春季（7~11 月）平均海冰面积与下一年度夏季南极磷虾 CPUE 的关系

从大洋尺度范围来看，海冰范围作为影响磷虾资源丰度的主要因子，预测模型仍存在一些缺陷。例如，分布在大陆架斜坡海域的磷虾种群，被认为是南极绕极流运输的产物，环流方式可能也对磷虾资源丰度产生影响，因此，影响南极磷虾资源丰度的环境因素是多方面的，可能并不是简单的因果关系。今后的研究应在海冰基础上，综合其他各种环境因子，进一步完善磷虾资源丰度的预测模型。

思 考 题

1. 渔情预报的概念、类型及其内容。
2. 全汛预报、汛期阶段预报、现场预报的基本概念。
3. 渔情预报的基本原理及其流程。
4. 简要描述国内外渔情预报进展情况。
5. 渔情预报的模型有哪三类？
6. 请列举渔情预报的指标。
7. 渔情预报的方法有哪些？

建议阅读文献

陈峰，陈新军，刘必林，等. 2011. 海冰对南极磷虾资源丰度的影响. 海洋与湖沼，42（4）：493-499.

陈新军，高峰，官文江，等. 2013. 渔情预报技术及模型研究进展. 水产学报，8：1270-1280.

陈新军. 2007. 先进的海洋遥感与渔情预报技术. 实验室研究与探索，8：153.

陈新军. 2014. 渔业资源与渔场学. 北京：海洋出版社.

陈新军. 2016. 渔情预报学. 北京：海洋出版社.

高峰. 2018. 渔业地理信息系统. 北京：海洋出版社.

龚彩霞，陈新军，高峰，等. 2011. 地理信息系统在海洋渔业中的应用现状及前景分析. 上海海洋大学学报，20（6）：902-909.

韩士鑫，刘树勋. 1993. 海渔况速报图的应用. 海洋渔业，2：7.

雷林. 2016. 海洋渔业遥感. 北京：海洋出版社.

宇田道隆. 1963. 海洋渔场学. 东京：恒星社厚生阁发行所.

袁红春，汤鸿益，陈新军. 2010. 一种获取渔场知识的数据挖掘模型及知识表示方法研究. 计算机应用研究，27（12）：4443-4446.

郑利荣. 1986. 海洋渔场学. 台北：徐氏基金会.

第七章　新技术和新方法在渔情预报中的应用

第一节　本章要点和基本概念

一、要点

本章重点描述了新技术和新方法在渔情预报中的应用情况，重点要了解海洋遥感、地理信息系统、栖息地理论及人工智能等新技术如何应用到渔情预报中，在应用过程中如何结合渔场学的特点及其原理。通过学习本章，学生应认识到渔场学的发展方向，认识到渔场学只有不断引进新技术，不断与时俱进，才能持续为渔业生产和渔业管理服务。

二、基本概念

（1）特征温度值：鱼类对温度非常敏感，通常海洋经济鱼类都有一定的适温范围和最适温度，即其特征温度值。

（2）温度距平：是指某一时间的温度值与整个时间序列周期内平均温度的差值。渔场分析中常用的温度距平有周温度距平、月温度距平和年温度距平。

（3）温度较差：是指两个不同时间温度相比较计算所得的差值，如温度周较差、温度月较差、温度年较差等。温度较差主要用来比较前后不同时段的温度变化情况，如周温度较差用来比较分析本周与上周的温度变化幅度大小，年较差可比较今年与去年的差异。

（4）海洋水色锋面：通常由水色要素如叶绿素浓度变化急剧的狭窄地带或叶绿素浓度梯度最大的地方来表示。

（5）渔情速报图：是利用水温、风场、海平面高度等近实时的海洋环境数据，渔场形成与分布规律，以及与海洋环境的关系，依靠专家模型或者专家经验，分析判断出哪些海域具备渔场形成的条件，并预测出该海域的渔情分布图。

（6）地理信息系统：是集计算机科学、空间科学、信息科学、测绘遥感科学、环境科学和管理科学等学科为一体的新兴边缘科学，是用于输入、存储、查询、分析和显示地理参照数据的计算机系统。

（7）栖息地：又称生境，一般是指生物出现在环境中的空间范围与环境条件总和，包括个体或群体生物生存所需要的非生物环境和其他生物。

第二节　海洋遥感在渔情预报中的应用

海洋环境是海洋鱼类生存和活动的必要条件，每一环境参数的变化，对鱼类的洄游、分布、移动、集群及数量变动等会产生重要影响。渔场分析和预报需要一定的时效性。遥感是大面积、快速、动态地收集海洋生态系统环境数据的工具，能够获取大范围、同步、实时和有效的高精度渔场环境信息，可极大地丰富渔场研究分析的手段，因此利用海洋遥感数据，可以探求这种时空分布与行为同环境变化的响应关系，建立相应的模型，从而对渔情（渔场分布、渔汛迟早、渔汛好坏等）做出预报。

利用海洋卫星遥感观测海洋环境的发展大致可分为三个阶段：第一阶段为探索实验（1970～1977年），主要为载人行飞船试验和利用气象卫星（TIROS-N、DMSP系列卫星和GOES系列卫星等）、陆地卫星（Landsat系列等）探测海洋学信息。这一阶段海洋遥感学者开始运用气象卫星和陆地卫星获取的数据分析海洋环境信息，并运用到海洋渔场分析和预报的研究中。然而，气象卫星和陆地资源卫星有其自身的特点，不能完全代替海洋卫星。第二阶段为实验研究阶段（1978～1984年）。在该阶段美国发射了一颗海洋卫星（SeaSat-A）和一颗云雨气象卫星（NIMBUS-7），该卫星上载有海岸带水色扫描仪（CZCS），丰富了海洋环境信息，海洋学界学者们对利用海洋卫星遥感研究海洋学和海洋生物资源的兴趣进一步增强。1983年美国海洋咨询委员会（The Sea Grant Marine Advisory Service）和罗德岛大学的海洋研究所（The Graduate School of Oceanography, University of Rhode Island, URI）运用AVHRR反演的SST数据对整个海区温度、感兴趣的海域温度和全海区水平温度梯度进行研究分析，并制作产品图像分发给渔民，减少了渔船寻鱼时间。第三阶段为研究应用阶段（1985年至今），世界上已发射许多颗海洋卫星，如海洋地形卫星（Geosat、Geo-1、Topex/PoseidoN等）、海洋动力环境卫星（ERS-1&ERS-2、Radarsat等）、海洋水色卫星（SeaSat Rocsat、KOMPSAT等）。

近年来，随着遥感技术不断向高光谱遥感和高空间分辨率遥感方向发展，海洋遥感反演的数据精度有较大幅度的提高，能够提供更加丰富的海洋环境信息，如SST、海洋水色（如叶绿素Chl-a浓度）、海洋表面盐度（sea surface salinity，SSS）和海洋表面动力地形（如海洋表面高度，SSH）等，为海洋渔场研究和渔情分析提供了广阔的应用空间。

一、海洋遥感环境信息产品

1. 卫星遥感表温

卫星遥感SST信息可通过热红外遥感和被动微波遥感方式获取。热红外遥感起步于20世纪60年代，发展成熟于80年代，80年代后期逐渐投入业务化应用，但受云、雾遮挡的影响而通常采用云检测及云替补的方法，经过多轨道影像的数据融合制作生成周期3～10d的SST产品或衍生的温度梯度分布图、温度距平分布图。被动微波辐射计遥感SST虽然可以不受云雾遮挡的影响，但由于空间分辨率和反演精度较低，目前还难以满足业务化应用。热红外遥感SST又可分为极轨卫星和地球静止卫星两种方式，极轨卫星遥感SST空间分辨率和反演精度高，地球静止卫星时间分辨率高，但空间分辨率较低，通常作为极轨卫星的数据补充。

遥感获取的海洋表层热力学图像及所提取的SST数据包含丰富的物理海洋学信息，由于SST是卫星遥感技术最容易获取的海洋环境要素，因而在渔情预报分析中最早得到应用且最为广泛，占有最重要的地位。

1）特征温度值

鱼类对温度非常敏感，通常海洋经济鱼类都有一定的适温范围和最适温度，即其特征温度值。根据其适温范围的大小，可划分为广温性鱼类和狭温性鱼类，如太平洋鳕鱼适温范围小，只有几度的温差，属狭温性鱼类。而其他一些鱼类，如沙丁鱼、鱿鱼等暖水性鱼类适温范围有十几度甚至20℃的耐受性，属于广温性鱼类。因此，依据各种鱼类所具有的适温范围和最适温度可以直接从等温线图上判断分析渔场可能所在的空间位置。例如，大黄鱼越冬场水温为 9～11℃，产卵水温为 16～24℃，即为其特征温度。此外，在温度图上，人们也常常把 15℃、21℃ 等特征等温线突出标绘（图 7-1），从而方便对渔场的判读与分析。

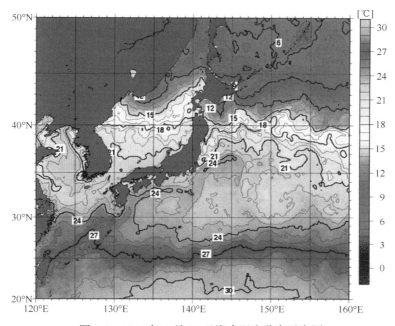

图 7-1　2014 年 7 月 20 日海表温度分布示意图

由此可见，特征温度值往往是一个温度区间，温度区间越小，依据特征温度值推测渔场位置的准确性就可能越高。因此，该方法对于狭温性鱼类效果较好，对于广温性鱼类可能存在较大偏差。卫星遥感反演的 SST 为表层温度场，对位于混合层范围内的上层鱼类渔场分析比较准确，而对中底层的鱼类可能有误差。另外，鱼类的不同生活阶段，其适温范围或最适温度有所不同，进行渔场分析时应注意其各个生活史阶段的差异。

2）温度锋面

温度锋面即流隔。海洋学上对海洋锋的定义纷杂不一，因此，温度锋面也无统一的定义，通常指水平温度梯度最大值的海域或冷暖水团之间的狭窄过渡地带。温度锋面长度在 100～1000km，宽度仅数十至数百公里，深度有时可达到 1000m 以上。其时间尺度通常从 10d 左右到数月不等。从等温线图（图 7-1）上可以直观地看出，温度锋面总处于等温线最密集的海域。温度锋面及其两侧附近，不同海流相互交汇携带营养盐类，浮游植物大量繁殖，形成生产力高的海洋中的"绿洲"。常常聚集众多具有不同生态习性的浮游动物和海洋鱼类来此索饵产卵或洄游形成密集的渔场分布，且不同生态习性的鱼类位于锋面不同的位置。因此，在对鱼类生活习性掌握的基础上，根据温度锋面的消长时空尺度的变化，可推知中心渔场的空间位置及移动渔期的长短或渔获量的高低。

3）表层水团分析

水团是最常见的海洋现象之一。海洋水团与海洋渔场有密切关系，如海洋渔场通常位于水团的边界与混合区等，因此，水团分析是了解海洋渔场变化，进行渔情分析的重要内容之一。依据遥感 SST 可进行表层水团分析，其内容有表层水团的核心及强度分析，水团的边界与混合区的确定，水团的形成、变性及消长变化的动态演变过程描述；水团的主要特征指标，如均值指标、均方差指标、区间指标、极值指标等。

在两个水团的交界处，由于性质不同的海水交汇混合，往往形成具有一定宽（厚）度的过渡带（层）。如果这两个水团的特征有明显的差异，则其水平混合带中海水的物理、化学、生物甚至运动学特征的空间分布都将发生突变。各种参数的梯度明显增大的水平混合带，称为海洋锋。在海洋锋中，由于海水混合增强，生物生产力增高，往往形成良好的渔场（图 7-2）。

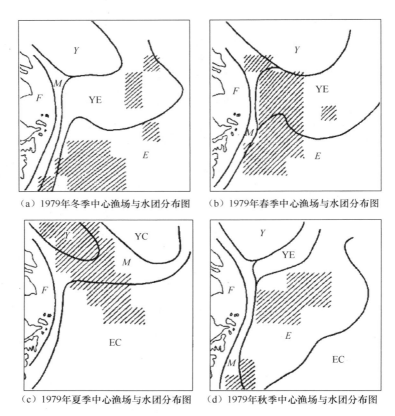

（a）1979年冬季中心渔场与水团分布图　　（b）1979年春季中心渔场与水团分布图

（c）1979年夏季中心渔场与水团分布图　　（d）1979年秋季中心渔场与水团分布图

图 7-2　东海水团分布与渔场的关系示意图

M 为黑潮表层水团；E 为东海表层水团；F 为大陆架沿岸冲淡水；Y 为黄海表层水团；
YC 为黄海夏季底层冷水团；EC 为东海陆架底层冷水团；YE 为黄海东海混合水团

4）温度场空间配置

对于温度场比较复杂的海域，也可依据其温度场的空间配置类型综合分析中心渔场所在的位置。温度场的配置有不同的形式，依据水团的配置可划分为单一冷水团或暖水团型、双水团（冷暖水团）组合型、多水团组合型等。从锋面的结构形式可归纳为平直型锋面、褶皱型锋面、切变型锋面、冷水舌型锋面、暖水舌型锋面等。可见依据温度场的空间配置形式可充分应用 SST 所揭示出的信息综合进行渔情分析。事实上，涡流和涌升流的温度结构特征明显，其温度场空间配置形式通常可以在卫星遥感 SST 影像上有清晰的表现，图 7-3

中有明显的冷水涡和暖水涡存在，由此形成的涡流和涌升流都能够把底层富有营养物质的海水带到表层而增加海洋表层的初级生产力。

5）温度距平

温度距平指某一时间的温度值与整个时间序列周期内平均温度的差值。渔场分析中常用的温度距平有周温度距平、月温度距平和年温度距平。温度距平虽然无法直接用来分析确定渔场的位置，但在依靠特征温度、温度锋面等分析判断中心渔场时仍是非常重要的辅助信息，如年（月、旬、周）温度距平场能够很容易地判断出海况相比于多年（月、旬、周）平均温度场的变化情况，如与常年相比，温度在哪

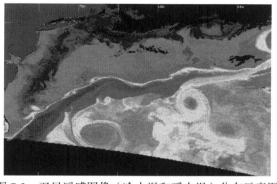

图 7-3　卫星遥感图像（冷水涡和暖水涡）分布示意图

些海域偏高，偏高多少，温度在哪些海域偏低，偏低的强度如何等，据此可推测冷暖水团的强度如何，如日本渔情信息服务中心发布的北太平洋旬海况速报给出了同期的旬温度距平图（图 7-4）。但是，应用温度距平场分析要求积累比较长时间序列的历史资料来计算出可靠的相应周期的温度平均值。

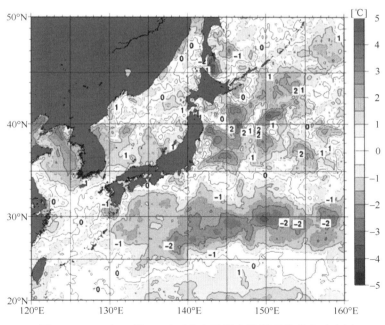

图 7-4　2014 年 6 月 20 日西北太平洋水温距平值分布示意图

6）温度较差

温度较差指两个不同时间温度相比较计算所得的差值，如温度周较差、温度月较差、温度年较差等。温度较差主要用来比较前后不同时段的温度变化情况，如周温度较差用来比较分析本周与上周的温度变化幅度大小，年较差可比较今年与去年的差异。渔业上实际应用较多的是

时间周期较短的温度周、旬较差等。例如，中国水产科学研究院东海水产研究所发布的东黄海海渔况速报图中就包含了与上期（周）比较或与去年同期比较等温度较差分析的内容。

7）动力环境信息分析

海洋动力环境信息包括海洋锋区、涡流位置及尺度大小、流轴流向等，这些信息传统的获取方法是依靠熟练的专业人员对单幅等温线图或温度场影像进行目视解译，判读出温度锋面、主流轴位置及流向、涡旋的位置与直径等（图 7-5）。遥感反演海面热力学影像和 SST 精度的提高及计算技术的进步使 SST 的海洋动力环境信息自动提取得以实现。例如，可依据温度梯度最大值的计算获取温度锋面。由单幅红外遥感影像自动标定海面热力结构可抽取有向纹理结构，获得各个点的流向分布，从而确定流轴、锋面等的位置和尺度。当存在一系列多时相的遥感红外影像时，还可获取海流结构信息。但实际应用中更多采用近年来趋于成熟的卫星高度计数据来计算获取海流流速、流向等信息。

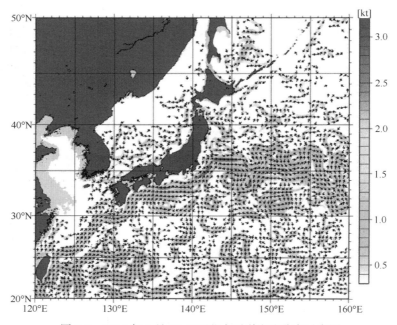

图 7-5　2014 年 6 月 20 日西北太平洋海流分布示意图

2. 遥感海洋水色

遥感海洋水色的渔业应用主要指海水叶绿素 a 信息的渔情分析和资源评估。其应用是基于海洋食物链原理，即浮游植物的丰富使以其为食的浮游动物资源丰富，进而促使以浮游动物为饵料的海洋鱼类资源丰富。据此，人们就可以通过观测海水浮游植物含量的高低及其变化来进行渔场分析和渔业资源或海洋生物量的评估，目前海洋水色遥感应用最广泛的卫星资料主要为来自 SeaWIFS 和 中分辨率成像光谱仪（moderate resolution imaging spectroradiometer，MODIS）传感器的数据。

1）叶绿素特征值

人们在依据 SST 特征值分析渔场的同时，还可通过对海水叶绿素特征值的观测分析来判读渔场的有无。通过叶绿素特征值分析渔场有两种方式：一是较大的叶绿素特征值指示出浮游植物含量高的海域范围，据此可确定位于海洋生态系统食物网中底层直接以浮游植物为饵料的上层鱼类的可能分布区域；二是叶绿素某一特征值能够反映海洋锋面或水团扩展的边界与范围，据此可确定海洋水色锋面或渔场所在区域，如 Jeffrey 等研究认为 $0.2mg/m^3$ 叶绿素等值线代表了北太平洋叶绿素锋向北推移扩展的边界，并发现北太平洋长鳍金枪鱼围网渔场位于 $0.2mg/m^3$ 叶绿素等值线附近（图 7-6 和图 7-7），但遗憾的是，目前卫星遥感提取叶绿素的精度只有 35%～40%。显然，依据卫星遥感观测叶绿素特征值分析渔场还不能完全满足业务化应用，而通过叶绿素含量浓度的高低所指示出的海流、涡旋等海洋现象指导渔业生产更具有实际应用价值。

2）海洋水色锋面及梯度

海洋水色锋面通常由水色要素如叶绿素浓度变化急剧的狭窄地带或叶绿素浓度梯度最大的地方来定义表示。海洋水色锋面形成的原因很多，大洋水色锋

(a) 1998年2月

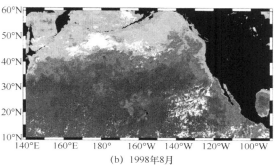

(b) 1998年8月

图 7-6　1998 年 2 月和 8 月北太平洋叶绿素分布示意图

面主要为由海水涌升流、海水辐散形成的冷涡或寒流入侵的冷锋等所形成的叶绿素锋面，近岸与河口海区时常有悬浮泥沙形成的水色浊度锋面，大洋叶绿素锋面时常与温度锋面相伴出

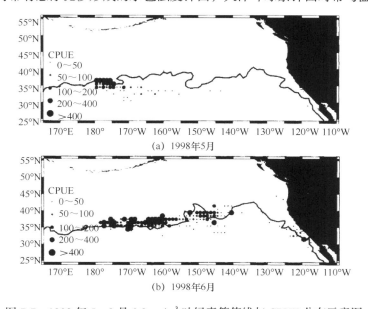

图 7-7　1998 年 5～9 月 0.2mg/m³ 叶绿素等值线与 CPUE 分布示意图

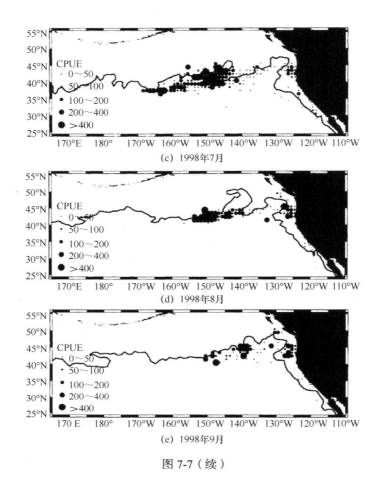

图 7-7（续）

现，位置接近，因此，通常把叶绿素锋面与温度锋面结合起来进行综合分析。叶绿素锋面区域常由锋面形成的动力作用输送来丰富的营养盐从而形成饵料中心，为产卵索饵鱼群提供物质基础，如 Inagakei 等利用海洋水色水湿扫描仪（OCTS）影像研究了日本太平洋沿岸浮游植物叶绿素的变化。此外，人们在应用温度梯度分析渔场时很少提到水色梯度；Ladner 等研究指出，海洋水色梯度与鱼类生物量之间有正相关关系。可见，水色梯度计算也可作为渔情分析或资源评估的一种辅助方法。

　　3）水色指示的海洋动力环境信息

　　海水叶绿素浓度含量大小的空间分布及随时间的动态变化能够指示出丰富的锋面、海流及涡旋信息，可据此分析渔场位置。相比于依据卫星遥感 SST 提取海洋动力环境信息，依靠遥感海洋水色所指示出的海洋环境动力信息更为方便直接，可以直接从遥感反演的海洋水色影像上采用遥感图像处理的理论和方法进行纹理特征、几何特征或光谱特征的提取。图 7-8 为 OCTS 影像所反演的叶绿素水色分布及其附近形成的鲐鲹鱼渔场。图 7-8（a）清晰可见逆时针旋转的涡旋分布和涡旋的空间尺度大小，图 7-8（b）可见捕捞渔场位于叶绿素锋面附近。

　　4）海洋初级生产力及渔业资源评估

　　海洋初级生产力通常定义为海洋浮游植物光合作用的速率。光合作用大小与光和色素浓度密切相关，海水叶绿素浓度与初级生产力之间存在相关关系，浮游植物是海洋中的生产者，是海洋食物链的源头，可见遥感海洋初级生产力在理解海洋生态系统海洋鱼类基本生境、估计渔业资源潜在产量等方面具有重要意义。

　　与传统依靠船舶观测的海洋学相比，卫星水色遥感能够快速大范围地获取多周期动态的海洋生态环境信息（叶绿素、温度、光合作用有效辐射等）。大洋一类海水区域的海洋水色主要反映了海水叶绿素含量信息，代表了海域浮游植物含量浓度的高低。自Lorenzen首先利用表层叶绿素与初级生产力相关性试图应用于海洋初级生产力遥感研究以来，许多学者相继提出了利用叶绿素浓度反演海洋初级生产力的各种遥感算法。但是，海洋初级生产力的大小与多种海洋生态环境因素有关，最基本的因子除了反映海洋浮游藻类生物量的海洋叶绿素外，光照、营养盐、水温、海流、透明度等都直接与海洋初级生产过程有关，这些因子所起的作用和影响随不同的生态环境及浮游植物、自身生物学性质等而有所不同，因此，目前对海洋初级生产力的模式化和遥感观测仍存在许多障碍，如叶绿素遥测的反演本身依靠经验公式推算，与实际值之间存在较大差异（精度只有40%），在此基础上进一步推算初级生产力，误差的传递可想而知。此

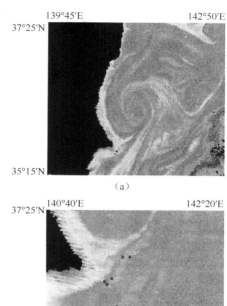

图 7-8　日本东部近海叶绿素锋面及渔场分布示意图

外，叶绿素垂直分布的多样性、光合作用函数的参数选择等，都限制着生产力模式的进一步发展。尽管如此，仍不可否认卫星遥感海洋水色在反演海洋初级生产力、渔业资源评估、全球环境变化研究等方面所具有的潜力。

　　3. 遥感动力环境信息

　　海洋动力环境遥感主要指以主动式微波传感器（卫星高度计、散射计、合成孔径雷达等）应用为主的海面风场、有效波高、流场、海面地形、海冰等海洋要素的测量，这些海洋动力环境同渔业生产关系密切，但目前渔场渔情分析中主要应用的是来自 TOPEX/Poseidon 和 ERS-1/2 系列卫星的测高数据，因此下文仅对此进行分析。测高数据反映的是海水温度、盐度、海流等多种水文环境因子综合作用的结果，但也存在低纬度的空间分辨率不够高（250～300km）、在特殊海区和近岸海域受地形及潮汐作用的影响、测高精度没有保证等缺点。

　　1）海面动力高度及海流

　　海面动力高度与水团、流系、海流、潮流等紧密相关，是这些海洋动力要素综合作用的结果。海洋渔场的资源丰度及其时空变化与此也密切相关，但不论是海洋温度及盐度（对应海水密度）的变化，还是水团变化、上升流等都时时刻刻在塑造着海面动力地形。只是由于卫星高度计测高的时空分辨率有限，目前所能观测到的仅仅是大中尺度的海洋现象的变化。卫星高度计测高信息的渔场分析目前主要是通过获取海面动力高度信息和海流的计算来进行的。图 7-9 为海面高度异常及其与水团配置关系。由图 7-9 可见，渔场位于海面高度约170cm 处海域。此外，日本学者石日出生分析东黄海春季鲐鱼渔场与海面高度之间匹配关系十分密切。当把海面高度信息与温度场结合对比分析时，能够发现海面高度异常区域与温度

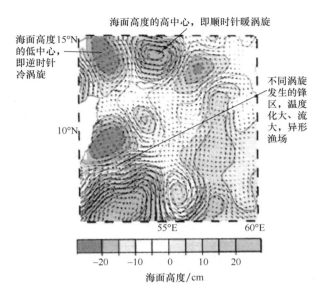

图 7-9 海面高度异常及其与水团配置关系示意图

场冷暖水团的配置有很好的对应关系，如在北半球海面高度的正距平区域对应顺时针方向的暖涡旋，海面高度的负距平海域对应逆时针方向的冷涡旋，而冷暖中心边缘的过渡区域通常形成锋面，海流流速较大，某些鱼类集群易形成渔场。

2）测高数据及海洋锋面

海洋锋面附近常表现出较为复杂的海洋动力特征，如海流流速较大、水团配置比较复杂等（图 7-9），因此结合这些海洋特征，从海面高度异常的空间配置和海流流速、流向的分布可以推知海洋锋面，这种锋面可能是温度锋面，也可能是水色叶绿素锋面或盐度锋面，需要结合其他相关信息进行具体分析。如果与冷暖水团温度场配置一致，可认为是温度锋面。

二、海况信息产品制作与发布

利用 GIS、数据仓库等空间分析和数据库技术，通过对卫星数据和渔业生产资料的整理分析，可以制作出联系实际、便于使用的海渔况信息产品，为用户提供可靠的渔业信息服务。例如，速报图的出现可以帮助渔业船队迅速找到渔场，提高作业效率，节省大量人力、物力。速报图主要描述鱼类洄游与海况变化之间的关系，为捕鱼者提供潜在渔场的相关信息，指导渔民科学捕鱼。

（一）海渔况信息产品概况

1. 海渔况信息产品的分类

1）渔场环境分析图

渔场环境分析图主要描述渔场的海温分布、叶绿素分布、锋面、初级生产力等海况信息。海洋环境条件是与鱼类资源密切相关的重要参数，它的短期影响因素包括海水温度、盐度及海流和水团的分布模式，长期影响因素则包括海况条件的变化引起的鱼群自身富足程度的改变、仔鱼生存率的改变及补充量的改变等。对上述海况要素的分析，可以帮助人们判读渔场、掌握海渔况的变化及发展规律（图 7-10）。

2）渔情速报图

渔情速报图是利用水温、风场、海平面高度等近实时的海洋环境数据，渔场形成与分布规律，以及与海洋环境的关系，依靠专家模型或者专家经验，分析判断出哪些海域具备渔场形成的条件，并预测出该海域的渔情分布图。由于每种鱼类都有自己独特的生活方式，预报前还应该研究它们的生物学特性与海洋学条件之间的关系，从而掌握它们在不同生活阶段所相适应的海洋学条件（图 7-11）。

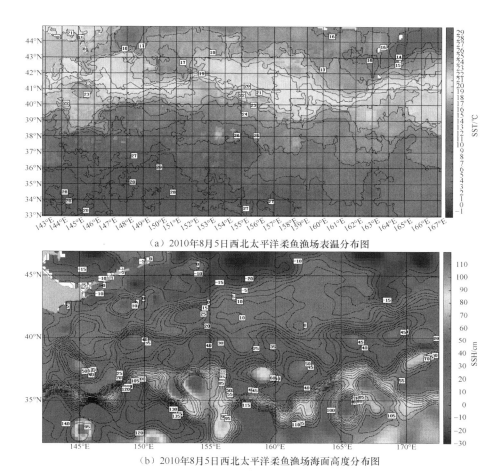

（a）2010年8月5日西北太平洋柔鱼渔场表温分布图

（b）2010年8月5日西北太平洋柔鱼渔场海面高度分布图

图7-10 北太平洋柔鱼渔场表温和海面高度分布示意图

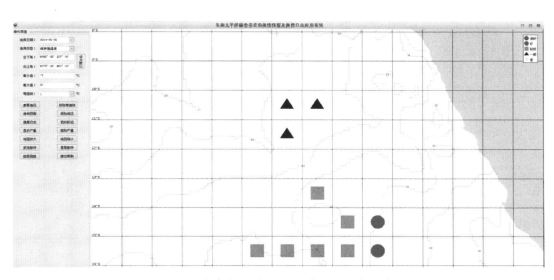

图7-11 东南太平洋茎柔鱼渔场预测分布示意图

2. 海渔况信息产品的内容

海渔况图可以将几种渔场环境信息完备而准确地显示出来，并且能够描述海渔况的动态变化和发展规律。海渔况图一般包括渔场环境要素、渔场信息、预报信息、图例和文字说明等内容。

1）渔场环境要素

渔场环境要素主要包括 SST、水色、叶绿素、温度距平、海流等重要的海洋环境要素。鱼类对温度非常敏感，通常海洋经济鱼类都有一定的适温范围和最适温度，因此可以依据各种鱼类的适温范围和最适温度从等温线图上直接判断和分析渔场所在的位置。在依据 SST 判断渔场的同时，还可以通过对海水叶绿素特征值的观测来判断渔场的有无，许多学者都相继提出了利用叶绿素浓度反演海洋初级生产力的各种遥感算法。例如，较大叶绿素特征值指示浮游植物含量高，据此可以判断此海域有以浮游生物为饵料的上层鱼类分布。另外，叶绿素特征值的平面分布状况也能大致反映出海洋锋面及水团扩展的边界和范围，据此可以确定海洋水色锋面及渔场的范围。温度距平是指某一时间的温度值与整个时间序列周期内的平均温度的差值。渔场分析中经常用到周温度距平、月温度距平、年温度距平，例如，年温度距平可以判断出海况相对于多年平均温度场的变化，据此推断出冷暖水团的强度。

2）渔场信息

海渔况图上存在两种内容：一种是专题内容，也就是主题内容，置于首层平面；另一种是底图内容，也就是背景要素，一般采用淡颜色表示，置于第二层平面。专题内容可以包括一种或者多种要素，主要包括渔获量、SST 等。底图作为绘制海渔况图的基础，用于专题内容的定位，并说明专题要素的分布与周围地理环境的关系，从而揭示要素分布的规律。底图不应过于复杂，要求图片的负载信息量适中，以便于专题内容的表达。底图中一般包括海岸线、岛屿边界线、入海河口、渔区、我国沿海各省（自治区）行政区划等。

3）预报信息

渔场预报的目的是为捕捞者提供作业区域，其中包括对渔场变动、资源密度和丰度的预测。海洋环境条件和鱼类资源关系密切，水温、盐度、海流等海洋环境因素会直接影响鱼类的洄游、分布及鱼群密度，因此，要结合鱼类的生物学特性和海洋学条件两方面进行预报。

4）图例和文字说明

图例是对图中所使用符号的归纳，图例中的符号和颜色必须与图中代表的内容一致，一些海渔况图上需要加注文字描述，主要介绍渔场位置及海况变化情况等内容。文字说明力求简洁、准确。

（二）海渔况信息产品的制作

1. 数据来源

1）现场资料

通过无线电台、传真、国际互联网等途径收集现场资料，以及由渔船、海洋调查船及国际海洋气象组织等提供的水温、盐度、水色观测资料及渔捞活动的总结资料，其中渔捞活动的实时记录包括捕捞鱼种、单位网产量、总产量、作业时间和作业渔区等。

2）卫星数据

卫星资料已经成为制作海渔况信息产品的重要数据来源，它的优势在于近实时观测，并且作用范围十分广泛，一些重要的海洋环境因素如温度、水色、叶绿素、海面高度、海流等海况信息，都能够从卫星遥感图像中实时提取出来。应用卫星图像提供的信息，可以制作出等温线图、流场模式图和海洋水色分布图。

2. 制作步骤

制作步骤为：①确定目标鱼种和环境要素；②确定时间跨度和海域范围；③选择合理的表达形式作图；④加注图例和文字描述。

由于海渔况信息产品的用途和主题内容各不相同，各要素的表达形式也多种多样，主要包括符号法（几何符号、文字符号、艺术符号）、彩色图法（饼图、扇形图、晕色图、分级图）、等值线法（等温线、等深线）、等值面法、剖面图法、断面图法、三维图法等，制图时应根据信息产品的主题内容及要素进行合理选择。一般渔获量会采用分级符号、饼图、扇形图等进行描绘，并按照要素的特征和数量指标进行合理分类和分级。等值线图形可比较精确地表示海温的垂直变化和水平方向的强弱差异，因此，SST一般采用等值线法进行描绘，通常把15℃、20℃、25℃等具有特征的等温线进行突出描绘，从而方便渔场的判读。除了注明数值外，等温线或等温面还经常采用分级上色的方法，具体用色上一般采用冷色（蓝、紫）和暖色（红、橙）及其中间过渡色来反映温度的总体变化趋势。

图例是用来说明海渔况图上各种符号与颜色所代表的内容与指标的。海渔况图上的符号形状、尺寸、颜色都应以图例为标准。海渔况图上的文字一般包括数字、字母与文字。数字常用来标注各种数值，如等温线数值。文字较多用于各种名称的注记，如海洋、河流、省市名称，同时介绍渔场位置及海况变化情况等内容。

3. 传输方式

根据用户的不同要求和设备条件，可以选择多种方式将海渔况信息向用户进行传输。

（1）邮政系统：将打印出来的信息产品以信函方式发放到相关单位或渔民手中。但这种方法的缺点是传递信息速度较慢，信息缺乏时效性，因此只适用于以统计为目的的用户。

（2）无线传真系统：无线电波传播范围广，因此可以通过无线电传真网络向陆地和海上用户传送图像信息，但这种发送方式费用高昂，发射端要设置一个大功率的广播网络，同时安装一台无线电发射机并选用特定的频率，而用户端要配备相应的接收装置。

（3）网络系统：目前计算机技术发展迅猛，Internet应用已经十分普及，因此把信息产品制成电子文件并通过网络进行发布与传输更为便捷。

（三）海渔况信息产品

图7-12是我国2000年5月5~11日东海中心渔场预报图。底图中包括我国的海岸线、沿海各省（自治区）行政区划。通过对水温、海面流场等卫星资料的分析并对照实际渔捞生产资料进行修正，完成了中心渔场的预报图。

海渔况图具有直观、表现力强、易于理解等优点，相对于语言和统计资料具有明显的优越性，是表示空间数据直观而重要的手段，对渔业生产具有积极影响和重要意义。但海渔况图在制作过程中还存在着一定问题，如图中线条、色彩、符号运用不规范等。因此在制作过程中要考虑各方面因素，综合运用多种信息传媒和表述方法，尽可能采用符号化的表述，逐渐统一制作标准和技术流程，以便于信息的描述、传输、发布和收集，使信息可靠、准确、及时到达最终用户，发挥其应有的使用价值。

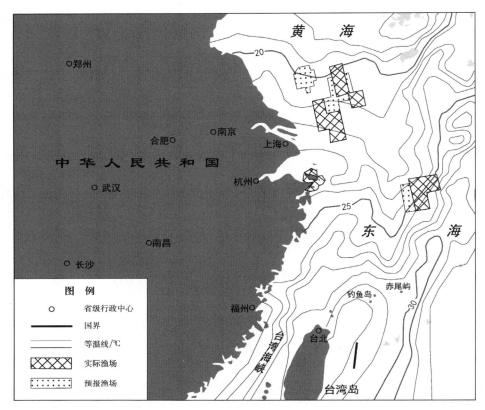

图 7-12　东海中心渔场预报图

三、海洋遥感在渔情预报中的具体应用

1. 海洋水温

水温是影响鱼类活动最重要的环境因子之一，鱼类的分布、洄游迁移和集群等会直接或间接地受到环境温度的限制。海洋鱼类均有一定的适宜温度区间和最适宜温度，因此，水温是分析海洋环境与鱼类生活习性、资源丰度等最重要、最常用环境要素。SST 对栖息在海洋混合层的中上层鱼类渔场分布的影响较大。

根据 SST 数据可以获得丰富的物理海洋学信息，如表温空间分布、温度锋面、温度距平、表层水团和厄尔尼诺现象等，这些水温指标可以从不同角度表征渔场的分布。Thayer等利用 1985～2003 年来自 AVHRR 传感器的 SST 数据，对在北太平洋海域作为角嘴海雀（*Cerorhinca monocerata*）摄食对象的新西兰鳀（*Engraulis* spp.）、太平洋玉筋鱼（*Ammodytes personatus*）、太平洋毛鳞鱼（*Mallotus* spp.）和美洲鲆（*Sebastes* spp.）等鱼群随着当地海温年际变动的同步性进行分析，发现北太平洋东部的鱼群资源变动和 SST 的年际变动有较好的关联，西部则没有显著联系。Andrade 等运用 CPUE 作为鱼类资源丰度的指标，对1982～1992 年巴西南部海域的鲣鱼（*Katsuwonus pelamis*）资源密度随 SST 的季节和年变化进行分析研究，发现研究区域鲣鱼的月平均 CPUE 和月平均 SST 存在显著的季节性变化规律，对 CPUE 和 SST 交叉相关分析表明 CPUE 距平的波动比 SST 距平的波动提前 1 个月。

在海洋表面温度场中，温度水平梯度最大值的狭窄地带通常是冷暖水团交汇的过渡区域，从而形成温度锋面（也称流隔）。由 SST 数据生成的温度等值线图可以直观地识别流隔，等值线较为密集的狭长带即为温度锋面。温度锋面附近通常会形成涌升流，其携带的丰富的营养盐为浮游生物提供繁殖生长条件，从而形成高生产力区域。Yuichiro 等对 2001 年 9 月和 2005 年 4～5 月日本东部海域预报的 SST 温度场和船队捕捞日志记录的鲣鱼渔场分布对比分析，发现作业区域的温度水平梯度在 0.1℃，并认为鲣鱼的偏好温度区间随着季节和海况的变化而有所差异。Liao 等对中国东南海域的鱿鱼渔场的海况分析表明，鱿鱼的 CPUE 和温度锋面相对沿岸的最小距离与涌涡的尺度均呈正相关，研究认为鱿鱼渔场季节变动不仅受到黑潮（Kuroshio）的影响，还与中国东南海域的海洋环境状况（如台风等）有关。

海洋水温空间场大尺度的变化异常往往能够指示重要的海洋事件，如厄尔尼诺 - 南方涛动（ENSO）和拉尼娜等现象。ENSO 现象发生时，东南信风的减弱导致赤道太平洋海域大量暖水流向赤道东太平洋，从而引起太平洋西部的水温下降，东部水温上升。ENSO 现象伴随的暖水层大范围的变动及气候条件的变化会对渔场资源量和渔场分布产生重要的影响。李政纬等运用经验模态分解法（empirical mode decomposition，EMD）分析了 1994～2004 年单位渔区的月平均 CPUE 经度重心的月际变化与 SOI 指数、29℃东边界的相关性，发现中西太平洋 29℃东边界领先与月平均鲣鱼 CPUE 经度重心 5 个月有一最大正相关，SOI 指数则领先 6～10 个月与平均 CPUE 有一最大负相关。郭爱等利用 Nino3.4 区的海表温度异常值（SSTA）作为 ENSO 的指标，对 1990～2001 年的年平均产量经度重心和 ENSO 指数年变动进行交叉相关分析表明，高产经度重心、平均经度滞后 ENSO 指标一年呈最大负相关。

2. 海洋水色

利用遥感反演的海洋水色浓度，特别是 Chl-a 浓度能够反映海洋中浮游动植物的分布状况。研究表明，Chl-a 质量浓度在 $0.2mg/m^3$ 以上的海域具有丰富的浮游生物存量，在这些区域可以形成捕捞作业渔场。运用 Chl-a 浓度的遥感影像通过人工目视解译可以提取海洋动力环境特征性信息，如流场和流态等信息，同样可以指示海洋渔场的分布。

Fiedler 运用来自 AVHRR 的 SST 数据和 CZCS 的水色数据对 1983 年 8 月南加利福尼亚海湾的长鳍金枪鱼（Thunnus alalunga）和鲣鱼索饵场进行分析，发现两种鱼群的摄食集群均与海洋锋面有关；长鳍金枪鱼会聚集在具有高生产力的涌升流中心区域，其摄食状态会随着离锋面距离远近而有所差异；鲣鱼往往会在较冷的高生产力水域摄食，并指出在厄尔尼诺期间鲣鱼会由于暖水温的变化异常洄游到南加利福尼亚海湾。Mugo 等运用遥感技术对西北太平洋的鲣鱼栖息地特征进行了分析，通过广义可加模型对栖息地各环境因子 SST、海洋表面叶绿素（sea surface chlorophyll，SSC）、海洋表面高度异常（sea surface height anomaly，SSHA）、涡动力能量（eddy kinetic energy，EKE）及各因子之间的交互效应进行评价，认为 SST 是影响鲣鱼洄游最重要的指标，其次是 SSC；并指出黑潮锋面贫营养一侧和黑潮续流是西北太平洋鲣鱼栖息地重要的特征，中尺度涡流也是鲣鱼栖息地形成的重要因素。沈新强等结合水温、盐度数据对北太平洋柔鱼渔场 Chl-a 浓度的分布特点进行分析，认为 Chl-a 浓度可以作为柔鱼渔场重要的参考因子。

海洋 Chl-a 浓度不仅能够指示浮游生物的存量和海洋动力环境特征，还可以结合光照条件等通过相关的遥感反演算法估算海洋初级生产力。海洋初级生产力的大小能反映海洋浮游植物光合作用速率，因此从某种意义上讲，海洋初级生产力的大小是决定海洋生物存量、分布和变化的根本原因。运用遥感估算海洋初级生产力时，首先需要根据水体光学性质对水体进行分类。通常可将大洋水体分为Ⅰ类水体和Ⅱ类水体。作为Ⅰ类水体的深海水体光学特性是由水体中的浮游植物及其分解时产生的碎屑物质决定的，因此运用 Chl-a 浓度反演Ⅰ类水体初级生产力的精度较高；目前结合 Chl-a 浓度运用 VGPM 模型计算Ⅰ类水体的真光层以上区域的海洋初级生产力可以获得较高的精度。Ⅱ类水体的光学特性不仅与浮游植物及其分解时产生的碎屑物质有关，还与无机悬浮物和黄色物质（溶解有机物）有关。由于其光学特性的复杂性给海洋初级生产力的定量反演带来困难。

大洋初级生产力的评估有利于理解海洋生物尤其是海洋鱼类在海洋生态动力系统中所扮演的角色。Lehodey 等结合净初级生产力（new primary production，NPP）和海流等数据运用耦合动力生态地化学模型（coupled dynamical bio-geochemical model），对中西太平洋鲣鱼渔场的潜在饵料分布进行了预测，其模拟结果和实际观测的浮游生物分布及其时空序列的变化比较吻合；并指出结合温度、溶解氧等环境要素进行模拟潜在的金枪鱼渔场环境会更加接近真实的渔场栖息地环境，对建立大尺度的金枪鱼种群动力模型大有裨益。

3. 海面高度数据

20世纪90年代中期开始，SSH 数据逐步应用到渔场分析研究中，并取得了很好的效果。目前，渔场分析中主要应用的是来自 TOPEX/Poseodon 和 ERS-1/2 系列卫星的测高数据。例如，Polovina 等处理了 1993～1998 年的 TOPEX/Poseidon 卫星的海面测高数据，发现亚热带海洋锋面的强度与夏威夷海域箭鱼（Xiphias gladius）延绳钓渔场关系密切，箭鱼渔场与海面高度成反比；日本渔业情报服务中心利用船测及卫星测高数据绘制了东海及西北太平洋海域的海面高度图，发现了东黄海鲐鱼渔场位置变化与海面高度异常形成对应关系，并且得出长江口外涡旋区（即海面高度特殊区）易形成渔场的结论。

目前，国外将海面高度数据应用于渔场主要采用两种方法：一种是直接应用方法。直接应用是对于海面高度数据与渔业资源产量相关性较好的区域，将海面高度作为渔场的重要因子来使用，并结合温度、叶绿素 Chl-a、盐度等因素通过 GIS 或统计分析模型来进行渔情预报和分析。例如，国外学者 Hardman-Mountford 等通过神经网络模式识别方法来研究 SSH 对本格拉沙丁鱼渔业资源的季节和年际变化的影响，发现由海面高度异常引起的沿岸上升流和海流的入侵均会影响沙丁鱼的补充量。Mugo 等使用 SSHA 并结合 SST、SSC、EKE 等通过 GIS 和 GAM（gener acized model）模型分析西北太平洋鲣鱼渔获量与海面高度等的关系，得出鲣鱼一般生活在 SSHA≥0 的区域；通常情况下，金枪鱼在海表面高度异常区种群比较丰富，受季风影响，在西北季风季节金枪鱼产量与海面高度的正距平区域呈正相关，而在西南季风影响下，其产量与海面高度负距平区域相关。

另一种是卫星高度数据在渔场分析中的应用，为间接应用。由于 SSH 异常和 SSH 极值区域通常伴随着相关的海洋环境变化，从 SSH 量值可以分析其他海洋因子如涡、锋面、地转流信息，然后根据这些线索运用分析预报模型进行渔场寻找和预报。鲣鱼在从亚热带向北迁移到温带水域时，受锋面、暖流和涡的影响，而涡旋区常位于气旋和反气旋环流交界处，并靠近冷气旋海流附近，具有冷暖水锋面、深度适合和海水混合强烈等特点，为渔场形成提供了良好的外部环境条件。此外，亲潮冷流和黑潮暖潮汇合的西北太平洋也是国内外学者研究较多的涡旋区。由于其汇合的边界处包含涡弯曲、锋面等海洋动力特征，成为许多重要经济鱼类的索饵场，如长鳍金枪鱼的资源丰富程度与物理海洋结构动力特征如黑潮、亲潮、锋面、涡流有关。

通过 SSHA 计算得出的地转流和涡动能也是目前研究渔场资源环境变量的主要环境参数

之一，如国外已有部分学者通过卫星高度计获取地转流数据来研究鳌虾的补充量及其动态分布变化。此外，还可以通过制作每月的高分辨率 SSHA 图来识别涡流特征和估算海流方向及大小，如 Zainuddin 等通过计算地转流和 EKE 得出长鳍金枪鱼一般分布在 SSHA 为 13cm 附近和 EKE 较高的地方。与此同时，利用海面高度场资料还可以寻找准稳定 SSH 区，准稳定的 SSH 区域通常代表了稳定的水团和上升流，实验得出 SSH 和冷水团存在很强的相关性，而冷水团对鱼群的活动具有明显的抑制作用，鱼群在洄游前进时被冷水团阻挡，滞留在冷水团的周围，而冷水区的 SSH 是一个极值（高值）区域，由于冷水的密度比较大，在冷水团的位置出现相同的 SSH 极值区是非常自然的事。另外，利用卫星遥感 SST、叶绿素、地转流还可以进行动物如鱼类的跟踪，获取鱼类资源的分布情况。通过建立栖息地模型来判断渔场资源变动也是目前海面高度数据间接应用于渔场的方法之一，如 Steven 等通过建立栖息地模型来判断墨西哥湾蓝鳍金枪鱼生活环境，采用的环境因子有深度、SST、叶绿素、涡动能、海流速度、SSHA 等。

随着多星数据的融合及信息技术的发展，海面高度数据的时空分辨率越来越高。数据挖掘、模糊性及不确定性分析方法、元胞自动机模型与人工智能等预报方法在国外也逐渐开始应用于渔情分析预报领域。

四、海洋遥感环境数据下载常见网站

1. OceanWatch

下文重点介绍位于美国夏威夷群岛的太平洋渔业科学中心（NOAA Pacific Islands Fisheries Science Center）下属的数据网站（https://oceanwatch.pifsc.noaa.gov/）。该网站提供由传感器获取的卫星遥感数据，包括 SST、海面高度、叶绿素 a 浓度、海面风场、海表流场、海表盐度及气象模式的海表温度。数据的时间分辨率有天、周、月；数据的格式有图片格式、txt 格式、ASCII 码格式、NetCDF（network common data form）格式。进入该数据网站，可以看到网站所能提供数据的列表，从列表可以看出数据的时间分辨率，如 monthly、weekly、near real-time；还有由不同卫星传感器获得的同一种海洋环境数据，如由 MODIS 和 SeaWIFS 分别获得的 ocean color。可以根据所需要的数据类型选择不同时间分辨率、不同传感器所获取的海洋环境数据。另外，不同类型的海洋环境参数具有不同的空间分辨率，海表温度的空间分辨率为 0.1°×0.1°，叶绿素 a 浓度的空间分辨率为 0.05°×0.05°，海面高度的空间分辨率为 0.25°×0.25°，海表盐度的空间分辨率为 0.5°×0.5°。不同的数据覆盖范围不同：海表温度的覆盖范围为 [-180°，180°]，[-70°，69.9°]；叶绿素 a 浓度的覆盖范围为 [-180°，180°]，[-90°，89.9°]；海面高度的覆盖范围为 [-180°，180°]，[-65°，64.75°]；海表盐度的覆盖范围为 [-180°，180°]，[-90°，89°]。

2. 天文动力学研究科罗拉多中心

天文动力学研究科罗拉多中心（Colorado Center for Astrodynamics Research，CCAR）是一个卫星气象与海洋学的交叉学科组织，隶属科罗拉多大学（University of Colorado at Boulder）工程与应用科学学院（College of Engineering and Applied Science）。天文动力学研究科罗拉多中心网站地址是 http://ccar.colorado.edu/，该网站除了提供了海表温度和叶绿素 a 浓度数据外，还提供海面高度数据。在该网站只能下载网站根据各种海洋环境数据自动生成的图片，如果需要卫星遥感的海洋环境数据，要向网站提出申请，申请通过后，网站提供用户名和密码，然后可以进行 Ftp 下载，准实时数据的滞后时间为两天，同时可以下载 1986

年以来的全球海面高度数据。

第三节　地理信息系统在渔情预报中的应用

地理信息系统（GIS）是集计算机科学、空间科学、信息科学、测绘遥感科学、环境科学和管理科学等学科为一体的新兴边缘科学，是用于输入、存储、查询、分析和显示地理参照数据的计算机系统。GIS 从 20 世纪 60 年代问世至今，已成为多学科集成并应用于各领域的基础平台，成为地理空间信息分析的基本手段和工具。目前，GIS 不仅发展成为一门较为成熟的技术科学，还在各行各业发挥越来越重要的作用。

一、渔业 GIS 的发展历程

GIS 是用于输入、存储、查询、分析和显示地理参照数据的计算机系统。地理参照数据也被称为地理空间数据，是用于描述地理位置和空间要素属性的数据。GIS 的基本操作归纳为空间数据输入、属性数据管理、数据显示、数据分析和 GIS 建模。20 世纪 60 年代初，第一个专业 GIS 在加拿大问世，标志着通过计算机手段来解决空间信息问题的开始。经过近半个世纪的发展，GIS 已成为处理多领域地理问题的主体。GIS 首先在陆地资源开发与评估、城市规划与环境监测等领域得到应用，80 年代开始应用于内陆水域渔业管理和养殖场的选择。80 年代末期，GIS 逐步运用到海洋渔业中。尽管在渔业方面的应用于 90 年代扩展到外海，覆盖三大洋，但是与陆地相比，它们的应用仍然受到很大的限制。GIS 与渔业 GIS 发展历程如表 7-1 所示。

表 7-1　GIS 与渔业 GIS 发展历程

阶段	GIS		渔业 GIS	
	特征	发展动力	特征	发展动力
1960s	开拓期：专家的兴趣及政府引起作用，限于政府及大学的范畴，国家间交往很少	学术探讨、新技术应用、大量空间数据处理的生产需求	—	—
1970s	巩固发展期：数据分析能力弱、系统应用与开发多限于某个机构，政府影响逐渐增强	资源与环境保护、计算机技术迅速发展、专业人才增加	—	—
1980s	快速发展期：应用领域迅速扩大、应用系统商业化	计算机技术迅速发展、行业需求增加	开拓期：初期发展速度缓慢，主要用于内陆水域渔业管理和养殖位置的选择	卫星遥感技术的发展；FAO 对 GIS 工作的支持；陆地 GIS 技术的应用
1990s	提高期：GIS 已成为许多机构必备的办公室系统，理论与应用进一步深化	社会对 GIS 认识普遍提高，需求大幅度增加	快速发展期：GIS 在渔业上得到广泛应用，为加速发展期间（沿岸到外海）	计算机技术的发展及日益完善的海洋生物资源与环境调查数据
21 世纪后	拓展期：社会信息技术的发展及知识经济的形成	各种空间信息关系每个人日常生活所必要的基本信息	拓展期：巩固和扩展到更多领域（外海到远洋渔业）	数据的可利用性和储存，获得了普遍的认同

阻碍渔业 GIS 快速发展的因素主要有三个方面：第一个是在资金方面，收集水生生物的

生物学、物理化学、底形等方面的数据需要大量的资金，特别是需要长时间的资源与环境调查。第二个是水域系统的复杂性和动态性，水域系统比陆地系统更为复杂和动态多变，需要不同类型的信息。水域环境通常是不稳定的，要用三维甚至四维来表示。第三个是许多商业性软件开发者通常以陆地信息为基础，这些软件还无法直接有效地处理渔业和海洋环境方面的数据。

尽管海洋渔业 GIS 技术发展面临着很多困难，但由于计算机技术和获取海洋数据手段的快速发展，以及海洋渔业学科发展的自身需求，在近 10 多年来，海洋渔业 GIS 技术得到了长足的发展。GIS 在渔业中的应用越来越受到科研人员及国际组织的重视。1999 年，第一届渔业 GIS 国际专题讨论会在美国西雅图举行，之后每三年举办一次，目前已举办了多届。研讨会内容包括 GIS 技术在遥感与声学调查、栖息地与环境、海洋资源分析与管理、海水养殖、地理统计与模型、人工渔礁与海洋保护区等海洋渔业领域的应用，以及 GIS 系统开发。此外，一些研究机构、大学和公司开发了海洋渔业 GIS 系统和软件，比较著名的有：①日本 Saitama 环境模拟实验室研发的 Marine Explorer；②美国俄亥俄州立大学、杜克大学、NOAA、丹麦等研究机构研发的 Arc Marine 和 ArcGIS Marine Data Model；③ Mappamondo GIS 公司研发的 Fishery Analyst for ArcGIS9.1。

二、利用 GIS 研究渔业资源与海洋环境关系

海洋渔业资源与海洋环境息息相关，它是海洋渔业 GIS 研究中最基础的问题，通常涉及 GIS 制图与建模等内容。GIS 作为一种空间分析工具，可用来解释不同地区间的差异。GIS 建模是 GIS 在以空间数据建立模型过程中的应用，GIS 能综合不同数据源，包括地图、数字高程模型、全球定位系统数据、图像和表格，建立各种模型，如二值模型、指数模型、回归模型和过程模型等，在渔业中常用的是指数模型和回归模型，且要求 GIS 用户对数字打分和权重加以考究，它常用于栖息地适宜性分析和脆弱性分析。回归模型可在 GIS 中用地图叠加运算把所需的全部自变量结合起来，常用于渔业资源的空间分布和资源量大小的估算。

此外，确定鱼类关键栖息地在渔业资源管理中是非常重要的。其特点是存在生物与非生物参数的集合，它适应支持与维持鱼类种群的所有生活史阶段。由于鱼类关键栖息地的时空变化显著，GIS 作为一种高效的时空分析工具，越来越受到管理者的关注与重视，这方面的研究也与日俱增。

综合国内外研究现状，GIS 在渔业资源与海洋环境关系方面得到了广泛应用，目的是了解渔业资源分布与海洋环境之间的关系，研究确定鱼类栖息地分布范围，从而进一步掌握渔业资源的动态分布，最终对鱼类栖息地进行评估与管理（表 7-2）。

表 7-2　GIS 在渔业资源与海洋环境关系研究中的应用（龚彩霞等，2011）

研究目的	研究案例及其内容
资源分布与环境关系	头足类资源量与环境之间的关系 舌鳎（Solea sole）肥育场的空间分布 稚鲽肥育场空间分布与环境变量之间的关系
栖息地确定与制图	GIS 图像处理技术制作海洋底栖生境分布图 利用物理环境数据制作海洋底栖生境分布图 利用 GIS 环境建模方法设计重要鱼类栖息地 西班牙地中海水域小型中上层鱼类物种的重要栖息地鉴定

研究目的	研究案例及其内容
资源动态监测	南方蓝鳍金枪鱼（*Thunnus maccoyii*）补充量的空间动态变化 南加利福尼亚州海洋保护区星云副鲈（*Paralabrax nebulifer*）的活动范围与栖息地的分布
栖息地评估与管理	利用 GIS 和 GAM 建立南极电灯笼鱼（*Electrona antarctica*）栖息地模型 GIS 在栖息地评估和海洋资源管理中的应用

三、利用 GIS 研究渔情预报

近 10 年来，随着卫星遥感信息的获取及可视化分析与制图技术的提高，人们对海洋渔业海况的掌握得到了飞速发展，特别是对单一鱼类或某一类型渔业的时空分布及其变化和预测的技术手段和方法越来越成熟，并成功运用于渔情预报系统中。渔情预报的主要方法有统计分析预报（如线性回归分析、相关分析、判别分析与聚类分析）、空间统计分析及空间建模（如空间关联表达、空间信息分析模型）、人工智能（如专家系统、人工神经网络）、模糊性及不确定性分析（如贝叶斯统计理论）、数值计算与模拟（如蒙特卡洛模拟法）等，其应用实例见表 7-3。GIS 依赖所建立的自主数据库，可实现时空数据的一体化管理、空间叠加与缓冲区分析、等值线分析、空间数据的探索分析、模型分析结果的直观显示、地图的矢量化输出等功能，结合各统计学方法和渔海况数据，实现智能型的渔情预报。

表 7-3　GIS 在海洋渔情预报的应用举例（龚彩霞等，2011）

渔情预报方法	GIS 应用举例
统计分析预报	西北太平洋柔鱼最适栖息地与适宜渔场的鉴定
空间分析与建模	海洋渔业电子地图系统软件设计与实现
人工智能	印度尼西亚苏拉威西岛南部及中部沿岸水域渔场预报
不确定性分析	基于遥感与 GIS 的冰岛北部海域中上层鱼类渔情预报
数值计算与模拟	赤道太平洋鲣鱼饵料生物分布预测

第四节　栖息地理论在渔情预报中的应用

一、栖息地的基本概念

一般而言，栖息地是指生物的个体或种群居住的场所，又称生境，是指生物出现在环境中的空间范围与环境条件总和，包括个体或群体生物生存所需要的非生物环境和其他生物。美国国家科学研究委员会（National Research Council，NRC）认为，栖息地是指动物或植物通常所居住、生长或繁殖的环境。在渔业资源研究中，很重要的一点是要对鱼类栖息地进行研究，研究的主要内容是生物栖息环境的变化对生物活动的影响。

外部环境是所有动物生存的首要条件，每一种动物都有它所需要的特定的栖息地，一旦动物所赖以生存的栖息地缩小或消失，动物的数量也会随之减少或灭绝，保护和管理好一个栖息地的重要前提是正确分析和评估栖息地的优劣。而栖息地指数（habitat suitability index，HSI）模型是一种评价野生生物生境适宜度程度的指数。HSI 模型最早由美国地质调查局国家湿地研究中心鱼类与野生生物署（U.S. Fish and Wildlife Service）于 20 世纪 80 年代初提出，被用来描述野生动物的栖息地质量，该署还对 157 种野生鸟类和鱼类建立了 HSI 模型。目前，HSI 模型已被广泛用于物种管理、环境影响评价、丰度分布和生态恢复研究。HSI 模型自 20 世纪 80 年代早期以来被广泛地运用于渔业资源评估、保护及管理，逐渐成为鉴定渔场及估算鱼类丰度的重要工具之一。近年来，HSI 模型也被应用于海洋环境、鱼类分布、中心渔场预报等方面的研究中。

栖息地是直接供物种、种群或群落生存、生长及繁殖的地理及生态环境。HSI 模型由一个或多个对物种或种群分布有显著影响的环境因子发展而成。捕捞努力量是鱼类出现或鱼类可获得性的一个指标，通常被用来建立鱼类栖息地模型，这一模型相比于基于 CPUE（鱼类资源丰度指标）的栖息地模型能更好地定义最优栖息地。

二、研究方法简述

研究中，栖息地指数 HSI 取值范围一般为 0.0～1.0，它是一个数量指数，0.0 表示不适宜生境，1.0 表示最适宜生境。HSI 模型特别适于表达简单而又易于理解的主要环境因素对生物分布的适宜度或丰度。HSI 与生境评价程序一起被广泛地运用于野生生物的栖息地质量评估，在运用中它们是最有影响力的管理工具，这些评估结果应用在日常的自然资源管理与决策支持中。

通常而言，HSI 模型的开发过程包括：①获取生境资料；②构建单因素适宜度函数；③赋予生境因子权重；④结合多项适宜度指数，计算整体 HSI 值；⑤产生适宜度地图。

用于构建 HSI 一般都基于以下思路：首先模拟出生物体对各环境要素的适宜性指数（suitability index，SI），然后通过一定的数学方法把各种 SI 关联在一起获得综合 HSI。

分析单个因子对生物分布的影响，是 HSI 研究中最基本的方法。但栖息地是一个非常复杂的生态系统，综合考虑多个因子的影响能更好地解释并预测生物的分布。然而，数据的收集需要大量的人力、物力及时间，不可能将所有的因子都考虑进来。Vincezi 等指出，为 HSI 模型选择合适的输入因子应遵循以下标准：①形态和生化因子必须与生态承载能力（carrying capacity）或经济开发物种的生存或生长率显著相关；②对因子与生境之间的关系有充分的认识；③这些因子能以实际且符合成本效益的方法获得、测量或取样。因此，环境因子的选择是至关重要的，这些因子应该被考虑进将来的管理计划中，因为它们能指示出物种的栖息场所。

在渔业科学研究中，影响 HSI 的因子有很多，包括非生物因子和生物因子，以及人类的影响。不同的研究区域和研究对象及其生活史阶段对环境因子的选择不同。一般而言，海洋生物中，考虑的主要影响因子有温度，包括 SST、GSST、不同水深温度等，以及海洋表面盐度、海洋表面高度距平、SSH 和叶绿素 a（Chl-a）等；河口中，考虑的主要影响因子有温度、盐度、深度、溶解氧等；河流中，考虑的主要影响因子有温度、深度、水体流速等；湖泊中，考虑的主要影响因子有深度、水体透明度、风区长度和水化学参数等；底栖生物还会考虑沉积物类型和底质等。这些环境因子的资料来源一般包括：①遥感环境数据；②实地测量数据；③实验数据；④间接获取（在前三种数据的基础上，通过数学模型或方法计算得到）。

HSI 模型的开发者通常假设：①物种或种群主动选择适宜其生存的生境；②物种和环境变量存在线性关系，这种线性关系主要来自经验数据、专家判断或二者结合。通常所构建的线性函数是分段（broken linear）的，为了简化 SI 模型，也有不少学者根据历史资料或专家知识直接赋值（表 7-4）。而在自然环境中，这种假设的线性关系几乎不存在，因此越来越多的研究者开始根据数理统计知识等模拟生物分布与环境变量之间的关系，从而计算得到影响因子的 SI 曲线。

表 7-4 栖息地适宜性指数不同模型优缺点比较（龚彩霞等，2011）

模型	优点	缺点	应用
连乘法	估计结果保守	对 0 值敏感	无
最小值法	估计结果较保守	受最小 SI 因子的限制	保护区、生态养护管理
最大值法	估计结果较乐观	受最大 SI 因子的限制	中心渔场的预测
算术平均值法	估计结果较折中，不受 SI 极值的影响	将各 SI 值同等对待，未考虑单因素 SI 偏小或偏大的影响	资源量估算、渔场分析
几何平均值法	估计结果较折中，考虑了单因素 SI 值偏小或偏大的影响	估计效果低于算术平均法，参数越少越好，受 0 值影响较大	资源量估算、渔场分析

一般而言，各因子的权重是通过专家知识获得的。但许多研究中，可能缺乏足够的信息给不同的环境变量赋予不同的权重。目前在渔业科学中，大部分 HSI 的应用都将各因子的权重同等对待。然而，一些研究者认为，从专家判断获得的权数相比于目前算法的薄弱环节是强有力的，因为这些权数代表了渔业科学研究和管理等从业者的共有知识，因此实际上是被广泛接受的。

三、常用的 HSI 计算公式及其应用

目前在渔业科学中，常用的 HSI 综合算法有以下几种。

（1）连乘法模型（continued product model，CPM）：

$$\text{HSI} = \prod_{i=1}^{n} \text{SI}_i \tag{7-1}$$

（2）最小值法模型（minimum model，MINM）：

$$\text{HSI} = \text{Min}(\text{SI}_1, \text{SI}_2, \cdots, \text{SI}_n) \tag{7-2}$$

（3）最大值法模型（maximum model，MAXM）：

$$\text{HSI} = \text{Max}(\text{SI}_1, \text{SI}_2, \cdots, \text{SI}_n) \tag{7-3}$$

（4）几何平均法模型（geometric mean model，GMM）：

$$\text{HSI} = \sqrt[n]{\sum_{i=1}^{n} \text{SI}_i} \tag{7-4}$$

（5）算术平均法模型（arithmetic mean model，AMM）：

$$\text{HSI} = \frac{1}{4} \sum_{i=1}^{n} \text{SI}_i \tag{7-5}$$

（6）混合算法：根据小中求大原则，即在不同时间内取各因子 SI 的最小值，同一地点取各时间段的最大值，即

$$\text{HSI} = \text{Max}\{\text{Min}(\text{SI}_1, \text{SI}_2, \cdots, \text{SI}_n)_1, \cdots, \text{Min}(\text{SI}_1, \text{SI}_2, \cdots, \text{SI}_n)_j\} \tag{7-6}$$

（7）赋予权重的几何平均值算法模型（weighted geometric mean，WGM）：

$$\text{HSI} = \left(\prod_{i=1}^{n} \text{SI}_i^{w_i}\right)^{1/\sum_{i=1}^{n} w_i} \tag{7-7}$$

（8）赋予权重的算术平均值算法（weighted mean model，WMM）：

$$HSI = \sum_{i=1}^{n} w_i SI_i \qquad (7\text{-}8)$$

式（7-1）～式（7-8）中，i 为第 i 个影响因子；n 为影响因子总数；SI_i 为第 i 个影响因子的 SI 值；w_i 为第 i 个因子的权重或权数。

基本算法为前 5 种。在各种算法中，CPM 和 MINM 估计结果较为保守，CPM 对 0 值很敏感，其中一个因子 SI 值为 0，则综合 HSI 为 0，目前渔业 HSI 研究中很少独立运用 CPM，少数陆生生态系统研究会加入 HSI 的混合算法中。MINM 受最小 SI 因子的限制，因为 HSI 取决于各因子 SI 中的最小者，在渔业中常被运用于保护区的设立与评估及生态系统养护与管理中。MAXM 取各 SI 的最大值，对结果做出了较为乐观的估计，因此常被运用于中心渔场的预测。AMM 和 GMM 是目前渔业 HSI 中运用最为广泛的算法，常被用来做资源量的估算与渔场分析，但这两种算法也都存在各自的利弊（表 7-4）。

以上模型都是针对单因子 SI 构建的，忽视了因子之间的交互作用对生物分布的影响，王家樵、冯波等利用分位数回归（quantile regression，QR）法对大眼金枪鱼进行了研究，计算出各因子及其交互作用因子与大眼金枪鱼分布之间的关系，进一步求算出 HSI，输出结果较好地预测了生物分布。

为了使输出结果更为直观，研究者采用一些绘图软件（如 ArcGIS、Marine Explorer 等）或编程软件（如 Matlab、R 语言等）将结果可视化，把 HSI 从 0 到 1 划分成不同的等级，并给生物栖息地命以不同的适合度，如不适宜、一般适宜、中等适宜、较适宜、最适宜等。

模型检验（model testing）步骤一般包括模型校正（calibration）、验证（verification）和实证（validation）。美国地质调查局国家湿地研究中心鱼类与野生生物署虽然建立了许多野生生物和鱼类的 HSI 模型，但是很少对其模型进行检验，从而在一定程度上影响了该模型的发展与应用。

HSI 模型并不具有普适性，即对某一特定生物所建立的 HSI 模型不一定适宜其他生物，因此，假设将 HSI 模型用于各种生态区域的所有野生生物和鱼类物种是不现实的。同时，一个经过校正和验证的模型中，如果在其运用过程中存在中度风险时，用新的模型构建方法更为合适。

四、栖息地适宜性指数在渔情预报中的应用

HSI 在海洋渔业中的应用起步较晚，近年来研究较多，主要用于中心渔场分析、资源量估算等。Vincezi 等利用沉积物、溶解氧、温度、深度和 Chl-a 等因子对地中海马尼拉蛤（*Tapes philippinarum*）栖息地进行了研究，用历史资料构建了各因子的 SI 方程（非线性），根据专家知识设定各因子的权重，采用权重几何平均模型建立 HSI 模型，最后利用由实验观测值产生的分段函数将 HSI 值转换为每年的潜在产量估计值，该模型为管理者提供了不同地点马尼拉蛤的潜在经济产量。Chen 等利用遥感 SST、海洋表面盐度、海洋表面高度距平值和 Chl-a 数据对东中国海鲐鱼（*Scomber japonicus*）进行了研究，用 4 种不同方法（CPM、MINM、AMM 和 GMM）构建了 HSI 模型，以赤池信息量准则（Akaike's information criterion，AIC）作为模型选择标准进行模型选择，结果表明 AMM 模型能可靠地预测鲐鱼栖息地。郭爱和陈新军利用水温垂直结构对中西太平洋鲣鱼（*Katsuwonus pelamis*）栖息地进行了研究，首先采用一元非线性方程建立 SST、12.5m 水温等 5 个水温因子与 SI 之间的关系，

然后采用 CPM、MINM、MAXM、AMM 和 GMM 方法建立 HSI 模型，并对其进行了比较。结果表明，用 MAXM 构建的 HSI 模型更能反映中心渔场的分布状况。

综合 HSI 在海洋渔业中的应用情况，大部分研究人员利用生产统计数据构建 SI 函数，利用 HSI 的 5 种基本方法进行计算，并采用 AIC 等标准筛选出最优模型。由于生物资源丰度数据的获取存在一定的困难，特别是商业渔业，很少对研究对象不同生活阶段进行独立研究。随着 RS 和 GIS 的发展，遥感环境数据为在大尺度范围内研究海洋生物的栖息地提供了支持。

总之，HSI 理论和方法在渔业科学中得到了很好的应用，特别是随着 GIS 技术的发展及其在渔业领域的应用，HSI 将成为渔业资源评估、管理和保护，以及渔场分析等的重要工具和手段。但是，用 HSI 模型来预测生物分布及评价生境质量存在不确定性，主要表现在 4 个方面。

（1）生境资料获取的全面性及客观性。HSI 模型中环境变量数目及形式的选择是鉴定最适生境的关键，对生物空间分布影响不显著的因子或因子过多地包含在 HSI 模型中，可能会混淆 HSI 模型的建立，同时影响因子数据的收集也是一项很浩大的工程。因子的选择虽然有学者提出适当的标准，但仍然有可能漏掉对生物分布影响很重要的因子，从而很难解释一些生物斑块的出现。一般而言，要求输入的因子能够准确反映生物的时空分布，尽可能包含所有与之显著相关的因子，同时摒弃与之不相关或相关性较小的因子。

（2）SI 曲线的可靠性。SI 曲线的获得依赖于历史资料、野外经验和专家判断。

（3）输入数据的代表性。要求样本必须能够反映总体数据的分布特性，需要模型验证以降低输入数据的不确定性。

（4）模型的结构。针对同一数据，用不同的模型评价得到的结果可能有显著的差异。

尽管 HSI 模型存在着一定的问题和局限性，但其优越性也是其他生境模型所无法相比的。HSI 能够指示生物的最适环境条件、预测生物分布、估算资源量及评价生物生境适宜度等，从而在保护区的建立与评价、渔场分析、资源量估算和生态养护与管理等方面做出贡献。HSI 在渔业中的应用受到保护者、立法者、管理者及广大渔民的关注与重视。

综合国内外研究现状及其存在的问题，国内渔业界应加大对 HSI 模型的研究及在渔业科学中的应用，同时在 HSI 研究和应用过程中，要考虑以下问题。

（1）充分了解研究对象生活史过程及其生物学特性，以及其所处的海洋环境。

（2）针对不同生长阶段和外部环境，充分利用 3S［GNSS（全球卫星导航系统）、GIS、RS］技术的发展获取合适的环境因子数据，选择合适的环境因子。

（3）进行适合因子时空标准的研究，建立规范与标准。

（4）尽可能根据历史资料赋予各因子的权重，并通过合适的优化算法设定最优权数。

（5）针对不同目标（中心渔场、生物量估算等），选择合适的模型。

（6）通过各种模型的比较分析，选择合适的 HSI 模型。

（7）利用实测数据和最新资料，对模型进行不断改进与修正，以提高模型的精度。

五、栖息地指数模型建立的几个关键技术问题

1. 时空分辨率

尺度问题是生态学、生态系统学及应用生态学中的中心问题，并在研究中引起了高度关注。Perry 和 Ommar 对不同时空尺度的影响机制进行了描述。用不同尺度的观测数据得到的

种群及群落动态可能显示不同时空尺度结构。Marceau 和 Hay 曾强烈建议将尺度作为一门独立的科学进行研究，这样的一门科学需要在分析中将尺度作为一个明确的变量，以及在尺度研究中充分利用遥感和 GIS 等手段。遥感的一个优势即有能力提供不同空间分辨率的数据，这将很容易集合中间尺度数据。

2. 权重的影响

种群或物种的空间分布与环境因子息息相关，不同的环境因子在鱼类种群空间动态分布中起到不同的作用，其中某些因子可能比其他因子更为重要。环境因子的重要性也可能随着鱼类历史生命周期而改变，这反映了鱼类不同生长时期对栖息地的不同需求。HSI 模型中栖息地变量的权重反映了各变量对鱼类分布的影响大小。

3. 构建模型分析

栖息地模型构建中，主要包括两个层次的模型：一是适应性指数 SI 模型的构建，通常包括专家赋值法、外包络法、正态分布、偏正态分布等模型；二是栖息地综合指数模型，即 HSI 模型的构建，通常包括连乘法、最小值法、最大值法、几何平均法、算术平均法等方法，也包括不同权重的 HSI 模型，以及智能专家系统，如神经网络等。因此，在实际研究中，需要对多种模型进行比较研究，通常以 AIC、DIC 等准则进行判断，然后选择最适的栖息地指数模型。

当然在模型选择中，也涉及 SI 指数的表征问题，例如，是采用捕捞努力量，还是单位捕捞努力量渔获量，或渔获量等其他参数，这需要进行模型比较和验证。随着生产和调查数据的不断积累和更新，需要对模型进行不断优化和回顾性评价，从而获得更为合适的栖息地指数模型。

4. 数据来源分析

海洋环境对海洋渔业资源的空间分布、数量变化等具有重要影响。而研究海洋环境对渔业资源的影响、分析渔业资源的时空变动规律，必须借助于各种海洋环境数据。海洋环境数据既包括各种观测数据（如遥感数据）又包括各种模型同化数据，因此，海洋环境数据可能具有多种来源、多个版本。由于数据的收集方式、反演算法、处理方式、处理目的等不同，海洋环境数据会以不同时间或空间分辨率呈现，并具有不同的误差。海洋环境数据因其反映相同客观现实而具有一致性，同时，不同观测、处理误差又将使其表现出差异性。而在渔业资源研究中，数据使用者通常会根据需要、经验等选择其中一种数据用于研究，因此，有必要分析数据版本或数据源的差异是否会对研究结果产生显著性的影响，是否会影响模型对其他数据的适用性。

5. 其他方面

在构建栖息地指数模型过程中，首先，要充分了解研究对象生活史过程及其生物学特性，以及其所处的环境。同时，要针对不同生长阶段和外部环境，选择合适的环境因子及其数据，如幼鱼阶段、索饵阶段和产卵阶段是完全不同的。其次，要针对不同目标（中心渔场、生物量估算等），选择合适的栖息地指数模型。最后，要利用实测数据和最新资料，对模型进行不断改进与修正，以提高模型的精度。

六、基于多因子的南太平洋长鳍金枪鱼中心渔场预测

1. 研究概况

长鳍金枪鱼作为高度洄游的大洋性鱼类，因其经济价值高、资源量丰富而成为世界海洋

渔业的主要捕捞对象之一。根据 2006~2010 年南太平洋长鳍金枪鱼的生产数据，结合 Chl-a 浓度、SST 和 SSS 资料，运用一元非线性回归方法，按月份建立基于各环境因子的长鳍金枪鱼 HSI，采用算术平均法（arithmetic mean model，AMM）获得基于多海洋环境因子的综合 HSI 模型，利用 2011 年生产数据及海洋环境资料对栖息地模型进行验证。研究表明，作业渔场主要分布在 HIS>0.6 的海域，且模型预报准确率接近 70%。因此，基于叶绿素 a 浓度、表层温度和表层盐度的综合栖息地模型能较好地预测南太平洋长鳍金枪鱼中心渔场。

研究海域为南太平洋的 0°N~30°S、155°E~135°W，研究时间为 2006~2011 年。生产数据选取中西太平洋金枪鱼委员会（www.wcpfc.int）的长鳍金枪鱼生产统计资料，主要包括作业日期、作业经度、作业纬度、作业产量、作业钓钩数等数据，空间分辨率为 $5.0° \times 5.0°$。

环境数据即卫星同步获取的 Chl-a 浓度、SST 和 SSS，其研究海域为 0°N~30°S、155°E~135°W。其中，Chl-a 浓度和 SST 数据来源于全球海洋遥感网提供的中分辨率成像光谱仪获得的三级反演产品，空间分辨率为 $0.1° \times 0.5°$；盐度数据来源于哥伦比亚网站（http://iridl.ldeo.columbia.edu/SOURCES/.NOAA/.NCEP/.EMC/.CMB/.GODAS/.monthly/.BelowSeaLevel/.SALTY/dataselection.html），空间分辨率为 $1.0° \times 0.3°$。时间分辨率均为月。

因长鳍金枪鱼生产数据和环境因子数据的空间分辨率不同，将各分辨率统一为 $5° \times 5°$，并按月对生产数据和环境因子数据进行预处理，所有预处理均在 Excel 表格中完成。将处理后的生产数据和环境因子数据进行整合，整合后每条数据包括作业时间、作业位置、Chl-a 浓度和作业钩数。

利用渔获产量分别与 Chl-a 浓度、SST、SSS 来建立相应的适应性指数模型。研究假定最高产量（PRO_{max}）为长鳍金枪鱼资源分布最多的海域，认定其栖息地指数为 1；渔获产量为 0 时认定长鳍金枪鱼资源分布最少的海域，其栖息地指数为 0。单因素栖息地指数 SI 计算公式如下：

$$SI_i = PRO_{ij} / PRO_{i, \text{max}}$$

式中，SI_i 为 i 月得到的适应性指数；$PRO_{i, \text{max}}$ 为 i 月的最大产量；PRO_{ij} 为 i 月 j 渔区的产量。

利用一元非线性回归方法建立 Chl-a 浓度、SST、SSS 与 SI 之间的关系模型，利用 R 语言软件求解。通过此模型将环境因子 Chl-a 浓度、SST 和 SSS 与 SI 两离散变量关系转化为连续随机变量关系。利用算术平均法计算栖息地综合指数 HSI，HSI 在 0（不适宜）~1（最适宜）变化。计算公式如下：

$$HSI = (SI_{CHL} + SI_{SST} + SI_{SSS}) / 3$$

式中，SI_{CHL}、SI_{SST} 和 SI_{SSS} 为 SI 分别与 Chl-a 浓度、SST 和 SSS 的适应性指数。

2. 长鳍金枪鱼渔场分布

由图 7-13 可知，2006~2011 年南太平洋海域长鳍金枪鱼延绳钓鱼场分布相当广泛，几乎遍及整个研究海域。从纬度上看，长鳍金枪鱼渔获量高产区多分布在 13°S~22°S 的热带海域，且具有一定的纬向扩展的分布特征；从经度上看，长鳍金枪鱼渔获量表现出东高西低的产量分布特征；从产量空间分布来看，累积产量超过 1.0×10^3t 的渔区（$5.0° \times 5.0°$）数量达到 51 个，占作业总渔区数的 60.7%，单个作业渔区最高产量达到 3.7×10^3t。

3. HSI 模型的建立

利用正态分布模型分别拟合以 Chl-a 浓度、SST 和 SSS 为基础的 SI 曲线（图 7-14），拟合的 SI 曲线模型见表 7-5。模型拟合通过显著性检验（$P<0.01$）。因此，采用一元非线性回归方法建立的各因子适应性曲线是合适的。

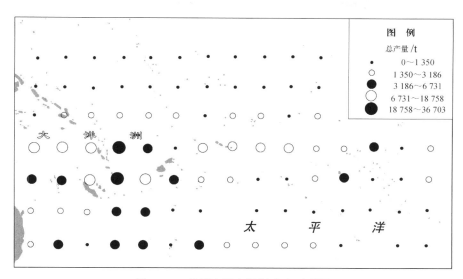

图 7-13　长鳍金枪鱼渔场分布示意图

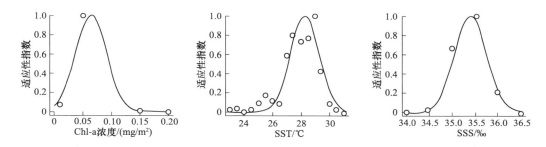

图 7-14　1 月基于 Chl-a 浓度、SST 和 SSS 的南太平洋长鳍金枪鱼适应性曲线

表 7-5　南太平洋各月长鳍金枪鱼栖息地适应性指数模型

月份	变量	适应性指数模型	相关系数 R	P 值
1	Chl-a	$y_{SI}=\exp\left[-673.803\,2\times(x_{CHL}-0.064\,5)^2\right]$	0.996 0	0.000 1
	SST	$y_{SI}=\exp\left[-0.504\,4\times(x_{SST}-28.248\,5)^2\right]$	0.871 7	0.000 0
	SSS	$y_{SI}=\exp\left[-4.050\,0\times(x_{SSS}-35.400\,1)^2\right]$	0.983 7	0.000 1
2	Chl-a	$y_{SI}=\exp\left[-653.569\,8\times(x_{CHL}-0.062\,0)^2\right]$	0.996 2	0.000 1
	SST	$y_{SI}=\exp\left[-1.020\,6\times(x_{SST}-28.915\,6)^2\right]$	0.869 4	0.000 0
	SSS	$y_{SI}=\exp\left[-12.040\,0\times(x_{SSS}-35.211\,4)^2\right]$	0.972 2	0.000 3
3	Chl-a	$y_{SI}=\exp\left[-800.368\,7\times(x_{CHL}-0.069\,3)^2\right]$	0.990 7	0.000 3
	SST	$y_{SI}=\exp\left[-1.248\,2\times(x_{SST}-29.104\,8)^2\right]$	0.984 2	0.000 0
	SSS	$y_{SI}=\exp\left[-16.120\,0\times(x_{SSS}-35.200\,0)^2\right]$	0.982 4	0.000 1
4	Chl-a	$y_{SI}=\exp\left[-397.446\,9\times(x_{CHL}-0.075\,5)^2\right]$	0.990 5	0.000 4
	SST	$y_{SI}=\exp\left[-4.748\,1\times(x_{SST}-29.121\,0)^2\right]$	0.846 3	0.000 0
	SSS	$y_{SI}=\exp\left[-16.000\,0\times(x_{SSS}-35.202\,2)^2\right]$	0.983 7	0.000 1

续表

月份	变量	适应性指数模型	相关系数 R	P 值
5	Chl-a	$y_{SI}=\exp\left[-332.721\,8\times(x_{CHL}-0.080\,0)^2\right]$	0.971 8	0.002 0
	SST	$y_{SI}=\exp\left[-4.102\,7\times(x_{SST}-28.900\,2)^2\right]$	0.866 9	0.000 0
	SSS	$y_{SI}=\exp\left[-7.000\,0\times(x_{SSS}-35.330\,0)^2\right]$	0.983 6	0.000 1
6	Chl-a	$y_{SI}=\exp\left[-499.999\,0\times(x_{CHL}-0.074\,0)^2\right]$	0.948 3	0.005 0
	SST	$y_{SI}=\exp\left[-0.705\,6\times(x_{SST}-28.023\,5)^2\right]$	0.840 4	0.000 0
	SSS	$y_{SI}=\exp\left[-8.000\,0\times(x_{SSS}-35.320\,0)^2\right]$	0.977 1	0.000 2
7	Chl-a	$y_{SI}=\exp\left[-525.599\,9\times(x_{CHL}-0.080\,5)^2\right]$	0.950 5	0.000 9
	SST	$y_{SI}=\exp\left[-1.165\,0\times(x_{SST}-27.601\,3)^2\right]$	0.812 3	0.000 0
	SSS	$y_{SI}=\exp\left[-6.710\,0\times(x_{SSS}-35.330\,0)^2\right]$	0.983 7	0.000 1
8	Chl-a	$y_{SI}=\exp\left[-700.000\,0\times(x_{CHL}-0.072\,0)^2\right]$	0.880 4	0.005 6
	SST	$y_{SI}=\exp\left[-2.530\,1\times(x_{SST}-27.400\,9)^2\right]$	0.831 3	0.000 0
	SSS	$y_{SI}=\exp\left[-20.040\,0\times(x_{SSS}-35.330\,1)^2\right]$	0.964 1	0.000 5
9	Chl-a	$y_{SI}=\exp\left[-817.150\,0\times(x_{CHL}-0.060\,0)^2\right]$	0.983 7	0.000 1
	SST	$y_{SI}=\exp\left[-1.609\,5\times(x_{SST}-27.332\,9)^2\right]$	0.856 1	0.000 0
	SSS	$y_{SI}=\exp\left[-10.320\,0\times(x_{SSS}-35.340\,0)^2\right]$	0.955 9	0.000 7
10	Chl-a	$y_{SI}=\exp\left[-1000.000\,0\times(x_{CHL}-0.055\,0)^2\right]$	0.995 5	0.000 1
	SST	$y_{SI}=\exp\left[-0.800\,0\times(x_{SST}-27.520\,6)^2\right]$	0.754 8	0.000 0
	SSS	$y_{SI}=\exp\left[-2.540\,0\times(x_{SSS}-35.370\,1)^2\right]$	0.968 3	0.000 4
11	Chl-a	$y_{SI}=\exp\left[-884.680\,0\times(x_{CHL}-0.055\,0)^2\right]$	0.996 2	0.000 1
	SST	$y_{SI}=\exp\left[-0.810\,0\times(x_{SST}-27.900\,0)^2\right]$	0.874 7	0.000 0
	SSS	$y_{SI}=\exp\left[-4.100\,0\times(x_{SSS}-35.370\,1)^2\right]$	0.983 6	0.000 1
12	Chl-a	$y_{SI}=\exp\left[-604.990\,0\times(x_{CHL}-0.063\,0)^2\right]$	0.996 2	0.000 1
	SST	$y_{SI}=\exp\left[-0.203\,0\times(x_{SST}-27.600\,3)^2\right]$	0.761 1	0.000 0
	SSS	$y_{SI}=\exp\left[-6.700\,0\times(x_{SSS}-35.369\,0)^2\right]$	0.983 3	0.000 1

4. HSI 模型验证与分析

根据 SI_{CHL}、SI_{SST} 和 SI_{SSS} 计算各月适应性指数，然后获得栖息地适宜性指数 HSI。1～5 月和 12 月 HSI 为 0.6 以上的作业次数均占各月总作业次数的 60.00% 以上。6～11 月 HSI 为 0.6 以上的作业次数占各月总作业次数的 30%～55%。各月 HSI 值及其作业次数所占比例如表 7-6 所示。

表 7-6　各月 HSI 值及其作业次数所占比例

HSI	作业次数所占比例 /%												平均值 /%
	1 月	2 月	3 月	4 月	5 月	6 月	7 月	8 月	9 月	10 月	11 月	12 月	
[0.0, 0.2)	0.00	0.00	1.61	1.82	0.00	1.43	1.35	4.05	4.05	4.23	1.54	0.00	1.67
[0.2, 0.4)	15.38	16.13	8.06	9.09	15.15	15.71	25.68	29.73	27.03	21.13	18.46	7.58	17.43
[0.4, 0.6)	24.62	22.58	29.03	14.55	22.73	28.57	28.38	35.14	27.03	36.62	24.62	25.76	26.64
[0.6, 0.8)	41.54	37.10	40.32	58.18	45.45	42.86	33.78	21.62	28.38	25.35	44.62	45.45	38.72
[0.8, 1.0)	18.46	24.19	20.97	16.36	16.67	11.43	10.81	9.46	13.51	12.68	10.77	21.21	15.54

1~4 月 HSI 为 0.6 以上的各月作业产量在 1700~2600t，均占各月作业产量的 80% 以上；5 月 HSI 为 0.6 以上的作业产量为 3348t，占全月作业产量的 73.80%；6~9 月 HSI 为 0.6 以上的作业产量为 1900~2700t，占各月作业产量的 36%~55%；10~12 月 HSI 为 0.6 以上的作业产量为 2700~3800t，占各月作业产量的 65%~80%。各月 HSI 值及其渔获量所占比例如表 7-7 所示。

表 7-7 各月 HSI 值及其渔获量所占比例

HSI	渔获量所占比例 /%												平均值 /%
	1 月	2 月	3 月	4 月	5 月	6 月	7 月	8 月	9 月	10 月	11 月	12 月	
[0.0, 0.2)	0.00	0.00	0.00	0.03	0.00	0.00	0.65	1.85	1.33	1.40	0.37	0.00	0.47
[0.2, 0.4)	5.49	8.90	3.60	0.82	4.22	13.27	36.45	32.87	17.60	6.51	5.16	5.27	11.68
[0.4, 0.6)	12.27	10.92	7.53	3.79	21.98	33.72	22.61	28.98	23.89	17.58	28.77	16.01	19.00
[0.6, 0.8)	62.29	55.45	50.89	71.45	31.95	27.04	25.28	25.71	41.40	41.32	46.92	40.86	43.38
[0.8, 1.0)	19.95	24.74	37.98	23.91	41.85	25.97	15.02	10.58	15.77	33.19	18.79	37.86	25.47

长鳍金枪鱼渔场分布易受到海洋环境因子（Chl-a 浓度、SST、SSS 等）的影响。研究认为，长鳍金枪鱼栖息水温为 13.5~25.2℃，以表层水温 15.6~19.4℃资源较丰富。研究表明，南太平洋延绳钓长鳍金枪鱼各月渔获量同平均 SST 关系分布密切，总体为偏态分布的单峰型。盐度对大多数鱼类直接影响很少，主要通过水团、海流的间接影响，但是长鳍金枪鱼会随着暖流（高温高盐）和寒流（低温低盐）的变化而进行洄游。

SI 模型表明，长鳍金枪鱼 HSI（资源密度）与 Chl-a 浓度、SST 和 SSS 存在着正态分布关系（$P<0.01$）。这一关系也在其他研究中得到证实。但是，以作业产量为基础建立的 HSI 模型，比较不同 HSI 的作业渔区数和渔获量比例有一定的差异（表 7-6 和表 7-7），HSI 大于 0.6 的海域，渔获量比例总体达到 68.85%（表 7-7），而作业渔区的比例只有 54.26%（表 7-6）。这一差异说明，长鳍金枪鱼资源集中时，以作业产量为基础的 SI 值较高，而以作业渔区数为基础的 SI 值较低，反之亦然。

尽管长鳍金枪鱼渔场分布与海洋环境因子关系密切，上述模型也取得了较好的预测精度。但长鳍金枪鱼具有垂直分布的现象，通常 105m 水层和 205m 水层温度也是寻找中心渔场的指标之一。此外，其他海洋环境因子如海面高度、锋面、温跃层、大尺度海洋事件等会影响长鳍金枪鱼渔场丰度的变化。因此，今后的研究中需综合考虑上述环境因子，综合分析与研究，以完善长鳍金枪鱼栖息地模型，弥补该模型在渔场预报中的不足。

第五节 人工智能在渔情预报中的应用

一、基本概念

1. 人工智能

人工智能（artificial intelligence，AI）也称智械、机器智能，指由人制造出来的机器所表现出来的智能。通常人工智能是指通过普通计算机程序来呈现人类智能的技术。该词也指出研究这样的智能系统是否能够实现，以及如何实现。人工智能在一般教材中的定义是"智能主体（intelligent agent）的研究与设计"，智能主体指一个可以观察周遭环境并做出行动以达目标的系统。约翰·麦卡锡于 1955 年的定义是"制造智能机器的科学与工程"。安德里亚斯·卡普兰（Andreas Kaplan）和迈克尔·海恩莱因（Michael Haenlein）将人工智能定义为"系统正确解释外部数据，从这些数据中学习，并利用这些知识通过灵活适应实现特定目标和任务的能力"。人工智能的研究是高度技术性和专业的，各分支领域都是深入且各不相通的，因而涉及范围极广。

人工智能的核心包括建构与人类相似甚至超卓的推理、知识、规划、学习、交流、感知、移物、使用工具和操控机械的能力等。当前有大量的工具应用了人工智能，其中包括搜索和数学优化、逻辑推演。而基于仿生学、认知心理学，以及基于概率论和经济学的算法等也在逐步探索当中。思维来源于大脑，而思维控制行为，行为需要意志去实现，而思维又是对所有数据采集的整理，相当于数据库，因此人工智能最后会演变为机器替换人类。

人工智能的定义有多种，主要如下。

（1）人工智能是类人行为，类人思考，理性的思考，理性的行动。人工智能的基础是哲学、数学、经济学、神经科学、心理学、计算机工程、控制论、语言学等。

（2）人工智能是研究、开发用于模拟、延伸和扩展人的智能理论、方法、技术及应用系统的一门新的技术科学，是计算机科学的一个分支。

（3）人工智能科学的主旨是研究和开发出智能实体，在这一点上属于工程学。工程学的一些基础学科包括数学、逻辑学、归纳学、统计学、系统学、工程学、计算机科学等。因此说人工智能是一门综合学科。

当前，人工智能的研究领域在不断扩大，包括专家系统、机器学习、进化计算、模糊逻辑、计算机视觉、自然语言处理、推荐系统等。

2. 机器学习

机器学习（machine learning，ML）是一种实现人工智能的方法。机器学习最基本的做法是使用算法来解析数据、从中学习，然后对真实世界中的事件做出决策和预测。与传统的为解决特定任务、硬编码的软件程序不同，机器学习是用大量的数据来"训练"，通过各种算法从数据中学习如何完成任务。

机器学习是近 20 多年兴起的一门多领域交叉学科，涉及概率论、统计学、逼近论、凸分析、算法复杂度理论等多门学科。机器学习理论主要是设计和分析一些让计算机可以自动"学习"的算法。机器学习算法是一类从数据中自动分析获得规律，并利用规律对未知数据进行预测的算法。因为学习算法中涉及了大量的统计学理论，机器学习与统计推断学联系尤为密切，也被称为统计学习理论。算法设计方面，机器学习理论关注可以实现的，行之有效的学习算法。很多推论问题属于无程序可循的，因此部分机器学习研究是开发容易处理的近似算法。传统的算法包括决策树、聚类、贝叶斯分类、支持向量机、EM、Adaboost 等。从学习方法上来分，机器学习算法可以分为监督学习（如分类问题）、无监督学习（如聚类问题）、半监督学习、集成学习、深度学习和强化学习。

机器学习已有十分广泛的应用，如数据挖掘、计算机视觉、自然语言处理、生物特征识别、搜索引擎、医学诊断、检测信用卡欺诈、证券市场分析、DNA 序列测序、语音和手写识别、战略游戏和机器人运用等。

3. 深度学习

深度学习是机器学习研究中一个新的领域，其动机在于建立模拟人脑进行分析学习的神经网络，它模仿人脑的机制来解释数据，如图像、声音和文本。深度学习是无监督学习的一种。

深度学习的概念源于人工神经网络的研究。含多隐层的多层感知器就是一种深度学习结构。深度学习通过组合低层特征形成更加抽象的高层表示属性类别或特征，以发现数据的分布式特征表示。

深度学习的概念由 Hinton 等于 2006 年提出。基于深信度网（deep belief networks，DBN）提出非监督贪心逐层训练算法，为解决深层结构相关的优化难题带来希望，随后提出多层自动编码器深层结构。此外，Lecun 等提出的卷积神经网络是第一个真正多层结构学习算法，它利用空间相对关系减少参数数目以提高训练性能。

把学习结构看作一个网络，则深度学习的核心思路如下：①无监督学习用于每一层网络的 Pre-Train；②每次用无监督学习只训练一层，将其训练结果作为其高一层的输入；③用监督学习去调整所有层。

4. 三者之间的区别和联系

机器学习是一种实现人工智能的方法，深度学习是一种实现机器学习的技术。人工智能、机器学习、深度学习的关系如图 7-15 和图 7-16 所示。

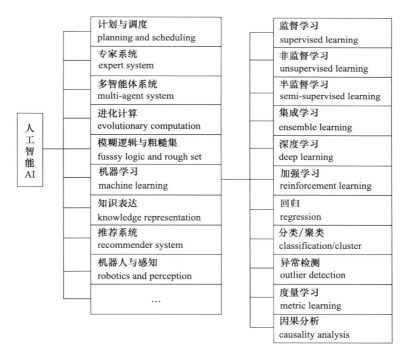

图 7-15　人工智能、机器学习与深度学习的关系图

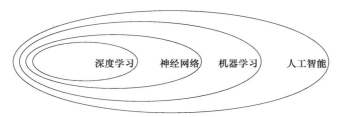

图 7-16　人工智能、机器学习与深度学习的层次关系图

二、机器学习在渔业中的应用现状

目前，机器学习方法已经在海洋科学，包括渔业中有较多应用，大部分是经典机器学习算法，最新技术如深度学习算法也有少量应用，检索 Web of Science 等的结果显示，到 2019 年 12 月大概有 100 篇文献。从数据层面、技术层面、应用场景机器学习大致可以分为三个类别。

国际海洋开发理事会（International Council for the Exploration of the sea，ICES）于 2019 年成立了海洋科学机器学习工作组（Working Group on Machine Learning in Marine Science，WGMLEARN），该工作组的任务就是回顾现有海洋科学中机器学习方法现状，并探索在海洋科学中使用机器学习方法的潜力，其中一个重要的方面就是海洋生物多样性与渔业的结合。

（1）在数据层面：将一种或多种数据，如声学、图片、视频、卫星遥感、VMS 等数据，成功应用于鱼类鉴定、资源丰度估算、鱼类行为等，如基于机器学习鲨鱼类鉴定（Johnson et al.，2017），鲸鱼种群丰度和监测种群动态评估；基于深度学习（视频流）的鱼类行为学研究（Nian et al.，2014）；基于卷积神经网络的金枪鱼、鱿鱼识别等。

（2）在技术层面：应用技术多样，既有经典的算法，又有最新发展的深度学习算法，主要包括聚类分析、神经网络和深度学习等方法。

（3）在应用方面：应用场景多样化，主要有资源评估、生物多样性、种群分布、种类鉴定、核心栖息地保护区设定、渔场跟踪等，如用于鱼类资源丰度预测（Zhang and Zimba，2017）；深度学习方法识别声学图片估计鱼群密度；基于机器学习方法的栖息地建模；机器学习在鱼类分类学上的应用；机器学习在渔业社会学领域中的应用；机器学习在鱼类生命史（life cycle of fish）过程中的应用，包括补充量（recruitment）预测、生长参数（fish growth）估计、年龄鉴定（age of fish）；机器学习在鱼类检测/鉴定的应用（fish identification），包括群体组成检测（detection）、鱼类集群检测（identification of fish-type）、新鱼种分类（classification）、鱼类分布确定（distribution）、异种判别（如 wild 与 farm-reared 的区别）；机器学习在确定鱼类集群地点，栖息地保护区设立等方面的应用；机器学习在鱼类资源种群（fish stock）评估方面的应用，包括预防渔业崩溃（collapse of fisheries）、渔业管理（fisheries management）、预测资源空间分布（fish catch）等；机器学习用于寻找鱼类种群变动相关因子（factors affecting fish stock），如污染（contaminants）、天气（weather）等的影响；机器学习在公共渔业政策（common fisheries policy，CFP）方面的应用（Mendoza et al.，2010）等。

三、机器学习在渔情预报中的应用

在渔情预报方面既有传统的机器学习算法，又有最近发展的深度学习算法，如汪金涛等利用卫星遥感海洋环境数据，包括 SST、SSH、Chl-a，建立了西北太平洋柔鱼 BP 神经网络资源丰度时空分布模型（图 7-17），预报潜在渔场（potential fishing zone）。该模型为经典的三层（输入层、隐含层和输出层）结构，输入层有 6 个节点，包含时间（月）、空间（经度、纬度）和环境因子（SST、SSH、Chl-a），隐含层 6 个节点，输出层一个节点。变量相关性分析表明月、纬度、SST 对模型贡献率高。敏感性分析法得出西北太平洋柔鱼最佳栖息环境因子范围：SST 为 11~18℃，SSH 为 -10~60cm，Chl-a 为 0.1~1.7mg/m³。多倍交叉验证结果表明该预报的平均预报精度达到 80%，优于传统的统计模型。

Marini 等通过部署在全球海洋的 Argo 图片采集装置（GUARD1 Image Device），每隔 10min 连续收集 2017 年 2～5 月阿夸阿尔塔海洋学塔（Acqua Alta Oceanographic tower）水下的图片 12 331 张，利用基于遗传算法（genetic programming）的监督学习（supervised learning）训练鱼类自动系统（automated fish recognition），并利用多倍交叉验证保证了该系统的稳定性，其精度达到 97% 以上，该系统能够在不同条件下（如白天、黑夜、清澈、浑浊）自动识别鱼种和数量，计算鱼类资源丰度，实现了全天候监测该区域的鱼类资源丰度，用于评估全球气候变化等对该区域鱼类资源及生物多样性的影响程度。

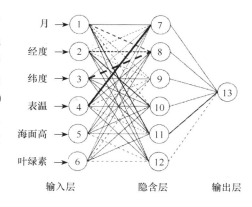

图 7-17 西北太平洋柔鱼 BP 神经网络资源丰度时空分布模型

思 考 题

1. 特征温度值的基本概念。
2. 温度距平、温度较差的基本概念。
3. 渔情速报图的基本概念。
4. 地理信息系统的基本概念。
5. 栖息地的基本概念。
6. 简要分析海洋遥感技术与渔情预报的关系及其作用。
7. 简要分析 GIS 技术与渔情预报的关系及其作用。
8. 简要描述栖息地方法在渔场预报中应该注意的问题。
9. 简要描述人工智能在未来渔情预报中的作用和意义。

建议阅读文献

陈新军，方学燕，杨铭霞，等. 2019. 地统计学在海洋渔业中的应用. 北京：科学出版社.

陈新军，高峰，官文江，等. 2013. 渔情预报技术及模型研究进展. 水产学报，8：1270-1280.

陈新军，龚彩霞，田思泉，等. 2019. 栖息地理论在海洋渔业中的应用. 北京：海洋出版社.

陈新军，刘廷，高峰，等. 2010. 北太平洋柔鱼渔情预报研究及应用. 中国科技成果，21：37-39.

陈新军，刘必林，田思泉，等. 2009. 利用基于表温因子的栖息地模型预测西北太平洋柔鱼（Ommastrephes bartramii）渔场. 海洋与湖沼，40（6）：707-713.

陈新军，汪金涛，官文江，等. 2016. 大洋性经济柔鱼类渔情预报与资源量评估研究. 北京：中国农业出版社.

陈新军. 2015. 渔情预报学. 北京：海洋出版社.

范江涛，陈新军，钱卫国，等. 2011. 南太平洋长鳍金枪鱼渔场预报模型研究. 广东海洋大学学报，6：61-67.

冯永玖，陈新军，杨晓明，等. 2014. 基于遗传算法的渔情预报 HSI 建模与智能优化. 生态学报，15：4333-4346.

高峰. 2018. 渔业地理信息系统. 北京：海洋出版社.

龚彩霞，陈新军，高峰，等. 2011. 地理信息系统在海洋渔业中的应用现状及前景分析. 上海海洋大学学报，20（6）：902-909.

龚彩霞，陈新军，高峰，等. 2011. 栖息地适宜性指数在渔业科学中的应用进展. 上海海洋大学学报，20（2）：260-269.

官文江，高峰，雷林，等. 2015. 多种数据源下栖息地模型及预测结果的比较. 中国水产科学，1：149-157.

雷林. 2016. 海洋渔业遥感. 北京：海洋出版社.

潘德炉. 2017. 海洋遥感基础及应用. 北京：海洋出版社.

尚文倩. 2017. 人工智能. 北京：清华大学出版社.

Bogucki R, Cygan M, Khan C B, et al. 2018, Applying deep learning to right whale photo identification. Conservation Biology, 33(3): 676-684.

Johnson G J, Buckworth R C, Lee H, et al. 2017.A novel field method to distinguish between cryptic carcharhinid sharks, Australian blacktip shark *Carcharhinus tilstoni* and common blacktip shark *C. limbatus*, despite the presence of hybrids. Journal of Fish Biology, 90: 39-60.

Marini S, Corgnati L, Mantovani C, et al. 2018. Automated estimate of fish abundance through the autonomous imaging device GUARD1. Measurement, 126: 72-75.

Mendoza M, García T, Barob J. 2010. Using classification trees to study the effects of fisheries management plans on the yield of *Merluccius merluccius* (Linnaeus, 1758) in the Alboran Sea (Western Mediterranean). Fisheries Research, 102: 191-198.

Nian R, Zheng B, Heeswijk M V, et al. 2014. Extreme learning machine towards dynamic model hypothesis in fish ethology research. Neurocomputing, 128: 273-284.

Suryanarayana I, Braibanti A, Rao R S. 2008. Neural networks in fisheries research. Fisheries Research, 92: 115-139.

Wang J T, Chen X J, Lei L, et al. 2015. Detection of potential fishing zones for neon flying squid based on remote-sensing data in the Northwest Pacific Ocean using an artificial neural network. International Journal of Remote Sensing, 36(13): 3317-3330.

Zhang H, Zimba P V. 2017. Analyzing the effects of estuarine freshwater fluxes on fish abundance using artificial neural network ensembles. Ecological Modelling, 359: 103-116.

第八章　中国海洋渔场概况

第一节　本章要点和基本概念

一、要点

本章主要描述了中国海洋渔场环境特征，包括地貌、底质、海流、水温、盐度和浮游生物等的分布，介绍了中国近海渔场的划分及其种类，描述了中国近海重要经济种类的洄游及其渔场分布。本章要求学生掌握中国海洋渔场环境的主要特征、重要渔场分布，以及主要经济种类的洄游规律和渔场形成机制等。

二、基本概念

（1）吕泗渔场：吕泗渔场位于江苏省沿岸以东海域，其范围为 $32°00'N \sim 34°00'N$、$122°30'E$ 以西海域，面积约 9000 平方海里，渔场大部分水域在禁渔区内，全部水深不足 40m，是大黄鱼、小黄鱼、鲳鱼等主要产卵场之一。但由于捕捞强度不断加大，鲳鱼等产量出现严重滑坡，鱼龄越来越低，鱼体越来越小。

（2）长江口渔场：长江口渔场位于长江口外，北接吕泗渔场，其范围为 $31°00'N \sim 32°00'N$、$125°00'E$ 以西海区，面积约为 10 000 平方海里。

（3）舟山渔场：舟山渔场位于钱塘江口外、长江口渔场之南，其范围为 $29°30'N \sim 31°00'N$、$125°00'E$ 以西海区，面积约为 14 350 平方海里。

（4）鱼山渔场：鱼山渔场位于浙江中部沿海、舟山渔场之南，其范围为 $28°00'N \sim 29°30'N$、$125°00'E$ 以西海域，面积约为 15 600 平方海里。

（5）闽东渔场：闽东渔场位于福建省北部近海，其范围为 $26°00'N \sim 27°00'N$、$125°00'E$ 以西海域，面积约为 16 600 平方海里。

（6）台湾浅滩渔场：台湾浅滩渔场位于 $22°00'N \sim 24°30'N$、$117°30'E \sim 121°30'E$ 海域。大部分海域水深不超过 60m。除拖网作业外，还有以蓝圆鲹为主要捕捞对象的灯光围网作业和以中国枪乌贼为主要捕捞对象的鱿钓作业。

（7）珠江口渔场：珠江口渔场位于 $20°45'N \sim 23°15'N$、$112°00'E \sim 116°00'E$ 海域，面积约 74 300km^2。水深多在 100m 以内，东南部最深可达 200m。东南深水区有较多的蓝圆鲹、竹荚鱼和深水金线鱼。该渔场是拖网、拖虾、围网、刺、钓作业渔场。

（8）北部湾北部渔场：北部湾北部渔场位于 $19°30'N$ 以北、$106°00'E \sim 110°00'E$ 海域。水深一般为 $20 \sim 60m$，是拖、围、刺、钓作业渔场。主要捕获种类有鲇鱼、长尾大眼鲷、中国枪乌贼等。

第二节　中国海洋渔场环境特征

一、总体概况

中国近海包括渤海、黄海、东海、南海和台湾以东部分海域。渤海为中国内海，黄海、东海和南海为太平洋西部边缘海。四海南北相连，东北部为朝鲜半岛，西南部为中南半岛（包括马来半岛），其东部和南部为日本九州岛、琉球群岛、菲律宾群岛和大巽他群岛。总面积为 470 万 km^2。台湾以东为中国台湾岛东岸毗连太平洋的部分开敞海域。

中国近海海底地形西高东低，呈西北向东南倾斜。大陆架面积广阔，约占总面积的62%。其中，渤海、黄海的大陆架面积为 100%，东海约为 2/3，南海约为 1/3。南海大陆坡围绕中央海盆呈阶梯状下降，海盆面积约占南海总面积的 1/4。台湾以东海域大陆架较窄，大陆坡较陡，距岸不远即为深海海盆。

中国大陆海岸线长 18 000 余 km，岛屿面积在 500 m^2 以上的有 6500 余个，岛屿岸线长14 000 km。中国近海纵跨温带、亚热带和热带，南北气温相差较大，冬季相差 28℃，夏季相差 4℃。年降水量 500～3000 mm，南多北少。季风现象显著，同时常受热带气旋影响，尤其是南海北部和台湾周围海域。表层水温冬季南北相差大，夏季相差小。中国沿岸潮流均较强，主要海流为黑潮和沿岸流。台湾以东海域终年受黑潮控制，表层温度为 24～29℃。

1. 渤海

渤海为中国内海，位于中国近海最北部，是深入中国大陆的近封闭型浅海。东面以辽东半岛南端老铁山西角与山东半岛北端蓬莱角的连线作为与黄海的分界线。渤海大陆海岸线长 2288 余 km，海域南北长约 300 海里，东西宽约 160 海里，面积约 7.7 万 km^2，平均水深 18 m。最大水深在渤海海峡北部，水深 82 m；北部为辽东湾，西部为渤海湾，南部为莱州湾。底质多泥和泥沙底。有黄河、海河、滦河、辽河等注入。渤海为暖温带季风气候区，冬季盛行偏北风，寒潮侵袭频繁；夏季多偏南风，受热带气旋影响很少。沿岸年均降水量约500 mm。年表层水温冬季为 −2～−1℃，夏季为 24～28℃。海水透明度低，海岸多为粉砂淤泥质，辽东湾两侧和莱州湾东侧有基岩岸。

2. 黄海

黄海为中国大陆与朝鲜半岛间太平洋西部边缘海。南面以长江口北角与济州岛西南端连线为界与东海毗连。黄海大陆海岸线 2767 余 km，海域南北长约 432 海里，东西宽约 351海里，面积约 38 万 km^2。黄海属大陆架浅海。平均水深 44 m，最大水深在济州岛北侧，约140 m。海底地形平坦，由西北向东南微倾。大部为软泥和沙底。有鸭绿江、灌河、淮河支流、大同江、汉江等注入。属温带、亚热带季风气候区，冬季多西北风，夏季多东南风，年平均降水量 600～800 mm。年均表层水温 12～26℃。终年有黄海暖流沿东部北上，沿岸流沿山东半岛北岸绕成山角南下。山东、辽东半岛多为山地丘陵海岸，岸线曲折，多港湾、岛屿；苏北海岸为沙岸，岸线平直，近岸浅滩多；朝鲜半岛西岸多悬崖陡壁，岸线曲折，岛屿、岬湾罗列。

3. 东海

东海为中国大陆东侧太平洋西部边缘海。北面以长江口北角与韩国的济州岛西南端连线与黄海相接，东北经朝鲜海峡与日本海相通，东界为日本九州岛、琉球群岛和中国台湾岛，经大隅海峡、吐噶喇列岛、台东海峡等通往太平洋，南面以福建、广东海岸交界处与台湾岛南端猫鼻头连线为界与南海毗连，是中国近海中仅次于南海的第二大边缘海。东海海域呈东北-西南走向，长约700海里，宽约400海里，面积约77万km^2。平均水深370m，最大水深在冲绳海槽，为2719m。海底西北部为大陆架浅水区，约占总面积2/3，东南部为大陆斜坡深水区，主体为冲绳海槽。底质以泥、沙为主。有长江、钱塘江、瓯江、闽江、蚀水溪等注入。属亚热带季风气候区，冬季盛行偏北风，夏季盛行偏南风，年均降水量800～2000mm。表层水温，夏季27～29℃，冬季西部7～14℃、东部19～23℃。有黑潮及其分支沿东部北上，西部有沿岸流南下。主要海湾有杭州湾、象山港、三门湾、温州湾、乐清湾、三都澳、兴化湾、泉州湾、东山湾、诏安湾等，主要岛屿有崇明岛、舟山群岛、东矶列岛、马祖列岛、海坛岛、金门岛、东山岛等。

4. 南海

南海为中国大陆南侧太平洋西部边缘海，是濒临我国的三个边缘海之一，是世界上最大的边缘海之一。北面以福建、广东海岸线交界处与台湾岛南端猫鼻头连线为界，与东海的台湾海峡毗连；东至菲律宾群岛，经巴士海峡等连接太平洋，西接中南半岛和马来半岛，西南经马六甲海峡沟通印度洋，南达加里曼丹岛、邦加岛和勿里洞岛。南海海底地形复杂，四周较浅，中央深陷，为深海盆地。面积约350万km^2，平均水深1212m，最大深度达5559m。底质以泥、沙为主，珊瑚次之。有珠江、红河、湄公河、湄南河等注入。属热带气候和赤道气候，年降水量1000～3000mm，冬季盛行东北风，夏季盛行西南风。表层水温冬季16～27℃，夏季28～29℃。海水透明度20～30m。主要的海湾有北部湾和泰国湾。南海岛屿众多，重要岛屿有海南岛、东沙群岛、中沙群岛、西沙群岛、南沙群岛、万山群岛、纳土纳群岛、亚南巴斯群岛、拜子龙群岛等。

二、地貌和底质

（一）海底地形

1. 渤海

渤海位于中国海区的最北部，为近似封闭的大陆架浅海，面积约为7.7万km^2，呈北东向。海底地势自辽东湾、渤海湾、莱州湾向中央海盆及渤海海峡倾斜，平均坡度28.9″，平均水深18m，最大水深82m。

2. 黄海

黄海为半封闭的大陆架浅海，呈反"S"形，面积约为38万km^2。海底地势自西、北、东向中央东南方向倾斜，海底平均坡度1′22.5″，平均水深44m，最深水深140m。

黄海自山东省的成山角至朝鲜半岛的长山串连线为分界线，此线以北为北黄海，以南为南黄海。北黄海为隆起区，南黄海为坳陷区，其中部为浅海平原。黄海东部有一南北走向的浅谷纵贯南北，最深可达110m，向南绕过小黑山岛两侧面汇集与济州岛西北深水槽相连。

3. 东海

东海为大陆架较宽的边缘海，面积约77万km^2，平均水深370m，呈北北东向的扇形状展布，形成大陆架、大陆坡、海槽、岛弧及海沟等地貌类型。东海南端自台湾岛的富贵角向西，至海坛岛北端痒角，再至中国大陆海岸点位，是东海与台湾海峡分界线。

东海大陆架面积约为54万km^2，约占总面积的70%。海底地势自西北向东南倾斜，平均坡度 1′16.0″，平均水深 72m。东海大陆架宽度大，面积广阔。内陆架地形较外陆架地形复杂。岛礁众多，地形复杂。水深较浅，坡度小，阶状地形分布普遍。陆架坡度与相邻大陆地形坡度成相关比例。陆架宽度与相邻大陆海岸性质相关。大陆架坡度转折线与大陆岸线的走向基本一致。

东海大陆坡位于东海大陆架外缘的坡度转折线至坡脚线之间，平均宽度 29km，最大坡度 4°22′，最小坡度 24′06.5″，呈北东—南西向延伸，其延伸走向与中国东部至东南部海岸延伸走向一致。东海大陆坡也是冲绳海槽的西侧槽坡。

东海大陆坡的坡角转折线外缘是冲绳海槽的槽底平原，槽底平原东侧是琉球群岛的岛坡，也是冲绳海槽的东侧槽坡，形成冲绳海槽盆地地貌。盆地中部高，较多海山、海丘和沟谷。冲绳海槽以东是琉球岛弧、琉球海沟及太平洋西部菲律宾海盆。

4. 南海

南海是西太平洋边缘海，面积约 350 万 km²，平均水深 1212m，最大水深 5559m，大陆架面积为 126.4 万 km²，占南海总积的 36.11%。中央深海盆地的面积为 43 万 km²。南海大陆架有北陆架、南陆架、西陆架及东陆架四部分，在大陆架之间是中央深海盆地。

北陆架西起北部湾，东至台湾海峡南部，呈北东东向，长约 1650km，宽 100～1500km，西宽东窄，其外缘坡度转折水深 150～200m。西陆架北起北部湾口，向南延伸至湄公河口，呈狭长平直条带状展布，宽度 40～70km，地形上陡下缓。大陆架坡度转折水深约 150m。南陆架位于 3°50′N～12°07′N，109°00′E～118°00′E。陆架自沙捞越岸外向东至文莱、沙巴，呈北东向延伸。南沙群岛的岛屿、沙洲、暗礁、暗沙和暗滩众多，星罗棋布，共有 230 余个，露出水面的岛屿有 25 个，其中最大的岛屿是南沙群岛中的太平岛，面积约 0.432km²。东陆架主要由吕宋岛、民都洛岛的岛架组成，呈南北向延伸，岛架狭窄，顺岸弯曲，地形复杂。

南海中央海盆呈北东—南西向菱形状展布，面积 43 万 km²。海盆内分布北部深海平原、中央深海平原和西南深海平原，其中海山、海丘星罗棋布隆起，其次是深海隆起，深海洼地等地貌。中央海盆是南海海盆的主体。

（二）海底沉积物分布

1. 渤海、黄海

在南、北黄海中心海域分布着小环流控的粉砂质黏土沉积。由黄河携带的大量泥沙（年输沙量为 9.97 亿 m³）分布在渤海湾及中央海盆西部，还随渤海、黄海沿岸流经山东半岛，沿途沉积了大面积细粒碎屑沉积（黏土质粉砂），在秦皇岛至七里海一带分布着狭窄沿岸沙坝沉积。在黄海东部西朝鲜湾及渤海浅滩分布着粗粒碎屑。另外，在山东半岛成山角以东，海州湾中部分布着粗粒碎屑沉积，这些粗粒沉积除西朝鲜湾为较大面积的潮控砂外，其他均呈斑块状镶嵌在细粒沉积物中。

2. 东海

东海陆架区沉积物可分为四类碎屑沉积区：①淡水控碎屑沉积；②波控碎屑沉积；③潮控碎屑沉积；④海流控碎屑沉积。由淡水控的细粒碎屑沉积仅在长江口处的水下三角洲及闽浙近岸浅海地带，呈一狭窄带状分布，小环流控细粒碎屑沉积，仅在虎皮礁以东有一处分布，其他广大的内陆架、外陆架直到陆坡大部分区域均为强劲黑潮系所控制的粗粒碎屑沉积区。

台湾海峡沉积物呈细—粗—细带状分布隆起。台湾海峡中南部以台湾浅滩为中心形成中部粗、两侧细环带状对称分布。

冲绳海槽的细粒碎屑沉积带与岛架、岛坡的粗粒沉积带和冲绳海槽以东的西太平洋边缘细粒沉积带不同。冲绳海槽以西的陆架、陆坡与海槽中轴以东都有明显差别：在冲绳海槽及其两侧多分布有生物碎屑沉积物（有孔虫泥、有孔虫沙）。另外，冲绳海槽东北侧及琉球岛架既有陆源碎屑沉积，又有生物碎屑沉积和火山碎屑沉积的混合类型区。

琉球岛架坡区为以波控、潮控为主的岛源碎屑（以火山岩、琉球灰岩为主）和生物礁碎屑组成的砂质粗屑沉积物。岛坡以东，由于坡度急剧下降，很快进入西太平洋边缘深海环境，陆源碎屑物几乎消失（＜10%），生物碎屑占绝对优势，形成生物碎屑沉积物（有孔虫软泥）。深于水深400m后则以深海黏土为主（图8-1）。

3. 南海

南海沉积物类型繁多，以陆源碎屑和生物碎屑沉积为主。陆源碎屑沉积多分布在大陆架和岛架浅海区，而生物碎屑沉积主要分布在陆坡和深海盆地。另外，在深海盆中还有部分生物源 - 陆源和火山源 - 生物源 - 陆源沉积类型。

南海南部海区生物碎屑沉积主要有珊瑚、贝壳、有孔虫、放射虫、介形虫和硅

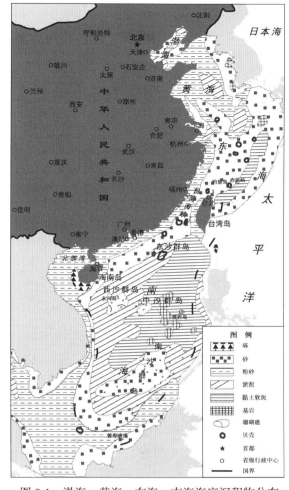

图8-1　渤海、黄海、东海、南海海底沉积物分布

藻等生物碎屑。由于各种类型生物属种和含量在近岸带、内陆架、外陆架、陆坡和深海盆的分布迥然不同，它们能明显反映生态环境的各种特征。

沉积物的粒度和分布特征，南海的开阔陆架区沉积物为内细外粗（残留砂）。滨海、河口、三角洲、海峡区沉积物呈不规则内粗外细特征。海湾区沉积物呈同心圆分布特征，海峡区海水进出口两端分布着指状砂体。

（三）底质类型及分布特征

1. 渤海、黄海、东海

渤海、黄海、东海区，包括浅海和半深海，均以陆源碎屑沉积为主，仅出现少量的生物沉积和火山碎屑沉积。陆源碎屑沉积虽然有近20种底质类型，但分布最广的也只有几种，可归为三大类：砂质沉积（以细砂为主）、泥质沉积（以黏土质粉砂和粉砂质黏土两种为主）和混合沉积（以砂 - 粉砂 - 黏土为主）。这三大类几乎各占陆架区的1/4～1/3。

东海陆架区沉积物具有通贯陆架的条带状分布特征。内陆架的泥质沉积和外陆架的砂质

沉积均与海岸平行展布。渤海、黄海半封闭海区沉积物分布以斑状为主，条带状为辅。前者主要是潮流砂、残留砂等砂质沉积，南黄海、北黄海中心小环流控制区的泥质沉积；后者主要表现为沿岸流区的平行海岸分布的泥质条带。

东海冲绳海槽为半深海环境，海底水动力很弱，主要接受泥质沉积（主要是粉砂质黏土和黏土质粉砂）。受黑潮暖流及火山活动的影响，出现了部分生物沉积、火山沉积和浊流沉积。

2. 南海

南海海域底质分布与东海、渤海相似，具有明显的分区与环陆分带现象，沉积物类型呈条带状与海岸线平行分布。海底沉积物的组成具有明显的亲陆性，反映了大陆补给物质丰富的边缘海的沉积特征。碳酸盐沉积作用较强，由于南海地处热带与亚热带，气候炎热、生物繁盛，生物碳酸盐沉积在沉积物中占相当的比例，尤其是海域南部，珊瑚岛礁、礁滩、暗沙密布，生物碳酸盐成分含量有的达 95% 以上。

三、水文条件

（一）海流分布

中国近海海流，受黑潮和沿岸流的影响较大，此外，地理环境和气候也有一定的影响，在不同海区和不同季节，海流也有明显的变化（图 8-2）。

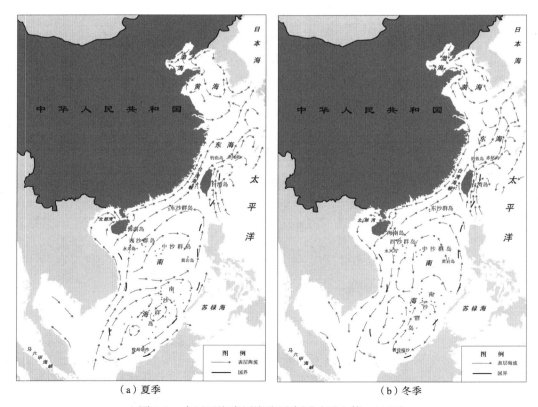

（a）夏季　　　　　　　　　　　　　（b）冬季

图 8-2　中国近海表层海流示意图（冯士筰，1999）

1. 渤海、黄海、东海海流

渤海的海流，较其他海区为弱。在渤海海峡和渤海中央区流速较大。其主要海流系统是沿岸流和从老铁山水道进入渤海的黄海暖流余脉。

黄海的海流也比东海要弱。表层随季风而变，冬季流向偏南，夏季流向偏北，冬季强夏季弱。其主要海流系统为沿岸流和黄海暖流。

东海的海流由风海流、沿岸流和黑潮三部分组成。表层属风海流，流向随季风而变。冬季东北季风时，流向西南，通过台湾海峡入南海。夏季西南季风时，由台湾海峡入东海，流向东北，流速比冬季弱。

2. 黑潮流系

1）黑潮

黑潮也称日本暖流，是世界大洋中最强的暖流之一。它源于太平洋北赤道流，自东向西流，在菲律宾东海岸受阻后，向北转向而成。因其海水呈蓝黑色，故得名黑潮。它沿菲律宾北部沿岸北上，经台湾东海岸，主流在台湾岛东北角和日本与那国岛之间进入东海，也有小部分从宫古岛附近水道入东海，沿东海大陆架边缘流向东北。在日本奄美大岛之西折向东，经吐噶喇海峡，返回太平洋，沿日本南部沿海向东北流去，约至40°00′N附近折向东，在160°00′E处与北太平洋暖流相汇合。黑潮的水温高，透明度大。夏季在台湾以东可达30℃，东海为29℃，在日本以南为27～29℃；冬季在台湾外海为22～23℃，东海为21℃，在日本南方为20℃。黑潮对东海及流经海域的水文状况、海洋生物、渔场和当地气候变迁有巨大作用。

2）台湾暖流

台湾暖流由黑潮水和台湾海峡水组成，并非纯黑潮分支。冬季及夏季，下层水来自台湾东北部的黑潮水，而夏季上层水来自台湾海峡，沿浙闽外海北上，在长江口附近与黄海沿岸流混合转向东流。该暖流常年存在，有高温、高盐的特征，因它从台湾附近流来，故称为"台湾暖流"，也有称"黑潮的闽浙分支"的。夏季在西南风作用下，流向北，流幅加宽，流速增强；冬季在东北风作用下，上层流向偏西南，向海岸靠近，下层仍沿偏北方向流动，流幅变窄，流势减弱。台湾暖流与东海沿岸流交汇形成明显的锋面，当地渔民称为"流隔"，是舟山渔场的良好水文环境条件。

3）对马暖流

由黑潮主流在奄美大岛之西海域分离出来向北流，经日本九州岛西部外海和济州岛以南折向东北，在30°N～33°N海域汇集了来自东海北部的混合水（指台湾暖流、长江冲淡水、黄海沿岸流的混合体）和东海外陆架混合水，三支水相混合称为对马流源区，经混合交换后，通过对马海峡进入日本海，继续向东北流。其主流通过对马岛南面的对马海峡，故称对马暖流。海流季节变化明显，夏季盛行偏南风，流势加强；冬季盛行偏北风，流势减弱。

4）黄海暖流

最新研究表明，黄海暖流不仅是对马暖流的西分支，还汇集了黄海、东海混合水北上，以补偿流性质进入南黄海。它从济州岛西南面海域进入黄海，沿着黄海海槽向北流，在北上途中还不断分支，在35°00′N附近向西分出一支流，与南下的黄海沿岸流汇合，形成一反时针方向的小环流。流至成山角附近海区向东又分出一支，汇入西朝鲜沿岸流中，形成一顺时针方向的小环流。因此，到黄海北部时，势力大大减弱，其余脉转向西，通过老铁山水道流入渤海。在渤海中央分成南北两支：北支沿西海岸入辽东湾，构成右旋海流；南支向西流入渤海湾，构成左旋海流，沿天津、山东海岸南下。黄海暖流的流向比较稳定，终年偏北，流速比对马暖流要小且随季节变化，冬强夏弱，具有高温、高盐特征，对黄海、渤海的水文状况和沿岸气候影响极大。

3. 沿岸流系

由渤海海峡南口流入黄海，并汇合海河、黄河、长江、钱塘江、闽江等江河径流淡水沿海岸南下的海流，俗称中国沿岸流，它是一支水温低、盐度小的寒流。按海区和地理位置可分为以下几种。

（1）渤海沿岸流：冬季在强劲的偏北风驱动下，鲁北沿岸海水堆积，夏季又有海河、黄河大量淡水流入，形成一支较强的沿岸流，沿山东北部沿岸，从渤海海峡南部出渤海而入黄海。在辽东湾，冬季也有一支沿辽东半岛南下，流势较弱。

（2）黄海沿岸流：一支沿山东和江苏海岸流动的冲淡水。它起自渤海湾，汇合着海河、黄河水，沿山东半岛北岸东流，绕过成山角后，沿海州湾外缘南下，至长江口以北转向东南，其中一部分加入黄海暖流，构成黄海的反气旋环流；另一部分越过长江口浅滩进入东海，其前锋可至30°00′N附近。黄海沿岸流终年自北向南流，但受地形、大陆径流和季风的影响，沿岸流的流速、流幅发生变化。冬季偏北风，助长了沿岸流的发展；夏季雨水多，径流量增大，流幅加宽。

（3）东海沿岸流：东海沿岸流是由长江、钱塘江、闽江等江河入海径流与周围南海水混合形成的一股沿岸水。流向随季节而变化，冬季流向西南，夏季流向东北。冬季海区吹东北风，沿岸流自长江口和杭州湾一带南下，流幅较窄，流向稳定；夏季海区吹西南风，台湾海峡中的海水也沿福建海岸北上，进入东海中部，浙江沿岸的海水也转向北和东北方向流动，它与长江、钱塘江流出来的淡水汇合，形成一支势力较强的低盐水，自长江口外向东北方向流去，在长江口径流量较大的年份，其前锋可达济州岛附近。

（4）南海沿岸：沿广东沿岸流动的一支海流，其流向、流速取决于大陆径流量和季风的变化。冬季在东北季风作用下，沿广东近岸自东向西流，在雷州半岛东岸分为两支：一支沿海南岛继续向南流；另一支在海南岛东北方受南海暖流的带动，转向东北形成粤西（广州湾）的反时针小环流。夏季在西南季风作用下，沿岸流自广州湾起，一直流向东北。流幅冬季较窄，夏季受珠江淡水的影响。流速夏季比冬季大。

4. 南海海流

南海的海流系统由沿岸流、南海暖流、黑潮南海分支和南海环流等组成。

（1）南海暖流：在南海沿岸流的外方，自海南岛东南方500m等深线处，至广东近海沿100m等深线大陆架海域，流向东北，终年十分稳定，上下层一致，流速较大。

（2）黑潮南海分支：由巴士海峡进入南海北部，在东沙岛南部1000～1500m等深线附近海域变为西—西南流，并流经西沙北部海区，流向较稳定，流速冬强夏弱。

（3）南海环流：南海位于热带季风区，季风方向与海区长轴基本一致，有利于稳定流系的发展，海面在强劲的季风作用下，冬季流向西南，夏季流向东北，产生的风海流具有季风漂流的特性，在海区环境条件的影响下，形成南海的环流。表层流速的特点是冬季大，夏季小；西部大，东部小。

10月～次年4月为东北季风时期，南海盛行西南流，同时整个南海区又形成了一个反时针大环流。黑潮南海分支经巴士海峡进入南海北部和来自台湾海峡的海流汇合，同风海流一起流向西南，主流沿华南沿岸、中南半岛南下。其大部分向南流入爪哇海，小部分向西入马六甲海峡，有一部分受加里曼丹岛的阻挡，折向东流；在南海的东部，从苏禄海进入南海的海流有南北两支：①北支，较强，从吕宋岛和巴拉望岛之间流入南海，并形成了冬季环流形势。受东北季风的影响，南海东侧北上的流部分逐渐转向，并入西南方向的主流，形成西沙、中沙之间的反时针小环流。②南支，从巴拉巴克海峡进入南海，向西北或西南流，在南海南部围绕南沙群岛形成一个范围较大的逆时针小环流。

6～8月西南季风时期，流向东北。主流经大巽他陆架区，沿越南沿岸北上，流向东北到达南海北部。大部分海水从巴士海峡流出南海，进入太平洋；小部分海水继续向北流，经台湾海峡进入东海。在南海东部由苏禄海进入南海的海流，在西南风吹送下，菲律宾沿岸的北向流流速增强。在向北流的过程中，一部分折向南，形成中沙群岛的顺时针小环流。在南沙群岛的西侧为西南逆流，其东南侧为沿加里曼丹岛的东北流，也形成一个反时针式小环流。

（二）水温分布

中国近海水温的分布变化，与海区环境和气候有密切的关系。由于属太平洋的边缘海，大部分海区在大陆架上，水深较浅，故近海水温受亚洲大陆气候的影响较大，季节变化明显。外海受太平洋大洋水的影响较大，尤其是黑潮水进入海区。沿岸受大陆江河径流流入的影响，使中国近海水温的分布和变化比大洋更为复杂，其特点是水温的季节变化显著，冬季水温低，为 -1℃～27℃，南北温差大，相差达 28℃；夏季水温高，海区普遍增温，为 24℃～29℃，个别海区达 30℃，南北温差较小，仅相差 5℃。温度等值线大致与海岸线（或等深线）平行，在大江河入海处，如长江、珠江口等形成明显的水舌。近海温度等值线密集、梯度大，外海等温线稀疏、梯度小。水温的年较差变化范围很大，也十分复杂，基本上是随着地理纬度的增加而增大，从西沙的 6℃左右，增至辽东沿岸的 28℃左右（图 8-3 和图 8-4）。

1. 各海区水温分布的特点与规律

1）渤海、黄海区

渤海和黄海地表层水温，按地理分布是南高北低，沿岸低于外海。冬季渤海水温低于黄海。渤海年平均水温为 11～14℃。冬季水温沿岸低，外海高，1～2 月最低，平均为 0～1℃，大部分沿岸水温在 0℃以下。由于水浅，对气温的响应较快，故 1 月水温比 2 月还低，三大海湾的顶部水温均在 0℃以下。夏季水温则沿岸高，外海低，8 月渤海北部水温为 26℃左右，南部为 27℃。

黄海水温分布特点是北部低，南部高。年平均水温 12～15℃，冬季黄海北部沿岸为 1～2℃，中部为 2～3℃，南部为 4～5℃。夏季黄海北部沿海水温较低为 23～24℃，黄海中部升高，黄海南部水温较高为 27～28℃。外海水温受黄海暖流的影响，水温略高，暖水舌从南黄海经北黄海，可直指渤海海峡。冬季水温等值线呈舌形，由南向北伸展，南部为 7～8℃，北部为 2～3℃，夏季分布较为均匀，为 24～26℃，南黄海高，北黄海低。

2）东海海区

东海海区表层水温分布特点是沿岸低、外海高、西北部低、东南部高，等温线大致同岸线平行，呈东北—西南走向，高温区在黑潮流域；沿岸等温线密集，梯度大，外海等温线较疏，梯度小，而且随季节变化明显。冬季水温最低，平均为 8～22℃，由北向南升高。其中，长江口、杭州湾和舟山群岛海域为低温区，水温为 5～8℃；台湾岛东部沿岸和黑潮流区水温最高，达 22～23℃。夏季表层水温普遍增高，分布较均匀，平均为 27～28℃。

图 8-3　渤海、黄海、东海冬季表层水温分布图　　　图 8-4　渤海、黄海、东海夏季表层
　　　　　　　　　　　　　　　　　　　　　　　　　　　　　　水温分布图

　　3）南海海区

　　与渤海、黄海、东海比较，南海的水温终年较高，水平梯度小，水温年较差自北向南逐渐减小。1000m 以下深层的水温水平分布比较均匀，季节变化较小。

　　南海表层水温的分布北部低，向南部逐渐升高，全年平均水温大部分海区在 22℃以上。冬季北部近海水温较低，粤东沿岸因有来自台湾海峡的低温沿岸流，该海区的月平均表层水温可下降到 15℃左右。南部海区水温较高，终年均在 26℃以上。夏季水温普遍升高，水平分布较均匀，大部分为 28～29℃，沿岸近海和南部海区可达 30℃。

　　2. 海区水温的垂直分布

　　中国近海水温的垂直分布基本上可分为冬、夏两种类型。冬季在强盛的季风影响下，海水涡动和对流混合增强，使这一过程影响到更大的深度。在沿岸和浅水区，形成了从海面到海底的水温均匀层，渤海、黄海的全部及东海的大部分浅水海域，混合可直达海底；在外海深水区，垂直均匀层也可达 75～100m 层，甚至更深。这种状态维持的时间长短因海区而异，一般由北向南递减。渤海可持续 7 个月，每年 10 月～次年 4 月；黄海为 5 个月，每年 12 月～次年 4 月；东海北部为 4 个月，每年 1～4 月；到东海南部，只有 3 个月，每年 1～3 月。而在南海，水温均匀层冬季加深的现象仅在北部海区存在，但远没有渤海、黄海、东海那样突出，持续时间也短；在南海中部、南部更不明显了，均匀层厚度一般为 50m 左右。

　　夏季，太阳辐射强烈，受季风影响雨水多，使表层水温增温较高，形成了表层高温层或称上均匀层。由于上层的增温、降盐、减密，形成稳定层，不利于热量向下输送，故使下层海水基本上保持了冬季的低温特征，因而在渤海、黄海、东海的陆架海域，底层大多有冷水区存在，这也是黄海底层冷水团形成的原因之一。黄海冷水团是低温高盐水层，底层水温在北黄海低于 6℃，南黄海低于 9℃，而其上面上均匀层、跃层、下均匀层三层结构异常明显。在渤海春夏也有类似的情况。但东海深水区则没有这种情况，在季节性温跃层约 50m 之下，水温随深度仍有变化；在次表层水之下，又出现第二跃层，直至深层水范围，水温随深度的变化才趋缓慢。春、夏之交，在黄海、东海某些海区，还有逆温分布，在济州岛附近及浙江近海一带，也有"冷中间层"或"暖中间层"出现。在南海的深水区海盆中，底层水范围内，水温随深度的增加而略有升高的现象。

3. 海区的温跃层变化

由于均匀层以上温度较高，均匀层以下的海水温度较低，上下层之间水温产生了突变层，即为温跃层，它属于季节性跃层，在渤海、黄海、东海和南海均有产生，以黄海、东海较强。渤海每年 11 月～次年 3 月，水温垂直均匀，为无跃层期。4 月开始有温度跃层，6～8 月为强盛期，9 月进入消衰期，12 月整个黄海均无跃层。跃层深度和厚度在各个时期不同。

东海和南海不仅有季节性跃层，还有常年性跃层。前者在陆架海及深水海域的上层，受太阳辐射、涡动及对流混合作用；后者在深水海域，位于季节性跃层之下，多是性质不同的水团叠置而形成的。4 月以后东海和南海的浅水区温跃层迅速成长；6～8 月为强盛期，海区普遍出现跃层，强度比黄海弱；10 月以后跃层消衰，南海的跃层强度由南向北递减，常年性温跃层，终年存在，但强度较弱。

东海季节性温度跃层的厚度，也是各个时期不同，从成长期到强盛期逐月增大。温跃层深度随水深增加而递增。南海温跃层的深度和厚度，区域性变化很大。总之，强度弱，范围大，深度和厚度变化大是南海温跃层的特点。东海在浙江近海至台湾海峡一带，春夏及秋冬转换之际，伴随"冷中间层"和"暖中间层"的出现，还能形成逆温跃层（俗称负跃层）。在济州岛附近海域，因不同水系彼此交汇穿插，可出现双跃层和多跃层现象。

（三）盐度分布

1. 中国近海盐度的水平分布

中国近海盐度的水平分布特点是自北向南逐渐增大，从沿岸向外海逐渐增大，冬季比夏季大。黄海、渤海、东海中盐度的变化还与黑潮流系的高盐水和沿岸流的低盐水的相互消长和混合有关。

冬季，江河处于枯水期，沿岸流幅变窄，外海水增长，加之强劲季风影响，蒸发加强，降水量减少，表层海水的盐度普遍高于夏季，盐度等值线的分布与等温线相似，呈西南—东北走向，由黄海暖流所形成的高盐水舌向渤海延伸。盐度等值线由渤海海峡向西弯曲，31.0‰ 盐度等值线控制渤海大部分海区。一般盐度渤海沿岸为小于 30.0‰，中央区可达 31.0‰；黄海为 31‰～33‰，北部低、南部高、西岸低、东岸高；东海为 32‰～34.5‰，沿岸的低盐与外海黑潮区的高盐，形成强烈对比，出现梯度相当大的盐度锋。锋区的位置和强度的大小，取决于沿岸流和黑潮水的强弱。南海盐度为 30‰～34.0‰，沿岸低，外海高。

春季，随着气候转暖，海区水温逐渐增高，以及沿岸江河入海径流量加大，海区盐度降低。其分布仍为沿岸低，外海高，盐度等值线在南海和东海仍是东北—西南走向，长江口至杭州湾的低盐舌向东南方向伸展；在黄海中央区由南向北的高盐水舌仍旧明显可见，穿过渤海海峡，直到渤海中部。一般盐度值渤海为 28.0‰～32.0‰；黄海为 30.0‰～33.0‰，南高北低；东海为 29.0‰～34.0‰，沿岸低，外海高；南海为 30‰～34.0‰，北部沿岸低，外海高。

夏季，受季风和台风的影响，降水量大，蒸发减弱，加之江河径流量加大，沿岸流幅扩展，表层海水淡化，盐度值降至全年最低，外海盐度等值线的分布总趋势仍然为西南—东北向。黄海伸向渤海的高盐水舌减弱，长江口沿岸水范围扩大，最盛可扩展到济州岛附近。一般盐度，渤海为28‰~30‰，北部盐度低，南部盐度高。东海盐度在长江口最低为小于25‰，向外海增大到34‰。在冲淡水势力极盛的时期，水舌向东及东北方向伸展甚远，锋面位置也随水舌相应东移。南海盐度，珠江口最小。变化最明显的是珠江口附近盐度等值线的分布，它与珠江冲淡水休戚相关，夏季低盐水舌由偏南向，逐渐转为向东；到秋冬季则由偏东向转为向南和西南。

秋季，随着水温逐渐降低，沿岸江河的径流量减小，海区盐度开始升高，等盐线分布逐渐形成东北—西南向。一般渤海盐度为28.0‰~31.0‰，渤海中央高，南北沿岸低。黄海为29.0‰~33.0‰，北部低，南部高。东海为29.0‰~34.5‰，沿岸低，等盐线密集，梯度较大，向外海盐度增大，等盐线稀疏，梯度小。南海盐度为30.0‰~34.5‰，沿岸低，外海高，等盐线是东北—西南走向，珠江口盐度最低。

2. 中国近海盐度的垂直分布

盐度的垂直分布与温度的垂直分布密切相关，其趋势大体相仿。冬季近海区从表层到海底的水温是均匀层，盐度的分布也是均匀的。在外海均匀层厚度可达75~100m深处。夏季，从表层到某一深度上形成高温低盐的上均匀层，垂直均匀层深度各地不同，一般渤海、黄海为10~20m，东海为30m左右，南海为50m左右，在上均匀层下是低温高盐水层，中间有盐度跃层，黄海有巨大的低温高盐水层存在。鸭绿江口和长江口的盐度跃层较强。

盐度的垂直变化趋势，一般随深度的加深而增大，曲线自西向东伸展，到深层盐度变化不大，几乎成一垂线。此与温度的垂直变化趋势正好相反。深水海域的盐度垂直分布，受各种水系的影响，其铅直分布层次较多，也较复杂。

在南海海盆中，水深大于4~5km，从上到下，分布着表层水、次表层水、中层水、深层水和底层水五层。在南海北部海区的盐度垂直分布，约在150m处存在盐度极大值，在400~500m存在极小值，它们所处的深度还随季节变化而移动，极大值变化更为明显。

3. 中国近海的盐度跃层

中国近海的盐度跃层一般分为季节性盐度跃层和常年性盐度跃层两类，分布在渤海和黄海的多为季节性盐度跃层，一般强度较大，沿岸河口区最大，但上界深度浅，厚度较薄。东海和南海既有季节性盐度跃层，又有常年性盐度跃层。东海和南海，季节性盐度跃层比渤海、黄海的强度大，尤其是在长江和珠江河口海域，汛期泄洪量骤增，冲淡水扩展很远，与其下方潜伏或楔入的外海高盐水之间，形成强度相当大的盐度跃层。此类盐度跃层的深度和厚度都不大，但时空变化较大。在东海和南海的深水海域，还存在着常年性盐度跃层，如东海黑潮区，在200m层，水温随深度的变化，比其上水层、下水层中的变化大，而盐度的垂直变化，其垂直梯度在该层次上也出现了最大极值，产生了盐度跃层。此类跃层，由于它们所处的深度已超出季节性深度之下，太阳辐射、涡动及对流混合的季节性变化的影响所不及，终年存在，故称常年性跃层。这在南海深海区也有。其多是性质不同的水团在铅直方向叠置所致，强度一般比浅海季节性跃层小。

海区盐度跃层开始在沿岸江河口出现，4~5月为成长期，6~8月为强盛期，9~12月为消衰期。在成长期，渤海、黄海、东海盐度跃层范围，由海区西侧向东侧迅速扩展，遍及渤海、黄海、东海广大海区，5月盐度跃层的强度增强，并自河口向外海递减，以长江口附近的强度最强，跃层范围遍及 125°00′E 以西的苏、浙一带海域，黄河口附近的盐度跃层次之。此外，在黑潮流域海区，还有双跃层出现。南海盐度跃层 3 月开始出现，由沿岸向外海发展，最明显的有珠江口、广州湾、粤东和北部湾几个中心。在强盛期，全海区均可出现盐度跃层，强度较弱，以长江口附近为最大，珠江口和黄河口次之，外海最小。长江口盐度跃层区终年存在，10 月～次年 3 月较小，紧贴长江口沿岸一带，4～5 月迅速发展，8 月达最强。黄河口盐度跃层区 5 月开始形成，8 月达最强。此外，苏北沿岸由于水浅，终年呈垂直均匀状态，不出现跃层；在黑潮流域中心，以珠江口最强，广州湾次之。珠江口附近盐度跃层自 3 月开始，随着珠江冲淡水向外扩散，跃层范围不断扩大，5 月、6 月是珠江洪峰期，8 月冲淡的扩散范围达最大，向西南和东南两个方向扩展，把广州湾、粤东和珠江口三个跃层连成一片，覆盖了整个广东近海。

在消衰期，盐度跃层剧减，范围缩小。10 月渤海盐度跃层除渤海海峡外，其他为无跃层。黄河口跃层中心到 11 月消失。到 12 月，除苏、浙、闽沿海一带河口附近存在弱的盐度跃层外，黄海、东海其余海区跃层均已消失，只有长江口盐度跃层存在，但范围大大缩小。黑潮流域的双跃层也于 11 月消失。在南海、广州湾盐度跃层，10 月大大缩小，11 月完全消失。珠江口盐度跃层，到 11 月仅限于珠江口一小区域，12 月消失。1～3 月全海区为无跃层期。

（四）风系

1. 中国近海各季节风向的变化特点

中国近海属东亚季风区，冬夏两大季风的发展和变化过程基本上决定了海上天气气候特征，也决定了海区风向、风速的变化特征。

（1）冬季风时间长，一般从 10 月开始，至次年 3 月，风向稳定，风力较强。自北而南，均为北风所控制，方向呈顺时针变化，渤海、黄海吹西北风或北风，到东海南部转为东北风，整个南海主要吹东北风，仅北部湾、越南中部沿海和吕宋岛北部沿海为偏北风。

（2）夏季风持续时间为 6～8 月，比冬季风短，海区吹南至西南风，稳定性也比冬季风差，风力较弱。7 月在赤道 5°00′N 以南为偏北风，5°00′N 以北为盛行西南风，到 130°00′E、20°00′N 附近，西南季风和太平洋东南季风相汇合，形成辐合带，辐合带以北为东南季风，以南为偏东风，台湾岛东岸为偏南风，东海和黄海为偏南风为主，渤海为南风。

（3）4～5 月为冬季风向夏季风转变，过渡时间长达两个月之久；夏季风向冬季风转变，相对较快，一般 9 月北方冬季风开始，到 10 月初到达南海，过渡时间比冬季风向夏季风转变要短。

2. 中国近海平均风速分布的特点

（1）中国近海是同纬度海面较强风区之一。中国海位于世界上最大的欧亚大陆与最大的海洋太平洋之间，海陆热力差异形成的季风得以充分发展，尤其是冬季强大的欧亚大陆冷高压入海，造成风速比同纬度的洋面上大。

（2）中国近海季风年变化的特点是冬强夏弱，这与印度洋季风区的年变化正好相反。

（3）中国近海的大风发生在强冷空气入侵、温带气旋生成和热带气旋的影响过程中，这些天气系统移至海区内，获得大量的热量和水分，得以充分发展，形成海区的大风天气，并使该区的月平均风速增大。

3．中国近海各海区的风场

由于各海区气流的来源，盛行天气系统及受大陆、岛屿等的影响程度不同，因而在风向风速的变化上，各海区也存在一定的差异。

渤海，冬季受大陆冷高压影响频繁，9月～次年5月，海区多偏北风（西北—北），风速较大，自西向东增大，西岸较小。北部风速比南部的大。夏季6～8月，冷空气影响减弱，海区多偏南风，各月平均风速变化不大。

黄海，受大陆冷高压和阿留申低压的影响，冬季多偏北风，夏季多偏南风，春秋为转换季节。9月北风出现次数增多，10月沿海北及东北风已居第一，11月全海都以偏北风为最多，冬季风速最大。春季风向逐渐由偏北风转为偏南风，4月风向多变，西北风、西南和南风频率各占20%，南黄海中部和南部主要为北风和南风。5～6月盛行南风和东南风，7月达最盛，8月偏南风频率降低。

东海，冬季也受大陆冷高压影响，海区多偏北风，夏季受副热带高压和热带气旋的影响，多偏南风，春季受东海气旋的影响较大。受地形的影响，各地风向风力不同，北部小，南部大。北部多偏北风，南部以东北风为主。

南海，属于典型的季风气候区，最显著的特点是东北季风和西南季风的变化。冬半年冷空气南下，平均每4～6d有一次冷空气南侵，海区为东北季风所控制。每年9月中旬东北季风在北部沿海逐步建立，10月初扩展到南海中部的15°00′N附近海面，以后逐渐向南推进，并趋于稳定。11月～次年2月为最强盛时期，直到3月底，风力才逐渐减弱。

5月，偏南和西南风逐渐增加，西南季风开始形成，6～8月为最盛，海区西南部较大。在南沙群岛与西沙群岛之间海区形成一个西南—东北向的较大风速区。4月和9月是季风的转换季节，风向不定，风力较小。

四、饵料生物分布

1．浮游植物

浮游植物是海洋中的初级生产者，是浮游动物和海洋中食植动物的重要饵料，浮游植物的多少直接决定海洋初级生产力的大小。浮游植物的数量又与海洋中营养盐和捕食者的数量与分布直接有关。

黄海共有浮游植物79种（属），以细弱海链藻、窄隙角毛藻、舟形藻类、新月菱形藻、印度翼根管藻为主。由于南北海区地理条件、水系影响的差异，在不同海区、季节出现的优势种不同。春季共有浮游植物31种，主要种类为舟形藻类，占总量的25%，其次是辐射圆筛藻，占20%。夏季共有浮游植物56种，主要种类为短孢角毛藻，占总量的40%，其次为窄隙角毛藻，占16%。秋季共有浮游植物51种，以舟形藻类为主，占总量的24%，其次为浮动弯杆藻，占15%，印度翼根管藻占12%。冬季共有浮游植物57种，以细弱海链藻为主，占总量的43%，其次是笔尖根管藻，占12%，新月菱形藻占11%。

东海受复杂的水系分布变化等环境因素的影响，海区浮游植物数量的平面分布不均匀，具有明显的斑块分布现象，一般浮游植物的密集区常形成于不同水系的交汇区。数量的平面分布近海数量大于外海，东海南部、台湾海峡数量高于东海北部。台湾海峡西部的密集区，种类组成较为丰富（30种以上），以热带沿岸性种洛氏角毛藻为主，此外掌状冠盖藻、热带外海性种秘鲁角毛藻，广布性的外海种并基角毛藻和广布性的沿岸种也具一定数量，显示出亚热带海区的种类组成丰富和主要种类多样化的特点。

　　南海受复杂的水系分布、海水化学含量及其他海洋气候等环境因素影响，浮游植物数量具有较为明显的时空变化，呈现不均匀的块状分布特征。南海北部浮游植物数量以夏季最高。受南海沿岸江河冲淡水和地表径流影响，南海北部浮游植物平面分布总体近岸水域高于远岸水域，河口区高于非河口区。

　　2. 浮游动物

　　浮游动物是生物资源及其幼体的重要饵料，它对生物资源的补充和生存起着重要作用。由于它大量摄食浮游植物，对浮游植物种群起着重要的调控作用，从而也对全球气候系统产生较大的影响。因此，它在海洋生态系统中的地位非常重要。

　　黄海浮游动物终年以毛颚动物的强壮箭虫、桡足类的中华哲水蚤、磷虾类的太平洋磷虾、端足类的细长脚虫戎为优势种，它们都是鱼类的重要饵料，由于黄海南北海区地理条件、水系影响的差异，在不同海区、不同季节还出现一些其他优势种，如中华假磷虾、肥胖箭虫、拟长腹剑蚤、双刺纺锤水蚤、小拟哲水蚤、乌喙尖头蚤等。

　　东海海区水系复杂，各种不同性质的水系都直接或间接影响浮游动物的分布。对东海总生物量起主要作用的除构成饵料生物的甲壳动物（中华哲水蚤、亚强真哲水蚤、真刺水蚤、太平洋磷虾、真刺唇角水蚤、中华假磷虾等）、毛颚动物（肥胖箭虫、海龙箭虫等）外，主要有水母类中的双生水母、五角水母等及被囊动物中的东方双尾纽鳃樽、软拟海樽等。

　　南海区浮游动物生物量呈现一定的季节变化趋势。一般以冬末春初生物量达到年度最高峰。春季和夏季，生物量较冬季稍低，且各月变化频繁，幅度较小；秋季为全年生物量最低的季节。南海浮游动物高生物量区大多出现在近岸水域，表现出由近岸逐渐向外海递减的分布规律。由于浮游动物的分布与水文环境密切相关，不同季节生物量的分布有较明显的差异。本海区存在着广东沿岸水、南海表层水和南海上层水，这三股水的相互交错和推移直接影响浮游动物的分布。

第三节　中国海洋渔场概况及种类组成

一、渤海、黄海渔场分布概况及其种类组成

（一）渔场分布概况

　　1. 辽东湾渔场

　　辽东湾渔场位于渤海 38°30′N 以北，面积约 11 520 平方海里。该渔场曾是小黄鱼、带鱼、对虾等的重要产卵场，近年来由于捕捞过度，一些渔业资源已经衰退，不再形成渔场，只能在近岸进行海蜇、毛虾和梭子蟹等生产。

　　2. 滦河口渔场

　　滦河口渔场位于渤海滦河口外，面积约 3600 平方海里。该渔场也曾是带鱼的重要作业渔场。但是 20 世纪 80 年代以后，随着黄海带鱼资源的枯竭，渔场已经消失。

　　3. 渤海湾渔场

　　渤海湾渔场位于渤海 119°00′E 以西，面积约 3600 平方海里。该渔场曾是小黄鱼、对虾、蓝点马鲛等的重要渔场。目前主要是定置网和一些近岸网具作业。

4. 莱州湾渔场

莱州湾渔场位于渤海 38°30′N 以南的黄河口附近海域，面积约 6480 平方海里。由于黄河径流的存在，莱州湾渔场曾是我国北方最重要的鱼类产卵场。近年来由于渔业资源衰退，渔场已经消失，仅有一些近岸网具从事小型鱼类、虾蛄、梭子蟹、毛虾等生产。

5. 海洋岛渔场

海洋岛渔场位于黄海北部的 38°00′N 以北海域，面积约 7200 平方海里。该渔场曾是黄海北部的重要产卵场。但目前主要鱼类只有鳀鱼、玉筋鱼、细纹狮子鱼和绵鳚等。

6. 海东渔场

海东渔场位于海洋岛渔场的东部海域，面积约 4320 平方海里。主要分布鳀鱼、玉筋鱼、木叶鲽等鱼类。

7. 烟威渔场

烟威渔场位于山东半岛北部的 38°30′N 以南海域，面积约 7200 平方海里，是进入渤海产卵和离开渤海越冬鱼类的过路渔场。目前主要鱼类有鳀鱼、细纹狮子鱼、小黄鱼、绒杜父鱼等。

8. 威东渔场

威东渔场位于烟威渔场的东部海域，面积约 2880 平方海里，主要鱼类是细纹狮子鱼。

9. 石岛渔场

石岛渔场位于 36°00′N～37°30′N、124°00′E 以西海域，该渔场近岸为产卵场，远岸为过路渔场和部分鱼类的越冬场。目前主要分布种类为鳀鱼。

10. 石东渔场

石东渔场位于石岛渔场以东海域，渔场面积 7920 平方海里，目前主要鱼类为细纹狮子鱼、绒杜父鱼、高眼鲽、玉筋鱼等。

11. 青海渔场

青海渔场位于山东半岛南部的 35°30′N 以北、122°00′E 以西海域，面积 4320 平方海里，为山东半岛南岸产卵场，目前主要鱼类有鳀鱼、银鲳、斑鰶、高眼鲽等。

12. 海州湾渔场

海州湾渔场位于山东、江苏两省海岸交界处的海州湾内，其范围为 34°00′N～35°30′N、121°30′E 以西，面积为 7900 平方海里。海州湾渔场属沿岸渔场，其大部分水域在禁渔区内，是东海带鱼的产卵场之一。近年来由于渔业资源保护不力和捕捞强度过大，已不形成渔汛。

13. 连青石渔场

连青石渔场位于黄海南部海域，其范围为 34°00′N～36°00′N、121°30′E～124°00′E，面积为 14 800 平方海里。该渔场北接石岛渔场，南靠大沙渔场，西临海州湾渔场，东隔连东渔场与朝鲜半岛相望。连青石渔场海底平坦，水质肥沃，饵料丰富，水系交汇，是带鱼、蓝点马鲛、鲐鱼、对虾、鱿鱼、黄姑鱼、小黄鱼等多种经济鱼类产卵、索饵、越冬洄游的过路渔场，具有很大的开发利用价值。

14. 连东渔场

连东渔场分布在 34°00′N～36°00′N、124°00′E 以东海域，濒临韩国西海岸。以前为韩国渔船从事围网、张网、流网和延绳钓等的作业渔场。

15. 吕泗渔场

吕泗渔场位于江苏省沿岸以东海域，其范围为 32°00′N～34°00′N、122°30′E 以西海域，面积约 9000 平方海里，渔场大部分水域在禁渔区内，全部水深不足 40m，是大黄鱼、小黄鱼、鲳鱼等主要产卵场之一。但由于捕捞强度不断扩大，鲳鱼等产量出现严重滑坡，鱼龄越来越低，鱼体越来越小。

（二）种类组成

渤海、黄海鱼类共有 130 余种，数量最多的为鳀鱼，其次为竹筴鱼、鲐鱼、小黄鱼、带鱼、玉筋鱼。其他种类的产量所占比例很小，仅为 7.2%。鳀鱼、玉筋鱼为一般经济鱼类，竹筴鱼、鲐鱼、小黄鱼、带鱼为优质经济鱼类。而东海区位于亚热带和温带，有多种水系交汇，渔业资源丰富，是经济种类最多的海区，主要有大黄鱼、小黄鱼、带鱼、墨鱼、银鲳、鳓鱼、鲐鱼、蓝圆鲹、马面鲀、海鳗、虾蟹类、枪乌贼等 20 多种经济种类。

1. 黄海鱼类种类的季节变化

春季渔获种类最多，为 124 种（其中鱼类 90 种），包括中上层鱼类 17 种、底层鱼类 73 种、头足类 8 种、虾类 19 种、蟹类 7 种。

夏季由于一些种类分布于近岸水域，渔获种类最少，黄海为 97 种（其中鱼类 71 种），包括中上层鱼类 14 种、底层鱼类 57 种、头足类 5 种、虾类 11 种、蟹类 10 种。渤海渔获种类 42 种（其中鱼类 28 种），包括中上层鱼类 10 种、底层鱼类 18 种、头足类 3 种、虾类 7 种、蟹类 4 种。

秋季渔获种类 101 种（其中鱼类 73 种），包括中上层鱼类 20 种、底层鱼类 53 种、头足类 7 种、虾类 11 种、蟹类 10 种。

冬季渔获种类 115 种（其中鱼类 83 种），包括中上层鱼类 18 种、底层鱼类 65 种、头足类 7 种、虾类 18 种、蟹类 7 种。渤海渔获种类 37 种（其中鱼类 22 种），包括中上层鱼类 6 种、底层鱼类 16 种、头足类 4 种、虾类 8 种、蟹类 3 种。

2. 渔获种类的区域变化

将海域划分为渤海、黄海北部（37°30′N 以北）、黄海中部（37°30′N～35°30′N）、黄海南部（35°30′N～33°00′N）。各海区各季节都以底层鱼类占据主导地位。黄海北部各季与黄海中部渔获种类组成类似，鱼类 35～47 种，头足类 2～6 种。虾蟹类中部较北部多，其中虾类 3～12 种，蟹类 3～7 种。黄海南部渔获种类比中部和北部多，春季鱼类 75 种，头足类 6 种，虾类 19 种，蟹类 8 种；夏季鱼类 58 种，头足类 5 种，虾类 11 种，蟹类 9 种；秋季鱼类 55 种，头足类 6 种，虾类 9 种，蟹类 8 种；冬季鱼类 71 种，头足类 6 种，虾类 13 种，蟹类 7 种。

渤海在 4 个海区中渔获种类最少，夏季鱼类 28 种（其中中上层和底层鱼类分别为 10 种和 18 种），头足类 3 种，虾类 7 种，蟹类 4 种；冬季鱼类 22 种，其中中上层和底层鱼类分别为 6 种和 16 种，头足类 4 种，虾类 8 种，蟹类 3 种。

3. 区系特征

黄海、渤海渔业资源的区系组成中，暖温性种类占 48.1%，暖水性种类占 47.3%，冷温性种类占 12.2%。

黄海、渤海渔业资源基本可划分为两个生态类群，即地方性渔业资源和洄游性渔业资源。地方性渔业资源主要栖息在河口、岛礁和浅水区，随着水温的变化，做季节性深 - 浅水生殖、索饵和越冬移动，移动距离较短，洄游路线不明显。属于这一类型的多为暖温性地方种群，如海蜇、毛虾、三疣梭子蟹、鲆鲽类、梭鱼、花鲈、鳐类、虾虎鱼类、六线鱼、许氏平鲉、梅童类、叫姑鱼、鲱、鳕鱼等。

洄游性渔业资源，主要为暖温性和暖水性种类，分布范围较大，洄游距离长，有明显的洄游路线。在春季由黄海中南部和东海北部的深水区洄游至渤海和黄海近岸 30m 以内水域进行生殖活动，少数种类也在 30～50m 水域产卵，5～6 月为生殖高峰期，夏季分散索饵，主要分布在 20～60m 水域。到秋季鱼群陆续游向水温较高的深水区，并在那里越冬，主要分布水深在 60～80m。这一类种类数不如前一类多，但资源量较大，为黄渤海的主要渔业种类，如蓝点马鲛、鲐鱼、银鲳、鳀鱼、黄鲫、鰳鱼、带鱼、小黄鱼、黄姑鱼等。

二、东海渔场分布概况及其种类组成

（一）东海渔场分布概况

1. 大沙渔场和沙外渔场

大沙渔场位于吕泗渔场的东侧，其范围为 32°00′N～34°00′N、122°30′E～125°00′E 海域，面积约为 15 100 平方海里。沙外渔场位于大沙渔场的东侧、朝鲜海峡的西南，其范围为 32°00′N～34°00′N、125°00′E～128°00′E 海域，面积约为 13 400 平方海里。这两个渔场位于黄海和东海的交界处，有黄海暖流、黄海冷水团、苏北沿岸水、长江冲淡水交汇，饵料生物比较丰富，是多种经济鱼虾类产卵、索饵和越冬的场所，适合于拖网、流刺网、围网和帆式张网作业，主要捕捞对象有小黄鱼、带鱼、黄姑鱼、鲳鱼、鰳鱼、蓝点马鲛、鲐鲹鱼、太平洋褶柔鱼、剑尖枪乌贼和虾类等。济州岛东西侧和南部海区在 20 世纪 70 年代末期至 90 年代初期还是绿鳍马面鲀的重要渔场之一。

2. 长江口、舟山渔场及江外、舟外渔场

长江口渔场位于长江口外，北接吕泗渔场，其范围为 31°00′N～32°00′N、125°00′E 以西海区，面积约为 10 000 平方海里。舟山渔场位于钱塘江口外、长江口渔场之南，其范围为 29°30′N～31°00′N、125°00′E 以西海区，面积约为 14 350 平方海里。江外渔场位于长江口渔场东侧，其范围为 31°00′N～32°00′N、125°00′E～128°00′E，面积约为 9200 平方海里。舟外渔场位于舟山渔场的东侧，其范围为 29°30′N～31°00′N、125°00′E～128°00′E，面积约为 14 000 平方海里。

这 4 个渔场西边有长江、钱塘江两大江河的冲淡水注入，东边有黑潮暖流通过，北侧有苏北沿岸水和黄海冷水团南伸，南面有台湾暖流北进，沿海有舟山群岛众多的岛屿分布，营养盐类丰富，有利于饵料生物的繁衍。长江口和舟山渔场成为众多的经济鱼虾类的产卵、索饵场所，江外和舟外渔场不但是东海区重要经济鱼虾类的重要越冬场，而且是部分经济鱼虾类和太平洋褶柔鱼的产卵场之一。20 世纪 70 年代末至 90 年代初是绿鳍马面鲀从对马海区越冬场向东海南部做产卵洄游的过路渔场。

这一带海区是东海大陆架最宽广，底质较为平坦的海区，是底拖网作业的良好区域，成为全国最著名的渔场。其他重要的作业类型还有灯光围网、流刺网和帆张网等。此外，鳗苗和蟹苗是长江口的两大渔汛。在这 4 个渔场中，重要捕捞对象有带鱼、小黄鱼、大黄鱼、绿鳍马面鲀、白姑鱼、鲳鱼、鰳鱼、蓝点马鲛、鲐鱼、鲹鱼、海蜇、乌贼、太平洋褶柔鱼、梭子蟹、细点圆趾蟹和虾类等。这一海区一直是我国沿海渔业资源最为丰富、产量最高的渔场。

3. 鱼山渔场、温台渔场及鱼外渔场、温外渔场

鱼山渔场位于浙江中部沿海、舟山渔场之南，其范围为 28°00′N～29°30′N、125°00′E 以西海域，面积约为 15 600 平方海里。温台渔场位于浙江省南部沿海，其范围为 27°00′N～

28°00′N、125°00′E 以西海区，面积约为 13 800 平方海里。鱼外渔场位于鱼山渔场东侧，其范围为 28°00′N～29°30′N、125°00′E～127°00′E，面积约为 9400 平方海里。温外渔场位于温台渔场东侧，其范围为 27°00′N～28°00′N、125°00′E～127°00′E，面积约为 6300 平方海里。

该海区地处东海中部，有椒江、瓯江等中小型江河入海，渔场受浙江沿岸水和台湾暖流控制，鱼外渔场、温外渔场还受黑潮边缘的影响，海洋环境条件优越。沿海和近海是带鱼、大黄鱼、乌贼、鲳鱼、鳓鱼、鲐鱼、鲹鱼的产卵场和众多经济幼鱼的索饵场，外海是许多经济鱼种越冬场的一部分，又是绿鳍马面鲀向产卵场洄游的过路渔场和剑尖枪乌贼的产卵场。该海区不仅是对拖网和流刺网的良好渔场，还是群众灯光围网、单拖和底层流刺网的良好渔场，近年来灯光敷网和河鲀鱼钓作业也在这一海区逐渐兴起。带鱼、大黄鱼、绿鳍马面鲀、白姑鱼、鲳鱼、鳓鱼、金线鱼、方头鱼和鲐鲹鱼、乌贼、剑尖枪乌贼是该海区重要的经济鱼种。

4. 闽东渔场、闽中渔场、台北渔场及闽外渔场

闽东渔场位于福建省北部近海，其范围为 26°00′N～27°00′N、125°00′E 以西海域，面积约为 16 600 平方海里。闽中渔场位于福建中部沿海，其范围为 24°30′N～26°00′N、121°30′E 和台湾北部以西海区，面积约为 9370 平方海里。闽外渔场在闽东渔场外侧，其范围为 26°00′N～27°00′N、125°00′E～126°30′E，面积约为 4800 平方海里。台北渔场位于台湾东北部，其范围为 24°30′N～26°00′N、121°30′E～124°00′E，面积约为 10 600 平方海里。

闽东渔场、闽中渔场陆岸多以岩岸为主，岸线蜿蜒曲折，著名的三都澳、闽江口、兴化湾、湄州湾和泉州湾就分布在这两个渔场的西侧。该海区受闽浙沿岸水、台湾暖流、黑潮和黑潮支梢的影响，渔场的水温、盐度明显偏高，鱼类区系组成呈现以暖水性种类为主的倾向，且大多为区域性种群，一般不做长距离的洄游。主要作业类型有对拖网、单拖网、灯光围网、底层流刺网、灯光敷网和钓等。主要捕捞对象有带鱼、大黄鱼、大眼鲷、绿鳍马面鲀、白姑鱼、鲳鱼、鳓鱼、蓝点马鲛、竹筴鱼、海鳗、鲨、蓝圆鲹、鲐鱼、乌贼、剑尖枪乌贼、黄鳍马面鲀等。闽东渔场和温台渔场外侧海区是绿鳍马面鲀和黄鳍马面鲀的主要产卵场。

5. 闽南渔场及台东渔场

闽南渔场位于 23°00′N～24°30′N 的台湾海峡区域，面积约为 13 800 平方海里。台东渔场位于 22°00′N～24°30′N 台湾东海岸至 123°00′E 海区，面积为 11 960 平方海里。

闽南渔场受制于黑潮支梢、南海暖流和闽浙沿岸水的影响，温度、盐度分布呈现东高西低，南高北低的格局，使渔场终年出现多种流隔，有利于捕捞。台湾海峡中、南部的鱼类没有明显的洄游迹象，没有明显的产卵、索饵与越冬场的区分，多数为地方种群，不做长距离洄游。由于本海区海底地形比较复杂，主要渔业作业类型为单拖、围网、流刺网、钓和灯光敷网。主要捕捞对象为带鱼、金色小沙丁鱼、大眼鲷、白姑鱼、乌鲳、鳓鱼、蓝点马鲛、竹筴鱼、鲐鱼、蓝圆鲹、四长棘鲷、中国枪乌贼和虾蟹类等。其中闽南、粤东近海鲐鲹鱼群系，个体较小，但数量大，最高年产量可达 20 余万 t，是群众渔业围网和拖网的重要捕捞对象，中国枪乌贼和乌鲳也是该海区著名的渔业对象。台东渔场陆架很窄，以钓捕作业为主。

（二）东海区种类组成

据调查，东海渔获中鱼类、甲壳类和头足类 602 种，其中以鱼类种类最多，达 397

种，占渔获种类数的 65.9%，为历史记录数 760 种的 52.2%；甲壳类 160 种，占渔获种类的 26.6%。其中虾类 75 种，占甲壳类种类数的 46.9%，蟹类为 59 种，占甲壳类种类数的 36.9%；头足类 45 种，仅占渔获种类的 7.5%。

1. 渔获种类的季节变化

东海各季节的渔获种类组成以秋季最多，为 383 种；其次为春季和夏季，分别为 365 种和 350 种；冬季的渔获种类数最少，仅 302 种。各季节中均以鱼类的渔获种类数最高，头足类的渔获种类最少。各类群渔获种类的季节变化不同，鱼类以秋季为最多，甲壳类的渔获种类以春季最多，头足类以夏季最多，但各类群渔获种类数最少都出现在冬季。

2. 区域变化

从不同区域的种类组成来看，东海北部外海的种类数最多，达 379 种，其次为东海南部外海，有 331 种，台湾海峡出现种类数最少，为 177 种。各区域鱼类、甲壳类和头足类的种类数同样以东海北部外海最高，其次为东海南部外海，台湾海峡的种类数最少。

3. 各季节各区域的渔获种类

各季节不同区域、不同类群的渔获种类数的变化不同，春秋两季鱼类、甲壳类、头足类的种类数均以东海北部外海为最高。夏季鱼类和头足类的渔获种类数以东海南部外海最高，甲壳类则以东海北部外海的渔获种类数最高。冬季鱼类和甲壳类的渔获种类数以东海北部外海的种类数最高，头足类以东海南部外海的渔获种类数最高。

4. 区系特征

东海区的鱼类区系组成以暖水性种占优势（占 61.0%），暖温性种类次之（占 37.0%），冷温性种类很少，仅占东海鱼类渔获种类数的 1.8%，冷水性种类只有秋刀鱼一种，而且仅出现在冬季东海北部外海。鱼类的这一区系组成特征基本和历史资料记载一致。东海区鱼类区系属于亚热带性质的印度 - 西太平洋区的中 - 日亚区。东海区各区域的鱼类适温性组成也都以暖水性和暖温性种类为主，东海外海的暖水性和暖温性鱼类种类数高于东海近海，以东海北部外海的暖水性和暖温性鱼类种类数为最多。

东海甲壳类因水温差异可分成三种类型：一是暖水性的广布种，在东海南北海区均有分布，如哈氏仿对虾、中华管鞭虾、凹管鞭虾、假长缝拟对虾、高脊管鞭虾、东海红虾、日本异指虾、九齿扇虾、毛缘扇虾、红斑海螯虾等；二是暖温性种类，如假长缝拟对虾、中国毛虾、中国对虾等；三是冷水性种类，如脊腹褐虾等。

东海头足类由暖水性和暖温性种类组成，暖水性种类居多数（占 75.61%），其余均为暖温性种类（占 24.39%）。从各海域来看，台湾海峡的暖水性种类比例最高（占 80%），其次为东海南部近海（占 78.95%），东海北部近海占 75.86%，东海外海占 66.67%。这说明东海区的头足类主要由热带、亚热带的暖水性和暖温性种类所组成，因此，其性质属印度 - 西太平洋热带区的印 - 马亚区。

三、南海渔场分布概况及其种类组成

（一）南海渔场分布概况

南海优越的自然地理环境和种类繁多的生物资源，为渔业生产提供了良好的物质基础。

1. 台湾浅滩渔场

台湾浅滩渔场位于 22°00′N～24°30′N、117°30′E～121°30′E 海域。大部分海域水深不超过 60m。除拖网作业外，还有以蓝圆鲹为主要捕捞对象的灯光围网作业和以中国枪乌贼为主要捕捞对象的鱿钓作业。

2. 台湾南部渔场

台湾南部渔场位于 19°30′N～22°00′N、118°00′E～122°00′E 海域。水深变化大，最深达 3000m 以上。中上层和礁盘鱼类资源丰富，适于多种钓捕作业。

3. 粤东渔场

粤东渔场位于 22°00′N～24°30′N、114°00′E～118°00′E 海域，水深多在 60m 以内，是拖网、拖虾、围网、刺、钓作业渔场。主要捕捞种类有蓝圆鲹、竹䇲鱼、大眼鲷、中国枪乌贼等。

4. 东沙渔场

东沙渔场位于 19°30′N～22°00′N、114°00′E～118°00′E。海底向东南倾斜。西北部大陆架海域主要经济鱼类有竹䇲鱼、深水金线鱼等。东部 200m 深海域有密度较高的瓦氏软鱼和脂眼双鳍鲳。水深 400～600m 海域，有较密集的长肢近对虾和拟须对虾等深海虾类。东沙群岛附近海域适于围、刺、钓作业。

5. 珠江口渔场

珠江口渔场位于 20°45′N～23°15′N、112°00′E～116°00′E 海域，面积约 74 300km^2。水深多在 100m 以内，东南部最深可达 200m。东南深水区有较多的蓝圆鲹、竹䇲鱼和深水金线鱼。该渔场是拖网、拖虾、围网、刺、钓作业渔场。

6. 粤西及海南岛东北部渔场

粤西及海南岛东北部渔场位于 19°30′N～22°00′N、110°00′E～114°00′E。绝大部分为 200m 水深以浅的大陆架海域，是拖网、拖虾、围网、刺、钓作业渔场。深海区有较密集的蓝圆鲹、深水金线鱼和黄鳍马面鲀。硇洲岛附近海域是大黄鱼渔场。

7. 海南岛东南部渔场

海南岛东南部渔场位于 17°30′N～20°00′N、109°30′E～113°30′E。西部和北部大陆架海域是拖网、拖虾、刺、钓作业渔场。拖网主要渔获种类有蓝圆鲹、颌圆鲹、竹䇲鱼、黄鲷、深水金线鱼等。东南部 400～600m 深海域有较密集的拟须虾、长肢近对虾等深海虾。

8. 北部湾北部渔场

北部湾北部渔场位于 19°30′N 以北、106°00′E～110°00′E 海域。水深一般为 20～60m，是拖、围、刺、钓作业渔场。主要捕获种类有鲐鱼、长尾大眼鲷、中国枪乌贼等。

9. 北部湾南部及海南岛西南部渔场

北部湾南部及海南岛西南部渔场位于 17°15′N～19°45′N、105°30′E～109°30′E 海域，水深不超过 120m，是拖、围、刺、钓作业渔场。主要捕捞种类有金线鱼、大眼鲷、蓝点马鲛、乌鲳、带鱼等。

10. 中沙东部渔场

中沙东部渔场位于 14°30′N～19°30′N、113°30′E～121°30′E 海域。本渔场散布许多礁滩，最深水深超过 5000m，是金枪鱼延绳钓鱼场。西北部大陆坡水域是深海虾场。岛礁水域是刺、钓作业渔场。

11. 西、中沙渔场

西、中沙渔场位于 15°00′N～17°30′N、111°00′E～115°00′E 中沙群岛西北部和西沙群岛南部，是金枪鱼延绳钓渔场，岛礁水域是刺、钓作业渔场。主要捕捞对象是鲔科、鹦嘴鱼科、裸胸鳝科和飞鱼科鱼类，该渔场内的主要岛屿是海龟产卵场。

12. 西沙西部渔场

西沙西部渔场位于 15°00′N～17°30′N、107°00′E～111°00′E 海域。西部大陆架海域是拖网作业渔场，东北部是金枪鱼延绳钓渔场。

13. 南沙东北部渔场

南沙东北部渔场位于 9°30′N～14°30′N、113°30′E～121°30′E 海域。深水区是金枪鱼延绳钓渔场。岛礁水域是底层延绳钓、手钓作业渔场。

14. 南沙西北部渔场

南沙西北部渔场位于 10°00′N～15°00′N、114°30′E 以西海域。东部和 14°00′N 以北海域是金枪鱼延绳钓作业渔场。东南部各岛礁海域是底层延绳钓、手钓作业渔场。

15. 南沙中北部渔场

南沙中北部渔场位于 9°30′N～12°00′N、114°00′E～118°00′E 海域，岛礁众多，是鲨鱼延绳钓、手钓、刺网和采捕作业渔场。主要捕捞种类是石斑鱼、裸胸鳝、鹦嘴鱼等。中上层还有较密集的飞鱼科鱼类。

16. 南沙东部渔场

南沙东部渔场位于 7°00′N～9°30′N、114°00′E～118°00′E 海域。北部蓬勃暗沙-海口暗沙-半月礁-指向礁水深150m以浅水域是鲨鱼延绳钓作业渔场。岛礁水域是手钓和潜捕作业渔场。

17. 南沙中部渔场

南沙中部渔场位于 7°30′N～10°00′N、110°00′E～114°00′E 海域。散布着许多岛礁，主要有永暑礁、东礁、六门礁、西卫滩、广雅滩、南薇滩。北部是金枪鱼延绳钓渔场。岛礁水域是手钓和底层延绳钓渔场。

18. 南沙中南部渔场

南沙中南部渔场位于 5°00′N～7°30′N、112°00′E～116°00′E 海域，水域内有皇路礁、南通礁、北康暗沙和南康暗沙。东北部深水区是金枪鱼延绳钓渔场。东北部和南部100～200m深水水域是鲨鱼延绳钓渔场。

19. 南沙南部渔场

南沙南部渔场位于 2°30′N～5°00′N、110°30′E～114°30′E 海域，是南海南部大陆架水域。主要礁滩有曾母暗沙、八仙暗沙和立地暗沙，是拖网作业和鲨鱼延绳钓作业渔场。

20. 南沙西部渔场

南沙西部渔场位于 7°30′N～10°00′N、106°00′E～110°00′ 海域；东侧边缘为大陆坡，其余为大陆架海域。东南部大陆坡海域是金枪鱼延绳钓渔场。大陆架海域是底拖网渔场。

21. 南沙中西部渔场

南沙中西部渔场位于 5°00′N～7°30′N、108°00′E～112°00′E 海域。西部和南部巽他陆架外缘是底拖网作业渔场，东北部深水区是金枪鱼延绳钓渔场。

22. 南沙西南部渔场

南沙西南部渔场位于 2°30′N～5°00′N、106°30′E～110°30′E 海域，属陆架水域，是底拖网作业渔场。主要种类有短尾大眼鲷、多齿蛇鲻、深水金线鱼等。

（二）种类组成

1. 南海北部

根据1997~1999年"北斗"号在南海北部水深200m以浅海域调查，共采获游泳生物851种（包括未能鉴定到种的分类阶元），其中鱼类655种，甲壳类154种，头足类42种。鱼类以底层和近底层种类占绝大多数，达600种；中上层鱼类55种。甲壳类以虾类的种数最多，为76种，其次为蟹类，57种，甲壳类的种类均为底层或底栖种类，虾类和虾蛄类的多数种类具有经济价值，而蟹类中只有梭子蟹科的一些种类有经济价值。头足类种类包括主要分布在中上层的枪形目15种，主要分布在底层的乌贼目15种和营底栖生活的八腕目12种，头足类多数种类具有较高的经济价值。

在南海北部水深200m以浅海域的底拖网调查中，深水区域采获的种类数明显多于沿岸浅海区。采获种类数较多的区域依次为大陆架近海、外海及北部湾中南部；在大陆架近海和外海采获的种类多数为底层非经济鱼类；北部湾海域底层经济种类占总渔获种类数的比例是南海北部各调查区中最高的；台湾浅滩海域是头足类种类较丰富的海域，其头足类种类数占总渔获种类数的比例是各区中最高的，达15%。总渔获种数和各类群渔获种数的季节变化趋势基本相同，夏季出现的种类数明显较其他季节多。冬季渔获种类明显较少。

2. 南海中部

根据1997~2000年"北斗"号在南海北部水深200m以外的大陆斜坡海域和南海中部深海区调查，共采获游泳生物349种（包括未能鉴定到种的分类阶元）。中层拖网渔获种类中鱼类占绝大多数，达291种，头足类有35种，甲壳类23种。虽然是中层拖网采样，但鱼类仍以底层和近底层种类占绝大多数，有275种，占鱼类渔获种类数的94.5%；中上层鱼类只有16种，包括蓝圆鲹、无斑圆鲹、颌圆鲹、鲐鱼和竹筴鱼等，优势种是蓝圆鲹和无斑圆鲹。底层和近底层鱼类中经济价值较高的有26种，其他249种为个体较小、没有经济值或经济价值较低的种类；中上层鱼类中经济价值较高的有13种，占中上层鱼类的大部分。头足类种类包括主要分布在中上层的枪形目26种，主要分布在底层的乌贼目4种和营底栖生活的八腕目5种，头足类多数种类具有较高的经济价值。甲壳类的种类以虾类的种数最多，为17种；其次为虾蛄类，5种；蟹类最少，仅1种。

在南海中部中层拖网调查中，大陆斜坡深水渔业区采获的种类数最多，有282种，其次是西沙、中沙群岛渔业区，东沙群岛渔业区，南沙群岛渔业区，种数分别为157种，63种，59种。大陆斜坡海域渔获种类数明显较其他区域为多，其部分原因是该区采样次数较多。各个区域的渔获种类组成中，都是以没有经济价值的底层和近底层鱼类占绝大多数，头足类和甲壳类分别以枪形目和虾类为主。

3. 南海岛礁

根据1997~2000年"北斗"号的专业调查，共捕获鱼类242种（鹦嘴鱼属和九棘鲈属未定种各1种），其中鲈形目170种，占70.2%，居绝对优势；鳗鲡目和鲀形目均为14种，分别占5.8%；金眼鲷目12种，占5.0%；颌针鱼目均为11种，占4.5%；其余10个目仅有21种，占8.7%。

根据鱼类的栖息特点，可分为岩礁性鱼类和非岩礁性鱼类，在242种鱼类中，185种属于珊瑚礁鱼类，占总种数的76.4%，另外57种为非岩礁鱼类，占总种数的23.6%，这些种类有的属于大洋性种类，有的属于底层种类，在南海的中部、北部或南沙群岛西南大陆架海域也有捕获。

在捕获的鱼类中，经济价值较高的有鮨科、笛鲷科、裸颊鲷科、隆头鱼科、鹦嘴鱼科、海鳝科及金枪鱼科。特别是其中的鲑点石斑鱼、红钻鱼、丽鳍裸颊鲷、红鳍裸颊鲷、多线唇鱼、红唇鱼、二色大鹦嘴鱼、绿唇鹦嘴鱼、蓝颊鹦嘴鱼、裸狐鲣、白卜鲔及鲹科的纺锤鰤等种类，均属于名贵鱼类，经济价值很高。

第四节　中国近海重要经济种类的渔场分布

一、主要中上层鱼类

1. 鳀鱼

鳀鱼（*Engraulis japonicus*）是一种生活在温带海洋中上层的小型鱼类，广泛分布于我国的渤海、黄海和东海，是其他经济鱼类的饵料生物，是黄海、东海单种鱼类资源生物量最大的鱼种，也是黄海、东海食物网中的关键种。鳀鱼在黄海、东海乃至全国渔业中占有重要地位。

鳀鱼，又名鰛抽条、海蜒、离水烂、老雁屎、鲅鱼食。口大，下位。吻钝圆，下颌短于上颌。体被薄圆鳞，极易脱落。无侧线。腹部圆，无棱鳞。尾鳍叉形。温水性中上层鱼类，趋光性较强，幼鱼更为明显。小型鱼，产卵鱼群体长为 75～140mm，体重 5～20g。“海蜒”即为幼鳀加工的咸干品。产于中国的主要是日本鳀，广泛分布于东海、黄海和渤海。

1）洄游分布

12 月初至次年 3 月初为黄海鳀鱼的越冬期。越冬场大致在黄海中南部西起 40m 等深线，东至大黑山、小黑山一带。3 月，随着温度的回升，越冬场鳀鱼开始向西北扩散移动，相继进入 40m 以浅水域。4 月，随着黄海、渤海近海水温回升，黄海中南部，包括部分东海北部的鳀鱼迅速北上。4 月中旬前后绕过成山头，4 月下旬分别抵达黄海北部和渤海的各产卵场。位置偏西的鳀鱼则沿 20m 等深线附近向北再向西进入海州湾。5 月上旬，鳀鱼已大批进入黄海中北部和渤海的各近岸产卵场，与此同时，在黄海中南部和东海北部仍有大量后续鱼群。5 月中旬至 6 月下旬为鳀鱼产卵盛期。其后逐步外返至较深水域索饵。7 月、8 月大部分鳀鱼产卵结束，分布于渤海中部、黄海北部、石岛东南和海州湾中部的索饵场索饵。同时在黄海中南部仍有部分鳀鱼继续产卵。9 月，分布于渤海和黄海北部近岸的鳀鱼开始向中部深水区移动。黄海中南部的鳀鱼开始由 20～40m 的浅水域向 40m 以深水域移动并继续索饵。10 月鳀鱼相对集中于石岛东南的黄海中部和黄海北部深水区，同时黄海、渤海仍有鳀鱼广泛分布。11 月，随着水温的下降鳀鱼开始游出渤海，与黄海北部的鳀鱼汇合南下。12 月上旬，黄海北部的大部分鳀鱼已绕过成山头，进入黄海中南部越冬场。

东海的鳀鱼春季（3～5 月）主要分布在长江口、浙江北部沿海及济州岛西南部水域。夏季（6～8 月）大批北上进入黄海，分布密度显著下降，同时主要分布区域有明显的向北移动现象。秋季（10～12 月）鳀鱼分布较少，仅在济州岛西南部及浙江南部和福建北部沿海有少量鳀鱼出现。冬季（1～3 月）鳀鱼主要分布于东海沿海水域，集中在 28°N～32°30′N、123°E～125°E 的范围内。

浙江近海鳀鱼主要有两个群体：一个为生殖群体，主要出现在 12 月～次年 1 月，分布在 10m 等深线以东海域，群体组成以 90～114mm 为优势体长组；另一个为当年生稚幼鱼，出现于 5～9 月，其分布与很多其他鱼类相反，分布区域偏外，集中在 15～30m 等深线附近海区，主要由优势体长组 40～64mm 的个体组成。

2）鳀鱼与环境关系

鳀鱼分布与水温关系密切。当水温发生变化时，鳀鱼密集区也随之发生变化。越冬鳀鱼的适温范围为 7～15℃，最适温度为 11～13℃。黄海中南部产卵盛期水温 12～19℃，最适水温 14～16℃。黄海北部产卵盛期最适水温为 14～18℃。但最适温度的水域不一定形成密集区，在最适温度条件下，鳀鱼密集区的形成与流系和温度的水平梯度有密切的关系。鳀鱼密集区多形成于最适温度水平梯度最大的冷水或暖水舌锋区。

3）鳀鱼摄食习性

鳀鱼主要以浮游生物为食，黄海中南部及东海北部鳀鱼的饵料组成有 50 余种，以浮游甲壳类为主，按重量计占 60% 以上，其次为毛颚类的箭虫、双壳类幼体等。饵料组成具有明显的区域性和季节变化，突出表现为饵料组成与鳀鱼栖息水域的浮游生物组成相似。鳀鱼的饵料选择更多的是一种粒级的选择，鳀鱼偏好的食物随鳀鱼长度的增加而变化。桡足类和它们的卵子、幼体是最大的优势类群。体长小于 10mm 的鳀鱼仔稚鱼主要摄食桡足类的卵和无节幼体；体长 11～20mm 的鳀鱼仔稚鱼主要摄食桡足类的桡足幼体和原生动物；叉长 21～30mm 的鳀鱼主要摄食纺锤水蚤等小型桡足类和甲壳类的蚤状幼体；叉长 41～80mm 的鳀鱼主要摄食桡足类的桡足幼体；叉长 81～90mm 的鳀鱼主要摄食中华哲水蚤和桡足幼体；叉长 91～100mm 的鳀鱼主要摄食中华哲水蚤、胸刺水蚤、真刺水蚤等较大的桡足类；叉长 101～120mm 的鳀鱼主要摄食中华哲水蚤、胸刺水蚤、太平洋磷虾、细长脚蛾；叉长大于等于 121mm 的鳀鱼主要摄食太平洋磷虾和细长脚蛾。

4）鳀鱼繁殖习性

鳀鱼性成熟早，黄海鳀鱼 1 龄即达性成熟，最小叉长为 6.0cm，纯体重为 1.8g，鳀鱼属连续多峰产卵型鱼类，产卵期长，产卵场主要集中在海州湾渔场、烟成外海、海洋岛近海、渤海、舟山群岛近海和温台外海等。

黄海北部鳀鱼 5 月中下旬开始产卵，6 月为产卵盛期，之后产卵减少，一般 9 月产卵结束。最适产卵水温为 14～18℃；黄海中南部产卵期为 5 月上旬至 10 月上旬，5 月中旬到 6 月下旬为产卵盛期。产卵盛期水温 12～19℃，最适水温 14～16℃。平均生殖力为 5500 粒。

5）鳀鱼渔业状况

我国黄海、东海蕴藏着丰富的鳀鱼资源，资源量超过 300×10^4t。自 20 世纪 90 年代以来，我国鳀鱼产量直线上升，由 1990 年的不到 6×10^4t 到 1995 年的 45×10^4t。1997 年更超过了 100×10^4t。1998 年达到最高 150×10^4t，其后两年下降到 100×10^4t。2010 年以后产量在 40 万～50 万 t。鳀鱼的开发大幅度提高了我国的捕捞产量，减轻了其他经济鱼类的捕捞压力，促进了沿海地区水产加工业（鱼粉、鱼油）的发展。鳀鱼在黄海、东海乃至全国渔业中占有重要地位。

黄海鳀鱼的主要作业渔场为黄海中南部的越冬场渔场、黄海中部夏秋季的索饵场渔场和春夏之交的近岸产卵群体渔场。由于黄海鳀鱼的越冬、繁殖和索饵主要都是在黄海进行的，实际上一年四季均可生产。

2. 鲐鱼

鲐鱼（*Pneumatophorus japonicus*）是暖温大洋性中上层鱼类，广泛分布于西北太平洋沿岸，在我国渤海、黄海、东海、南海均有分布，主要由中国、日本等国捕捞。我国主要

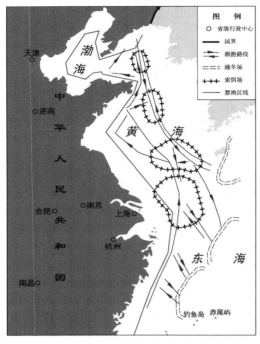

图 8-5　鲐鱼分布洄游示意图

利用灯光围网捕捞鲐鱼。由于灯光围网的迅速发展，我国鲐鱼产量自 20 世纪 70 年代起上升很快。80 年代以后，随着近海底层鱼类资源的衰退，鲐鱼也成了底拖网渔船的兼捕对象。目前，我国东海区鲐鱼的产量在 20×10^4t 左右，黄海区（北方三省一市）的鲐鱼产量为 $11 \times 10^4 \sim 12 \times 10^4$t，已成为我国主要的经济鱼种之一，在我国的海洋渔业中占有重要地位。

分布于东海、黄海的鲐鱼可分为东海西部和五岛西部两个种群。东海西部越冬群分布于东海中南部至钓鱼岛北部 100m 等深线附近水域，每年春夏季向东海北部近海、黄海近海洄游产卵，产卵后在产卵场附近索饵，秋冬季回越冬场越冬（图 8-5）。

五岛西部群冬季分布于日本五岛西部至韩国的济州岛西南部，春季鱼群分成两支，一支穿过对马海峡游向日本海，另一支进入黄海产卵。

在东海中南部越冬的鲐鱼，每年 3 月末至 4 月初，随着暖流势力增强，水温回升，分批由南向北游向鱼山渔场、舟山渔场和长江口渔场。性腺已成熟的鱼即在上述海域产卵，性腺未成熟的鱼则继续向北进入黄海，5~6 月先后到达青岛 - 石岛外海、海洋岛外海、烟威外海产卵，小部分鱼群穿过渤海海峡进入渤海产卵。

在九州西部越冬的鲐鱼，4 月末至 5 月初，沿 32°30′N~33°30′N 向西北进入黄海，时间一般迟于东海中南部越冬群。5~6 月主要在青岛 - 石岛外海产卵，部分鱼群也进入黄海北部产卵，一般不进入渤海。7~9 月鲐鱼分散在海洋岛和石岛东南部较深水域索饵。9 月以后随水温下降，鱼群陆续沿 124°00′E~125°00′E 深水区南下越冬场。部分高龄鱼群直接南下，返回东海中南部越冬场，大部分低龄鱼群 9~11 月在大黑山、小黑山岛西部至济州岛西部停留、索饵，11 月以后返回越冬场。

东海南部福建沿海的鲐鱼一部分属于上述东海西部群，另一部分则称为闽南 - 粤东近海地方群，其特点是整个生命周期基本上都在福建南部沿海栖息，不做长距离洄游，无明显的越冬洄游现象。

分布于南海的鲐鱼可分为台湾浅滩、粤东、珠江口、琼东、北部湾和南海北部外海 6 个种群。

分布在南海北部的鲐鱼 2 月初从东沙群岛西南水深 200m 以外海域向珠江口外海集聚后，陆续北上和西行，2~8 月在珠江口、粤西近海产卵和索饵，11 月后返回外海。南海北部的鲐鱼过去由于数量少，仅作兼捕对象，但从 20 世纪 70 年代开始，渔获量迅速增长，成为拖网作业的主要捕捞对象，分布范围也广，东自台湾浅滩，西至北部湾海区均有分布。

黄海在 20 世纪 80 年代以前以近岸产卵、索饵群体的围网瞄准捕捞和春季流网捕捞为主。以后随着东海北上群的衰落，黄海西部的春季流网专捕渔业也随之消亡。鲐鱼专捕渔业完全移至秋季的黄海中东部。目前在黄海作业的大型围网船主要来自中国和韩国。东海区鲐鱼的捕捞主要以东海北部、黄海南部外海、长江口海区和福建沿海为主，每年12月～次年2月分布于东海北部和黄海南部外海的隔龄鲐鱼是我国机轮围网的主要捕捞对象。分布于长江口的鲐鱼幼鱼则是机帆船灯光围网及拖网兼捕的对象。

3. 蓝点马鲛

蓝点马鲛（*Scomberomorus niphonius*）分布于印度洋及太平洋西部水域，为大型长距离洄游型鱼种，在我国黄海、渤海、东海、南海均有分布。20世纪50年代以来，人们对蓝点马鲛的繁殖、摄食、年龄及渔场、渔期、渔业管理等都有过比较系统的研究。近年来对东海、黄海、渤海的蓝点马鲛种群划分也有相关研究。

1）黄海、渤海种群

黄海、渤海种群蓝点马鲛于4月下旬经大沙渔场，由东南抵达33°00′N～34°30′N、122°00′E～123°00′E范围的江苏射阳河口东部海域，而后，鱼群一路游向西北，进入海州湾和山东半岛南岸各产卵场，产卵期在5～6月。主群则沿122°30′E北上，首批鱼群4月底越过山东高角，向西进入烟威近海，渤海的莱州湾、辽东湾、渤海湾及滦河口等主要产卵场，产卵期为5～6月。在山东高角处主群的另一支继续北上，抵达黄海北部的海洋岛渔场，产卵期为5月中到6月初。9月上旬前后，鱼群开始陆续游离渤海，9月中旬黄海索饵群体主要集中在烟威、海洋岛及连青石渔场，10月上、中旬主群向东南移动，经海州湾外围海域，会同海州湾内索饵鱼群在11月上旬迅速向东南洄游，经大沙渔场的西北部返回沙外及江外渔场越冬。其洄游路线示意图见图8-6。

2）东海及南黄海种群

东海及南黄海蓝点马鲛1～3月在东海外海海域越冬，越冬场范围相当广泛，南起28°00′N、北至33°00′N、西自禁渔区线附近，东迄120m等深线附近海区，其中从舟山渔场东部至舟外渔场西部海区是其主要越冬场。4月在近海越冬的鱼群先期进入沿海产卵，在外海越冬的鱼群陆续向西或西北方向洄游，相继到达浙江、上海和江苏南部沿海河口、港湾、海岛周围海区产卵，主要产卵场分布在禁渔区线以内海区，产卵期福建南部沿海较早，为3～6月，以5月中旬至6月中旬为盛期；浙江至江苏南部沿海稍迟，为4～6月，以5月为盛期。产卵后的亲体一部分留在产卵场附近海区与当年生幼鱼一起索饵，另一部分亲体向北洄游索饵，敖江口、三门湾、象山港、舟山群岛周围、长江口、吕泗渔场和大沙渔场西南部海区都是重要的索饵场，形成秋汛捕捞蓝点马鲛的良好季节。秋末，索饵鱼群先后离开索饵场向东或东南方向洄游，12月～次年1月相继回到越冬场越冬。

图8-6 蓝点马鲛洄游路线示意图

3）渔场分布

历史上，黄海、渤海的主要作业渔具有机轮拖网、浮拖网及流刺网。该资源已充分利用。东海区蓝点马鲛渔业有春季、秋季和冬季三个主要汛期。4～7月为春汛，群众渔业小型渔船的主要作业渔场在沿岸河口、港湾和海岛周围海区，群众渔业大中型渔船和国营渔轮的主要作业渔场在鱼山渔场北部近海、舟山渔场和长江口渔场、吕泗渔场、大沙渔场西南部海区，一般在禁渔区线内侧及外侧海区的网获率较高，以产卵群体为主要捕捞对象；秋汛的渔期为8～11月，作业渔场与春汛相似，主要捕捞对象是索饵群体，由当年生幼鱼和剩余群体组成；冬汛的渔期为1～3月，主要的作业渔场在舟山渔场东部至舟外渔场的西部延续到温台渔场的西部，有时在禁渔区线附近海区及闽东台北渔场也有一定的渔获量，另外在济州岛周围至大黑山一带也有一定的产量，主要捕捞对象是越冬群体。

4. 银鲳

银鲳（*Pampus argenteus*）属暖水性中上层集群性经济鱼类，是流刺网专捕对象，也是定置网、底拖网和围缯网的兼捕对象。银鲳分布于印度洋、印度-太平洋区。渤海、黄海、东海、南海均有分布。银鲳可分为黄海、渤海种群和东海种群。

1）黄海、渤海种群

每年秋末，当黄海、渤海沿岸海区的水温下降到14～15℃时，在沿岸河口索饵的银鲳群体开始向黄海中南部集结，沿黄海暖流南下。12月银鲳主要分布于34°N～37°N、122°E～124°E的连青石渔场和石岛渔场南部。1～3月，主群南移至济州岛西南，水温15～18℃，盐度33‰～34‰的越冬场越冬。3～4月银鲳开始由越冬场沿黄海暖流北上，向黄海、渤海区的大陆沿岸的产卵场洄游，当洄游至大沙渔场北部33°N～34°N、123°E～124°E海区时，分出一路游向海州湾产卵场，另一路继续北上到达成山头附近海区时，又分支向海洋岛渔场、烟威渔场及渤海各渔场洄游。5～7月为黄海、渤海银鲳种群的产卵期，产卵场分布在沿岸河口浅海混合水域的高温低盐区，水深一般为10～20m，底质以泥沙质和沙泥质为主，水温12～23℃，盐度27‰～31‰。主要产卵场位于海州湾、莱州湾和辽东湾等河口区。此产卵的银鲳群体属东海银鲳种群。7～11月为银鲳的索饵期，索饵场与产卵场基本重叠，到秋末随着水温的下降，在沿岸索饵的银鲳向黄海中南部集群，沿黄海暖流南下。

2）东海种群

东海银鲳的越冬场主要有济州岛邻近水域越冬场（32°00′N～34°00′N，124°00′E以东，水深80～100m海域）、东海北部外海越冬场（29°00′N～32°00′N，125°30′E～127°30′E，水深80～100m海域）和温台外海越冬场（26°30′N～28°30′N，122°30′E～125°30′E，水深80～100m海域）。

每年低温期过后，水温回升之际，各越冬场的鱼群按各自的洄游路线向近海做产卵洄游。济州岛邻近水域的越冬鱼群，4月开始游向大沙渔场，其中有的继续北上，游向渤海和黄海北部各产卵场；有的向西北移动，5月中旬前后主群分批进入海州湾南部近岸产卵，其中少数折向西南进入吕泗渔场北部海区产卵。东海北部外海的越冬鱼群，一般自4月开始，随暖势力的增强向西-西北方向移动；4月上中旬，舟山渔场和长江口渔场鱼群明显增多，此后鱼群迅速向近岸靠拢，分别进入大戢洋和江苏近海产卵。温台外海的越冬鱼群，洄游于浙闽近海各产卵场产卵，其产卵洄游的北界一般不超过长江口。

银鲳索饵鱼群的分布较为分散，遍及禁渔区线内外的近海水域，内侧幼鱼比例高，外侧成鱼居多。10月以后，随着近岸水温的下降，鱼群渐次向各自的越冬场进行越冬洄游。

3）渔业状况

20世纪80年代以前，黄海、渤海的渔业以捕捞大黄鱼、小黄鱼、带鱼和中国对虾等传统经济种类为主，鲳鱼仅作为底拖网的兼捕对象，产量不高。1970年以后江苏群众渔业在吕泗渔场推广流刺网捕捞银鲳后，专捕银鲳的渔船数量迅速增加，产量明显上升。目前，捕捞银鲳的渔具除了专用的流刺网外，底拖网和沿岸的定置网也兼捕银鲳。

黄海、渤海银鲳的主要作业渔场为吕泗渔场、海州湾渔场，以及连青石渔场和大沙渔场的西部，渔期为5～11月；其次为黄海北部的石岛渔场、海洋岛渔场和渤海各渔场，渔期6～11月。冬季在大沙渔场东部，银鲳一般作为底拖网的兼捕对象，渔期为1～4月。

在东海历史上银鲳多为兼捕对象，年产量只有$0.3 \times 10^4 \sim 0.5 \times 10^4$t，以后逐年增加。2000年以后，东海区银鲳产量在20×10^4t以上。近20年来，东海区银鲳的年捕捞产量虽然连续上升，但其资源状况并不容乐观，从资源专项调查及日常监测的结果看，银鲳的年龄、长度组成、性成熟等生物学指标均逐渐趋小，一方面说明其补充群体的捕捞量明显过度，另一方面说明银鲳已处于生长型过度捕捞，如不有效控制捕捞力量，其资源必将被进一步破坏，进而不能持续利用东海区这一经济价值较高的传统经济鱼类。

5. 蓝圆鲹

蓝圆鲹（*Decapterus maruadsi*）是近海暖水性、喜集群、有趋光性的中上层鱼类，但有时也栖息于近底层，底拖网全年均有渔获。因此，它既是灯光围网作业的主要捕捞对象，又是拖网作业的重要渔获物。在我国南海、东海、黄海均有分布，以南海数量最多，东海次之，黄海很少。

1）洄游与分布

（1）东海区。东海的蓝圆鲹有三个种群，即九州西岸种群、东海种群和闽南-粤东种群（粤闽种群）。

九州西岸种群分布于日本山口县沿岸至五岛近海，冬季在东海中部的口美堆附近越冬。夏季在日本九州西岸的沿岸水域索饵，然后在日本的大村湾、八代海等10～30m的浅海产卵，产卵盛期在7～8月。

东海种群有两个越冬场：一个在台湾西侧、闽中和闽南外海，有时和粤闽北部鱼群相混；另一个在台湾以北、水深100～150m的海域，4～7月经闽东渔场进入浙江南部近海，而后继续向北洄游。第二越冬场鱼群在3～4月分批游向浙江近海，5～6月经鱼山渔场进入舟山渔场，7～10月分布在浙江中部、北部近海和长江口渔场索饵。10～11月随水温下降，分别南返于各自的越冬场。

闽南-粤东种群分布于粤东和闽南海域，该种群的蓝圆鲹移动距离不长，只是进行深浅水之间的移动，表现出地域性分布的特点。但是，在冬季仍有两个相对集中的分布区：一个在22°00′N～22°30′N、116°00′E；另一个在22°10′N～22°40′N、117°30′E～118°10′E。每年3月由深水向浅海移动，进行春季生殖活动。春末夏初可达闽中、闽东沿海，8月折向南游，于秋末返回冬季分布区。

（2）南海区。南海的蓝圆鲹主要分布在南海北部的陆架区内，范围很广，东部与粤闽种群相连，西部可达北部湾。无论冬春季或夏季，均不做长距离的洄游，仅做深水和浅水之间的往复移动。

在南海区，东起台湾浅滩，西至北部湾的广阔大陆架海域内均有蓝圆鲹分布，以水深

180m 以内较为密集，水深 180m 以外鱼群较分散。每年冬末春初，随着沿岸水势力减弱，外海水势力增强，蓝圆鲹由外海深水区（水深 90～200m）向近岸浅海区做产卵洄游，群体先后进入珠江口万山岛附近海域、粤东的碣石至台湾浅滩一带集结产卵。初夏，另一支群体自外海深水区向西北方向移动，在海南岛东北部沿岸水域集结产卵。在上述几个区域生产的灯光围网渔船可以捕捞到大量性成熟蓝圆鲹群体。夏末秋初，随着沿岸水势力增大，产完卵的群体分散索饵，折向外海深水区，尚有部分未产卵的蓝圆鲹仍继续排卵。到冬末春初时，蓝圆鲹重新随外海水进入近海、浅海、沿岸做产卵洄游。在北部湾的蓝圆鲹每年 12 月～次年 1 月，从湾的南部向涠洲至雾水洲一带海域做索饵洄游，此时性腺开始发育。至 3～4 月，性腺成熟，在水深 15～20m 泥沙底质场所产卵。产卵结束后，鱼群逐渐分散于湾内各海区栖息。至 5 月间，在涠洲岛附近海区皆可发现蓝圆鲹幼鱼，这些幼鱼继续在产卵场附近索饵成长，随后转移至湾内各水域。蓝圆鲹洄游分布示意见图 8-7。

图 8-7　南海蓝圆鲹洄游分布示意图

每当夏季的西南风盛行时，蓝圆鲹的仔稚鱼随着风海流漂移到沿岸浅海海湾，在南澳岛至台湾浅滩，大亚湾、大鹏湾、红海湾、海南岛东北的七洲列岛一带及北部湾沿岸浅海海区，都有大量幼鱼索饵群的分布。通常与其他中上层鱼类的幼鱼共同构成暑海渔汛，成为近海围网、定置网渔业的捕捞对象。

2）渔业状况

（1）东海区。东海捕捞蓝圆鲹的主要渔具为灯光围网、大围缯。东海的蓝圆鲹渔场主要有以下几个。

闽南、台湾浅滩渔场：灯光围网可以周年作业。蓝圆鲹经常与金色小沙丁鱼、脂眼鲱混栖，在灯光围网产量中，蓝圆鲹年产量占 24.4%～58.4%，平均占 44.9%。除灯光围网作业外，春汛时每年还有拖网作业，夏汛时有驶缯在沿岸作业。台湾的小型灯光围网在澎湖列岛附近海区作业。旺汛在 4～5 月和 8～9 月。

闽中、闽东渔场：几乎全年可以捕到蓝圆鲹，但目前夏季只有夏缯、缇树缯等在沿岸作业，春、冬汛主要是大围缯作业。此外，台湾的机轮灯光围网和巾着网每年在台湾北部海区渔获蓝圆鲹估计约万余吨。

浙江北部近海：目前主要是夏汛和秋汛生产，以机轮灯光围网和机帆船灯光围网为主。作业渔场分布在海礁、浪岗、东福山、韭山和鱼山列岛以东近海。机轮灯光围网作业偏外，机帆船灯光围网作业靠内，日本机轮灯光围网在海礁外海。此外，还有大围缯和对网在此围捕起水鱼和瞄准捕捞。渔期 6～10 月，旺汛 8～9 月。

东海中南部渔场：该渔场包括两个主要渔场，一是钓鱼岛东北部渔场，其水深范围在100m左右；另一个是台湾北部的彭佳屿渔场，水深范围在100～200m。主要由日本以西围网和我国的机轮围网作业。蓝圆鲹是这些机轮围网的主要捕捞鱼种之一。日本以西围网的产量为最高；我国台湾1994年的机轮围网年产量（下同）中蓝圆鲹产量3356t，1998年为12 090t。渔期为6月中旬至12月，旺汛为6月下旬和9月中旬至10月。

九州西部渔场：该渔场主要由日本中型围网所利用，在九州近海周年可以捕到蓝圆鲹。在九州西部外海，冬季蓝圆鲹渔获量比较多，主渔场在五岛滩和五岛西部外海。在日本九州沿岸海域，有敷网类、定置网等作业。

（2）南海区。蓝圆鲹为南海的主要经济鱼类之一，丰富的蓝圆鲹资源为我国广东、广西、海南、福建、台湾、香港、澳门地区渔民所利用。蓝圆鲹主要是拖网、围网作业的重要捕捞对象，在拖、围网渔业中占据重要地位。南海北部蓝圆鲹的渔场主要有珠江口围网渔场、粤东区围网渔场、海南岛东部近岸海区拖网渔场、北部湾中部渔场。其他区域也有少量蓝圆鲹分布，但难以形成渔场。珠江口围网渔场是蓝圆鲹的主要分布区，主要分布在水深30～60m处，主要作业是围网和拖网，该渔场渔期较长，为10月～次年4月中旬，以12月为旺汛期，是蓝圆鲹从外海游向近海河口产卵的必经场所。粤东渔场范围较大，但渔获率没有其他渔场高，该渔场的渔期比较短，为2～3月，2月为旺汛期。"北斗"号在南海北部进行底拖网调查中，发现春季海南岛东部所捕获的蓝圆鲹性腺成熟度较高，并且渔获率不少。该渔场的渔期为2～6月和10月，4月为旺汛期，渔场范围稍小些。北部湾中部渔场主要出现在夏季和秋季。

二、主要底层鱼类

1. 带鱼

带鱼（*Trichiurus haumela*）广泛分布于中国、朝鲜、日本、印度尼西亚、菲律宾、印度、非洲东岸及红海等海域。我国渔获量最高，约占世界同种鱼渔获量的70%～80%。带鱼是我国重要的经济鱼类，一直是国有渔业机轮和群众渔业机帆船作业的共同捕捞对象，对我国海洋渔业生产的经济效益起着举足轻重的作用。

广泛分布于我国渤海、黄海、东海和南海的带鱼主要有两个种群：黄海、渤海群和东海群。另外，在南海和闽南、台湾浅滩还存在地方性的生态群。

黄海、渤海种群带鱼产卵场位于黄海沿岸和渤海的莱州湾、渤海湾、辽东湾。水深20m左右，底层水温14～19℃，盐度27.0‰～31.0‰，水深较浅。带鱼洄游分布示意见图8-8。

3～4月带鱼自济州岛附近越冬场开始向产卵场做产卵洄游。经大沙渔场，游往海州湾、乳山湾、辽东半岛东岸、烟威近海和渤海的莱州湾、辽东湾、渤海湾。海州湾带鱼产卵群体自大沙渔场经连青石渔场南部向沿岸游到海州湾产卵。乳山湾带鱼产卵群体经连青石渔场北部进入产卵场。黄海北部带鱼产卵群体自成山头外海游向海洋岛一带产卵。渤海带鱼的产卵群体从烟威渔场向西游进渤海。产卵后的带鱼于产卵场附近深水区索饵，黄海北部带鱼索饵群体于11月在海洋岛近海会同烟威渔场的鱼群向南移动。海州湾渔场小股索饵群体向北游过成山头到达烟威近海，大股索饵群体分布于海州湾渔场东部和青岛近海索饵。10月向东移动到青岛东南，同来自渤海、烟威、黄海北部的鱼群汇合。乳山渔场的索饵群体8月、9月分布在石岛近海，9月、10月、11月先后同渤海、烟威、黄海北部和海州湾等渔场索饵群体在石岛东南和南部汇合，形成浓密的鱼群，当鱼群移动到36°N以

图 8-8　带鱼洄游分布示意图
（中国海洋渔业资源编写组，1990）

南时，随着陆坡渐缓，水温梯度减小，逐渐分散游往大沙渔场。秋末冬初，随着水温迅速下降，从大沙渔场进入济州岛南部水深约 100m，终年底层水温 14～18℃，受黄海暖流影响的海域内越冬。

东海群的越冬场，位于 30°N 以南的浙江中南部水深 60～100m 海域，越冬期 1～3 月。春季分布在浙江中南部外海的越冬鱼群，逐渐集群向近海靠拢，并陆续向北移动进行生殖洄游，5 月，经鱼山进入舟山渔场及长江口渔场产卵。产卵期为 5～8 月，盛期在 5～7 月。8～10 月，分布在黄海南部海域的索饵鱼群最北可达 35°N 附近，可与黄海、渤海群相混。但是自从 20 世纪 80 年代中期以后，随着资源的衰退，索饵场的北界明显南移，主要分布在东海北部至吕泗渔场、大沙渔场的南部。10 月，沿岸水温下降，鱼群逐渐进入越冬场。

在福建和粤东近海的越冬带鱼于 2～3 月开始北上，3 月就有少数鱼群开始产卵繁殖，产卵盛期为 4～5 月，但群体不大，产卵后进入浙江南部，并随台湾暖流继续北上，秋季分散在浙江近海索饵。

分布在闽南-台湾浅滩一带的带鱼，不做长距离的洄游，仅随着季节变化做深、浅水间的东西向移动。

南海种群在南海北部和北部湾海区均有分布，从珠江口至水深 175m 的大陆架外缘都有带鱼出现，一般不做远距离洄游。

黄海的带鱼主要为拖网捕捞，群众渔业的钓钩也捕捞少部分，20 世纪 70 年代以后黄海、渤海带鱼渔业消失。东海捕捞带鱼的主要作业形式有对网、拖网和钓业。东海区带鱼生产主要有两大渔汛：冬汛和夏秋汛。冬汛生产的著名渔场——嵊山渔场是冬汛最大的带鱼生产中心，渔期长达两个多月。夏秋汛捕捞带鱼的产卵群体，主要产卵场在大陈、鱼山及舟山近海一带，作业时间为 5～10 月，旺盛期为 5～7 月。自 20 世纪 70 年代中后期起，带鱼资源由于捕捞强度过大而遭受破坏，资源数量减少，渔场范围缩小，鱼群密集度降低，渔发时间变短，网次产量减少，90 年代以后，全国著名的冬汛嵊山带鱼渔场不形成渔汛生产。夏秋汛产卵场也由于过度捕捞，产卵的亲鱼数量骤降，直接影响到夏秋汛带鱼渔获量。带鱼是底拖网主要捕捞对象之一，北部湾到台湾浅滩都有分布，终年均可捕获。历史资料和调查结果显示，南海北部大陆架浅海和近海区可分为珠江近海、粤西近海和海南岛东南部近海三个渔场。珠江口近海渔场渔汛期为 3～6 月。粤西近海渔场渔汛期为 5～7 月。海南岛东南部和北部湾口近海渔场渔汛期为 2～5 月。

2. 小黄鱼

小黄鱼（*Pseudosciaena polyatis*）广泛分布于渤海、黄海、东海，是我国最重要的海洋渔业经济种类之一，与大黄鱼、带鱼、墨鱼并称为我国"四大渔业"，其历来是中、日、韩三国的主要捕捞对象之一。小黄鱼基本上划分为 4 个群系，即黄海北部 - 渤海群系、黄海中部群系、黄海南部群系、东海群系，每个群系之下又包括几个不同的生态群。

黄海北部 - 渤海群系主要分布于黄海 34°N 以北黄海北部和渤海水域。越冬场在黄海中部，水深 60～80m，底质为泥沙、沙泥或软泥，底层水温最低为 8 ℃，盐度为 33.00‰～34.00‰，越冬期为 1～3 月。之后，随着水温的升高，小黄鱼从越冬场向北洄游，经成山头分为两群，一群游向北，另一群经烟威渔场进入渤海，在渤海沿岸、鸭绿江口等海区产卵。另外，朝鲜西海岸的延平岛水域也是小黄鱼的产卵场，产卵期主要为 5 月。产卵后鱼群分散索饵，10～11 月随着水温的下降，小黄鱼逐渐游经成山头以东，124°E 以西海区向越冬场洄游（图 8-9）。

黄海中部群系是黄海、东海小黄鱼最小的一个群系，冬季主要分布在 35°N 附近的越冬场，于 5 月上旬在海州湾、乳山外海产卵，产卵后就近分散索饵，在 11 月开始向越冬场洄游。

黄海南部群系一般仅限于在吕泗渔场与黄海东南部越冬场之间的海域进行东西向的洄游移动。4～5 月在江苏沿岸的吕泗渔场进行产卵，产卵后鱼群分散索饵，从 10 月下旬向东进行越冬洄游，越冬期为 1～3 月。

图 8-9　小黄鱼洄游分布示意图

东海群系越冬场在温州至台州外海水深 60～80m 海域，越冬期 1～3 月。该越冬场的小黄鱼于春季游向浙江与福建近海产卵，主要产卵场在浙江北部沿海和长江口外的海域，也有在佘山、海礁一带浅海区产卵的，产卵期 3 月底至 5 月初。产卵后的鱼群分散在长江口一带海域索饵。11 月前后随水温下降向温州至台州外海做越冬洄游。东海群系的产卵和越冬属定向洄游，一般仅限于东海范围。

小黄鱼是渤海、黄海、东海区的重要底层鱼类之一，是中国、日本、韩国底拖网、围缯、风网、帆张网和定置张网专捕和兼捕对象。小黄鱼渔业是 20 世纪 50～60 年代我国最重要的海洋渔业之一，主要作业渔场有渤海的辽东湾渔场、莱州湾渔场、烟威渔场、海州湾渔场、吕泗渔场、大沙渔场等。东海区的小黄鱼主要渔场有闽东 - 温台、鱼山 - 舟山、长江口 - 吕泗、大沙、沙外、江外和舟外等渔场。大沙渔场南部海域是小黄鱼洄游的必经之地（图 8-9）。调查资料显示，春季到秋季在大沙渔场南部海域有较多的小黄鱼分布。沙外渔场、江外渔场和舟外渔场的西部海域是小黄鱼的越冬分布区，因而这些海域成了秋冬季的小黄鱼渔场。目前，小黄鱼已成为可以全年作业的鱼种。

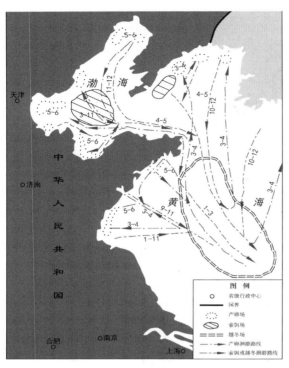

图 8-10　中国对虾洄游分布示意图

三、中国对虾

中国对虾（*Penaeus orientalis*）主要分布在黄海和渤海，是世界上分布于温带水域的对虾类中唯一的一个种群，具有分布纬度高、集群性强、洄游距离长的特性，是个体较大、资源量较多、经济价值高的一种品种，是黄海、渤海对虾流刺网、底拖网的主要捕捞对象。

中国对虾的洄游包括秋汛的越冬洄游和春汛的生殖洄游。每年3月上旬、中旬，随着水温回升，雌性对虾的性腺迅速发育，分散在越冬场的对虾开始集结，游离越冬场进行生殖洄游。主群沿黄海中部集群北上，洄游途中在山东半岛东南分出一支，游向海州湾、胶州湾和山东半岛南部近岸各产卵场。主群于4月初到达成山角后又分出一支游向海洋岛、鸭绿江口附近产卵场。主群进入烟威渔场后，穿过渤海海峡，4月下旬到达渤海各河口附近的产卵场（图8-10）。

进入渤海产卵的中国对虾，5月前后在渤海的辽东湾、渤海湾和莱州湾产卵，经过近6个月的索饵育肥，10月中下旬至11月初，进入交尾期。整个交尾期持续约一个月，中国对虾交尾首先开始于近岸浅水，或冷水边缘温度较低的海区，而后逐渐向渤海中部及辽东湾中南部深水区发展。11月上旬，当渤海中部底层水温降至15℃时，虾群开始集结。随着冷空气的频繁活动，水温不断下降，11月中旬、下旬当底层水温降至12～13℃时，雌虾在前，雄虾在后分群陆续游出渤海，开始越冬洄游。各年越冬洄游开始的时间及洄游的路线和速度与冷空气活动的强弱、次数、渤海中部的水温及潮汛等因素有关。明显的降温和大潮汛均可加快中国对虾的洄游速度。洄游虾群沿底层水温的高温区即深水区前进。游出渤海时，首批虾群偏于海峡的南侧，后续虾群逐渐向北，末批虾群则经过海峡北侧的深水区游出渤海。越冬洄游的群体每年11月下旬进入烟威渔场，11月末或12月初绕过成山头与黄海北部南游的虾群汇合，沿底层水温8～10.5℃的深水海沟南下，12月中旬、下旬到达黄海中南部的越冬场分散越冬。中国对虾越冬场的位置与黄海暖水团的位置密切相关。各年中心位置随着10℃等温线的南北移动而明显地偏移。

辽东半岛东岸、鸭绿江口一带产卵的中国对虾，于5月上旬到达产卵场产卵，卵孵化、幼体变态和幼虾索饵肥育均在河口附近浅海区。8月初，随着幼虾的不断生长，开始向较深水域移动，主群分布在海洋岛附近索饵，11月中旬、下旬受冷空气影响，水温明显下降，中国对虾即开始越冬洄游。12月初主群游至成山角附近海域时，与渤海越冬洄游的虾群汇合南下，进入越冬场。

山东半岛南岸产卵的对虾，其产卵场主要分布在清海湾、乳山湾、胶州湾、海州湾等河口附近海域，于5月上旬产卵，当幼虾于8月初体长达80mm左右时，由近岸逐渐向水深10～20m处移动。10月中旬、下旬开始交尾并逐渐外移到深水区分散索饵，12月游向越冬场越冬。

思　考　题

1. 中国近海各海区的海流特征。
2. 中国近海各海区的水温分布特征。
3. 中国近海各海区盐度的分布特征。
4. 中国近海渔场的概况。
5. 中国近海各海区的鱼类组成及其特征。
6. 中国近海主要经济鱼类的洄游分布。

建议阅读文献

邓景耀，赵传细. 1991. 海洋渔业生物学. 北京：农业出版社.

冯士筰. 1999. 海洋科学导论. 北京：高等教育出版社.

国家海洋局. 2002. 中国海洋政策图册. 北京：海洋出版社.

唐启升. 2012. 中国区域海洋学-渔业海洋学. 北京：海洋出版社.

孙松. 2012. 中国区域海洋学-生物海洋学. 北京：海洋出版社.

中国海洋渔业环境编写组. 1991. 中国海洋渔业环境. 杭州：浙江科学技术出版社.

中国海洋渔业区划编写组. 1990. 中国海洋渔业区划. 杭州：浙江科学技术出版社.

中国海洋渔业资源编写组. 1990. 中国海洋渔业资源. 杭州：浙江科学技术出版社.

郑元甲. 2003. 东海大陆架生物资源与环境. 上海：上海科学技术出版社.

专项综合报告编写组. 2002. 我国专属经济区和大陆架勘测专项综合报告. 北京：海洋出版社.

第九章　世界海洋渔业渔场及资源概况

第一节　本章要点和基本概念

一、要点

本章主要描述了世界海洋渔业发展现状，对世界各海区形成渔场的海洋环境条件、资源种类及其开发现状进行了分析。同时，对世界重要经济种类的分布及其渔场形成等进行了介绍，主要包括鳕鱼类、金枪鱼类、大洋性鱿鱼类、竹䇲鱼类、秋刀鱼，以及南极磷虾等。本章要求学生基本掌握世界海洋渔业及其主要渔场的分布情况，以及资源种类开发状况，为今后从事渔业生产、渔业管理和科学研究提供基础。

二、基本概念

（1）西北太平洋：是指 FAO 61 区，包括白令海、鄂霍次克海、日本海、黄海、东海及南海。沿岸主要国家有中国、俄罗斯、朝鲜、韩国和越南等，日本则是最大的岛国。西北太平洋是世界上最充分利用的渔区之一。该海区有寒暖两大海流系在此交汇，它们的辐合不仅影响沿岸区域的气候条件，还给该区的生物环境创造了有利条件。

（2）中西太平洋：是指 FAO 71 区。主要渔场有西部沿岸的大陆架渔场和中部小岛周围的金枪鱼渔场。沿海有中国、越南、柬埔寨、泰国、马来西亚、巴布亚新几内亚等国家和地区。该海区主要受北赤道水流系的影响，盛产鲣鱼等中上层鱼类资源。

（3）东南太平洋：是指 FAO 87 区。沿岸国家包括哥伦比亚、厄瓜多尔、秘鲁和智利。该海域有广泛的上升流。主要渔场为南美西部沿海大陆架海域。

（4）西南大西洋：是指 FAO 41 区，沿岸包括巴西、乌拉圭、阿根廷等国。主要作业渔场为南美洲东海岸的大陆架海域。该海区的大陆架受两支主要海流的影响，北面的一支为巴西暖流，南面的一支是福克兰寒流。后者沿海岸北上到达里约热内卢与巴西暖流交汇，该海区水团混合，水质高度肥沃，产生涡流，海水垂直交换，为形成优良渔场提供了条件。

第二节　世界海洋渔业发展现状及其潜力

一、世界海洋渔业发展现状

20 世纪 90 年代以来，人们认识到世界渔业已经进入一个转折点。1990 年以后，世界渔业产量每年稳定在 10^8 t 左右，但作为传统的最大渔业生产者——海洋捕捞产量不稳定，显示出持续的不景气。FAO 通过对全球海洋渔获量的分析得知，20 世纪 80 年代海洋捕捞量的年增长率有下降，1990 年全球海洋捕捞量第一次出现下降，比 1989 年减少 3%，这种趋势在之后几年内继续存在，1990～1992 年，平均年下降 1.5%。在这些捕捞产量中，大多数高价值的资源被充分开发或过度开发。2000 年捕捞渔业总产量达到 94.8×10^6 t（图 9-1）。

2009~2016 年全球捕捞渔业产量继续稳定在约 9000 万 t（图 9-1），但各国的捕捞趋势、捕捞区域及捕捞种类出现了较为明显的变化。

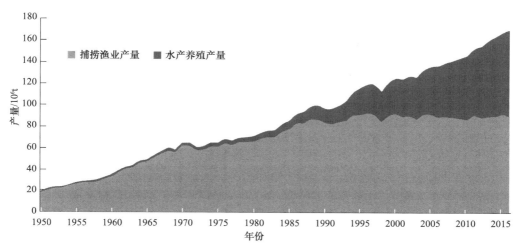

图 9-1　1950~2016 年捕捞和养殖产量分布图

世界海洋渔业经历了不同阶段，从 1950 年的 16.8×10^6t 到 1996 年的 86.4×10^4t 的高峰，然后下降并稳定在 8000×10^4t 左右，有年度波动。2016 年全球海洋捕捞产量为 79.3×10^6t。在海洋区域中，西北太平洋产量最高，2016 年为 2241×10^4t，随后依次是中西部太平洋（1274×10^4t）、东北大西洋（831×10^4t）、东印度洋（639×10^4t）及东南太平洋（633×10^4t）。

未充分捕捞种群的比例自 1974 年 FAO 首次完成评估后逐渐下降（图 9-2）。相反，过度捕捞的种群百分比增加，特别是 20 世纪 70 年代后期和 80 年代，从 1974 年的 10% 到 1989

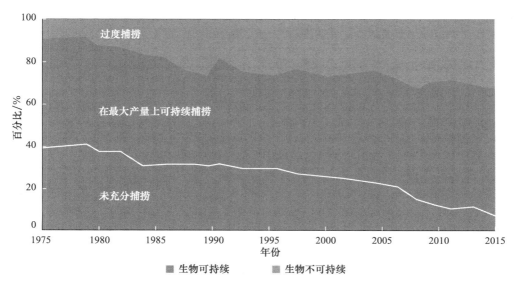

图 9-2　1974 年以来世界海洋鱼类种群状况的全球趋势

年的 26%。1990 年后，过度捕捞的种群数量继续上升，尽管速度放缓，到 2015 年的 33.1%。在最大产量上可持续捕捞的种群数量 1974~1985 年百分比稳定在 50% 左右，1989 年下降到 43%，随后逐渐提高到 2009 年的 57.4%，2015 年比例是 59.9%。

FAO 认为，大西洋和太平洋已经充分开发，许多渔业资源过度捕捞，一些渔业资源仍有较少的发展空间。渔业的进一步发展可能在印度洋，但那里没有低开发的资源种类存在，一些资源（如灯笼鱼）可能没有商业价值。FAO 估计，若渔业资源能够很好地被管理，海洋捕捞产量将能达到 $9300 \times 10^4 t$，比现在净增加 $1000 \times 10^4 t$。其中，大西洋和太平洋可各增加 $400 \times 10^4 t$，印度洋增加 $200 \times 10^4 t$。但要实现这一目标，FAO 估计至少要减少目前世界捕捞能力的 30%，才能重建和恢复已经过度捕捞的资源。占世界海洋渔业产量约 30% 的前 10 位物种多数种群被完全开发，因此没有增加产量的潜力。一些种群被过度捕捞，如果实施有效恢复计划其产量可能增加。

世界海洋渔业经历了 20 世纪 50 年代以来的巨大变化。因此，鱼类资源开发水平和渔获量也因时间而变化。渔获量的时间模式因区域而不同，取决于围绕特定统计区的国家所经历的总体发展水平和变化。总体上可以分为三个类别：①有渔获产量波动特征；②从历史高峰总体下降的趋势；③渔获产量增加的趋势。

第一组包括总产量波动的区域，即中东部大西洋（34 区）、东北太平洋（67 区）、中东部太平洋（77 区）、西南大西洋（41 区）、东南太平洋（87 区）及西北太平洋（61 区）。这些区域在过去 5 年平均提供了世界海洋捕捞产量的大约 52%。其中几个区域包括上升流区域，具有高度自然波动的特征。

第二组包括过去一段时间产量达到高峰后出现下降趋势的区域。这一组在过去 5 年平均对全球海洋捕捞产量做出了 20% 的贡献，包括东北大西洋（27 区）、西北大西洋（21 区）、中西部大西洋（31 区）、地中海和黑海（37 区）、西南太平洋（81 区）及东南大西洋（47 区）。应当注意在一些情况下更低的产量反映了预防性或为恢复种群为目的的渔业管理措施，因此，这类情况不必解释为是消极情况。

第三组包含 1950 年以来产量持续上升趋势的区域。包括中西部太平洋（71 区）、东印度洋（57 区）和西印度洋（51 区）。这些区域在过去 5 年平均对海洋总捕捞量的贡献为 28%。但是，一些区域由于沿海国的统计报告系统质量不高，实际产量依然有高度的不确定性。

二、全球海洋生物资源潜力

1. 海洋生物资源开发潜力评价

全球海洋面积为 $3.610\ 6 \times 10^8 km^2$，蕴藏着丰富的生物资源。关于全球海洋的初级生产力有各种不同的估计，早期估计为 $12 \times 10^8 \sim 28 \times 10^8 t\ C$。Moiseev 估计为 $100 \times 10^8 t\ C$，即 $2000 \times 10^8 t$ 浮游植物，浮游动物的年生产量不少于 $60 \times 10^8 t$，底栖生物的年生产量为 $6 \times 10^8 t$，浮游细菌的年生产量达 $50 \times 10^8 t$，自泳动物的年生产量为 $40 \times 10^8 \sim 50 \times 10^8 t$。

在海洋生物资源中，传统的渔业资源主要由以下几类组成：底层鱼类、沿岸中上层鱼类、大型大洋性鱼类、虾蟹类和头足类等。已知全球海洋鱼类有 10 000 多种，虾蟹类近千种，头足类 700 多种。关于海洋渔业资源的潜在渔获量有过各种不同的估计。Pike 和 Spilhaus 评估为 $1.75 \times 10^8 t$；Graham 和 Edward 评估为 $1.15 \times 10^8 t$；Schaefer 评估为 $2.0 \times 10^8 t$；Ryther 评估为 $0.94 \times 10^8 t$；Gulland 评估为 $1.1 \times 10^8 t$（仅包括底层鱼类、中上层鱼类和大型甲壳类），如果包括磷虾、头足类、贝类、灯笼鱼类等，潜在渔获量可达 $2.15 \times 10^8 t$ 以上；FAO 评估为

$0.91×10^8$～$1.15×10^8$t；Moiseev 认为传统海洋渔业资源的潜在渔获量为 $1.2×10^8$～$1.5×10^8$t。综合上述学者的评估，全球传统海洋渔业资源的潜在渔获量为 $1.0×10^8$～$1.5×10^8$t。

在 FAO 划分的 15 个渔区（不包括印度洋南极部、太平洋南极部、大西洋南极部和北冰洋）中，潜在渔获量最大的有太平洋西北部、大西洋东北部、太平洋中西部和太平洋东南部，单位面积的潜在渔获量最大的有大西洋西北部、大西洋东北部、太平洋西北部。历史最高年渔获量已超过潜在渔获量的有大西洋中东部、地中海和黑海、太平洋西北部和太平洋东南部，其余渔区的最高年渔获量均未超过该渔区的潜在渔获量。

2. 主要种类的开发潜力

海洋渔业资源主要包括鱼类、头足类和甲壳类。鱼类是海洋中数量最大的渔业资源。全球海洋鱼类资源的潜在渔获量有各种不同的评估结果。Gulland 把海洋鱼类分为四类进行评估，结果为大型中上层鱼类（包括大麻哈鱼、金枪鱼、旗鱼、鲣鱼、狐鲣等）为 $430×10^4$t；沿岸中上层鱼类（包括鲱鱼、沙丁鱼、鲐鱼、鳕鱼、竹筴鱼、秋刀鱼、毛鳞鱼、玉筋鱼等）为 $5670×10^4$t；底层鱼类（包括鲆鱼、鲽鱼、鳕鱼、黑线鳕、无须鳕、石首鱼、鲉科鱼、鲨鱼、鳐鱼等）为 $4380×10^4$t；灯笼鱼类（非传统渔业资源）为 $1000×10^4$t 以上。FAO 的评估结果是，底层鱼类的潜在渔获量为 $3710×10^4$～$4050×10^4$t，中上层鱼类的潜在渔获量为 $4295×10^4$～$5395×10^4$t。

全球 200 余种主要海洋鱼类资源的渔获量约占全球海洋鱼类渔获量的 77%。在 200 多种鱼类中，目前已有 35% 处于过度开发状态，25% 处于充分开发状态，40% 处于轻度和中度开发状态。目前进一步开发的鱼类还有智利竹筴鱼、太平洋鳕、银无须鳕、羽鳃鲐、大西洋鲭、中西太平洋的黄鳍金枪鱼和鲣，以及西印度洋的石首鱼等。

目前已充分开发的种类有大鳞油鲱，东北大西洋的玉筋鱼，中东大西洋的沙丁鱼、绿青鳕、挪威长尾鳕、蓝鳕、牙鳕、欧洲无须鳕等。目前已开发过度的种类有大西洋鳕、黑线鳕，西北太平洋的太平洋鲱、大头鳕，东北大西洋的角鲨和长鳍金枪鱼等。

头足类是海洋渔业资源有较大开发潜力的一类，潜在渔获量在 $1000×10^4$t 以上。目前开发的甲壳类主要是指虾类、蟹类和南极磷虾。浅海的虾蟹资源已充分开发。深海虾类资源的分布范围窄，数量有限，虽有进一步开发潜力，但潜力不大。南极磷虾是甲壳类中有较大开发潜力的种类，据 Gulland 估计，潜在渔获量约有 $5000×10^4$t，也有学者评估为几百万吨。

第三节　各海区海洋渔业发展状况

一、太平洋海域

1. 西北太平洋

西北太平洋为 FAO 61 区。本区包括许多群岛、半岛，使之分成几个半封闭的海域，如白令海、鄂霍次克海、日本海、黄海、东海及南海。西北太平洋与欧亚大陆东边相接壤的沿岸主要国家有中国、俄罗斯、朝鲜、韩国和越南等，日本则是最大的岛国。

西北太平洋是世界上利用最充分的渔区之一。该海区渔业资源种类繁多，中上层鱼类资源特别丰富，这些特点充分反映了本区的地形、水文和生物的自然条件。该海区有千岛群岛和日本诸岛，以及朝鲜半岛和堪察加半岛，这些岛屿和半岛把太平洋西北海域分割为日本海和鄂霍次克海两大海盆。大陆架面积共有 95.9×10⁴km²，其中鄂霍次克海 58×10⁴km²，日本海 19.6×10⁴km²，堪察加东南 2.9×10⁴km²，千岛群岛南部 2.4×10⁴km²，日本北部 5.3×10⁴km²，日本南部 2.8×10⁴km²，九州西岸 4.9×10⁴km²。

该海区有寒暖两大海流系在此交汇，它们的辐合不仅影响沿岸区域的气候条件，同时还给该区的生物环境创造了有利条件。黑潮暖流与亲潮寒流在日本东北海区交汇混合，在流界区发展成许多涡流，海水充分混合。研究表明，除了白令海和鄂霍次克海有反时针环流外，在堪察加东南部的西阿留申群岛一带海区也有环流存在。这些海洋环境条件为渔业资源及渔场形成创造了极好的条件。

该海区的主要捕捞对象有沙丁鱼、鳀鱼、竹筴鱼、鲐鱼、鲱鱼、竹刀鱼、鲑鳟鱼、鲣鱼、金枪鱼、鱿鱼、狭鳕、鲆鲽类、鲸类等。

在鄂霍次克海区，捕捞对象以鲑鳟、鳕鱼、堪察加蟹和鲸类为主，鲆鲽类产量也高，鄂霍次克海中部每年 8 月间水温 11~12℃，是最适于溯河产卵洄游的鲑鳟类栖息地。

白令海区的渔获物以比目鱼、鲑科、鲱鱼、鲆鲽、鳕鱼、海鲈、堪察加蟹和鲸类为主。

日本北海道 - 库页岛一带海域是世界三大著名渔场之一，这一海区主要是亲潮和黑潮交汇的流界渔场。捕捞对象中，底层鱼类主要是鳕类、无须鳕、狭鳕、银鳕和油鳕等，中上层鱼类主要是秋刀鱼、拟沙丁鱼、鲐鱼、金枪鱼、鲣鱼、鲸类等。

日本海海域，主要捕捞对象是沙丁鱼，其次为太平洋鲱鱼、狭鳕（明太鱼）、鲽鱼、鲐鱼等。远东沙瑙鱼的产量是日本沿岸单鱼种产量最高的鱼种。

西北太平洋是 FAO 统计区域中最高产区域。在 20 世纪 80~90 年代总产量在 1700×10⁴~2400×10⁴t 波动，2016 年产量约为 2241×10⁴t。小型中上层物种是这一区域最丰富的类别，如日本鳀等。其他对总产量重要的贡献者为带鱼（被认为遭过度开发）、阿拉斯加狭鳕和日本鲭（均被认为完全开发）。鱿鱼、墨鱼和章鱼也是重要物种。

2. 东北太平洋

东北太平洋为 FAO 67 区。东北太平洋包括白令海东部和阿拉斯加湾。俄勒冈州和华盛顿州近海的大陆架比较窄，200m 等深线以浅的宽度为 40~50km。温哥华和夏洛特皇后群岛外的大陆架也较窄，但夏洛特皇后群岛与大陆之间有较宽的陆架，斯宾塞角（Cape Spencer）以北和以西，陆架变宽到科迪亚克岛外海达 100km，但乌尼马岛以西又变窄。阿拉斯加湾沿岸一带多山脉，并有许多岛屿和一些狭长的海湾，白令海东部和楚科奇海有比较浅的宽广的浅水区。

该海区的大陆架（0~550m）面积约有 109×10⁴km²，其中白令海东北 40×10⁴km²，白令海东南 32.25km²，阿拉斯加湾 12.57×10⁴km²，不列颠 - 阿拉斯加东南 10.37×10⁴km²，阿拉斯加半岛 9.72km²，俄勒冈州 - 华盛顿州 3.47×10⁴km²。

在阿留申群岛的南部海域，主要的海流是阿拉斯加海流和阿拉斯加环流的南部水系，后者大约在 50°N 的美洲近岸分叉，一部分向南流形成加利福尼亚海流，其余部分向北流入阿拉斯加湾再向西转入阿拉斯加海流。

该海区的主要渔业是大鲆和鲑鳟渔业。大鲆渔业始于 1896 年，采用延绳钓作业，但不久后渔业资源出现衰退，自 1932 年起由国际太平洋大鲆委员会实行限额捕捞，近期的定额捕捞量为 3×10⁴~3.5×10⁴t。鲑鳟鱼的沿岸渔业很早就被开发，是一种有悠久历史的沿岸渔业。使用的渔具有定置网、刺网、钓具等，但是由于流刺网混捕大量的海洋哺乳动物等，已于 1993 年 1 月 1 日被联合国禁止使用。

在阿拉斯加南部、不列颠哥伦比亚和华盛顿州、俄勒冈州外海的底层鱼类（不包括大鲆）利用充分，主要是加拿大和美国的拖网和延绳钓作业。美国沿岸的阿拉斯加湾和白令海东部是狭鳕主要渔场，我国已有数艘大型加工拖网船在该渔场作业。

中上层鱼类主要是鲱鱼。加拿大的鲱鱼渔获量于 1963 年达到高峰（$26×10^4$t）以后迅速减少。1968 年停止商业性捕捞后，资源开始有所恢复。太平洋沙丁鱼主要分布于该区的南部，年产量不高。此外，白令海和阿拉斯加的鳕鱼、巨蟹（king crab）和虾渔业也是该海区的主要渔业。

东北太平洋渔业 2016 年产量为 $309×10^4$t，达到历史最高水平。鳕鱼、无须鳕和黑线鳕是产量最大贡献者。该区域只有 10% 的鱼类种群被过度捕捞，80% 为完全开发，另外 10% 是未完全开发。

3. 中西太平洋

中西太平洋为 FAO 71 区。主要渔场有西部沿岸的大陆架渔场和中部小岛周围的金枪鱼渔场。沿海有中国、越南、柬埔寨、泰国、马来西亚、新加坡、东帝汶、菲律宾、巴布亚新几内亚、澳大利亚、帕劳、关岛、所罗门群岛、瓦努阿图、密克罗尼西亚、斐济、基里巴斯、马绍尔、瑙鲁、新喀里多尼亚、图瓦卢等国家和地区。

该海区主要受北赤道水流系的影响。北部受黑潮影响，流势比较稳定，南部的表面流受盛行的季风影响，流向随季风变化而变化。北赤道流沿 5°N 以北向西流，到菲律宾分为两支，一支向北，另一支向南。北边的一支沿菲律宾群岛东岸北上，然后经台湾东岸折向东北，成为黑潮。南边的一支在一定季节进入东南亚。2 月，赤道以北盛行东北季风，北赤道水通过菲律宾群岛的南边进入东南亚，南海的海流沿亚洲大陆向南流，其中大量进入爪哇海然后通过班达海进入印度洋，小部分通过马六甲海峡进入印度洋。8 月，南赤道流以强大的流势进入东南亚，通常在南部海区，表层流循环是通过班达海进入爪哇海，大量的太平洋水通过帝汶海进入印度洋，在此期间南海的海流沿大陆架向北流。

资料记载，每年 6 月和 7 月在越南沿岸产生局部上升流区，其他可能产生的上升流区包括望加锡沿岸（东南季风期间）、中国沿岸（靠近香港，东北季风期间）。在东南亚，由上升流而导致最肥沃的水域就是班达海 - 阿拉弗拉海海区，该海区海水上升和沉降交替进行，上升流高峰期在 7 月和 8 月。

该海区是世界渔业比较发达的海区之一，小型渔船数量非常多，使用的渔具种类多样，渔获物种类繁多。中西太平洋也是潜在渔获量较高的渔区，2016 年中西部太平洋达到 1274 万 t 的最高总产量，该区域约占全球海洋产量的 14%。尽管有这样的产量趋势，但仍有理由担忧其资源状况，多数种群被完全开发或过度开发。该渔区是远洋渔业国的重要作业渔场。

4. 中东太平洋

中东太平洋为 FAO 77 区。沿岸国家主要有美国、墨西哥、危地马拉、萨尔瓦多、厄瓜多尔、尼加拉瓜、哥斯达黎加、巴拿马、哥伦比亚。漫长的海岸线（约 9000km，不包括加利福尼亚湾）大部分颇似山地海岸，大陆架狭窄。在加利福尼亚南部和巴拿马近岸有少数岛屿，外海的岛和浅滩稀少，也有一些孤立的岛或群岛，如克利伯顿岛、加拉帕戈斯群岛；岛的周围，仅有狭窄的岛架。这些岛或群岛局部水文的变化导致金枪鱼及其他中上层鱼类在此集群，在渔业上起到非常重要的作用。

加利福尼亚海岸平直，没有宽的浅滩和大的海湾。中美沿岸，海岸线较为曲折，陆架较宽,特别是巴拿马湾,水深 200m 以浅,平均宽度 40km。包括加利福尼亚湾在内的大陆架总面积约为 $45 \times 10^4 km^2$。

该海域有两支表层海流,一支是分布在北部的加利福尼亚海流,另一支是分布在南部的秘鲁海流。还有次表层赤道逆流,也是重要的海流。加利福尼亚海流沿美国近海向南流,由于盛行的北风和西北风的吹送,产生强烈的上升流,在夏季达到高峰;冬季北风减弱或吹南风,沿岸有逆流出现,在近岸,水文结构更加复杂,加利福尼亚南部的岛屿周围有半永久性的涡流存在。加利福尼亚海流的一部分,沿中美海岸到达东太平洋的低纬度海域,在 10°N 附近转西与北赤道海流合并。赤道逆流在接近沿岸时,沿中美海岸大多转向北流(哥斯达黎加海流),最后与赤道海流合并,在哥斯达黎加外海产生反时针涡流,从而诱发哥斯达黎加冷水丘(Casta Rica dome,中心位置在 7°N~9°N、87°E~90°W 附近),下层海水大量上升。

该海区历史上最大的渔业是加利福尼亚沙丁鱼渔业,1936 年产量接近 $80 \times 10^4 t$,达到高峰,之后资源衰减、产量下降。但沙丁鱼减少而鲲鱼上升,可是由于各种原因,鲲鱼渔业并没有得到发展。鲐鱼和竹筴鱼的渔获量在加利福尼亚中上层渔业占一定比例,但产量不大。金枪鱼渔业是加利福尼亚的主要渔业。从墨西哥到厄瓜多尔的赤道沿岸虾渔业也很发达。

中东部太平洋显示了自 1980 年起的典型波动模式,2016 年产量约为 $165 \times 10^4 t$,低于历史最高水平 $200 \times 10^4 t$。中东部太平洋最丰富的物种是美洲拟沙丁鱼和太平洋鲲鱼。该区域种群开发状态没有发生太大的变化,小型中上层物种占很大比例,产量波动很大。

5. 西南太平洋

西南太平洋为 FAO 81 区。本区包括新西兰和复活节岛等岛屿。该海区面积很大,几乎全部是深水区。该海区的沿海国只有澳大利亚和新西兰。大陆架主要分布在新西兰周围和澳大利亚的东部及南部沿海(包括新几内亚西南沿海)。主要作业渔场为澳大利亚和新西兰周围海域。

南太平洋的水文情况(特别是远离南美和澳大利亚海岸的海区)研究较少。主要的海流,在北部海域是南赤道流和信风漂流,在最南部是西风漂流;在塔斯曼海,有东澳大利亚海流沿澳大利亚海岸向南流,至悉尼以南流势减弱并扩散;新西兰周围的海流系统复杂多变。

该海区渔业一般是小规模的,通常使用多种作业小型渔船。在太平洋中部的岛屿,其渔业主要是自给。澳大利亚和新西兰近海的底拖网、延绳钓和丹麦式旋曳网(Danish seins)等作业已有较长的历史。20 世纪 60 年代末开始,日本和罗马尼亚大型冷冻拖网船在新西兰外海作业,日本的拖网和延绳钓的底鱼渔获量逐步增长。但据统计,地方性的小型渔业在产量中仍占最大比例。

最主要的单种渔业是近海甲壳类渔业(如新西兰和澳大利亚近海的龙虾渔业及澳大利亚近海的对虾渔业)和外海的金枪鱼渔业。

西南太平洋的潜在可捕量不高,只有 $210 \times 10^4 t$ 左右。但该渔区是目前产量最低的渔区,1998 年捕捞产量达到最高,为 $85.7 \times 10^4 t$,仅为潜在渔获量的 40.7%。该区 1994~2000 年捕捞产量不稳定,1999 年和 2000 年连续两年持续下降,分别为 $80.7 \times 10^4 t$ 和 $75.3 \times 10^4 t$,均不到潜在渔获量的 1/2。2016 年捕捞产量为 $47 \times 10^4 t$,处在最低水平。该海区也是远洋渔业国的重要作业渔区。

6. 东南太平洋

东南太平洋为 FAO 87 区。沿岸国家包括哥伦比亚、厄瓜多尔、秘鲁和智利。该海域有广泛的上升流。主要渔场为南美西部沿海大陆架海域。

该海区的中部大陆架很窄，从秘鲁的伊洛（Ilo）到瓦尔帕来索（Valparaiso）这一区域距岸 30km 以内水深超过 1000m；陆架的宽度各地不同，从几千米到 20km 左右，沿秘鲁海岸向北，陆架渐宽，至钦博特（Chimbote）区域，最宽达 130km 左右，再向北又变窄，瓦尔帕来索以南大陆架较宽，最大宽度约 90km。从安库德湾到合恩角近海有许多岛屿，这些岛屿有大的峡湾和宽的沿岸航道。粗略估计，秘鲁的大陆架面积为 $8.7\times10^4km^2$（200m 等深线以内），智利为 $30\times10^4km^2$（全部陆架面积），其中后者估计有 $9\times10^4km^2$ 可作拖网渔场。该渔场水深小于 200m。

亚南极水（西风漂流）横跨太平洋到达 44°S～48°S 的智利沿岸（夏季稍偏南）开始分为两支：一支为向南流的合恩角海流；另一支为沿岸北上的秘鲁海流，这支海流一直到达该海区的北界。秘鲁海流又分为两支，靠外海的是秘鲁外洋流，深度达 700m，近岸的一支称为秘鲁沿岸流，深达 200m，沿岸流在北上的行进过程中流势减弱。秘鲁沿岸流带着冷的营养盐丰富的海水北上，流速缓慢。

秘鲁海流始端的表温为 10～15℃，随着海流向北行进水温渐增，至秘鲁北部沿岸，水域表温冬季为 18℃、夏季为 22℃，外海的表温则稍高；盐度在南部为 34.0‰，北部水域由于蒸发，盐度增至 35‰，合恩角海流的沿岸水域盐度降至 33‰。

在次表层有一股潜流，靠近秘鲁-智利海岸向南流动，这股潜流起源于赤道附近水深小于 100m 至几百米的次表层水，向南延伸至 40°S 附近，该处潜流范围自深度 100～200m 至 200～300m。在大陆架区，潜流接近表面，潜流的盐度为 34.5‰～35‰，潜流所处深度的整个水团含氧量很低，营养盐丰富。

该海区的主要渔业是鳀鱼，遍及秘鲁整个沿岸和智利最北部。该渔业于 20 世纪 50 年代后半期开始发展，至 60 年代上半期已达到高水平，到 1970 年达到历史最高峰 1306×10^4t，但之后急剧下降。其他主要渔业是金枪鱼渔业、无须鳕拖网渔业（智利中部近海），秘鲁和智利的虾渔业、智利的贝类和软体动物渔业也是有价值的。

东南太平洋海洋捕捞产量以 1994 年为最高，超过 2000×10^4t，达到 2031×10^4t。该渔区捕捞产量具有大的年间波动特征，自 1993 年起呈总体下降趋势，2016 年捕捞产量不足 640×10^4t。该区域种群开发状态没有主要变化，小型中上层物种占很大比例，产量波动很大。东南太平洋最丰富的物种是鳀鱼、智利竹筴鱼和南美拟沙丁鱼，占总产量的 80% 以上。

二、大西洋海域

1. 西北大西洋

西北大西洋为 FAO 21 区。本区国家仅加拿大和美国。该海区主要是以纽芬兰为中心的格陵兰西海岸和北美洲东北沿海一带海域。该海区主要部分是国际北大西洋渔业委员会（ICNAF）所管辖的区域。

该海区的主要海洋学特征与寒、暖两海流系密切相关。湾流起源于高温水系，一直沿美洲东岸北上，到达大浅滩的尾部后，其中一部分沿大浅滩东缘继续北上，大约到达 50°N 转向东北，到了中大西洋海脊附近，再转向北流，到达冰岛成为伊尔明格海流。该流沿冰岛南岸和西岸流去，在丹麦海峡分叉，一部分与东格陵兰海流汇合沿格陵兰岛东岸南下到费尔韦尔角。此暖流绕过费尔韦尔角沿西格陵兰浅滩的边缘区北流，成为西格陵兰海流。

流入本区的水温 0℃ 以下的冷水系是起源于极地的拉布拉多海流，在巴芬湾与西格陵兰海流合流，沿拉布拉多半岛南下，在纽芬兰南方的大浅滩与湾流汇合，形成世界著名的纽芬兰渔场。

该海区的主要渔业是底拖网渔业和延绳钓渔业，两个最大的渔业是油鲱渔业和牡蛎渔业，油鲱主要用来加工鱼粉和鱼油。主要渔获物有鳕鱼、黑线鳕、鲈鲉、无须鳕、鲱鱼，以及其他底层鱼类、中上层鱼类（如鲑鱼等）。

尽管西北大西洋渔业资源持续受到一定的开发压力，但最近一些种群仍显示出了恢复信号（如马舌鲽、黄尾黄盖鲽、庸鲽、黑线鳕、白斑角鲨）。但是，一些有历史的渔业，如鳕鱼、美首鲽和平鲉依然没有恢复，或有限恢复，可能是不利的海洋条件及海豹、鲭鱼和鲱鱼数量增加造成了高自然死亡率。这些因素明显影响鱼类增长、繁殖和存活。相反，无脊椎动物依然处于接近创纪录的高水平。2005～2014 年，其年平均渔获量稳定在 $200×10^4$t 左右，2016 年只有 $181×10^4$t。西北大西洋 77% 的种群为完全开发，17% 为过度开发，6% 为未完全开发。

2. 东北大西洋

东北大西洋为 FAO 27 区。包括葡萄牙、西班牙、法国、比利时、荷兰、德国、丹麦、波兰、芬兰、瑞典、挪威、俄罗斯、英国、冰岛及格陵兰、新地岛等，是世界主要渔产区。该海区是国际海洋开发理事会（ICES）的渔业统计区。该海区的主要渔场有北海渔场、冰岛渔场、挪威北部海域渔场、巴伦支海东南部渔场、熊岛至斯匹次卑尔根岛的大陆架渔场。

该海区的水文学特征主要为北大西洋暖流及支流所支配。冰岛南岸有伊里明格海流（暖流）向西流过，北岸和东岸为东冰岛海流（寒流）。北大西洋海流在通过法罗岛之后沿挪威西岸北上，然后又分为两支：一支继续向北到达斯匹次卑尔根西岸；另一支转向东北沿挪威北岸进入巴伦支海，两支海流使巴伦支海的西部和南部的海水变暖，提高了生产力。

另外，北大西洋暖流另一支流过设得兰群岛的北部形成主流进入北海。还有一些小股支流进入北海，这些海流使北海强大的潮流复杂化，在北海形成反时针环流；在多格尔（Dogger）以北海水全年垂直混合，多格尔以南海水夏季形成温跃层。

该海区的渔业，其中一些是世界上历史最悠久的渔业。北海渔场是世界著名的三大渔场之一，它是现代拖网作业的摇篮，整个渔场长期以来进行高强度的拖网作业。适合拖网作业的主要渔场有多格尔浅滩和大渔浅滩（Great Fisher bank）等。冰岛、挪威近海和北海渔场的鲱鱼渔业是最重要的、建立时间最长的渔业。现在北海传统的流刺网逐步被拖网作业（底拖和现代的中层拖网）代替。冰岛、挪威近海和外海水域的地方种群也主要采用围网作业，但是俄罗斯在大西洋外洋采用流刺网作业。

该海区主要捕捞对象有鳕鱼、黑线鳕、无须鳕、挪威条鳕、绿鳕类、鲱科鱼类、鲐鱼类等。产量最高的是鲱鱼，年产 $200×10^4$～$300×10^4$t，有下降趋势；其次是鳕鱼，年产量高达 $200×10^4$t 以上。

在东北大西洋，1975 年后产量呈明显下降趋势，20 世纪 90 年代恢复，2010 年产量为 $870×10^4$t。2015～2016 年稳定在 $830×10^4$～$920×10^4$t。总体上，62% 的评估种群为完全开发，31% 为过度开发，7% 为未完全开发。2005 年以后，东北大西洋海域的渔获量稳定在 $900×10^4$t 左右。

3. 中西大西洋

中西大西洋为 FAO 31 区。主要国家为美国、墨西哥、危地马拉、洪都拉斯、尼加拉瓜、哥斯达黎加、巴拿马、哥伦比亚、委内瑞拉、圭亚那、苏里南，该区还包括加勒比地区的古巴、牙买加、海地、多米尼加等岛国。主要作业渔场为墨西哥湾和加勒比海水域。

美国东岸岸线长约 1100km，沿岸有许多封闭或半封闭的水域，200m 以浅（不包括河口）的大陆架面积约 $11 \times 10^4 km^2$，200m 以外的斜坡徐缓。巴哈马浅滩由许多低矮岛屿的浅水区组成，包括古巴北部沿岸比较狭窄的陆架，200m 以浅的面积为 $12 \times 10^4 km^2$。墨西哥湾的总面积约 $160 \times 10^4 km^2$，200m 以浅水域小于 $60 \times 10^4 km^2$。加勒比海的总面积为 $264 \times 10^4 km^2$，其中大陆架（200m 以浅）面积为 $25 \times 10^4 km^2$，约占 10%，大部分水深浅于 100m；加勒比海之外陆架变宽，平均宽度（到 200m 等深线）90km，面积 $20 \times 10^4 km^2$。

该海区的主要海流有赤道流的续流，沿南美沿岸向西流和赤道流一起进入加勒比海区形成加勒比海流，强劲地向西流去，在委内瑞拉和哥伦比亚沿岸近海由于风的诱发形成上升流。加勒比海流离开加勒比海，通过尤卡坦水道（Yucatan channel）形成顺时针环流（在墨西哥湾东部）。该水系离开墨西哥湾之后即为强劲的佛罗里达海流，这就是湾流系统的开始，向北流向美国东岸。

该海区最重要的渔业是虾渔业，中心在墨西哥湾，主要由美国和墨西哥渔船生产。虾渔场的发展也扩大到委内瑞拉和圭亚那近海。从数量上来看，美国的油鲱渔业也是很重要的渔业，产量高峰值达 $100 \times 10^4 t$，但渔获物均用于加工鱼粉，产值不高。

20 世纪 90 年代以来，中西大西洋最高年渔获量为 $216 \times 10^4 t$（1994 年），以后出现下降，2005 年以前基本上维持在 $170 \times 10^4 \sim 183 \times 10^4 t$。2005～2014 年平均年渔获量进一步下降到 $134 \times 10^4 t$ 左右，2016 年为 $156 \times 10^4 t$。

4. 中东大西洋

中东大西洋为 FAO 34 区。主要国家有安哥拉、刚果、加蓬、赤道几内亚、喀麦隆、尼日利亚、贝宁、多哥、加纳、科特迪瓦、利比里亚、塞拉利昂、几内亚、几内亚比绍、塞内加尔、毛里塔尼亚、西撒哈拉、摩洛哥及地中海沿岸国等。主要作业渔场为非洲西部沿海大陆架海域。沿岸水域的大陆架（200m 水深以浅）面积为 $48 \times 10^4 km^2$，大陆架的宽度一般较小，小于 32.2～48.3km，但 8°N～24°N 一带沿海大陆架较宽，约达 160km。

该海区主要的表层流系是由北向南流的加那利海流和由南往北流的本格拉海流，它们到达赤道附近向西分别并入北赤道海流、南赤道海流。在这两支主要流系之间有赤道逆流，其续流几内亚海流向东流入几内亚湾。在象牙海岸近海，几内亚海流之下有一支向西的沿岸逆流存在。由于沿西非北部水域南下的加那利海流（寒流）和从西非南部沿岸北上的赤道逆流（暖流）相汇于西非北部水域，形成季节性上升流，同时这一带大陆架面积较宽，故形成了良好的渔场。

在其北部水域（从直布罗陀海峡到达喀尔），小型中上层鱼类主要是沙丁鱼，中型中上层鱼类主要是竹筴鱼、鲐鱼和大的沙丁鱼等，渔获大部分由俄罗斯和其他东欧国家的拖网船捕获。大型中上层鱼主要为长鳍金枪鱼、黄鳍金枪鱼和金枪鱼等，其中，金枪鱼是西北非最重要的沿岸渔业。大型底层鱼类如鲷科鱼类、乌鲂科鱼类等，由南欧、东欧国家的拖网渔船捕获。头足类包括鱿鱼、墨鱼和章鱼，主要由西班牙和日本的渔船捕获。

在其南部海域（从达喀尔到刚果）的主要底层渔场中，最好的渔场位于上升流区。其中，比热戈斯（Bissagos）渔场生物量最大，其大陆架很宽（200km）。另外，河口通常也是较好的拖网渔场,可以捕到大型鱼类,如石首科鱼类、马鲛科鱼类、海鲶科鱼类、鳎科鱼类等,其中以刚果河口最好。最丰富的虾场在大河口或潟湖口(入海)附近。例如,塞内加尔南部、尼日利亚、西班牙的拖网渔船已在毛里塔尼亚、塞内加尔、刚果和安哥拉北部外海发展了深水捕虾。

1968年以后,发展了许多大型渔船及其附属的围网船队。来自南非等国家的船队,主要以加那利群岛为基地,捕捞各种集群性的中上层鱼类,在渔船上将其加工成鱼粉。自1985年以来,我国远洋渔船也开始开发西非沿海的渔业资源。该海区沿海国的海洋渔业不发达。

中东大西洋海域是远洋渔业国的重要作业渔区。自20世纪70年代起总产量不断波动,2010年约为 $400×10^4t$,2016年增加到 $480×10^4t$。小型中上层物种构成了上岸量的近50%,其他沿海鱼类次之。评估认为,沙丁鱼依然是未充分开发状态。相反,多数中上层种群被认为是完全开发或过度开发,如西北非洲和几内亚湾的小沙丁鱼种群。底层鱼类资源很大程度上在多数区域为完全开发或过度开发,塞内加尔和毛里塔尼亚的白纹石斑鱼种群依然处于严峻状态。一些深水对虾种群的状态得到了改善,现在处于完全开发状态,而其他对虾种群处于完全开发和过度开发之间。章鱼和墨鱼种群依然被过度开发。总体上,中东部大西洋有43%的种群评估为完全开发,53%为过度开发,4%为未完全开发,因此,急需科学管理以改善现状。

5. 西南大西洋

西南大西洋为FAO 41区。包括巴西、乌拉圭、阿根廷等国。主要作业渔场为南美洲东海岸的大陆架海域。

巴西北部沿岸大陆架,除亚马孙河口外,均为岩石和珊瑚礁带,大部分海区不宜进行拖网作业。巴西的中南部沿岸,其北面是岩石和珊瑚带,南面大部分海区很适于拖网作业,但外海有许多海坝(bar)。巴塔哥尼亚大陆架(Patagonian shelf)是南半球面积最大的大陆架;拉普拉塔河口和布兰卡湾、圣马提阿斯湾、圣豪尔赫湾是良好的拖网渔场。42°S以南海区的底质较粗,但仍适合拖网作业。例如,伯德伍德浅滩(Burdwood bank)就是较好的拖网渔场,但渔场有较多大石块。大陆架的深度,大多数海区不超过50m,巴西北部近海和福克兰陆架大于50m,拉普拉塔湾很浅,巴塔哥尼亚大陆架北部的斜坡很陡,但南部很缓,大部分海区均可拖网。

该海区的大陆架受两支主要海流的影响,北面的一支为巴西暖流,南面的一支是福克兰寒流。后者沿海岸北上到达里约热内卢与巴西暖流交汇,在此海区水团混合,水质高度肥沃,产生涡流,海水垂直交换。该海区南部为西风漂流,南大西洋中部为南大西洋环流,海水运动微弱;亚热带辐合线在大约40°S的外海海域。

该海区几乎全部是地方渔业。巴西北部和中部沿岸渔业主要用小型渔船和竹筏进行生产,南部沿岸和巴塔哥尼亚则使用大型底拖网作业。乌拉圭和阿根廷渔业均以各类大小型拖网为主。捕捞对象均以无须鳕为主,此外还有沙丁鱼、鱿鱼和鲇鱼,以及石首科鱼类。

西南大西洋海域也是远洋渔业国的重要作业渔区。其渔获量在20世纪80年代中期停止增长后,其年总产量在 $200×10^4t$ 左右波动。2005~2014年平均年产量为 $208×10^4t$,2016年下降到 $156×10^4t$。阿根廷无须鳕和巴西小沙丁鱼等主要物种依然被预计为过度开发(尽管后者有恢复迹象)。阿根廷滑柔鱼产量只有2009年高峰水平的1/4,被认为从完全开发到过度开发。在该区域,监测的50%鱼类种群被过度开发,41%被完全开发,剩余9%被认为处于未完全开发状态。

6. 东南大西洋

东南大西洋为 FAO 47 区。主要作业渔场为非洲西部沿海大陆架海域。该海区的沿海国有安哥拉、纳米比亚和南非。

安哥拉以北大陆架较宽（约 50km），南部大陆架很窄（约 20km），到纳米比亚和南非沿海大陆架又变宽，和其他海区不同，这一带 200～1000m 水深带特别宽。因此，在 30°S 海域的 200m 等深线离岸约 70km，而 700m 等深线离岸超过 200km。开普敦东南近海是该海区仅有的一个重要近海浅滩——厄加勒斯浅滩，再往东，陆架又变窄，大约 40km。

该海区的主要海流为本格拉海流，在非洲西岸 3°S～15°S 向北流，然后向西流形成南赤道流。本格拉海流沿南部非洲的西岸北上，由于离岸风的作用产生上升流，其范围依季节而异。其南部的主要海流是西风漂流。

1970 年以前渔业均为沿岸国家所捕捞，主要有三种渔业：①成群的中上层鱼渔业（沙丁鱼、竹筴鱼），从事该渔业的国家为南非、纳米比亚、安哥拉；②拖网渔业（主要为南非的无须鳕渔业）；③龙虾渔业，南非和西南非洲，此外还有许多小型渔业。

东南大西洋也是远洋渔业国的重要作业渔区。东南大西洋是自 20 世纪 70 年代早期起产量呈总体下降趋势的一组典型区域。该区域在 20 世纪 70 年代后期产量为 330×10^4t，2005～2014 年的平均年产量只有 142×10^4t，2015～2016 年恢复到 169×10^4t。重要的无须鳕资源依然是完全开发到过度开发。南非海域的深水无须鳕和纳米比亚海域的南非无须鳕有一些恢复迹象，这是良好补充年份及自 2006 年起实行严格管理措施的结果。南非拟沙丁鱼变化很大，生物量很大，2004 年就被认为是完全开发。

三、地中海和黑海

地中海和黑海为 FAO 37 区。地中海几乎是一个封闭的大水体，它使欧洲和非洲、亚洲分开。地中海以突尼斯海峡为界分为东地中海和西地中海两部分。地中海有几个深水海盆，最深处超过 3000m。地中海 180m 以浅的大陆架总面积约 50×10^4km^2，亚得里亚海和突尼斯东部近海陆架较宽，尼罗河三角洲近海和利比亚沿海陆架较窄。沿岸一般为岩石和山脉。

黑海是一个很深的海盆，北部的亚速海和克里米亚半岛西面是浅水区，南部陆架陡窄。大西洋水系通过直布罗陀海峡进入地中海，主要沿非洲海岸流动，可到达地中海的东部。黑海的低盐水通过表层流进入地中海。尼罗河是地中海淡水的主要来源，它影响着地中海东部的水文、生产力和渔业。阿斯旺水坝的建造，改变了生态环境，直接影响到渔业生产。苏伊士运河将高温的表层水从红海带入地中海，而冷的底层水从地中海进入红海。

地中海鱼类资源较少，种类多但数量少。大型渔业主要在黑海。地中海小规模渔业发达，区域性资源已充分利用或过度捕捞，底层渔业资源利用最充分。中上层渔业产量约占总产量的一半，主要渔获物是沙丁鱼、黍鲱、鲣鱼、金枪鱼等。底层渔业的重要捕捞对象是无须鳕。

2005 年以来，地中海和黑海年捕捞产量稳定在 130×10^4～150×10^4t。所有欧洲无须鳕和羊鱼种群被认为遭到过度开发，鳀鱼主要种群和多数鲷鱼也可能如此。小型中上层鱼类（沙丁鱼和鳀鱼）主要种群被评估为完全开发或过度开发。在黑海，小型中上层鱼类（主要是黍鲱和鳀鱼）从 20 世纪 90 年代因不利海洋条件造成的急剧衰退中得到一定程度的恢复，但依然被认为是完全开发或过度开发，多数其他种群可能处在完全开发到过度开发状态。总体上，2009 年地中海和黑海有 33% 的评估种群为完全开发，50% 为过度开发，17% 为未完全开发。

四、印度洋

印度洋分西区和东区，陆架面积总计 300×10⁴km²，孟加拉湾 61×10⁴km²，阿拉伯海 40×10⁴km²，东非 39×10⁴km²，西澳大利亚 38×10⁴km²，南澳大利亚（到 130°E）26×10⁴km²，波斯湾 24×10⁴km²，马达加斯加 21×10⁴km²，印度洋各岛 20×10⁴km²，红海 18 万 km²，印度尼西亚 13×10⁴km²。

大陆架较宽的海区有阿拉伯海东部、孟加拉湾东部和澳大利亚西北部沿岸。印度洋其他海域的大陆架都很窄，沿岸是悬崖绝壁。东非沿岸许多地方 200m 等深线距岸不到 4km，珊瑚礁到处可见，在非洲沿岸最多。

印度洋北部表层海流随季风而改变。在西南季风期间（4～9 月），索马里海流沿非洲沿岸向北流，流速近 13km/h；到达 12°N，大部分偏离近岸向东流去，成为 10°N 以北的季风海流。在东北季风期间（10 月～次年 3 月），索马里海流转向南流（12 月～次年 2 月）。阿拉伯海北部的大部分海流流势弱，流向不定。

南印度洋海流系统与太平洋、大西洋相似，南赤道流沿 10°S 附近向西流，到非洲东岸分支，向南的一支最后形成厄加勒斯海流，它与西风漂流和西澳大利亚海流连接一起完成南印度洋反时针环流。

在东非近岸区（南非、莫桑比克和坦桑尼亚），大多数渔业是自给性的沿岸渔业。底拖网作业不适宜，因为这一带水域珊瑚礁多，陆架窄，只有小型拖网作业可能获得成功。在阿伯海西部海区，渔业不发达，主要是缺乏地方渔业市场。在马斯喀特（Muscat）和阿曼近岸的沙丁鱼产量有 10×10⁴t。在孟加拉湾北部，渔期为 11 月～次年 2 月末，西南季风期间风大不宜作业。孟加拉国近海渔场最重要的捕捞对象是马鲛鱼。印度尼西亚南部的印度洋水域，重要的捕捞对象是沙丁鱼、鳀鱼、鲐鱼等，渔场在东爪哇和巴厘岛之间的海域，渔船小，渔具简单。在西澳大利亚近岸渔场龙虾似乎已充分利用，虾渔业已向北扩展到沙克湾和埃克斯茅斯湾（Exmouth Gulf），从此处向北扩展还有一定潜力。红海的重要渔业是北部沿岸的沙丁鱼渔业和南部的底拖网渔业。

1. 东印度洋

东印度洋为 FAO 57 区。主要包括印度东部、印度尼西亚西部、孟加拉国、越南、泰国、缅甸、马来西亚等。盛产西鲱、沙丁鱼、遮目鱼和虾类等。

印度洋东部海区主要渔场有沿海大陆架渔场和金枪鱼渔场。其沿海国有印度、孟加拉国、缅甸、泰国、印度尼西亚和澳大利亚等。该海区的渔获量主要来自沿海国。远洋渔业国在该渔区作业的渔船较少，目前在该渔区作业的非本海区的国家（地区）只有中国、日本、法国、韩国和西班牙，主要捕捞金枪鱼类。

东印度洋海域依然保持着产量的高增长率，2005～2014 年平均年产量为 596×10⁴t，2016 年为 639×10⁴t。孟加拉湾和安达曼海区总产量稳定增长，没有产量到顶的迹象。但是，该海域产量很高的比例（约 42%）属于"未确定的海洋鱼类"类别，这对资源监测来讲是极为不利的。产量增加可能是由于新区域扩大捕捞或捕捞新开发的物种。

2. 西印度洋

西印度洋为 FAO 51 区。周边国家主要包括印度、斯里兰卡、巴基斯坦、伊朗、阿曼、也门、索马里、肯尼亚、坦桑尼亚、莫桑比克、南非、马尔代夫、马达加斯加等。该区出产沙丁鱼、石首鱼、鲣鱼、黄鳍金枪鱼、龙头鱼、鲅鱼、带鱼和虾类等。

印度洋西部主要渔场有大陆架渔场和金枪鱼渔场。该区渔获量主要来自沿海国,约占其总渔获量的90.6%。目前在该海域从事捕捞生产的远洋渔业国家(地区)有日本、法国、西班牙、韩国等,主要捕捞金枪鱼和底层鱼类,占其总渔获量的比例不到10%。

西印度洋2006年总上岸量达到$450×10^4$t的高峰,此后稍有下降,2010年报告的产量为$430×10^4$t。此后出现了上升,2016年达到近$500×10^4$t。最近的评估显示,分布在红海、阿拉伯海、阿曼湾、波斯湾,以及巴基斯坦和印度沿海的康氏马鲛遭到过度捕捞。西南印度洋渔业委员会对140种物种进行了资源评估,总体上,有65%的鱼类种群为完全开发,29%为过度开发,6%为未完全开发。

五、南极海

南极海包括FAO 48区、FAO 58区、FAO 88区,分别与FAO 81区、FAO 87区、FAO 41区、FAO 47区、FAO 51区及FAO 57区相接,为环南极海区。南极海与三大洋相通,北界为南极辐合线,南界为南极大陆,冬季南极海一半海区为冰所覆盖。南极海分大西洋南极区、太平洋南极区和印度洋南极区。盛产磷虾,但鱼类种类不多,只有南极鱼科和冰鱼等种群有渔业价值。

南极大陆架狭窄而且冰冻很深,全年大部分时间被冰覆盖,用传统的捕鱼方式无法作业,岛屿和海脊无宽广的浅水区,只有凯尔盖朗岛和佐治亚岛周围有一些重要的浅水区。

南极海的主要表面海流已有分析研究。上升流出现在大约65°S低压带的辐合区,靠近南极大陆的水域也出现上升流。南极海的海洋环境是一个具有显著循环的深海系统,上升流把丰富的营养物质带到表层,夏季生物生产量非常高,冬季生物量明显下降。

据调查,南极海域(包括亚南极水域)的中上层鱼类约60种,底层鱼类约90种,但这些鱼类的数量还不清楚。据测定,在南极太平洋海区的肥沃水域(辐合带)中,以灯笼鱼为主的平均干重为$0.5g/m^2$,辐合带中灯笼鱼资源丰富,苏联中层拖网每2h产量5~10t。

南极海域最大的资源量是磷虾。各国科学家对磷虾资源量有完全不同的估算值,苏联学者挪比莫娃从鲸捕食磷虾的情况估算出磷虾的资源量为$1.5×10^8$~$50×10^8$t;联合国专家古兰德从南极海初级生产力推算为$5×10^8$t,年可捕量$1×10^8$~$2×10^8$t;法国学者彼卡恩耶认为,磷虾总生物量为$2.1×10^8$~$2.9×10^8$t,每年被鲸类等动物捕食所消耗的量为$1.3×10^8$~$1.4×10^8$t,而达到可捕规格的磷虾不超过总生物量的40%~50%。近年来的调查估算,磷虾的年可捕量为$5000×10^4$t。

第四节　世界主要经济种类资源及渔场分布

一、鳕类

鳕类通常是指鳕形目鱼类,有500多种,是海洋渔业的主要捕捞对象。1999年全球鳕类产量达到最高,为$1077×10^4$t;2000年鳕类的渔获量下降到$872×10^4$t,占海洋渔业产量的9.2%。主要捕捞种类属鳕科、无须鳕科和长尾鳕科。

已知全球鳕科经济鱼类有50种,大多数分布于大西洋北部大陆架海域。重要鱼种有太平洋鳕(*Gadus macrocephalus*)、大西洋鳕(*Gadus morhua*)、黑线鳕(*Melanogrammus aeglefinus*）、蓝鳕（*Micromesistius poutassou*）、绿青鳕（*Pollachius virens*）、牙鳕（*Merlangius merlangus*）、挪威长臀鳕（*Trisopterus esmarcii*）和狭鳕（*Theragra chalcogramma*）等。

无须鳕科的主要捕捞种类有银无须鳕（*Merluccius bilinearis*）、欧洲无须鳕（*Merluccius merluccius*）、智利无须鳕（*Merluccius gayi*）、阿根廷无须鳕（*Merluccius hubbsi*）、太平洋无须鳕（*Merluccius products*）和南非无须鳕（*Merluccius capensis*）等。

长尾鳕科是鳕类中种类最多的一个科，在300种以上，多数栖息于深海的底层或近底层。主要捕捞对象有突吻鳕（*Coryphaenoides rupestris*）等。

现对主要经济种类的作业渔场分布进行逐一介绍。

1. 大西洋鳕

大西洋鳕是数量较多、渔获量较大的重要经济种类，分布于大西洋的东北部、西北部和北冰洋。1998年大西洋东北部的渔获量占全球大西洋鳕渔获量的96.6%。在大西洋东北部，主要分布于比斯开湾至巴伦支海一带的欧洲沿岸，包括冰岛和熊岛周围，以及格陵兰东南部600m以浅的海域。在大西洋西北部，主要分布在美国的哈特拉斯角至加拿大的昂加瓦湾一带及格陵兰西南部600m以浅海域（图9-3）。

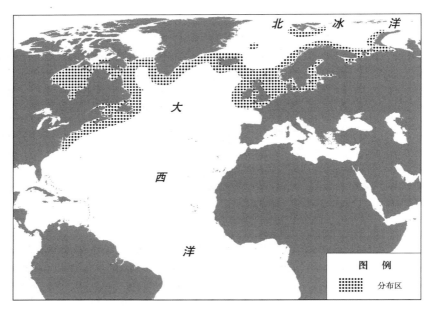

图9-3　大西洋鳕的分布

2. 太平洋鳕

太平洋鳕是重要经济鳕类，分布于太平洋北部沿岸海域，从北太平洋西南部的黄海，经韩国至白令海峡和阿留申群岛，以及沿太平洋东海岸的阿拉斯加、加拿大至美国的洛杉矶一带沿海（图9-4）。

太平洋鳕是底层鱼类，栖息于大陆架和大陆斜坡上部水深10～550m海域。在阿拉斯加和白令海100～400m深海域最为密集。太平洋鳕也栖息于深水海域的中上层。

太平洋鳕不做长距离洄游，仅做短距离的移动。夏末太平洋鳕向大陆架浅海移动，冬季则集中在大陆架边缘较深海域。

3. 非洲鳕

非洲鳕是重要的经济种类，分布于大西洋北部和中部，即 30°N～80°N 的海域。主要分布在大西洋东北部，该渔区的渔获量约占全球非洲鳕渔获量的 96%。在大西洋东北部，主要分布于巴伦支海、斯匹次卑尔根、冰岛至摩洛哥一带海域，格陵兰南部和地中海西部海域也有分布（图 9-5）。

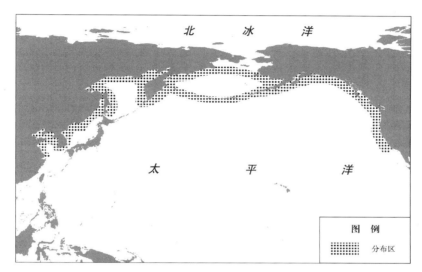

图 9-4　太平洋鳕的分布

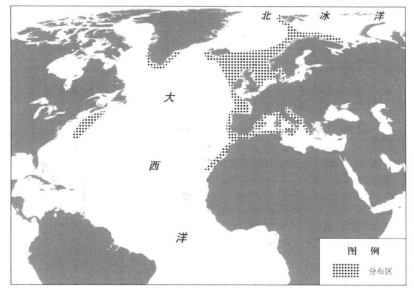

图 9-5　非洲鳕的分布

非洲鳕是栖息于 150～1000m 深的大陆架和大陆坡海域的大洋性中下层鱼类。通常栖息于 300～400m 深的海域。夜晚栖息于表层，白天栖息于近底层，于 180～360m 深的大陆架边缘产

图 9-6　阿根廷无须鳕的分布

卵。主要产卵场位于冰岛、葡萄牙、比斯开湾和挪威等地的大陆架海域。幼鱼栖息于较浅海域。

4. 阿根廷无须鳕

阿根廷无须鳕是西南大西洋海域的重要经济鱼类之一，是 20 世纪 80 年代末期远洋渔业国家的重要捕捞对象。目前主要由阿根廷等国家和地区所捕捞。

阿根廷无须鳕分布于大西洋西南部沿海，即南美洲南部东海岸，28°S～54°S 的大陆架海域（图 9-6）。阿根廷无须鳕栖息于 50～500m 水深的海域，主要在 100～200m 深的海域。产卵场位于 42°S～45°S 的 100m 以浅海域。产卵季节（南半球夏季），阿根廷无须鳕密集于 40°S 以南 50～150m 的浅海，在南半球冬季向北移动，集中于 35°S～40°S 的 70～500m 深的海域。

5. 狭鳕

狭鳕是渔获量很高的经济鱼类。最高年渔获量 600 多万 t，目前已被过度开发利用。狭鳕广泛分布于太平洋北部，从日本海南部向北沿俄罗斯东部沿海，经白令海和阿留申群岛、阿拉斯加南岸、加拿大西海岸至美国加利福尼亚中部（图 9-7）。主要有两个重要渔场：一是白

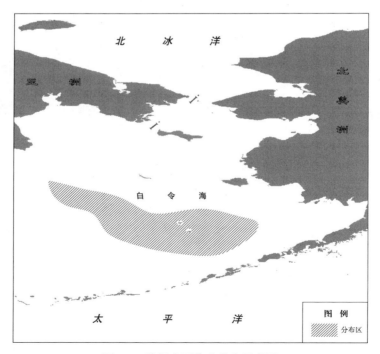

图 9-7　狭鳕主要作业分布示意图

令海，狭鳕总渔获量的 25%～30% 捕自该渔场；二是鄂霍次克海。

狭鳕出生后前 5 年栖息于中上层或半中上层水域，成熟后转为底层生活，一般栖息于 30～400m 深的底层。通常在 50～150m 深海水域产卵。产卵季节为 2～7 月，1～3 月大多在佐治亚海峡和阿留申盆地产卵。有昼夜垂直移动现象。

二、金枪鱼类

金枪鱼和类金枪鱼（tuna and tuna-like species）属于高度洄游性中上层鱼类，广泛分布于太平洋、印度洋和大西洋的热带和温带水域。其中，全球的金枪鱼类（*Thunnus* spp.）主要种类包括大眼金枪鱼（*Thunnus obesus*）、黄鳍金枪鱼（*Thunnus albacares*）、长鳍金枪鱼（*Thunnus alalunga*）、蓝鳍金枪鱼［大西洋蓝鳍金枪鱼（*Thunnus thynnus*）、太平洋蓝鳍金枪鱼（*Thunnus orientalis*）、南方蓝鳍金枪鱼（*Thunnus maccoyii*）］和鲣（*Katsuwonus pelamis*），共 7 种。一般将上述 7 个鱼种分为 23 个资源群体，分别开展资源评估和管理。其中，大眼金枪鱼 4 个群体，黄鳍金枪鱼 4 个群体，长鳍金枪鱼 6 个群体，鲣 5 个群体，蓝鳍金枪鱼 4 个群体。

金枪鱼渔业是指以上一个或几个种类为主要捕捞对象的渔业类型。由于经济价值高，金枪鱼渔业一直是各渔业国家和地区，尤其是远洋渔业国家和地区发展的重点。随着《联合国海洋法公约》的生效，各渔业国家纷纷加强对其专属经济区（EEZ）内渔业资源的管理。由于金枪鱼及类金枪鱼的大部分分布水域属于公海，或同时分布于多个沿海国家或岛国水域，其资源研究和渔业管理由相应海域的金枪鱼区域渔业管理组织开展。

1. 大眼金枪鱼

大眼金枪鱼又称肥壮金枪鱼和副金枪鱼，分布于大西洋、印度洋和太平洋的热带和亚热带水域。其适温范围为 13～27℃，在水温 21～22℃ 时集成大群。

在大西洋，大眼金枪鱼分布于摩洛哥沿海到胡必角、马德拉群岛、亚速尔群岛和百慕大群岛，大量分布在北赤道海流、赤道逆流和巴西海流区。在几内亚海流区未曾发现。在印度洋，分布在南赤道海流及其以北水域、非洲东岸和马达加斯加岛，常见于印度 - 澳大利亚群岛海域。在太平洋，大眼金枪鱼主要分布在亚热带辐合区和北太平洋流系的海域内，南北向的宽度达 12°～13° 纬度区，东西向则呈带状，延伸至太平洋东西两岸。太平洋的马绍尔群岛、帛琉群岛、中途岛、夏威夷岛附近、日本近海、中国南海东部及台湾东部海域、苏禄海、苏拉威西海、爪哇海、巽他海和班达海等海域均有分布。

各海区的渔期以 12 月～次年 5 月为盛渔期，夏季为淡季。中国南海盛渔期为 1 月后的冬季。太平洋赤道海域的盛渔期为 2～4 月，4～9 月较少，10 月～次年 2 月增多。夏威夷及赤道以南 8～12 月为盛渔期，印度洋的东部海区 6～9 月为盛渔期。图 9-8 为大眼金枪鱼的分布和产卵海域示意图。

大眼金枪鱼在 3 龄、体长 0.9～1m 时性成熟。产卵场在赤道水域，大部分在太平洋东部的 10°N～10°S、120°E～100°W 的海域产卵。此外，在夏威夷群岛和加拉帕戈斯群岛一带，也有大眼金枪鱼的产卵场。大眼金枪鱼几乎全年产卵，西部产卵场的高峰期在 4～9 月，东南部在 1～3 月。幼鱼周期性地集聚于大陆及岛屿附近水域。在北美西部热带与亚热带水域，主要栖息着性腺未成熟个体，这些鱼做东南向的季节性洄游。在北太平洋，大眼金枪鱼在冲绳和我国台湾附近产卵，2～3 龄时东游横跨太平洋到加利福尼亚沿海，6～7 龄时又按原路线重返产卵场。在印度洋，鱼群沿赤道在东西方向上呈密集的带状分布，几乎都是产卵群体。

在北太平洋流系和亚热带辐合线以南海域中栖息的大眼金枪鱼群，两者在生态上的关系

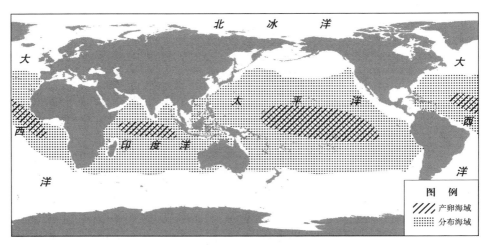

图 9-8　大眼金枪鱼的分布和产卵海域示意图

是前者是索饵群,后者为产卵群。索饵群成熟后即越过亚热带辐合线南下,补充产卵群;在产卵海域的稚鱼,则突破亚热带辐合线北上,加入索饵群。这种洄游情况,同长鳍金枪鱼相似,但也有所不同,即大眼金枪鱼在南下途中,要在亚热带辐合线海域内滞留一段时间,至1~2月以后继续向20°N以南的海域南下。

　　大眼金枪鱼以沙丁鱼、鲭科鱼类、甲壳类和头足类为食饵,白天栖息于深水,夜间浮至近表层,常用延绳钓和曳绳钓捕捞。

　　2. 长鳍金枪鱼

　　长鳍金枪鱼的产量占全球金枪鱼产量的7%左右。长鳍金枪鱼分布在大西洋、印度洋和太平洋的热带、亚热带和温带水域,喜在外海清澈的水域中洄游,在南北纬45°的广大海域(包括地中海)均有分布,但在赤道海域(南北纬10°)表层分布很少。

　　在大西洋,自几内亚湾至比斯开湾均可见到长鳍金枪鱼,分布在加那利海流水域和地中海海域中,以及亚速尔、加那利、马德拉群岛海域;在南半球,特里斯坦-达库尼亚群岛海域中分布较少;在西部,沿美洲沿岸向北从佛罗里达半岛到马萨诸塞州、百慕大群岛、巴哈马群岛、古巴,大量分布在巴西海流水域中。长鳍金枪鱼在大西洋的分布特点是低龄鱼群栖息在高纬度海域,即比斯开湾附近海域;高龄鱼群则分布于低纬度海域。

　　在印度洋,马达加斯加岛、塞舌尔、印度尼西亚和澳大利亚西部海域均分布有长鳍金枪鱼。

　　在太平洋,长鳍金枪鱼出现于西部的赤道逆流、北赤道海流和太平洋海流水域中,从45°N线到夏威夷群岛、智利北部外海水域、日本东部海域、印度半岛、印度尼西亚、澳大利亚东部海域等均有分布(图9-9)。较暖的年份,长鳍金枪鱼的分布区域扩大,进入更远的高纬度海域;寒冷年份则分布区域缩小。

　　长鳍金枪鱼在太平洋有两个种群,即北方种群和南方种群。北方种群分布区的南界是亚热带辐合区;南方种群分布到赤道以南,主要栖息于两个海区:15°S~20°S和25°S~32°S。北方种群个体长约1.2m,体重40kg左右;南方种群体长约1.1m,体重约30kg。在渔获物中,高龄个体从西向东逐渐增多。在北太平洋中部和东部(30°N~40°N),常见到性未成熟个体和未产卵的成鱼。产卵群和幼鱼群大致分布在南北纬20°为中心的海域内。体长

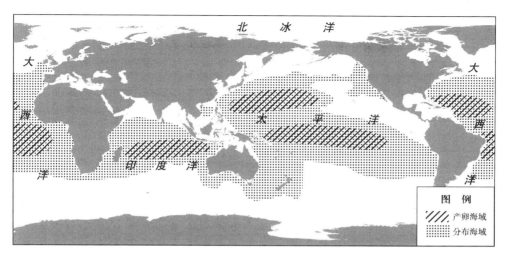

图 9-9　长鳍金枪鱼的分布和产卵海域示意图

0.8～1.2m、体重 14～40kg 的产卵个体，分布在夏威夷群岛附近。幼鱼体长组达 0.3m 时，其分布海域大致在 30°N 的温带海域。北美和智利沿岸常见到三个体长组：0.55m、0.65m 和 0.75m 的鱼群，因此此处是低龄鱼群良好的栖息场所。在日本沿海水域多是 1 龄左右、体长 0.25～0.35m 的幼鱼。

在印度洋，产卵群体主要分布在以赤道为中心的海域内，高纬度海域可能是低龄群体的分布海域。

在亚热带辐合线以北海域，没有发现长鳍金枪鱼的产卵迹象。在亚热带辐合线以南海域均为大型鱼，是秋冬期南下鱼群中的大型鱼群，而中小型鱼群不超过亚热带辐合线，在次年 3～4 月又北上洄游，产卵的大型鱼群不做北上洄游，而是越过亚热带辐合线继续南下。12 月～次年 3 月，在北太平洋流系海域中的大型鱼群逐渐集中在北赤道流系海域，6 月时密度达到最大，并在北赤道流系海域内产卵。稚鱼生长至一定大小后，随即越过亚热带辐合线向北侧的北太平洋流系海域移动，并在此滞留数年，成熟时即做南下洄游，越过亚热带辐合线，于北赤道流系海域内产卵。因此，在亚热带辐合线以南海域中捕获的长鳍金枪鱼，其个体较大，大部分体长为 0.9～1.2m；在北太平洋流系海域中捕获的长鳍金枪鱼，其体长均在 0.9m 以下。长鳍金枪鱼约在 6 龄时成熟，体长达 0.9m，在北半球的产卵期为 5～6 月，在南半球的产卵期推测为 11～12 月。产卵场在加那利群岛、马德拉群岛、中途岛、夏威夷群岛和日本中部诸岛等海区。

长鳍金枪鱼的洄游路线与洋流的季节变化关系密切，在水温不低于 14℃ 和盐度 35.5‰ 的水域中洄游。它的最适水温为 18.5～22℃，在日本近海为 16～26℃。长鳍金枪鱼常集群在大洋中做长距离洄游。太平洋标志放流研究的结果表明，从加利福尼亚州向小笠原群岛沿亚热带辐合线北侧，横越太平洋洄游，距离长达 1000 海里（图 9-10）。长鳍金枪鱼在印度洋和大西洋洄游分布见图 9-11。

3. 黄鳍金枪鱼

黄鳍金枪鱼为大洋洄游鱼类，常集群。有垂直移动习性，一般活动于水的中上层，白天潜入较深水层，夜间在水表层。最大体长可达 3m，一般体长 0.6～1m。

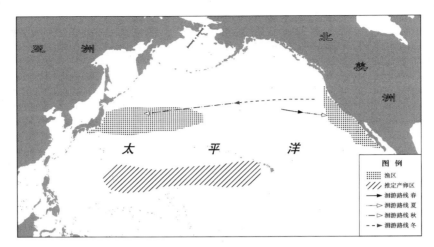

图 9-10　长鳍金枪鱼在太平洋洄游路线推定

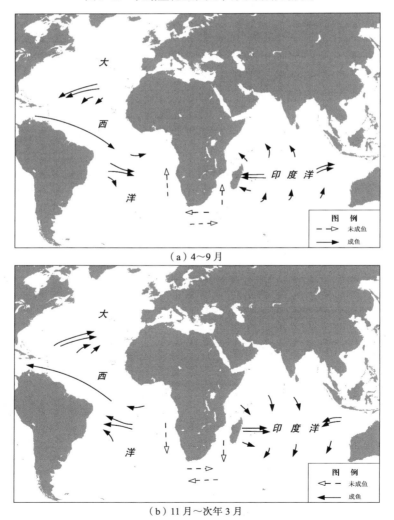

（a）4~9 月

（b）11 月~次年 3 月

图 9-11　长鳍金枪鱼在印度洋和大西洋洄游示意图（箭头表示移动方向）

黄鳍金枪鱼分布于太平洋、大西洋和印度洋的热带和亚热带海域。在大西洋分布的主要海区有几内亚海流区、加那利海流区、北赤道海流区、赤道逆流区、南赤道海流区及西非大陆架边缘（塞内加尔至科特迪瓦一带）、美洲沿岸北至佛罗里达半岛。在印度洋，分布于非洲东部沿海、马达加斯加群岛、阿拉伯海、印度半岛沿海，以及印度 - 澳大利亚群岛海域。在太平洋，分布于赤道海流海域，太平洋西部和夏威夷、加拉帕戈斯群岛以南，菲克斯群岛，在黑潮水域北到 35°N，美洲沿岸 20°S～32°N 的外海水域。在我国南海诸岛和台湾附近等海域也有分布（图 9-12）。

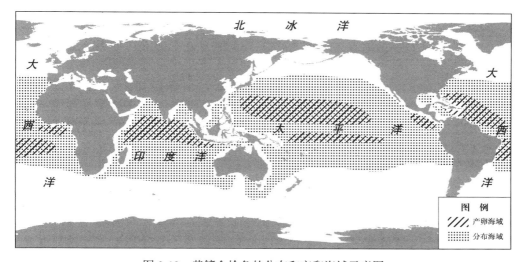

图 9-12　黄鳍金枪鱼的分布和产卵海域示意图

大西洋的黄鳍金枪鱼和印度洋 - 太平洋的黄鳍金枪鱼可能是两个亚种。有关资料显示，黄鳍金枪鱼分布水温为 18～31℃，大量密集于 20～28℃。黄鳍金枪鱼的产卵期因海域而异，表 9-1 为黄鳍金枪鱼在各海区的产卵期和产卵盛期。大西洋佛得角群岛的黄鳍金枪鱼产卵期为 5～9 月，不同年龄组可能产卵期不同。个体大小为 25～30kg 的黄鳍金枪鱼在 4～8 月进行产卵，而 80～95kg 的较大型个体在冬季产卵。

表 9-1　黄鳍金枪鱼在各海区的产卵期和产卵盛期

海区	0～10°N 170°W～130°E	0～8°N 170°E～150°W	0～10°S 140°E～110°W	15°S～25°S 150°E～130°W	10°S～20°S 143°E～155°E	20°S～30°S 澳大利亚东岸～160°E
产卵期	7 月～次年 5 月	6～11 月	4 月～次年 1 月	11 月～次年 3 月	8 月～次年 6 月	8 月～次年 2 月
产卵盛期	7～11 月	6～10 月	4～8 月	12 月～次年 3 月	11 月～次年 2 月	11 月～次年 2 月

大西洋的幼鱼向北洄游到胡必角。体重 24～29kg 的成熟个体也进行洄游，到达加那利群岛，体重 50～60kg 的个体不超出 20°N 的范围，而大型的个体不离开盐度 36.6‰～37‰的赤道海域。

在太平洋，产卵场位于夏威夷群岛和马绍尔群岛的赤道海流北部、苏拉威西海、哥斯达黎加沿岸和加拉帕戈斯群岛。太平洋黄鳍金枪鱼的产卵期和大西洋的相同，也随年龄和体长而变化，体长 0.67～0.77m 的个体在 4～6 月产卵，0.77～0.79m 的个体则在 5～8 月产卵，较大型的个体在冬季产卵。

在太平洋热带海域，黄鳍金枪鱼可全年捕捞，5～9月为盛渔期；太平洋北部夏季为捕捞季节，小笠原群岛的渔期为6～7月及11月；台湾海峡以南的巴士海峡及吕宋西部外海区、台湾东部海区的渔期为3～6月上旬；苏禄海及苏拉威西海为9月～次年5月。美洲西岸的加利福尼亚海区渔期为7～8月；巴拿马、哥斯达黎加外海的渔期为2～3月。印度洋中部及东部的渔期为12月～次年1月；印度洋西部的塞舌尔群岛是黄鳍金枪鱼的重要生产基地，几乎全年均可捕捞，以1～3月和8～12月为盛渔期。

黄鳍金枪鱼夏季游到近海，在热带海域栖息于深处，温带海域栖息于浅处，夏季栖息水层较浅，冬季则栖息水层较深。黄鳍金枪鱼经常游泳的水层为100～150m。进行长距离洄游时，洄游路线与海流系的季节变化关系密切，对盐度变化感觉极灵敏。在日本东北部海区的集群形式不完全一样，有时在黑潮暖流与低温水团交汇海区集群，有时集群上方有海鸟飞翔，有时追逐饵料鱼集群。

黄鳍金枪鱼的仔鱼，主要分布于以厄瓜多尔为中心的热带海域。从非洲到中美洲的整个大西洋和太平洋热带海域常年也有仔鱼分布，夏季由热带海域逐渐向高纬度扩展。仔鱼分布的最低水温约为26℃，昼夜均分布于表层和20～30m水层。

南太平洋委员会（South Pacific Commission，SPC）于1989～1992年，在西太平洋标志放流了4万尾黄鳍金枪鱼，4000尾被回捕，大部分在放流海域附近被重捕。但是，总的来讲，约有45%的黄鳍金枪鱼在距其放流点200多海里水域被重捕，约有8%的鱼是在距其放流点1000多海里水域被重捕。图9-13为黄鳍金枪鱼标志放流后转移大于1000海里的示意图。从图9-13看出，特别是在赤道、120°E～170°W的水域里，黄鳍金枪鱼沿子午线洄游；一些洄游距离超过3000海里。同时放流后的重捕记录表明，标志放流的黄鳍金枪鱼的平均移动速

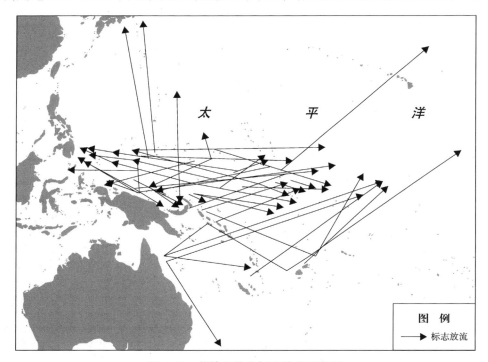

图9-13　黄鳍金枪鱼标志放流示意图

率为每天 1.8 海里，比鲣鱼稍低（每天 2.2 海里）。

4. 鲣鱼

鲣鱼为中大型大洋性分布种类，广泛分布于热带和亚热带海域，季节性分布于温带海域，三大洋均有分布。

在大西洋中出现于亚速尔群岛、马德拉群岛、加那利群岛、佛得角群岛和地中海，以及西非沿岸；在北大西洋，常见于美国的马萨诸塞州，向东到不列颠群岛和斯堪的纳维亚海域。

在印度洋，出现于莫桑比克到亚丁的整个非洲东岸，还分布在红海、塞舌尔、印度 - 澳大利亚群岛海域的斯里兰卡、苏门答腊和苏拉威西等海域（图 9-14）。

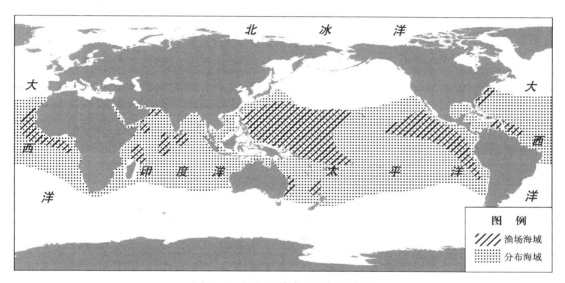

图 9-14　鲣鱼的分布和渔场示意图

在太平洋，鲣鱼的分布和渔场与黑潮暖流密切相关。夏季分布区扩大到 42°N，此外，夏威夷群岛和澳大利亚沿岸，美国中部沿岸、墨西哥沿岸及智利北部海域均有分布。在太平洋鲣鱼分成两个群体，即西部群体和中部群体。西部群体分布于马里亚纳群岛和加罗林群岛附近，向日本、菲律宾和新几内亚洄游。中部群体栖息于马绍尔群岛和土阿莫土群岛附近，向非洲西岸和夏威夷群岛洄游（图 9-15）。主要渔场为日本和美国距岸 50～500 海里范围内。东海的冲绳海区、萨南海区 200m 等深线以东向南海域，渔期为 3～12 月；日本沿岸的渔期为 4～8 月，9～11 月；小笠原群岛海区及南海以 3～12 月为盛渔期；中国台湾近海渔期为 4～7 月，以 5 月、6 月为盛渔期。

鲣鱼在太平洋的洄游方向示意图见图 9-15，20°N 以南、表层水温 20℃以上的热带岛屿附近饵料丰富的海区为其产卵场，常年产卵场包括马绍尔群岛和中美洲的热带海域。在大西洋，于非洲西岸佛得角群岛等海域产卵。

鲣鱼体长 0.4m 左右时开始产卵，热带水域常年产卵，亚热带水域只在温暖季节（晚春到早秋）产卵，主要产卵场在 150°E～150°W 的中部太平洋。鲣鱼的产卵受暖水团影响很大。大多数鲣鱼的仔鱼分布在表温 24℃以上的水域中，在低于 23℃ 的水域中很少发现。仔鱼广泛分布于三大洋，但太平洋最多。太平洋西部和中部均有仔鱼分布，主要集中在 145°W 以西、20°N～0° 的赤道水域；在 145°W 以东的南北分布范围为 10°N～10°S 的狭窄水域。仔

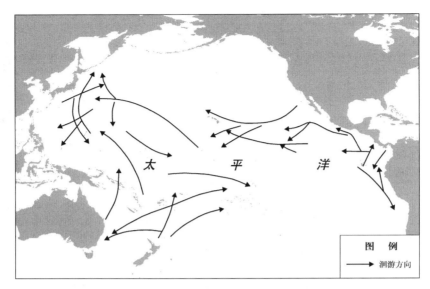

图 9-15　鲣鱼在太平洋的洄游方向示意图

鱼栖息水深范围为 0～100m，通常集群于水上层，很少下降到 40m 以下水深。

形成渔场的鲣鱼群体，多游泳于 7～8m 深水层，密集群可达 5 万尾。常做长距离的索饵洄游，不在一个海区久留。游速快，每小时可达 40km 左右。群游性强，对温度、盐度感觉灵敏。鲣鱼是金枪鱼类中最喜温暖种类之一。在大西洋、印度洋和太平洋均栖息于表层水温 15～30℃ 海区，喜栖息在温度 20～26℃、盐度 34‰～35.5‰ 的海区。在台湾海区栖息于表层水温 19～26℃ 水域，最适水温为 24～26℃。吹北风和东北向的冷风或降大雨时不集群于水面而栖息于水面下 4～9m 水层。有的学者认为，鲣鱼的适温范围为 17～28℃，密集水温为 19～23℃，在几内亚湾表层盐度 32‰～35‰ 的海域有大量鲣鱼，盐度 32‰ 以下很少见。

鲣鱼生态类型有三种：一为个体大的高龄鱼，属热带性的固定类型；二为在一定热带区域内定期洄游的鲣鱼；三为属温带性的随季节变化做长距离洄游类型的鲣鱼。根据日本生产经验，鲣鱼鱼群中常有带群的鱼，小个体鱼在前，大个体鱼在后，不容易和其他鱼种混群。鲣鱼视觉灵敏，不喜光，需氧量大，仅次于舵鲣，夏季表面水温高，含氧量少时，就下沉或转移栖息场所。鲣鱼以沙丁鱼或其他鱼类的幼鱼、头足类和小型甲壳类为食，摄食量很大，每日摄食量可达其体重的 14% 左右。

三、中上层鱼类

（一）竹筴鱼

竹筴鱼类是重要的中上层鱼类资源之一，属大洋性跨界鱼类，它生长快、生产力高，广泛分布于世界三大洋和地中海。20 世纪 70 年代以前，由于竹筴鱼类没有得到人们的重视，因而没有被很好地开发利用，大部分作为兼捕对象。80 年代后期，随着太平洋的竹筴鱼类资源的开发，资源状况也随厄尔尼诺现象的不断出现而日趋见好。

在 1996 年前的近 10 年中，全世界竹筴鱼渔获量基本上都超过 500 万 t，1995 年达到 653 万 t，竹筴鱼产量列世界所有单一渔获种类的第二位。以太平洋的竹筴鱼产量最高，尤其是东南太平洋，占世界竹筴鱼总渔获量的 3/4。

1. 主要竹筴鱼种类及其分布

竹筴鱼类分布于世界三大洋（太平洋、大西洋和印度洋）的温带、亚热带和热带水域。主要种类有大西洋竹筴鱼（*Trachurus trachurus*）、蓝竹筴鱼（*Trachurus picturatus*）、日本竹筴鱼（*Trachurus japonicus*）、智利竹筴鱼（*Trachurus murphyi*）、太平洋竹筴鱼（*Trachurus symmetricus*）、地中海竹筴鱼（*Trachurus mediterraneus*）、粗鳞竹筴鱼（*Trachurus lathami*）、澳大利亚竹筴鱼（*Trachurus australis*）、沙竹筴鱼（*Trachurus delagoa*）、南非竹筴鱼（*Trachurus capensis*）、短线竹筴鱼（*Trachurus trecae*）、新西兰竹筴鱼（*Trachurus novaezelandiae*）、印度竹筴鱼（*Trachurus indicus*）、阿氏竹筴鱼（*Trachurus aleevi*）和青背竹筴鱼（*Trachurus declivis*），共计 15 种。

竹筴鱼类主要分布在东南太平洋（FAO 87 区）、东北大西洋（FAO 27 区）、西北太平洋（FAO 61 区）、东南大西洋（FAO 47 区）、中东大西洋（FAO 34 区）；少量分布在西南太平洋（FAO 81 区）和地中海（FAO 37 区）。从竹筴鱼的生物资源量分析，东南太平洋为最高，其次是东北大西洋、西北太平洋及东南大西洋。

2. 主要开发利用的竹筴鱼种类

主要开发利用的竹筴鱼种类有日本竹筴鱼、新西兰竹筴鱼、青背竹筴鱼、太平洋竹筴鱼、智利竹筴鱼，分布在西北太平洋、西南太平洋、东北太平洋、东南太平洋。现分别对上述竹筴鱼的资源、渔场及其与环境的关系等情况做逐一简述。

1）日本竹筴鱼

日本竹筴鱼属暖水性亚热带的中上层种类，主要栖息于大陆架区。分布范围广，在日本海、黄海、东海、朝韩沿岸、俄罗斯滨海边区沿岸，以及日本东岸和东南沿岸的太平洋水域都有分布。其中，东海、日本沿岸水域和朝鲜海峡邻近水域密度最大。

日本竹筴鱼在东海的分布与其体长有关，体长 15~23cm 的小个体栖息于较冷水域；23cm 以上的个体栖息于暖水中，最大个体则出现在分布区的南部。日本竹筴鱼的个别群体还栖息在日本的太平洋南岸。日本竹筴鱼的分布区直到 30°N 以南，大批产卵是在本州和九州南岸的大陆架水域，一般在 33°N 附近。而有的年份，日本竹筴鱼幼鱼可出现在 44°N 附近水域。

据调查，日本竹筴鱼有两个群体——朝鲜群体和中国群体。

朝鲜群体从朝鲜海峡和济州岛浅水区向东海中部做产卵洄游，并随着大陆架水域的变冷而游向南方，栖息于大陆架深沟区附近。朝鲜群体产卵于东海中部 27°N~29°N 水域。整个产卵期为 3~6 月，高峰期在 4 月。其仔鱼被黑潮暖流冲带到日本西南沿岸附近。朝鲜群体在产卵后向朝鲜沿岸、对马海峡、济州岛等处做索饵洄游。

中国群体产卵更靠南，随着大陆架水域开始变冷，该群体沿着中国沿岸向东海西南区洄游，于 1~3 月在此处产卵，产卵高峰是在 1 月底至 2 月初。主要产卵场在台湾海峡入口处、台湾附近水域。孵化出的仔鱼被黑潮暖流冲带到日本西南沿岸附近的东北方。产卵后的中国群体随着水团的变暖，沿着东海西岸向北方索饵洄游。

日本竹筴鱼通常形成蔓延数海里狭长带形的鱼群，渔获量变动较大。日本竹筴鱼形成有捕捞价值的鱼群，集群地点是对马海峡东部、济州岛和 27°N~32°N 的中部水域，栖息深度可达 150m 水层，产卵前和产卵期间渔获量最高，此时鱼群密集，从竹筴鱼开始产卵直到 4 月，日本的围网渔船在东海中部和西南部作业。日本竹筴鱼栖息温度是表温 14~22℃，最适温度为 16~18℃。

2）新西兰竹䇲鱼

新西兰竹䇲鱼是新西兰大陆架水域的主要经济鱼类,分布范围极广。新西兰竹䇲鱼幼鱼极其喜暖,集聚在新西兰北部水域。大型个体在渔获物中的比例从南向北逐渐减少,而小型个体逐渐增加。从北部的林格斯角到南部的斯丘阿尔特岛,一般全年均可在北岛和南岛北端水域捕到。其分布区北界与表温为13.5℃的等温线相吻合,南界与表温为12.5℃的等温线相一致。根据观察,渔获物中的新西兰竹䇲鱼为2～16龄,体长12～52cm,最大体长为55cm,平均体长为33.8cm,平均年龄为7.1龄。

新西兰竹䇲鱼分布的水层也很广阔,从沿岸区直到大陆斜坡,最密集的鱼群在50～125m水层。鱼群向深海区延伸,主要有两个因素,即水文和饵料条件。随着夏季过去,沿岸水域的浮游生物量逐渐减少,而此时大陆架和大陆斜坡区大群浮游生物出现,为新西兰竹䇲鱼创造了良好的索饵条件,使其继续强烈地觅食。

在北岛和南岛间的辽阔浅水区经常有新西兰竹䇲鱼的主要产卵集群,表明其主要洄游路线就在此处。随着分布区南部开始变冷,大型个体便离开生产力丰富的南岛索饵场向北方洄游,此时在南、北岛间的广阔水域内形成许多大型的新西兰竹䇲鱼群体。在寒冷的5～6月,鱼群通过塔斯马尼亚湾。在温暖年份的5～6月,竹䇲鱼仍继续索饵,直到8月底,才逐渐向北方洄游。主要产卵场位于北岛西岸和东岸的浅水区,产卵水温为16～23℃,最适水温为18～20℃。产卵持续8个月。

3）青背竹䇲鱼

青背竹䇲鱼(又称南方竹䇲鱼)分布在辽阔的澳大利亚水域,主要在澳大利亚的西岸和南岸的大陆斜坡范围内。有时在塔斯马尼亚海的暗礁处也能看到鱼群。在澳大利亚东南岸和西南岸水域,以及塔斯马尼亚水域都可以捕到大量青背竹䇲鱼。

青背竹䇲鱼在近大陆斜坡区产卵,仔鱼和稚鱼漂浮向沿岸。在澳大利亚湾的外部有以中型及大型浮游生物为主的饵料浮游动物,此处不仅是青背竹䇲鱼的索饵场,还是青背竹䇲鱼在夏秋季的产卵场。青背竹䇲鱼最积极摄食的时间在清晨和傍晚。此湾中主要栖息着26～36cm、4～6龄的个体,有时也出现体长30～34cm、5～6龄的较大个体。最大个体栖息在澳大利亚东南水域。青背竹䇲鱼于南半球的春季(10～11月)产卵。

4）太平洋竹䇲鱼

太平洋竹䇲鱼(又称加利福尼亚竹䇲鱼)栖息在亚热带和温带水域,栖息范围很广,从阿拉斯加湾到墨西哥沿岸的南加利福尼亚水域,从沿岸带直到离岸1500海里以外。在加利福尼亚湾中部的加利福尼亚沿岸水域数量最多,而在离岸80～300海里处(30°N～36°N)鱼卵和仔鱼的数量最多。

太平洋竹䇲鱼低龄群体全年栖息在加利福尼亚沿岸诸岛间的暗礁处,在岛间做小范围的洄游,大型个体则做远距离洄游;冬季栖息于美国和墨西哥的大陆架和大陆斜坡上部,春夏季鱼群离开200海里经济区范围,向北方华盛顿州、俄勒冈州和大不列颠哥伦比亚沿岸水域游动,然后到达阿拉斯加湾。受厄尔尼诺现象的影响,太平洋竹䇲鱼的分布区域变化比较大。

太平洋竹䇲鱼在过去仅是兼捕对象,所以产量一直不高,直到1970年,才列为加利福尼亚水域的主要捕捞对象。低龄的竹䇲鱼(小于6龄)以围网捕捞,其出现海域在加利福尼亚的南部到加利福尼亚中部之间水域的近表层。大龄集群的竹䇲鱼在加利福尼亚到阿拉斯加的近海外围出现。

5）智利竹筴鱼

智利竹筴鱼（又称秘鲁竹筴鱼）主要分布在东南太平洋，除沿岸国智利、秘鲁、厄瓜多尔捕捞外，还有保加利亚、古巴、韩国等生产。波兰、德国、日本和苏联都对东南太平洋智利竹筴鱼进行了调查和捕捞。

智利竹筴鱼是太平洋南部数量众多的鱼种。分布于南美沿岸，在秘鲁和智利的200海里经济区之外也有分布。太平洋东南部的智利竹筴鱼，幼小个体适宜栖息在较暖水域、温跃层的扩散区和海湾水域，个体大的则喜欢栖息在冷水水域中。冬春季节主群出现于水温梯度大的地方。

秘鲁及智利北部和中部沿岸海区被洪博特-秘鲁东部边界流海支配，该海流由于有营养丰富的沿岸冷水上升流，因而生产力高。即使靠近赤道，临近沿岸上升流水团的表层水温也低，通常为14～20℃，表层盐度为35‰。智利南部，水团冷得多，生产力极高，表层水温低于14℃，盐度达34‰。

在秘鲁和智利沿海水域的智利竹筴鱼鱼龄一般为2～3龄，分布呈南北向。秘鲁沿海竹筴鱼个体小于智利沿海，即南部个体大于北部个体。成年的鱼类向西洄游。因此分布区内西部的竹筴鱼鱼龄及个体均比东部近岸的大。根据苏联专家的研究结果，智利竹筴鱼的洄游规律为在40°S附近由东向西洄游，一直延伸至西南太平洋的中部；性成熟的竹筴鱼主要在向西洄游过程中得到成长（实际上性成熟的竹筴鱼是不返回东部的）。智利竹筴鱼群体的洄游的状态可描述为螺旋形。

智利竹筴鱼不但水平分布较为广泛，而且垂直分布范围也很广，在分布区北部从表层至200m均有鱼群，在中南部可直到300m水层甚至更深。该鱼种在智利专属经济区外做昼夜垂直移动：白天在水深为40～450m深处形成密度不同的鱼群；晚上形成不太移动的稠密群聚，分布水深直到50～60m处，但主要在20～40m水层。智利竹筴鱼在外海表层水域以桡足类、磷虾为食；在中层水域则以灯笼鱼等为食。

智利竹筴鱼鱼群密集区分布范围相当广。据苏联有关资料介绍，1978～1991年，苏联渔船在40°S～45°S、80°W～135°W的范围内，每小时拖网产量均超过5t。智利竹筴鱼栖息水温范围在8～18℃。在外海，智利竹筴鱼栖息的区域表层水温夏秋季为10～14℃，春冬季为14～16℃。我国于2000年开始进行了多次资源调查，并形成了商业性开发，对其资源和渔场有了初步的了解。根据苏联的调查报告，东南太平洋的智利竹筴鱼资源量在 $1700 \times 10^4 \sim 2200 \times 10^4$ t，允许渔获量为 $500 \times 10^4 \sim 1000 \times 10^4$ t。据日本海洋水产资源开发中心估计，智利竹筴鱼资源量将超过 3500×10^4 t。

（二）秋刀鱼

秋刀鱼属中上层鱼类，是冷水性洄游鱼类，栖息在亚洲和美洲沿岸的太平洋亚热带和温带海域（图9-16），主要分布于太平洋北部温带水域，包括日本海、阿拉斯加、白令海、加利福尼亚州、墨西哥等海域，即18°N～67°N、137°E～108°W，其中在141°E～147°E、35°N～43°N海域的分布密度最大。适温范围为10～24℃，最适温度15～18℃，栖息水深0～230m。

秋刀鱼是一种多次产卵型鱼类，产卵期可持续2个月，每次产卵有500～3000个卵/尾，产卵频度3～5次/年。秋刀鱼产卵季节很长，从秋季一直延续到次年春季，秋季的主要产卵场在黑潮前锋北部的混合水域，冬春季则在黑潮水域。刚孵化的秋刀鱼仔鱼全长6.22～6.74mm，背部呈蓝青色，腹部呈银白色。当成长至约23mm时，鱼体各鳍条发育接近

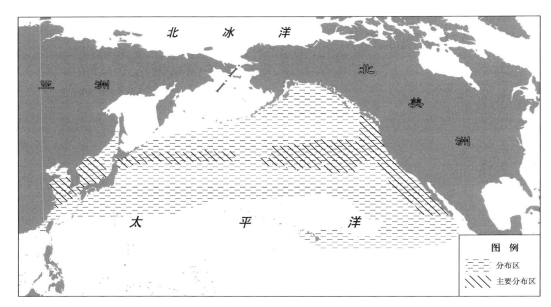

图 9-16　秋刀鱼地理分布示意图

完备，随即进入稚鱼期，成长速度非常快。最大体长可达 35～40cm，通常为 25～30cm。大约在 1.5～2 龄完全成熟。由于大于 4 龄的秋刀鱼几乎看不到，所以估计其寿命大约为 3 年。

秋刀鱼的索饵渔场主要在西北太平洋海域，其产卵场集中在日本北海道东部海域，基本上是南北向的季节性洄游（图 9-17）。捕食对象主要包括水母、磷虾、鱼卵、仔稚鱼、桡足类、端足类和十足类等。摄饵活动主要在白天，夜里基本上不摄食，摄饵时的最适水温为 15～21℃。

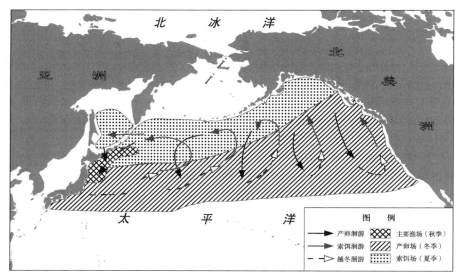

图 9-17　北太平洋秋刀鱼洄游分布示意图

在西北太平洋，秋刀鱼主要渔场分布在三个海域：日本本州东北部和北海道以东海域；俄罗斯千岛群岛以东海域；太平洋中部的天皇海山一带（图 9-18）。

由于秋刀鱼渔业在日本有着重要的地位，日本一些研究机构每年都定期对秋刀鱼资源进行调查，并发布长期和短期的海渔况预报。例如，每年8月和10月，日本水产厅资源课、独立行政法人水产综合研究所等单位联合对各年度西北太平洋秋刀鱼渔况和海况进行长期预报。每年9~12月，独立行政法人水产综合研究所、东北区水产研究所和日本渔情预报中心，每旬对秋刀鱼海渔况进行短期预报。

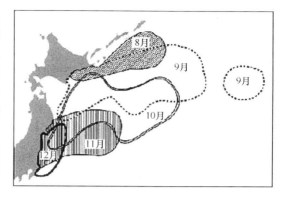

图9-18 秋刀鱼主要作业渔场分布

四、大洋性鱿鱼

1. 柔鱼

柔鱼（*Ommastrephes bartramii*）广泛分布在三大洋海域，即白令海、千岛群岛、日本列岛、南海、小笠原群岛、夏威夷群岛、马里亚纳群岛、澳大利亚东部和南部、新西兰、麦哲伦海峡、北美太平洋、斯里兰卡、查戈斯群岛、马达加斯加岛、西非沿岸、地中海、加勒比海、百慕大群岛等海域（图9-19）。柔鱼为大洋性种类，栖息在表层至1500m水层，具昼夜垂直洄游习性。

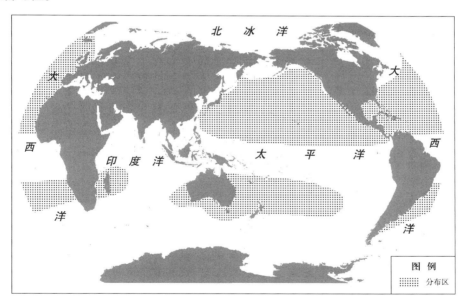

图9-19 柔鱼地理分布示意图

根据柔鱼产卵时间，可将其划分为秋生群（fall cohort，孵化高峰期9~11月）和冬春生群（winter-spring cohort，孵化高峰期11月~次年5月）两个季节性群体。同时，结合其地理位置分布及个体大小，可将柔鱼进一步分为4个种群，即秋生东部群体（east stock of fall cohort）、秋生中部群体（central stock of fall cohort）、冬春生西部群体（west stock of winter-spring cohort）和冬春生中东部群体（central-east stock of winter-spring cohort）。

冬生和春生的柔鱼早期幼体生活在 35°N 以南的黑潮逆流海区，一直生长到稚柔鱼阶段，以后稚柔鱼向北洄游至黑潮锋面，5～8 月末，成熟的柔鱼向北或东北洄游进入 35°N～40°N 黑潮和亲潮交汇区，此间柔鱼的主要移动路线与黑潮暖水系分支方向关系密切。黑潮与亲潮汇合区，一般分布在 144°E～145°E、148°E～150°E 和 154°E～155°E。8～10 月性未成熟和性成熟的柔鱼主要分布在 40°N～46°N 亲潮前锋区及其周围海域（100m 层水温约为 5℃左右）。它在北部海区滞留的时间要比过去发育阶段任何时期都长，因而成为主要捕捞时期。10～11 月以后，柔鱼达到性成熟高峰，并随着亲潮冷水域的扩展，开始向南洄游。洄游路线与亲潮冷水系南下的分支关系密切。雄性比雌性性成熟早，向南洄游开始时间也较早（图 9-20）。

秋生群体的雌性个体在 5 月到达亚北极边界（subarctic boundary）海域，6～7 月洄游至亚北极锋区（subarctic frontal zone，42°N～46°N）的南部海域，8～9 月又出现在亚北极锋区的北部海域，9 月开始向南进行产卵洄游；雄性个体夏秋季分布在北太平洋副热带海域，7 月开始向南进行产卵洄游。冬春生群的雌雄个体初夏分布在副热带海域和亚北极边界海域，8～11 月向北洄游进入亚北极海域，雄性个体一般在秋季成熟并于 10～11 月向南进行产卵洄游，雌性个体则于 11～12 月向南进行产卵洄游（图 9-20）。

西北太平洋海域，主要分布着黑潮和亲潮两大流系，由于它们的交汇作用，形成了锋面和涡流，为柔鱼渔场的形成创造了条件（图 9-21）。研究表明，柔鱼渔场的分布与黑潮、亲潮势力强弱及其分布关系密切。柔鱼自夏秋季北上洄游期间，一般分布在表层水温较高的黑潮前锋附近及等温线分布密集的冷暖水交汇区；冬季柔鱼南下洄游期间，渔场主要分布在表层水温较低的亲潮锋区或冷水域内的暖水团海域。不同月份的渔场位置不同，不同年份渔场的位置也发生变化，渔场位置的变化与环境密切相关（图 9-22）。

柔鱼渔场与海洋环境关系密切，与表温的关系更为密切。不同海域各月作业渔场适宜的水温范围有所差异。①在 150°E 以西海域（A 区），6 月形成渔场的 SST 为 14～18℃，7 月为 18～23℃，8 月为 19～24℃，9 月为 17～20℃，10 月为 13～17℃，11 月为 11～15℃。在 50m 的温度 7 月最高，为 9～18℃，8 月虽然 SST 最高，但在 50m 温度低于 7 月，9～11 月，50m 的温度递增。7 月 50m、100m、150m 和 200m 的温度均最高，100m 以下的水温在 9～10 月为最低，在 300m 处各月份的温度大体相当。②在 150°E～160°E 海域（B 区），6 月形成渔场的 SST 为 13～16℃，7 月为 14～20℃，8 月为 16～22℃，9 月为 14～19℃，10 月为 12～16℃，11 月为 9～14℃。B 区形成渔场各月份的 SST 一般低于 A 区 1～2℃，50m 温度以 8 月、9 月两个月为最低，11 月时 50m 的温度最高，甚至高于该月的 SST，为 10～15℃。③在 160°E～170°E 海域（C 区），6 月形成渔场的 SST 为 13～17℃，7 月为 14～19℃，8 月为 16～20℃。6～8 月，50m 以下各水层的温度递减。④在 170°E 以东海域（D 区），6 月形成渔场的 SST 为 12～17℃，7 月为 17～19℃。100m 以下的水温高于其他三个区域。

2. 阿根廷滑柔鱼

阿根廷滑柔鱼（*Illex argentinus*）广泛分布于西南大西洋 22°S～54°S 的大陆架和陆坡（图 9-23），其中以 35°S～52°S 资源尤为丰富，它是目前世界头足类中最为重要的资源之一。它为大洋性浅海种，栖息水深表层至 800m，秋冬在大陆架 50～200m 群体密集。

阿根廷滑柔鱼生命周期大约为 1 年，通常不会超过 12～18 个月。阿根廷滑柔鱼的种群结构颇为复杂，分布也极为广泛。Brunetti 等依据体型大小、成熟时个体大小和产卵场的分布，将其为南部巴塔哥尼亚种群（South Patagonic stock，SPS）、布宜诺斯艾利斯-巴塔哥尼亚种群（Bonaerensis-North Patagonic stock，BNS）、夏季产卵群（summer-spawning stock，

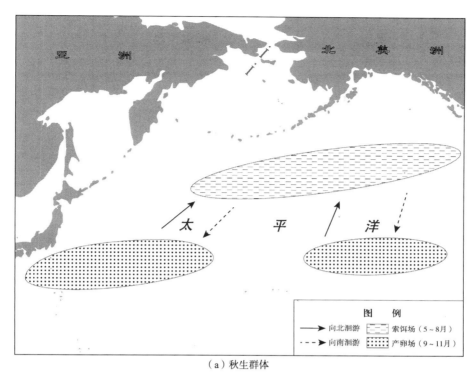

（a）秋生群体

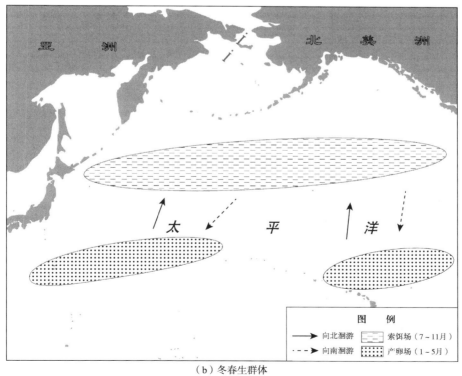

（b）冬春生群体

图9-20　柔鱼秋生群体和冬春生群体洄游模式图

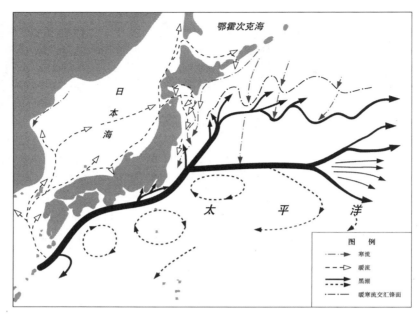

图 9-21 西北太平洋黑潮和亲潮分布示意图

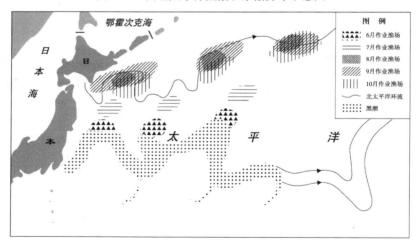

图 9-22 西北太平洋柔鱼的作业渔场示意图

SSS）和春季产卵群（spring-spawning stock，SpSS）4 个种群。以 44°S 为分界线，划分为北方群体和南方群体两个大类。

（1）南部巴塔哥尼亚种群（SPS），为秋季产卵群（5～7 月）。其产卵场为沿着福克兰海流向南的大陆架区域（46°S～49°S），其产卵前的 2～5 月主要聚集在 43°S～50°S 的大陆架外缘区。此期间也为渔业的主要渔期。成熟个体的胴长范围为 250～390mm。

（2）布宜诺斯艾利斯 - 巴塔哥尼亚种群（BNS），为冬季产卵群（7～8 月）。产卵场位于巴西海流和福克兰海流的收敛辐合带的近海区域（36°S～39°S）。其产卵前的 5～6 月主要聚集在 37°S～42°S 的大陆架外缘及斜坡区。成熟个体的胴长范围为 250～390mm。

上述两个种群的共同特征为：成熟时成体体型大小相近，且其仔稚鱼都出现在冷、暖海流交汇区的西部边界，同时向北部水温较高处漂移。

（3）夏季产卵群（SSS）。其产卵场在大陆架的中间区，即44°S～47°S海域，时间在12月～次年2月。成熟个体在30～60d内产完卵，幼体在大陆架分层水域与混合沿岸水域进行发育。该种群都生活在大陆架区域，因此无大范围的洄游行为。产卵前的聚集发生于1～3月。成熟个体的胴长范围为140～250mm，属较小型。

（4）春季产卵群（SpSS）。其产卵场在40°S～42°S的斜坡区的分层水域（50～100m），产卵时间为9～11月，仔稚鱼会在上层温度高于13℃的水域中发育。其成熟个体的胴长范围为230～350mm。

图9-23　阿根廷滑柔鱼分布示意图

SSS于每年的12月～次年2月聚集在大陆坡中部及外围42°S～47°S海域进行产卵，此时雌性性成熟日龄范围为260～300d（其中，375d和380d的样本已完成产卵），而冬季孵化个体雌性性成熟日龄范围为300～310d，产卵后的雌性日龄为330～340d。

SPS的孵化场在28°S～38°S，仔稚鱼被巴西海流向南输送到南部暖水旋涡中进行觅食，胴长达到100～160mm以后，返回并穿过福克兰海域到达38°S～50°S的大陆架上，1～4月以后，开始向南洄游至49°S～53°S海域；4～6月，性成熟后，重新回到大陆坡边缘开始向北洄游到产卵场。目前对其确切的产卵场尚无定论，通常认为可能在福克兰海流或者巴西海流控制下的44°S大陆架，然后在巴西海流中产卵，随后卵粒和仔稚鱼被巴西海流逐渐向北输送。

BNS于每年6～7月聚集在巴西与马尔维纳斯海流汇合的30°S～37°S大陆架海域，仔稚鱼于夏季和秋季向南洄游到46°S～47°S海域进行觅食，性成熟以后开始聚集在250～350m深度的大陆架边缘，随后向北洄游到产卵场。一些学者认为，BNS产卵前在4～9月聚集在35°S～43°S海域，性成熟以后，向大洋深处洄游交配和产卵。只有一小部分已受精的个体出现在36°S和37°30'S海域。然后，BNS的仔稚鱼向东洄游至大陆架水域，个体成熟后于夏季和秋季向产卵海域洄游。

由于阿根廷滑柔鱼分布广泛，不同海域的捕食种类和种类的主次也存在差异。在巴塔哥尼亚海域，阿根廷滑柔鱼主要捕食甲壳类，其次为鱿鱼，最后为鱼类。在布宜诺斯艾利斯海域，甲壳类依然是重要的捕食对象。在乌拉圭北部海域，未成年鳕鱼（*Merluccius hubbsi*）和阿根廷鳀鱼（*Engraulis anchoita*）是阿根廷滑柔鱼的重要捕食对象。在巴西南部海域，阿根廷滑柔鱼主要生活在大陆架海域，除了捕食上层甲壳类外，还捕食未成年鳕鱼、灯笼鱼科（Myctophidae）和头足类，与南部海域相比，鱼类在其捕食中起着更为重要的作用。

阿根廷滑柔鱼渔场的主要分布：① 35°S～ 40°S阿根廷/乌拉圭共同水域大陆架和陆架折坡，3～8月由这两个国家的拖网渔船作业，但主要是阿根廷无须鳕渔业的兼捕对象，该柔鱼渔业以生殖前集群的冬季和春季产卵群为捕捞对象。② 42°S～44°S北巴塔哥尼亚大陆架，作业水深100m左右，作业时间为12月～次年2月，由阿根廷拖网船队以性成熟和产卵中的沿岸夏季产卵群为捕捞对象。③ 42°S～44°S陆架折坡，作业时间为12月～次年9月，但多半在12月～次年7月。由日本、波兰、苏联、德国、古巴、保加利亚、韩国和西班牙等国家拖网渔船和鱿钓作业。该渔业以生殖前集群的阿根廷的南部巴塔哥尼亚类群为捕捞对象。④马尔维纳斯群岛，渔期2～7月，但主要在3～6月（图9-24）。

阿根廷滑柔鱼渔场分布与海洋环境关系密切，其中表温是一个重要因子，各月最适表温不同，1～3月为11～13℃，4～6月为8～11℃。叶绿素浓度、海面高度距平值、表层盐度适宜范围分别为0.1～0.6mg/m³、-20～0cm、33.7‰～ 34.0‰。福克兰寒流和巴西暖流是形成阿根廷滑柔鱼渔场的海洋学基础，福克兰海流势力强弱是造成其作业渔场年间差异的主要原因之一。

1～5月主渔汛期间，阿根廷滑柔鱼渔场重心在纬度方向由南向北逐渐移动，经度方向上由西向东逐渐移动。不同年份间，阿根廷滑柔鱼渔场重心纬度方向上存在显著性差异，而经度方向分布不存在差异。相关性分析表明，渔汛旺期的1～5月阿根廷滑柔鱼渔场重心纬度、经度的变化与表温之间存在显著相关性。

3. 茎柔鱼

茎柔鱼（*Dosidicus gigas*）为热带、亚热带大洋中的近海性种类，分布在东太平洋海域（60°N～47°S）（图9-25），范围很广。但高密度分布的水域为从赤道到18°S的南美大陆架以西200～250海里的外海，即厄瓜多尔及秘鲁的200海里水域内外。栖息水深为表层至

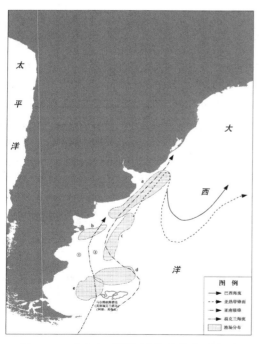

图9-24　西南大西洋海域海流分布示意图

a～e表示渔场；①和②分别表示马尔维纳斯海流内支和外支

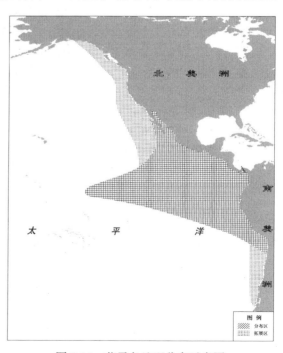

图9-25　茎柔鱼地理分布示意图

1200m 水层。

分布在东南太平洋海域的茎柔鱼种群结构目前尚不十分清楚。研究认为，一般依据茎柔鱼渔获物的胴长组成进行划分，但不同学者的观点并不相同。Nigmatullin 等认为，茎柔鱼可分为三个群体：小型群，雄性胴长和雌性胴长分别为 130～260mm 和 140～340mm；中型群，雄性胴长和雌性胴长分别为 240～420mm 和 280～600mm；大型群，雄性胴长和雌性胴长分别为 400～500mm 和 550～1200mm。

茎柔鱼为全年产卵，在秘鲁外海的产卵高峰期为 10 月～次年 1 月，主要为 11 月，各国学者的观点较为一致。Tafur 等通过 1991～1995 年日本、韩国鱿钓船采集的茎柔鱼样本，并结合胴长频率分布法及逻辑斯蒂生长曲线，得出 1991～1995 年茎柔鱼产卵高峰期在 11 月左右。主要产卵场在秘鲁沿海 3°S～8°S，次要产卵场在 12°S～17°S，最大产卵密度出现在 10 月～次年 1 月。产卵场位于在大陆架上和邻近大洋海域。Cairistion 等认为，出现在秘鲁北部沿海的茎柔鱼产卵群体会在大陆架上产卵，幼体会随秘鲁海流向北输送，产卵高峰在夏季（11 月～次年 1 月），次高峰在冬季（7～8 月）。

茎柔鱼通常进行大规模的季节性洄游。在秘鲁外海（3°S～10°S）常年有高密度的茎柔鱼分布，常常有成熟的雌雄个体进行索饵活动，其产卵场、索饵场与大规模的上升流分布是一致的。茎柔鱼的洄游主要在南半球的夏季（11 月～次年 1 月）、秋季（2～4 月）之间进行。在秋冬季，茎柔鱼的成体主要在近海一带度过，未成熟的和产卵后的个体即向沿岸方向移动。春季时，茎柔鱼的幼体从产卵海区（秘鲁沿海）随着海流向北方和西方移动，分散于广阔水域之中。其后，幼体随着成长便踊跃地向东或东南方向移动，再转向南方水域，洄游时大个体在先。此外，有关调查还发现，分布在厄瓜多尔和秘鲁海域的茎柔鱼，不仅沿南美洲大陆沿岸做南北向洄游移动，同时还从外海的深海向浅海做东西向的洄游移动。茎柔鱼也具垂直洄游习性，白天生活在 800～1000m 甚至更深的水层，而夜间生活在 0～200m 水层。表温的适合范围上限为 15～28℃，但是在赤道海域可达到 30～32℃，而深水层温度的下限为 4～4.5℃。

通常茎柔鱼有 5 个作业渔场：①加利福尼亚南部沿岸和外海渔场；②墨西哥外海渔场；③秘鲁西部沿岸和外海渔场；④智利沿岸和外海渔场；⑤赤道海域渔场。后三个已经成为茎柔鱼最重要的作业渔场，特别是一些远洋渔业国家和地区。

研究认为，秘鲁外海茎柔鱼渔汛为全年性。1～7 月中心渔场主要分布在 14°S～17°S、80°W～84°W 海域，8～11 月主要分布在 9°S～11°S、81°W～83°W 海域，12 月主要分布在 14°S 以南海域。茎柔鱼中心渔场分布与表温关系密切，呈现出季节性变化趋势。1～4 月中心渔场适宜表温为 23～25℃，5 月为 21～22℃，6～10 月为 17～20℃，11～12 月为 20～22℃。此外，中心渔场与表温距平值、海面高度距平值等环境因子关系也较为密切。

调查认为，在智利外海 20°S～42°S、75°W～83°W 均有茎柔鱼分布，其中在 20°S～30°S、76°W～83°W 和 37°30'S～42°S、78°30'W～81°W 海域资源密度大，平均资源密度分别达到 2.5 尾（线）/h 和 4.8 尾（线）/h 以上，相当于日产量在 5t 以上。调查发现，37°30'S～42°S 海域的渔汛为 12 月～次年 6 月，旺汛为 3～5 月，中心渔场适宜表温为 14℃，盐度为 33.9‰～34.2‰。20°S～30°S 海域的渔汛为 4～9 月，旺汛为 5～7 月，中心渔场适宜表温为 17～21℃，盐度为 34.1‰～34.7‰。此外，中心渔场与海面高度距平值的关系极为密切。

4. 太平洋褶柔鱼

太平洋褶柔鱼（*Todarodes pacificus*）仅分布在太平洋西北海域和东太平洋的阿拉斯加湾。主要分布在西太平洋的 21°N～50°N 海域，即日本海、日本太平洋沿岸及我国的黄

海、东海（图 9-26）。它为暖温带大洋性浅海种，栖息于表层至 500m 水层，适温范围广
（5～27℃）。

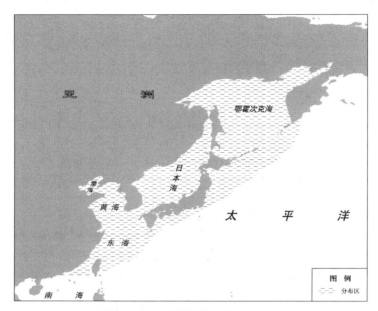

图 9-26　太平洋褶柔鱼分布示意图

　　根据太平洋褶柔鱼的产卵季节、生长类型及洄游路径，可将其分为冬生群、秋生群和夏
生群三个种群。它们有着不同的生活周期，却有相同的生活习性。冬生群分布最广，在 20 世
纪 70 年代以前，该群体数量是最大的。其产卵场位于九州西南东海大陆架外缘，主要集中在
东海的中部和北部，产卵期为 1～3 月，春夏季沿日本列岛两侧北上索饵，秋冬季南下产卵。

　　秋生群主要分布于日本海中部，该群体在 20 世纪 70 年代以后取代了冬生群，成为日本鱿
钓船的主捕对象。其成熟个体是三个种群中最大的。其产卵场从东海北部延伸到日本海的西南
部，产卵期在 9～11 月。该种群春夏季沿日本海东西两侧北上索饵，秋季南下产卵洄游。

　　夏生群分布在日本沿岸水域，与其他种群相比，它的群体数量特别小，成熟个体也是三
个种群中最小的。产卵场位于日本海的西南水域，产卵期为 5～8 月。该种群在春 - 秋季北
上索饵，冬季南下产卵洄游。

　　太平洋褶柔鱼一般北上是索饵洄游，南下是产卵洄游，交配活动在南、北较大范围内进
行（图 9-27）。由于不同的繁殖群和若干地方种群的存在，加之日本列岛海域东西两侧水系
的差异，日本列岛东侧为黑潮和亲潮，西侧日本海为里曼寒流和对马暖流，使太平洋褶柔鱼
的季节性洄游更为复杂。

　　冬生群和秋生群为日本列岛周围海域太平洋褶柔鱼的两个主要群体。春季，冬生群沿日
本列岛两侧北上；夏季，冬生群继续北上，秋生群沿日本海东西两侧北上，夏生群沿日本东
侧北上；秋季，冬生群和秋生群南下；冬季，冬生群继续南下（图 9-27）。

　　在洄游过程中，太平洋褶柔鱼可分成若干地方种群，略呈辐射状，做短距离的移动。标
志放流的结果也表明，偶有个别个体进行 900～1100km 的长距离移动。在日本列岛的东、西
两侧冬生群，可能出现交混现象。

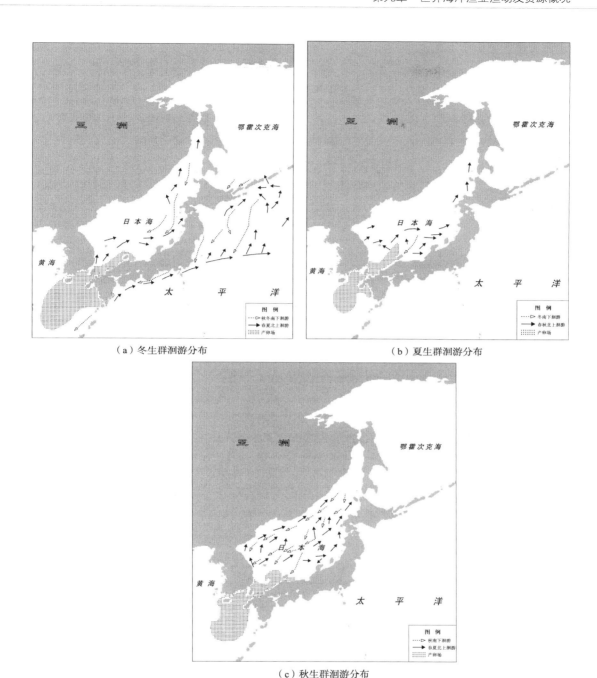

（a）冬生群洄游分布　　　　　　　　　　（b）夏生群洄游分布

（c）秋生群洄游分布

图 9-27　太平洋褶柔鱼洄游分布示意图

　　日本周围海域存在着较为复杂的海流，在太平洋一侧为黑潮和亲潮，在日本海一侧为对马暖流、东朝鲜暖流和里曼寒流，它们相互交汇形成流隔，为太平洋褶柔鱼渔场形成创造了条件。另外，根据 NOAA 卫星图像分析，日本周围海域分布着许多中小规模的涡流，如韩国东岸、大和堆、能登半岛外海等均存在着涡流，这些涡流的形成与太平洋褶柔鱼渔场关系密切。

　　太平洋褶柔鱼作业渔场如图 9-28 所示，主要渔场有 10 个：①北海道渔场，中心渔场

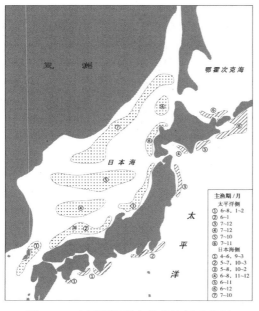

图 9-28　太平洋褶柔鱼作业渔场示意图

在北海道东南海域，位于黑潮暖流和亲潮寒流交汇的锋区；②三陆渔场，北起青森，南至官城、福岛和千叶海域，为日本太平洋沿岸中部渔场，渔期为3~8月、10月~次年2月；③静冈渔场，位于138°E和35°N左右海域，为日本太平洋沿岸西南部渔场，渔期为3~4月、7月、12月~次年2月；④奥尻岛渔场，为日本海北部日本列岛一侧渔场，渔期为7~8月；⑤佐渡岛至能登岛渔场，为日本海中部日本列岛一侧渔场，渔期为4~5月、11~12月；⑥大和堆渔场，为日本海中部外海渔场，位于对马暖流和里曼寒流交汇区的锋区，现为日本海中的重要渔场，渔期为5~11月；⑦隐歧群岛至岛根半岛渔场，为日本海南部日本列岛一侧渔场，渔期为12月~次年5月；⑧对马岛渔场，为日本海南端重要渔场，受对马暖流的影响很大，渔期为9~10月、1~4月；⑨东朝鲜湾渔场，为日本海中部朝鲜半岛一侧渔场，位于对马暖流和里曼寒流交汇的锋区，渔期为6~10月；⑩黄海渔场，位于黄海北部，中国山东省石岛东南海域，在黄海冷水团区域内，渔场范围为123°E~125°E，34°N~38°N，渔期为11~12月。

　　太平洋褶柔鱼在5~27℃的海水环境中均能正常生活，总的生活适宜水温为12~20℃；但不同生活阶段的适温有所变化。以日本列岛海域为例，太平洋褶柔鱼北上索饵时的适温（表层）为10~17℃，成体交配时的适温（表层）为13~18℃，南下产卵时的适温（表层）为15~20℃。索饵时，趋光性强，上钩率高，渔获适温（表层）为10~17℃，表温12~16℃时渔获效果更佳，单位努力渔获量高峰时，表层水温约为12℃（图9-29）。

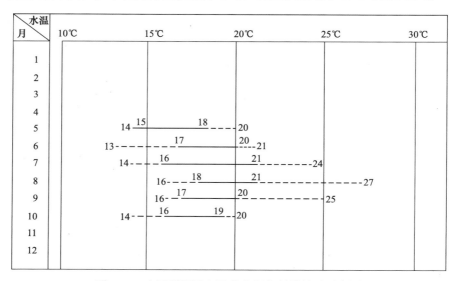

图 9-29　太平洋褶柔鱼渔获水温与月份关系示意图

太平洋褶柔鱼是大洋型头足类中与陆架区有密切联系的种类，在盐度为33‰～34‰的大洋开阔区和盐度低于30‰的陆架区，均发现成体集群。幼体对低盐度的适应能力比成体强，在盐度为20‰左右的自然海区，常能捕获太平洋褶柔鱼的稚仔和幼年期个体。

5. 双柔鱼

双柔鱼（*Nototodarus sloanii*）仅分布在新西兰周围海域，即38°S～50°30′S、166°E～170°W，主要集中在新西兰南岛12海里之外的四周，以及北岛的西南海域（图9-30），为大洋性浅海种，栖息于表层至500m，有时在300m集群。

双柔鱼生命周期约为1年，雌性个体比雄性个体生长快，产卵期全年。按产卵季节的不同，可分为夏生群、秋生群、春生群和冬生群。夏生群产卵期为12月～次年1月，秋生

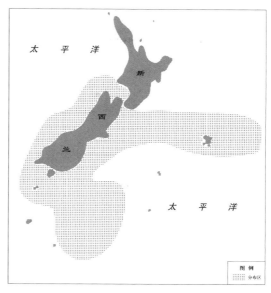

图9-30　双柔鱼分布示意图

群产卵期为3～4月，春生群产卵期为9～11月，冬季（7月）也有产卵个体。秋生群和春生群以西北种群为主，夏生群和冬生群以东北种群为主。资源量以夏生群和秋生群的群体为主。

因繁殖季节的不同，双柔鱼的胴长组成也各有差异，一般分为大型群、中型群和小型群。小型群的生长速度快于大型群，胴长180～240mm、体重200～400g的小型群，每月胴长平均生长25～40mm；胴长240～330mm、体重400～900g的大型群，每月胴长平均生长15～30mm。

双柔鱼主要有6个作业渔场（图9-31）：①斯图尔特渔场，为新西兰岛最南端的渔场，位于南岛南端斯图尔特东部及南部陆架区，水深90～130m，作业期表层水温12～14℃，主要渔期为2～3月，渔获物以小型、中型个体为主；②坎特伯里湾渔场，位于南岛东部44°S～45°S陆架区，水深在200m以内，作业期表层水温14～16℃，主要渔期为2～4月，渔获物以中型、大型个体居多；③默鲁沙洲渔场，位于南岛坎特伯里湾东北部外海175°30′E～176°30′E、40°00′S～43°30′S，水深50～200m，作业期表层水温14～18℃，作业水深50～60m，主要渔期为2～4月；④卡腊梅阿湾渔场，是产量最高的一个渔场，位于南岛西北172°30′E以西卡腊梅阿湾陆架区，水深200m以内，作业期表层水温16～19℃，渔汛开始较早，12月鱼群开始出现，体型较小，密集于175～200m水层，以后游向近岸，密集于125～150m水层，1～2月为盛渔期，渔获物以中型、大型个体居多，作业水深50～60m，3月上旬渔获量急剧减少，3月中旬渔汛结束；⑤金湾渔场，位于北岛南端，与南岛、北岛之间的库克海峡相接，水深100～170m，渔期为1～4月，盛渔期为2～3月；⑥埃格芒特渔场，位于北岛西岸埃格芒特山的北方38°S海域，水深90～120m，作业期表层水温18～20℃，渔期为2～4月。

6. 鸢乌贼

鸢乌贼（*Stenoteuthis oualaniensis*）广泛分布在印度洋、太平洋的赤道和亚热带等海域。主要分布在日本列岛南部、琉球群岛、东海、南海、菲律宾群岛、加罗林群岛、马绍尔群岛、马来群岛、大堡礁、萨摩亚群岛、加利福尼亚、可可群岛、苏门答腊岛、安达曼海、马尔代夫群岛、阿拉伯海、亚丁湾、红海等海域（图9-32）。其中以南海和印度洋西北部海域的数量较大。它为大洋性种类，栖息于表层至1000m水层。

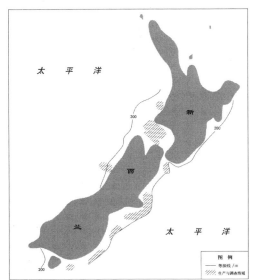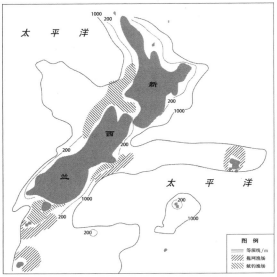

图 9-31　新西兰周围海域作业渔场的分布图

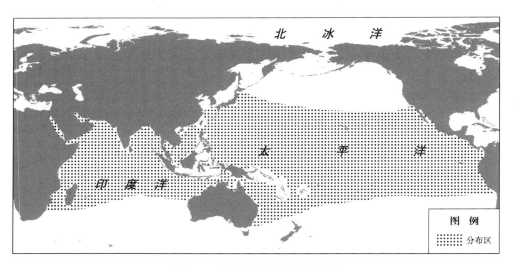

图 9-32　鸢乌贼地理分布示意图

　　鸢乌贼种群结构复杂，种内除分成春生群、夏生群和秋生群三个繁殖群外，尚有大小不同的体型群；各群的分布和洄游，均有所差异。小体型群的分布区较窄，洄游范围较小，大体型群的分布区较广，洄游范围较大。群体由若干地方种群组成，而不是一个单一的种群。总的洄游方向为从深海区到浅海区的生殖洄游，从浅海区到深海区的越冬洄游。就某一地区而言，鸢乌贼又分为不同季节的产卵群体，如台湾海域的鸢乌贼按产卵时间分为春生群（2～3月）、夏生群（6月）、秋生群（9～10月）。印度洋亚丁湾海域的鸢乌贼按产卵时间分为春生群（1～5月）、夏生群（7～8月）、秋生群（10～11月）。

　　在印度洋西北部海域，特别是西北部的亚丁湾，受季风海流和反赤道海流的影响，盐度高、水温高，具有较为广泛的上升流，因此具备了形成头足类渔场的最佳条件。根据2003

年 9～11 月上海水产大学对西北印度洋海域鸢乌贼的调查，10 月中下旬，中心渔场分布在
15°N～16°N、61°E 附近海域，平均日产量均在 5t 以上，中心作业渔场处在冷水涡的边缘海
域。渔场分布与表温、盐度、海流、月相等密切相关。

五、南极磷虾

南极磷虾是南极磷虾种类中数量最多、个体最大的种类，是渔业的捕捞对象，在大西洋
区密度最大，特别是威德尔海、奥克尼群岛北部的斯科舍海和南设得兰群岛周围，以及南桑
威奇群岛西部水域（图 9-33）。渔业中磷虾捕捞群体的体长主要为 40～60mm 的成体。个体
最大体长可达 6.5cm，体重达 2g。

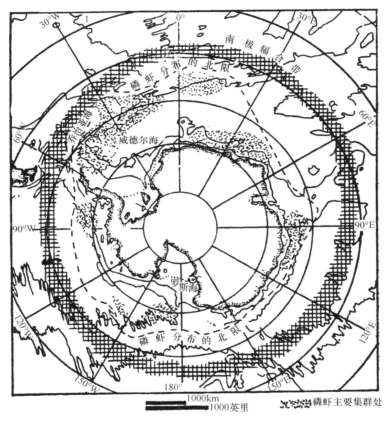

图 9-33　南极磷虾的主要密集区

磷虾为南极海域生活的甲壳类动物，体长可达到 65mm，寿命为 5～7 年。夏季，南极
磷虾主要捕食浮游植物。在浮游植物较少的冬季，也捕食浮游动物。磷虾分布在南极辐合
带以南的南极表层水，根据季节和成熟阶段的不同有很大的差异。初夏（12 月）到盛夏（2
月），成熟个体分布在大陆坡海域，未成熟个体分布在大陆架边缘。在表层 200m 以内形成
集群，其密度根据海域的不同而不同。

南极磷虾为 2 年生的浮游动物，幼体经过 3 个阶段 9 个发育期。南极磷虾雌雄异体，成
体雌虾略大于雄虾。成熟后的个体在夏季开始繁殖。繁殖期长达 5 个半月。在交配时，其情
况同对虾相似，即雄虾将一对精荚留在雌虾的储精囊内，一旦雌虾卵子成熟便开始受精。到

盛夏开始产卵。一个季节可以产好几次卵，一次产卵2000~10 000粒，产卵于225m水深处。受精卵排出后，边下沉，边孵化，卵沉降到1000m水深，经过1个星期左右孵化；孵化后，边变态发育，边上升，以便摄食丰富的微小生物，直到仔虾。前期幼体的垂直分布比成体深。1~4月集群于南极海域。

南极磷虾产卵时间是每年南极夏季的11月到第二年的4月，但绝大部分磷虾集中在1月下旬到3月下旬产卵。磷虾卵的直径在0.7mm左右。1龄幼虾体长20~30mm，体重0.6~0.7g，两年后就长到45~60mm，体重0.7~1.5g，即为成体磷虾。

南极磷虾有多年的寿命。南极大陆周边水域的南极磷虾各龄体长较为相似。首先，高纬度地区（如威德尔海）南极磷虾个体要小于季节性冰区。其次，高纬度地区，南极磷虾可达4龄以上，而南极大西洋水域和部分印度洋水域的南极磷虾至少能生长到5龄以上。

夏季，有水团存在的区域，磷虾资源最为丰富。开阔大洋区域的磷虾资源较亚南极群岛附近水域少，尤其在南大西洋水域。夏季，磷虾主要分布在东边界流水域和陆架断裂区。南极环流中，磷虾则聚集在南大西洋区形成的涡流及南极半岛的复杂水团中。

南极磷虾资源主要分布于南极大西洋水域，即CCAMLR的48区。具体而言，南佐治亚群岛（48.3小区）磷虾渔业活动基本限制在沿北部陆架向外约20km的狭长带水域内。这个狭长的分布带与声学调查所报告的分布有着明显的差异，声学调查显示磷虾出现在陆架及其边缘及近海较深水层中。

南极磷虾的主渔场主要位于南设得兰群岛水域（48.1海区）、南奥克尼群岛水域（48.2海区）及南佐治亚群岛（48.3海区）。其中，南设得兰群岛水域及南奥克尼群岛水域，由于冬季两渔场会被海冰所覆盖，作业时间通常在夏季。南佐治亚水域，冬季不会有海冰覆盖，因此可以成为良好冬季渔场。

思 考 题

1. 世界海洋渔业发展的现状。
2. 世界金枪鱼的种类及其渔场分布。
3. 世界大洋性鱿鱼种类及其渔场分布。
4. 世界竹筴鱼种类及其渔场分布。
5. 南极磷虾分布及其渔场概况。

建议阅读文献

陈新军. 2014. 渔业资源与渔场学. 2版. 北京：海洋出版社.

陈新军. 2017. 远洋渔业概论：资源与渔场. 北京：科学出版社.

陈新军，刘必林，方舟，等. 2019. 头足纲. 北京：海洋出版社.

世界主要国家和地区渔业概况编写组. 2013. 世界主要国家和地区渔业概况. 北京：海洋出版社.

世界大洋性渔业概况编写组. 2011. 世界大洋性渔业概况. 北京：海洋出版社.

张敏，邹晓荣. 2011. 大洋性竹筴鱼渔业. 北京：中国农业出版社.

朱清澄，花传祥. 2017. 西北太平洋秋刀鱼渔业. 北京：海洋出版社.

第十章　全球海洋环境变化对海洋渔业资源与渔场的影响

第一节　本章要点和基本概念

一、要点

本章主要描述了全球海洋环境变化的几种重要现象或者事件的概念和产生的原因，以及其对渔业资源和渔场分布的影响。通过本章学习，学生应初步树立起一个思想，即全球海洋环境的变化正在影响着渔业资源的数量及其渔业，已经成为包括 FAO 在内的世界各组织和政府及科学家关注的重要议题。

二、基本概念

（1）全球变暖（global warming）：指的是在一段时间中，地球的大气和海洋因温室效应而出现温度上升的气候变化现象，为公地悲剧之一，而其所造成的效应称为全球变暖效应。近 100 多年来，全球平均气温经历了冷→暖→冷→暖 4 次波动，总的来看气温为上升趋势。进入 20 世纪 80 年代后，全球气温明显上升。

（2）海洋酸化（ocean acidification）：是指海水由于吸收了空气中过量的二氧化碳，导致酸碱度降低的现象。酸碱度一般用 pH 来表示，范围为 0~14，pH 为 0 时代表酸性最强，pH 为 14 代表碱性最强。蒸馏水的 pH 为 7，代表中性。海水应为弱碱性，海洋表层水的 pH 约为 8.2。当空气中过量的二氧化碳进入海洋中时，海洋就会酸化。研究表明，由于人类活动影响，2012年，过量的二氧化碳排放已使海水表层 pH 降低了 0.1，这表示海水的酸度已经提高了 30%。

（3）厄尔尼诺 - 南方涛动（ENSO）：是对渔业资源影响最明显的气候现象之一。厄尔尼诺现象是大范围内海洋和大气相互作用后失去平衡而产生的一种气候现象，其显著特征是赤道太平洋东部和中部海域海水表面温度大范围持续异常增暖。南方涛动则是指太平洋与印度洋间存在的一种大尺度的气压升降振荡现象，由于厄尔尼诺与南方涛动活动密切相关，因此被统称为厄尔尼诺 - 南方涛动现象。

（4）大洋暖池（warm pool）：又称热库或暖堆，一般指的是热带西太平洋及印度洋东部多年平均海表温度（SST）在 28℃以上的暖海区。

（5）太平洋年代气候振动（pacific decadal oscillation，PDO）：海 - 气相互作用的气候模式除了在太平洋存在 ENSO 的年际变化以外，在北太平洋和北美地区还存在年代尺度的变化，主要表现为太平洋年代气候振动现象。太平洋年代气候振动是一种长周期气候波动现象，一般每 20~30 年出现一次。与厄尔尼诺的变化类似，人们也根据海水温度的变化把 PDO 分为暖和冷的阶段。PDO 暖（冷）期，热带东太平洋海温偏高（低），北太平洋海温则显著降低（升高）。已有研究还表明，ENSO 和 PDO 长期的气候变化在时空上关系密切。

第二节　全球海洋环境变化概述

约占地球面积 71% 的海洋，蕴藏着丰富的可再生资源——海洋生物资源。地球上约 90% 的动物蛋白存在于海洋中。它不仅是人类未来发展重要的资源基础，也是地球生命系统的重要组成部分。全球气候的变化（包括海洋酸化）、海洋环境异常变化等对海洋生物资源（特别是渔业资源）分布和数量变动的影响已越来越显著，联合国粮农组织每两年一次的世界渔业与养殖报告多次将海洋环境与渔业资源、全球气候变化对其影响等作为重要主题来讨论。深刻了解和掌握全球气候变化（包括海洋酸化）对海洋生态环境、海洋生物资源影响的机制及其可能产生的后果，把握这一领域的国际前沿研究动态，有利于可持续开发和利用海洋渔业资源，有利于海洋生物资源养护与恢复，以及海洋生态系统的稳定。

一、全球气候变暖及其对海洋生态系统的影响

全球气候变暖是一种"自然现象"。人们焚烧化石矿物或砍伐森林并将其焚烧时会产生二氧化碳等多种温室气体，由于这些温室气体对来自太阳辐射的可见光具有高度的透过性，而对地球反射出来的长波辐射具有高度的吸收性，能强烈吸收地面辐射中的红外线，也就是常说的"温室效应"，导致全球气候变暖。全球变暖会使全球降水量重新分配、冰川和冻土消融、海平面上升等，既危害自然生态系统的平衡，又威胁人类的食物供应和居住环境。全球气候变暖一直是科学家关注的热点。

1. 全球气候变暖概念及其产生原因

全球变暖指的是在一段时间中，地球的大气和海洋因温室效应而出现温度上升的气候变化现象，为公地悲剧之一，而其所造成的效应称为全球变暖效应。近 100 多年来，全球平均气温经历了冷→暖→冷→暖 4 次波动，总的来看气温为上升趋势。进入 20 世纪 80 年代后，全球气温明显上升。

许多科学家都认为，大气中二氧化碳排放量增加是地球气候变暖的根源。国际能源机构的调查结果表明，美国、中国、俄罗斯和日本的二氧化碳排放量几乎占全球总量的一半。调查表明，美国二氧化碳排放量居世界首位，年人均二氧化碳排放量约 20t，排放的二氧化碳占全球总量的 23.7%。中国年人均二氧化碳排放量约为 2.51t，约占全球总量的 13.9%。

全球气候变暖产生的主要原因：①人为因素，人口剧增，使大气环境污染，海洋生态环境恶化，土地遭侵蚀、盐碱化面积增多、沙化面积增多、森林资源锐减等。②自然因素，如火山活动、地球周期性公转轨迹变动等。

"在过去 50 年观察到的大部分暖化都是由人类活动所致的"，在抽样调查时有 75% 的被调查者明示或暗示其接受了这个观点。但也有学者认为，全球温度升高仍然属于自然温度变化的范围之内；全球温度升高是小冰河时期的来临；全球温度升高的原因是太阳辐射的变化及云层覆盖的调节效果；全球温度升高正反映了城市热岛效应等。

2. 全球气候变暖趋势及其后果

据联合国政府间气候变化专门委员会预测，未来 50～100 年人类将完全进入一个变暖的世界。由于人类活动的影响，21 世纪温室气体和硫化物气溶胶的浓度增加很快，使未来 100 年全球、东亚地区和中国的温度迅速上升，全球平均地表温度将上升 1.4～5.8℃。到 2050 年，中国平均气温将上升 2.2℃。全球变暖的现实正不断地向世界各国敲响警钟，气候变暖

已经严重影响到人类的生存和社会的可持续发展，它不仅是一个科学问题，还是一个涵盖政治、经济、能源等方面的综合性问题，全球变暖的事实已经上升到国家安全的高度。

全球气候变暖的后果是极其严重的。主要表现在以下几个方面：①气候变得更暖和，冰川消融，海平面将升高，引起海岸滩涂湿地、红树林和珊瑚礁等生态群丧失，海岸侵蚀，海水入侵沿海地下淡水层，沿海土地盐渍化等，从而造成海岸、河口、海湾自然生态环境失衡，给海岸带生态环境带来极大的灾难。②水域面积增大。水分蒸发也更多了，雨季延长，水灾正变得越来越频繁。遭受洪水泛滥的机会增大、遭受风暴影响的程度和严重性加大。③气温升高可能会使南极半岛和北冰洋的冰雪融化，北极熊和海象会渐渐灭绝。④许多小岛将会被淹没。⑤对原有生态系统的改变，以及对生产领域的影响，如农业、林业、牧业、渔业等。

3. 全球气候变暖对海洋生态系统的影响

随着全球气温的上升，海洋中蒸发的水蒸气量大幅度提高，加剧了海洋变暖现象，但海洋中变暖在地理上是不均匀的。气候变暖造成的温度和盐度变化的共同影响，降低了海洋表层水密度，从而增加了垂直分层。这些变化可能减少表层养分可得性，从而影响温暖区域的初级生产力和次级生产力。已有证据表明，季节性上升流可能会受到气候变化影响，进而影响整个食物网。气候变暖的后果可能影响浮游生物和鱼类的群落构成、生产力和季节性进程。随着海洋变暖，向两极范围游泳的海洋鱼类种群数量将增加，而朝赤道方向的种群数量下降。一般情况下，预计气候变暖将驱动大多数海洋物种的分布范围向两极转移，温水物种分布范围扩大及冷水物种分布范围收缩。鱼类群落变化也将发生，中上层种类，预计它们将会向更深水域转移以抵消表面温度的升高。此外，海洋变暖还将改变捕食-被捕食的匹配关系，进而影响整个海洋生态系统。

已有调查表明，全球变暖导致南极的两大冰架先后坍塌，一个面积达 10 000km² 的海床显露出来，科学家因此发现很多未知的新物种，如章鱼、珊瑚和小虾等生物。据美国国家海洋和大气管理局报道，美洲大鱿鱼过去 10 年里在美国西海岸的搁浅死亡事件有所上升，这种巨型鱿鱼一般生活在加利福尼亚海湾以南和秘鲁沿海的温暖水域，但随着海水变暖，它们向北部游动，并发生了大量个体搁浅在沙滩上死亡的事件。其北限分布范围也从 20 世纪 80年代的 40°N 扩展到现在的 60°N 海域。

据统计，在过去 100 年中，三大洋水温处在上升阶段。各大洋水温上升趋势不一样（图10-1），总体在 0.43～0.71℃ /100a（表 10-1），总体上升 0.51℃（图 10-2）。在我国近海海域，

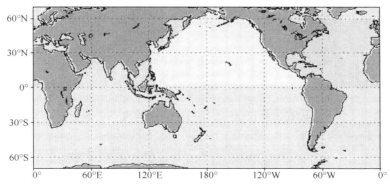

图 10-1　世界三大洋海域示意图

表 10-1　三大洋海域水温变化情况　　　　　　　（单位：℃/100a）

海域	长期变化趋势	海域	长期变化趋势
北太平洋	0.45	南大西洋	0.71
南太平洋	0.43	印度洋	0.57
北大西洋	0.61		

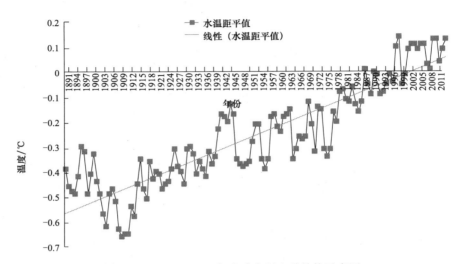

图 10-2　1981～2013 年全球水温上升趋势示意图

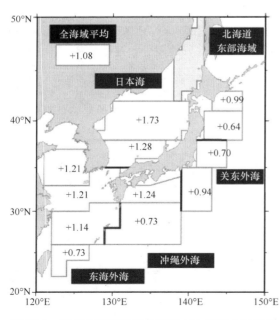

图 10-3　西北太平洋海域各海区 100 年来水温增加情况（单位：℃）

其水温上升趋势更大，黄海海域水温上升达到 1.21℃/100a，东海北部和南部分别上升 1.21℃/100a 和 1.14℃/100a（图 10-3）。

二、海洋酸化及其对海洋生物资源的危害

2003 年，"海洋酸化"这个术语第一次出现在英国著名科学杂志 Nature 上。2005 年，研究灾难和突发事件的专家詹姆斯·内休斯为人们勾勒出了"海洋酸化"潜在的威胁，距今 5500 万年前海洋里曾经出现过一次生物灭绝事件，罪魁祸首就是溶解到海水中的二氧化碳，估计总量达到 $45\,000 \times 10^8$t，此后海洋至少花了 10 万年时间才恢复正常。2009 年 8 月 13 日超过 150 多位全球顶尖海洋研究人员齐聚于摩纳哥，并签署了《摩纳哥宣言》。这一宣言的签署意味着全球科学家对海洋酸化严重伤害全球海洋生态系统表示关切。该宣言指出，

海水酸碱值（pH level）的急剧变化，比过去自然改变的速度快上100倍。而海洋化学物质在近数十年的快速改变，已严重影响海洋生物、食物网、生态多样性及渔业等。该宣言呼吁决策者将二氧化碳排放量稳定在安全范围内，以避免危险的气候变迁及海洋酸化等问题。倘若大气层的二氧化碳排放量持续增加，到2050年时，珊瑚礁将无法在多数海域生存，进而导致商业性渔业资源的永久改变，并威胁数百万人的粮食安全。

1. 海洋酸化概念及其产生原因

1）海洋酸化概念

海洋酸化是指海水由于吸收了空气中过量的二氧化碳，导致酸碱度降低的现象。酸碱度一般用pH来表示，范围为0～14，pH为0时代表酸性最强，pH为14时代表碱性最强。蒸馏水的pH为7，代表中性。海水应为弱碱性，海洋表层水的pH约为8.2。当空气中过量的二氧化碳进入海洋中时，海洋就会酸化。研究表明，由于人类活动影响，2012年，过量的二氧化碳排放已使海水表层pH降低了0.1，这表示海水的酸度已经提高了30%。

1956年，美国地球化学家洛根开始着手研究大工业时期制造的二氧化碳在未来50年中将产生怎样的气候效应。洛根和他的合作伙伴在远离二氧化碳排放点的偏远地区设立了两个监测站：一个在南极，那里远离尘器，没有工业活动，而且一片荒芜，几乎没有植被生长；另一个在夏威夷的莫纳罗亚山顶。60年多来，他们的监测工作几乎从未间断。监测发现，每年的二氧化碳浓度都高于前一年，被释放到大气中的二氧化碳不会全部被植物和海洋吸收，有相当部分残留在大气中，且被海洋吸收的二氧化碳数量非常巨大。

2）海洋酸化产生原因

海洋与大气在不断进行着气体交换，排放到大气中的任何一种成分最终都会溶于海洋。在工业时代到来之前，大气中碳的变化主要是自然因素引起的，这种自然变化造成了全球气候的自然波动。但工业革命以后，人类开采使用大量的煤、石油和天然气等化石燃料，并砍伐了大片的森林，至21世纪初，已排出超过 $5000 \times 10^8 t$ 的二氧化碳，这使得大气中的碳含量逐年上升。

受海风的影响，大气成分最先溶入几百米深的海洋表层，在随后数个世纪中，这些成分逐渐扩散到海底各个角落。研究表明，19世纪和20世纪海洋已吸收了人类排放的二氧化碳中的30%，且现在仍以约每小时 $10^6 t$ 的速度吸收着。2012年美国和欧洲科学家发布了一项新研究成果，证明海洋正经历3亿年来最快速的酸化，这一酸化速度甚至超过了5500万年前那场生物灭绝时的酸化速度。人类活动使得海水在不断酸化，预计到2100年海水表层酸度将下降到7.8，那时海水酸度将比1800年高150%。

2. 海洋酸化的危害

1）对浮游植物的影响

由于浮游植物构成了海洋食物网的基础和初级生产力，它们的"重新洗牌"很可能影响从小鱼小虾到鲨鱼、巨鲸的众多海洋动物。此外，在pH较低的海水中，营养盐的饵料价值会有所下降，浮游植物吸收各种营养盐的能力也会发生变化，而且越来越酸的海水还会腐蚀海洋生物的身体。研究表明，钙化藻类、珊瑚虫类、贝类、甲壳类和棘皮动物在酸化环境下形成碳酸钙外壳，骨架效率明显下降。由于全球变暖，从大气中吸收 CO_2 的海洋上表层密度会变小，从而减弱了表层与中深层海水的物质交换，并使海洋上部混合层变薄，不利于浮游植物的生长。

2）对珊瑚礁的影响

热带珊瑚礁为近25%的鱼类提供了庇护、食物及繁殖场所，其产量占全球渔获量的

12%。研究发现，当海水 pH 平均为 8.1 时，珊瑚生长状态最好。当 pH 为 7.8 时，就变为以海鸡冠为主。如果 pH 降至 7.6 以下，两者都无法生存。天然海水的 pH 稳定在 7.9～8.4，而未受污染的海水 pH 在 8.0～8.3。海水的弱碱性有利于海洋生物利用碳酸钙形成介壳。日本研究小组指出，海水 pH 预计 21 世纪末将达 7.8 左右，酸度比正常状态下大幅升高，届时珊瑚有可能消失。

3）对软体动物的影响

一些研究认为，到 2030 年南半球的海洋将对蜗牛的壳产生腐蚀作用，这些软体动物是太平洋中三文鱼的重要食物来源，如果它们数量减少或是在一些海域消失，那么对于捕捞三文鱼的行业将造成影响。此外，在酸化的海洋中，乌贼类的内壳将变厚、密度增加，这会使得乌贼类游动变得缓慢，进而影响其摄食和生长等。

4）对鱼类的影响

实验表明，同样一批鱼在其他条件都相同的环境下，处于现实的海水酸度中，30 个小时仅有 10% 被捕获；但是当把它们放置在大堡礁附近酸化的实验水域中，它们便会在 30 个小时内被附近的捕食者"斩尽杀绝"。《美国国家科学院院刊》的最新报道：模拟了未来 50～100 年海水酸度后发现，在酸度最高的海水里，鱼仔起初会本能地避开捕食者，但它们很快就会被捕食者的气味所吸引——这是因为它们的嗅觉系统遭到了破坏。

5）对海洋渔业的影响

海洋酸化直接影响海洋生物资源的数量和质量，导致商业渔业资源的永久改变，最终会影响海洋捕捞业的产量和产值，威胁数百万人口的粮食安全。虽然海水化学性质变化会给渔业生产带来很大影响，目前还没有令人信服的预测，但是可以肯定的是海洋酸化会造成渔业产量下降和渔业生产成本升高。

海洋酸化使得鱼类栖息地减少。在太平洋地区，珊瑚礁是鱼类和其他海洋动物的主要栖息地，这些生物为太平洋岛屿国家提供了约 90% 的蛋白质。据估计，珊瑚和珊瑚生态系统每年为人类创造的价值超过 3750 亿美元。如果珊瑚礁大量减少，则将对环境和社会经济产生重大影响。

海洋酸化使得鱼类食物减少。海洋酸化会阻碍某些在食物链最底层、数量庞大的浮游生物形成碳酸钙的能力，使这些生物难以生长，从而导致处于食物链上层的鱼类产量降低。

联合国粮农组织估计，全球有 5 亿多人依靠捕鱼和水产养殖作为蛋白质摄入和经济来源，其中最贫穷的 4 亿人，鱼类为他们提供了每日所需的大约一半动物蛋白和微量元素。海水的酸化对海洋生物的影响必然危及这些贫困人口的生计。

三、对渔业影响较大的全球气候变化现象

1. 厄尔尼诺 - 南方涛动

对渔业资源影响最明显的气候现象之一是厄尔尼诺和与之对应的拉尼娜现象。厄尔尼诺现象是大范围内海洋和大气相互作用后失去平衡而产生的一种气候现象，其显著特征是赤道太平洋东部和中部海域海水表面温度大范围持续异常增暖。拉尼娜现象则是指赤道太平洋东部和中部的海表面温度大范围持续异常变冷的现象。南方涛动则是指太平洋与印度洋间存在的一种大尺度的气压升降振荡现象，由于厄尔尼诺与南方涛动活动密切相关，因此被统称为厄尔尼诺 - 南方涛动（ENSO）现象。

2. 大洋暖池和冷池

大洋暖池又称热库或暖堆，一般指的是热带西太平洋及印度洋东部多年平均海表温度（SST）在28℃以上的暖海区。由于太阳辐射、热量交换、自东向西信风吹送等的共同作用，大量暖水逐渐积蓄在暖池区，致使该区SST比东太平洋高出3～9℃。它的总面积约占热带海洋面积的26.2%，占全球海洋面积的11.7%，东西跨越150个经度，南北伸展约35个纬度，西太平洋暖池的深度在60～100m。其范围变化可作为预测厄尔尼诺现象的依据之一。

与暖池相对应的是"冷池"现象。"冷池"是指夏季白令海北部海域水下出现的低温区域，冷池的出现是冬季海冰形成及春夏海水表层加热等多种因素造成的。而随着气候变化，冷池的范围也随之缩小或变大。

3. 阿留申低压

阿留申低压（Aleutian low）是指位于60°N附近阿留申群岛一带的大范围副极地低气压（气旋）带，阿留申低压冬季位于阿留申群岛地区，夏季向北移动，并几乎消失。它吸引周围空气做逆时针方向旋转，进而吹动周围大洋表层水体形成逆时针方向环流系统。在北太平洋的45°N以北，构成以阿留申低压为中心，由阿拉斯加暖流、千岛寒流（亲潮）和北太平洋暖流组成的气旋型环流系统。

4. 北大西洋涛动

北大西洋涛动（North Atlantic oscillation，NAO）是指亚速尔（Azores）高压和冰岛（Iceland）低压之间气压的南北交替变化，调节着北大西洋40°N～60°N西风的强弱，主要影响北美洲和欧洲的气候变化，正NAO态时西风增强并北移，温度升高，负NAO态时则呈现相反的变化。

5. 太平洋年代气候振动

海-气相互作用的气候模式除了在太平洋存在ENSO的年际变化以外，在北太平洋和北美地区还存在年代尺度的变化，主要表现为太平洋年代气候振动（pacific decadal oscillation，PDO）现象。太平洋年代气候振动是一种长周期气候波动现象，一般每20～30年出现一次。与厄尔尼诺的变化类似，人们也根据海水温度的变化把PDO分为暖和冷的阶段。PDO暖（冷）期，热带东太平洋海温偏高（低），北太平洋海温则显著降低（升高）。已有的研究还表明，ENSO和PDO长期的气候变化在时空上关系密切。

第三节　气候变化对世界主要种类资源渔场的影响

目前，世界上主要捕捞渔业资源有金枪鱼类、秋刀鱼（*Cololabis saira*）、智利竹筴鱼（*Trachurus murphyi*）、秘鲁鳀（*Engraulis ringens*）、鳕类、鲑科鱼类及头足类等，下文对这几种鱼类资源变动、渔场变化与气候变化关系的研究进展做概括分析。

一、金枪鱼类

金枪鱼类是世界重要经济鱼类，广泛分布于各大洋温热带海域，资源丰富，为世界远洋渔业和大洋沿岸国家的主要捕捞对象。金枪鱼类主要包括黄鳍金枪鱼（*Thunnus albacares*）、大眼金枪鱼（*Thunnus obesus*）、长鳍金枪鱼（*Thunnus alalunga*）、蓝鳍金枪鱼（*T. maccoyii*）和鲣鱼（*Katsuwonus pelamis*）等。

鲣鱼是目前金枪鱼类中年捕捞总量最高的种类,主要分布在中西太平洋、东太平洋、印度洋和东大西洋等海域,在世界金枪鱼渔业中占有重要的地位。其中,鲣鱼在中西太平洋热带海域产量最高。西太平洋有全球海水表温最高的大洋暖池(西太平洋暖池),该暖池区高温、低盐、初级生产力较低。资料表明,西太平洋暖池区鲣鱼产量是整个西太平洋地区最高的。究其原因,是该暖池东部水域巨大的涌升流形成了低温、高盐、高初级生产力的条带区——冷水舌,暖池和冷水舌之间的辐合区是浮游植物和微型浮游动物聚集的重要区域,饵料生物丰富,营养物质较多,形成了鲣鱼良好的索饵场,也就成为良好的鲣鱼围网渔场。太平洋共同体秘书处(原南太平洋委员会,SPC)在1990~1992年实施的金枪鱼标志放流项目和Lohedey对美国围网渔船捕捞的鲣鱼单位捕捞努力量渔获量(CPUE)数据、南方涛动指数(SOI)、暖池区海水表温29℃等温线的计算分析表明,鲣鱼渔场的分布变动和ENSO的发生、西太平洋暖池的移动存在密切的联系。沈建华等通过对中西太平洋金枪鱼围网鲣鱼渔获量时空分布分析研究也发现,发生厄尔尼诺的年份鲣鱼渔获量分布重心经度上偏东,纬度上在当年或次年偏南;相反,在拉尼娜发生的年份,鲣鱼渔获量分布重心在经度上偏西,纬度上在当年或次年偏北。周甦芳在研究厄尔尼诺 - 南方涛动现象对中西太平洋鲣鱼围网渔场的影响时,根据NOAA对厄尔尼诺的定义,确定1982~2001年共发生了6次厄尔尼诺(1982~1983年,1986~1987年,1991~1992年,1993年,1994~1995年,1997~1998年)和5次拉尼娜(1983~1984年,1984~1985年,1988~1989年,1995~1996年,1998~2000年)现象,中西太平洋鲣鱼围网渔场的空间分布受厄尔尼诺和拉尼娜现象的影响非常明显。厄尔尼诺年份,鲣鱼CPUE经度重心明显东移,移至160°E以东(最东到177°E),拉尼娜年份,鲣鱼CPUE经度重心则明显西移,移至160°E以西(最西到143°E)。一般一次厄尔尼诺和拉尼娜过程,经度重心摆动幅度达到近30个经度。

ENSO的发生究竟是如何影响鲣鱼渔场的分布变化?许多研究表明,ENSO影响了西太平洋暖池区的范围变化,进而造成鲣鱼渔场的变化。发生厄尔尼诺时,赤道东太平洋变暖,涌升流减弱,西太平洋暖池向东扩展,暖水占据了赤道中、东太平洋地区,暖池和冷水舌之间的辐合区也随着暖池的东扩而向东移动,因此在该辐合区形成的鲣鱼高产渔场也随之东移。拉尼娜发生过程则刚好相反,西太平洋暖池向西收缩,辐合区也随着暖池的西移而向西移动,鲣鱼渔场也随之西移。

黄鳍金枪鱼和大眼金枪鱼也是重要的捕捞种类,其中,黄鳍金枪鱼世界年捕捞总量仅次于鲣鱼。太平洋黄鳍金枪鱼和大眼金枪鱼渔场分布海域大尺度的海洋流系有和厄尔尼诺关系密切的东向南赤道流、西向北赤道流和黑潮流系、西向赤道流和东向北赤道逆流等,其发展变化对黄鳍金枪鱼和大眼金枪鱼渔场分布的变化有重要影响。Lu等研究发现,在厄尔尼诺发生期间,热带太平洋SST比常年上升的海域(155°W以东的赤道太平洋海域),黄鳍金枪鱼钓获率较高,而大眼金枪鱼的高钓获率海域位于东赤道太平洋的西部边缘。在拉尼娜年份,随着东赤道太平洋SST的降低,该海域黄鳍金枪鱼钓获率也较低,黄鳍金枪鱼钓获率较高的区域移动到在拉尼娜年份SST较高的北赤道太平洋海域;随着东赤道太平洋SST的降低,该海域大眼金枪鱼的钓获率也明显下降。

长鳍金枪鱼也是重要的捕捞种类之一。太平洋长鳍金枪鱼渔场主要分布在30°N附近的西北太平洋海域和0~40°S的西南太平洋海域。西南太平洋海域向东扩展到120°W附近,高渔获量水域主要分布在10°S附近和澳大利亚以东海域。研究表明,长鳍金枪鱼的渔场分布受到大尺度海洋现象的影响。Lu等根据台湾延绳钓捕捞资料研究发现,ENSO发生后，西南太平洋 0～10°S 长鳍金枪鱼的 CPUE 增大，这可能是 ENSO 带来的 0～40°S 的西南太平洋海域长鳍金枪鱼适宜水温区域向北缩小引起的，导致长鳍金枪鱼渔场向北缩小到 0～10°S。另外，Lu 等还发现，30°S 以南海域长鳍金枪鱼 CPUE 在 ENSO 发生 4 年后出现下降，10°S～30°S 海域长鳍金枪鱼 CPUE 在 ENSO 发生 8 年后出现下降，这种滞后现象可能是 ENSO 期间长鳍金枪鱼产卵和补充量降低引起的。Kimura 等根据日本 1970～1988 年的北太平洋长鳍金枪鱼延绳钓数据分析认为，北太平洋长鳍金枪鱼存在着逆时针的洄游，厄尔尼诺发生时，北太平洋中部和西南部出现冷水区，使长鳍金枪鱼洄游路径比非厄尔尼诺年份宽。

二、秋刀鱼

秋刀鱼为冷水性中上层鱼类，资源丰富，渔法简单，渔获效率高，属于经济效益较高的渔业品种。秋刀鱼栖息于亚洲和美洲沿岸的太平洋亚热带和温带 18°N～66°N 水域，渔场主要分布在西北太平洋温带水域，主要的两大渔场为日本东北部海域渔场和千岛群岛以南延伸到公海的外海渔场。

西北太平洋秋刀鱼渔场的形成和分布主要受黑潮暖流和千岛寒流（亲潮）的影响。每年春季，随着水温逐渐升高，西北太平洋秋刀鱼向北开始索饵洄游，夏季到达千岛群岛沿岸的千岛寒流区，形成太平洋秋刀鱼的夏季索饵场。随着鱼体逐渐成长成熟后，鱼群开始向南洄游，在日本东北沿岸和千岛群岛以南公海形成秋季渔场并被捕捞。西北太平洋秋刀鱼的产卵期较长，从秋季持续到次年春季，秋季的主要产卵场位于黑潮前锋北部的黑潮-千岛寒流的辐合区，冬春季的产卵场则位于黑潮水域。沈建华等研究指出，作为秋刀鱼饵料的寒流系浮游动物（如甲壳类、毛颚类）及鱼卵的丰度和分布受海洋环境影响，另外，秋刀鱼的索饵过程也需要适宜的环境条件，因此秋刀鱼渔场的形成和分布受海洋环境的影响很大。由于千岛寒流的水温较低，不适宜秋刀鱼生存，秋刀鱼渔场在水温更适宜的黑潮-千岛寒流的辐合区形成，并随着季节变换和水温的变化南北移动，夏季千岛群岛附近的水温升高，且有丰富的饵料，秋刀鱼主要在千岛群岛和鄂霍次克海索饵、育肥；秋季随着水温下降，鱼群也逐渐南下以获得足够的食物。因此，黑潮的强弱会影响秋刀鱼种群的丰度，而千岛寒流的势力会影响鱼群的肥满度和渔场的形成和位置。Tian 等研究还发现大型秋刀鱼（体长 28.9～32.4cm，平均体长 30.7cm）丰度与黑潮冬季海水表温密切相关，而中型秋刀鱼（体长 24.0～28.5cm，平均体长 26.8cm）丰度与黑潮-千岛寒流的辐合区及千岛寒流的海水表温密切相关，表明这两种尺寸的秋刀鱼丰度分别受到亚热带和亚寒带不同海洋环境的影响。Tian 等还研究了 ENSO 对太平洋秋刀鱼资源的影响，发现 ENSO 对大型秋刀鱼资源有明显的影响。通过对 1950～2000 年太平洋秋刀鱼丰度和 ENSO 数据的分析，Tian 等指出，这 51 年间共有 25 年发生 ENSO 现象（15 年厄尔尼诺和 10 年拉尼娜）。数据显示，厄尔尼诺对大型秋刀鱼有正面影响，拉尼娜则对大型秋刀鱼有负面影响，厄尔尼诺年份大型秋刀鱼丰度高于一般年份，是拉尼娜年份的 3 倍。Tian 等研究还发现，ENSO 对中型太平洋秋刀鱼资源波动基本上没有明显影响，但中型太平洋秋刀鱼丰度和北太平洋指数（North Pacific index，NPI）显著相关，表明阿留申低压可能对中型太平洋秋刀鱼资源有影响。这些研究显示，两种尺寸的太平洋秋刀鱼资源受到了不同的海洋环境系统变化的影响。

三、智利竹䇲鱼

智利竹䇲鱼为大洋性中上层鱼类，主要分布于东南太平洋的秘鲁、智利沿海，也见于西南大西洋的阿根廷南部沿海和 35°S～50°S 新西兰以东被称为"竹䇲鱼带"的狭长水域。Arcos 等研究认为，智利竹䇲鱼作为暖温性鱼种，东南太平洋沿岸的 15℃ 等温线对其分布具有重要的意义。智利竹䇲鱼幼鱼适宜栖息在较暖的水域，成鱼则喜欢栖息在偏冷的水域，智利沿海由南向北，表层水温逐渐升高，因此，幼鱼主要分布在海水表温高于 15℃ 的近岸海域，而成鱼主要分布在 15℃ 等温线以南海域。竹䇲鱼在智利近海的分布范围随着 15℃ 等温线的变动而发生变化，特别在厄尔尼诺和拉尼娜期间。1997～1998 年发生厄尔尼诺，随着西北海域的暖水（>15℃）侵入智利中南部沿海水域（智利竹䇲鱼主要的索饵场），15℃ 等温线在 1997 年和 1998 年均向南偏移，比正常年份更向南，这直接影响智利竹䇲鱼的洄游，并使原来不在一起集群的不同体长的竹䇲鱼混杂在一起。从渔获情况看，1997～1998 年，在该渔场捕获到的智利竹䇲鱼以体长小于 26cm 的幼鱼为主，其比例在有些月份甚至占到总渔获量的 80%。

四、秘鲁鳀

秘鲁鳀为集群性中上层鱼类，分布于东南太平洋，在世界渔业中占有很高地位，产量极高但不稳定，年产量最高可达 $1000×10^4$t 左右，但有的年份仅约 $100×10^4$t，主要生产国为秘鲁和智利。1998 年 FAO 研究报告对 1997～1998 年的厄尔尼诺对秘鲁鳀等中上层鱼类资源大幅波动的影响进行了分析。报告认为，东太平洋，特别是南美洲西部地区是受厄尔尼诺暖流不利影响最严重的地区，沿海水温上升和上升的减弱，造成生物量和中上层小鱼群严重下降，下降的主要原因是得不到补充和生长条件不佳，以及自然死亡率增加。在这次强厄尔尼诺之前也发生过异常气候对秘鲁鳀资源波动的影响。郑国光等报道，秘鲁在 1970 年的秘鲁鳀产量为 $1228×10^4$t，但 1972 年由于发生厄尔尼诺，其渔获量锐减到 $445×10^4$t。同时，厄尔尼诺的影响还持续了 2～3 年，1973 年和 1974 年秘鲁鳀的渔获量分别为 $150×10^4$t 和 $300×10^4$t，是 1970 年的渔获量的 12% 和 24%。虽然秘鲁捕捞的鳀鱼大幅减少，但在北智利 200m 的深水海区原来未出现过鳀鱼的海域发现了鳀鱼的分布。这种现象也被认为是 1972 年厄尔尼诺发生后，赤道暖流侵入秘鲁沿岸导致传统秘鲁鳀渔场发生变化引起的。另外，Laws 编著的《厄尔尼诺和秘鲁鳀鱼渔业》一书中也论述了厄尔尼诺与秘鲁鳀资源的关系和渔业管理等问题。

五、鳕类

鳕类（Gadiformes）是世界主要经济鱼种，栖息于海洋底层和深海中，广泛分布于世界各大洋，种类繁多，主要有大西洋鳕（*Gadus morhua*）和狭鳕（*Theragra chalcogramma*）等。大西洋鳕主要分布于北大西洋两岸，欧洲主要是英国、冰岛、挪威等国近海和巴伦支海的斯匹次卑尔根岛海域。这些海域主要受来自墨西哥湾流的北大西洋暖流影响，加上西斯匹次卑尔根暖流、挪威暖流、西格陵兰暖流、东格陵兰寒流等多个海流交汇，形成了东北大西洋渔场。在北美洲，大西洋鳕主要分布于纽芬兰岛海域直到缅因湾，这些海域深受墨西哥湾暖流和拉布拉多寒流交汇影响。Ottersen 等研究发现，在巴伦支海区域，北大西洋涛动（NAO）和水温的变化可以解释 55% 的大西洋鳕丰度的变化。在高 NAO 年，强西风增加了从西南方向流来的北大西洋暖流和挪威暖流，使巴伦支海水温升高，适宜于大西洋鳕幼体的存活和生长，而且水温升高也增加了大西洋鳕幼体的主要饵料飞马哲水蚤

（*Calanus finmarchicus*）的数量。同时，流入巴伦支海的挪威暖流也携带了大量的浮游动物饵料，其流量增加也有利于大西洋鳕幼体的生长。在北美洲西北大西洋海域，Mann 等研究发现，加拿大纽芬兰近海的大浅滩（Grand Bank）和拉布拉多海域的大西洋鳕渔场的渔获量也受到 NAO 引起的海温和盐度变化的影响。O'brien 等研究了气候变化与鳕鱼资源的关系。自 1988 年以来，北大西洋海域的海水温度持续升高，导致鳕鱼资源得不到补充，5 龄以下甚至是 3 龄以下的未成熟鳕鱼成为该地区大西洋鳕渔获物中主要部分。美国 *Science* 杂志报道，20 世纪 80 年代后半期到 90 年代，北冰洋冰的融化速度在增加，融化的水冲淡了海水的盐度，这些低盐度海水从北冰洋南下随着拉布拉多寒流流经戴维斯海峡进入西北大西洋，使该区域形成新的水温差交界线，生态系统发生变化，使浮游生物的生长和组成也发生变化，最后导致大西洋鳕资源下降。NOAA 2007 年夏在白令海对狭鳕资源进行调查时发现，原来栖息于白令海、阿留申海域的狭鳕向北移动到了普里比洛夫群岛西北外海到靠近俄罗斯专属区一带海域，初步认为地球气候变暖也许是白令海狭鳕渔场北移的原因。白令海北部海域的"冷池"现象同样对狭鳕资源产生影响。Wyllie-Echeverria 等研究了白令海海域冷池和鱼群分布的关系。冬季随着较强阿留申低压的东移，白令海变暖，冷池范围缩小。随着较弱阿留申低压的西移，白令海变冷，冷池范围也变大，这种变化直接影响白令海狭鳕的鱼类种群的变化。

六、鲑科鱼类

鲑科鱼类（Salmonidae）为北半球重要的冷水性经济鱼类。鲑类为溯河性鱼类，分布于太平洋、大西洋的北部及北冰洋海区和沿岸诸水系流域中。Mantua 等研究发现，1925 年、1947 年和 1977 年曾发生过三次太平洋年代气候振动（PDO）现象（1925 年由冷期变为暖期，1947 年由暖期变为冷期，1977 年又由冷期变为暖期）。在 PDO 暖（冷）期，热带东太平洋海温偏高（低），北太平洋海温则显著降低（升高），其中后两次太平洋年代气候振动发生时，都对北太平洋的鲑类渔获量造成了很大的影响。Francis 等的研究也有类似的结论。Reist 等则研究了气候变化对北极淡水鱼类和溯河产卵鱼类的影响。洄游鱼类会受到气候变化对淡水、河口及海洋地区的综合影响。气候变化所导致的气温升高，可能对北极淡水鱼类和溯河产卵鱼类产生三种后果：局部群体灭绝；分布范围向北迁移；通过自然选择发生基因变化。许多鱼类的分布受到等温线位置的限制，气候变化在温度变化上的反映和饵料食物等资源变化上的反映影响鱼类的分布。当温度升高时，大西洋鲑（*Salmo salar*）就可能从原来在欧洲和北美洲的分布区域南部消失，并迁移到原来较冷的河流中（这些河流比原来更暖，更适合大西洋鲑栖息）。在大西洋西部，随着大西洋鲑栖息的河流更富有生产力，大西洋鲑的丰度也会增加。对北极红点鲑（*Salvelinus alpinus*）来说，温度升高对其影响是多重的。由于夏季海面温度升高，最适生长温度（12～16℃）的长时间持续，海洋生产力的增加，会使北极红点鲑的平均体长和体重增加。但同时由于春季较高的温度和冰层融化的加快，对在春季融冰时洄游的大西洋鲑产生不利影响，虽然这种情况也可能会提高大西洋鲑在海中居留的适应能力，但会使其耐盐能力下降及成功溯河洄游的时间缩短，温度的急剧升高还会降低洄游鱼类的渗透压调节能力，引起能量消耗的增加并导致生长率下降，以及降海过程中死亡率的增加。

七、头足类

气候变化对头足类资源的影响是通过对其生活史过程的影响来实现的。头足类的生活史过程通常包括索饵洄游和产卵洄游。在到达索饵海域之前，头足类仔稚鱼通常随着海流移动。例如，北太平洋柔鱼随着黑潮北上，阿根廷滑柔鱼随着巴西暖流南下，由于个体较小、活动能力较弱，这一过程是影响头足类资源量多少的极为重要的一个环节。

产卵场是头足类栖息的重要场所，大量的研究表明，其产卵场海洋环境的适宜程度对其资源补充量是极为重要的，因此许多学者常常利用环境变化对产卵场的影响来解释资源量变化的原因，并取得了较好的效果。

在鱿鱼类（近海枪乌贼和大洋性柔鱼类）方面，Dawe 等利用海温和北大西洋涛动等数据，采用时间序列分析方法研究海洋气候变化对西北大西洋皮氏枪乌贼（Loligo pealeii）和滑柔鱼（Illex illecebrosus）资源的影响。结果显示，产卵场水温的变化会影响其胚胎发育、生长和补充量。Ito 等研究指出，在产卵场长枪乌贼（Loligo bleekeri）胚胎发育的最适水温为 12.2℃，这一研究有利于对长枪乌贼资源量的预测与分析。Tian 利用日本海西南部 50m 水层温度和 1975～2006 年生产渔获数据，采用 DeLury 模型和统计分析方法研究了长枪乌贼资源年际间变化，结果认为，20 世纪 80 年代其产卵场环境受到全球气候的影响，导致其水温由冷时代转向暖时代，造成在 90 年代间长枪乌贼资源量下降。Arkhipkin 等利用产卵场不同水层的温度、含氧量和盐度等环境数据，采用 GAM 模型等方法对马尔维纳斯群岛附近的巴塔哥尼亚枪乌贼（Loligo gahi）资源变动进行了研究，结果显示，产卵场的盐度变化会影响巴塔哥尼亚枪乌贼的活动及其在索饵场的分布。另外，他们还发现当产卵场水温高于 10.5℃ 时巴塔哥尼亚枪乌贼就会较早地洄游到索饵场。Waluda 等认为，产卵场适宜表温的变化对阿根廷滑柔鱼资源补充量具有十分重要的影响，产卵场适宜表温的变化是巴西暖流和福克兰海流相互配置的结果。Leta 研究还发现，厄尔尼诺现象会使产卵场水温升高，盐度下降，并以此推断对阿根廷滑柔鱼补充量产生影响。Waluda 和 Rodhouse 研究认为，9 月产卵场适宜温度（24～28℃）范围与茎柔鱼资源补充量呈正相关，同时厄尔尼诺和拉尼娜等现象对茎柔鱼资源存在明显的影响，认为厄尔尼诺和拉尼娜现象会使产卵场初级生产力和次级生产力发生变化，进而影响茎柔鱼的早期生活阶段及成熟个体。Sakurai 等认为太平洋褶柔鱼也有相同的情况。Cao 等（2009）利用北太平洋柔鱼冬春生西部群体产卵场与索饵场的适合水温范围解释了其资源量的变化。Chen 等（2007）分析了厄尔尼诺和拉尼娜现象对西北太平洋柔鱼资源补充量的影响。

在章鱼方面，Lopez 和 Hernandez 指出，章鱼的胚胎发育、幼体生长等与水温有着密切的关系。Caballero-Alfonso 等利用表温、NAO 指数和生产统计数据，采用线性模型对加那利群岛附近海域章鱼资源量变化进行了研究。结果显示，温度是影响章鱼资源量的一个重要的环境指标，NAO 也通过改变产卵场的水温而间接影响章鱼的资源量。同时，也指出气候变化对头足类资源的影响是不可忽视的。Leite 等结合产卵场的环境因子和渔获数据，利用多种方法对巴西附近海域章鱼的栖息地、分布和资源量进行了研究。结果显示，环境因子会影响章鱼类的资源密度和分布，而且在潮间带附近海域，较小的章鱼在温暖的水域环境中能够更快地生长。另外，小型和中型个体大小的章鱼在早期阶段多分布在较适宜温度高出 1～2℃ 的水域内，这有利于它们的生长。可见，温度等环境因子对章鱼类的资源密度和分布有明显的影响。

除对产卵场产生影响外，索饵洄游、索饵场的生长和繁殖洄游等也是头足类生命周期的重要组成部分，但是目前针对这一部分的研究较少。Kishi 等根据太平洋褶柔鱼生物学数据，利用生物能模型和营养生态系统模型对其资源变动进行了研究。结果显示，日本海北部的捕食密度高于日本海中部，导致在日本海北部的太平洋褶柔鱼的个体要比从日本海中部洄游来的柔鱼个体要大。同时，伴随着全球气温日益升高，太平洋褶柔鱼洄游路径会改变。Choi 等研究发现，全球气候变化造成了太平洋褶柔鱼洄游路径发生变化，而且海洋生态系统环境的变化，也影响到了其产卵场分布及幼体的存活，进而影响其补充量。Lee 等研究认为，对马暖流会发生年际变化，从而影响其产卵场环境条件及幼体生长。王尧耕和陈新军认为，分布在北太平洋的柔鱼，周年都会进行南北方向的季节性洄游，黑潮势力及索饵场表温高低直接影响柔鱼渔场的形成及空间分布。

研究认为，目前全球气候变化（包括温度等）通过影响产卵场的环境条件而间接地影响头足类资源补充量。关于产卵场环境变化与头足类补充量之间关系的研究比较多，并获得了一些研究成果，被用来预测其资源补充量。但是，研究认为，全球气候变化对头足类资源量影响的关键阶段是从孵化到稚仔鱼的生活史阶段（图 10-4），即产卵以后的这段时间，因为该阶段头足类主要是被动地受到环境的影响，不能主动地适应环境的变化，而当稚仔鱼发育到成鱼后，头足类个体拥有了较强的游泳能力就能够通过洄游等方式寻找适宜的栖息环境而主动地适宜环境的变化。但是，对产卵场环境变化与头足类补充量（渔业开发时，即头足类成体数量）之间的关系响应研究较多，而对其中间阶段（随海流移动、生长）头足类死亡、生长及其影响机理的研究甚少。为了可持续利用和科学管理头足类资源，不仅要考虑环境变化对产卵场中个体生长、死亡的影响，还应重视环境对其幼体、仔稚鱼等不同生命阶段的影响，只有这样才能进一步提高海洋环境变化对头足类资源补充量的预测精度。

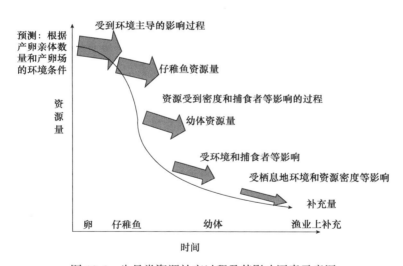

图 10-4　头足类资源补充过程及其影响因素示意图

思　考　题

1. 全球变暖的基本概念。
2. 海洋酸化的基本概念。
3. 厄尔尼诺 - 南方涛动（ENSO）的基本概念。

4. 大洋暖池的基本概念。

5. 太平洋年代气候振动的基本概念。

6. 列举全球变暖如何影响着世界重要渔业资源与渔场。

7. 厄尔尼诺 - 南方涛动（ENSO）与中西太平洋鲣鱼渔场分布的关系如何？

建议阅读文献

陈新军，余为. 2016. 西北太平洋柔鱼对气候与环境变化的响应机制研究. 北京：科学出版社.

陈新军，汪金涛，官文江，等. 2016. 大洋性经济柔鱼类渔情预报与资源量评估研究. 北京：中国农业出版社.

Cao J, Chen X J, Chen Y. 2009. Influence of surface oceanographic variability on abundance of the western winter-spring stock of neon flying squid (*Ommastrephes bartramii*) in the Northwest Pacific Ocean. Marine Ecology Progress Series, 381：119-127.

Chen X J, Zhao X H, Chen Y. 2007. Influence of El Niño/La Niña on the western winter–spring cohort of neon flying squid (*Ommastrephes bartramii*) in the Northwestern Pacific Ocean. ICES Journal of Marine Science, 64：1152-1160.

Howell E A, Wabnitz C C C, Dunne J P, et al. 2013.Climate-induced primary productivity change and fishing impacts on the central North Pacific ecosystem and Hawaii-based pelagic longline fishery. Climatic Change, 119(1)：79-93.

IPCC.2014. Climate change 2014：Comprehensive report. Report of the first working group, the second working group and the third working group on the fifth assessment report of the intergovernmental panel on climate change, [core writing group, R.K. Pachauri and L.A. Meyer(eds.)]. Geneva, Switzerland. No.151.

Koenigstein S, Mark F C, Goessling-Reisemann S, et al. 2016. Modelling climate change impacts on marine fish populations：process-based integration of ocean warming, acidification and other environmental drivers. Fish and Fisheries, 17(4)：972-1004.

主要参考文献

陈长胜. 2003. 海洋生态系统动力学与模型. 北京：高等教育出版社.

陈峰, 陈新军, 刘必林, 等. 2011. 海冰对南极磷虾资源丰度的影响. 海洋与湖沼, 42（4）：493-499.

陈锦淘, 戴小杰. 2005. 鱼类标志放流技术的研究现状. 上海水产大学学报, （4）：4451-4456.

陈新军. 2004. 渔业资源与渔场学. 北京：海洋出版社.

陈新军. 2007. 先进的海洋遥感与渔情预报技术. 实验室研究与探索, 8：153.

陈新军. 2014. 渔业资源与渔场学. 北京：海洋出版社.

陈新军. 2016. 渔情预报学. 北京：海洋出版社.

陈新军. 2017. 远洋渔业概论：资源与渔场. 北京：科学出版社.

陈新军, 刘必林, 田思泉, 等. 2009. 利用基于表温因子的栖息地模型预测西北太平洋柔鱼（*Ommastrephes bartramii*）渔场. 海洋与湖沼, 40（6）：707-713.

陈新军, 刘廷, 高峰, 等. 2010. 北太平洋柔鱼渔情预报研究及应用. 中国科技成果, 21：37-39.

陈新军, 高峰, 官文江, 等. 2013. 渔情预报技术及模型研究进展. 水产学报, 8：1270-1280.

陈新军, 余为, 陈长胜. 2016a. 西北太平洋柔鱼对气候与环境变化的响应机制研究. 北京：科学出版社.

陈新军, 汪金涛, 官文江, 等. 2016b. 大洋性经济柔鱼类渔情预报与资源量评估研究. 北京：中国农业出版社.

陈新军, 方学燕, 杨铭霞, 等. 2019. 地统计学在海洋渔业中的应用. 北京：科学出版社.

陈新军, 龚彩霞, 田思泉, 等. 2019. 栖息地理论在海洋渔业中的应用. 北京：海洋出版社.

陈新军, 刘必林, 方舟, 等. 2019. 头足纲. 北京：海洋出版社.

邓景耀, 赵传绸. 1991. 海洋渔业生物学. 北京：农业出版社.

范江涛, 陈新军, 钱卫国, 等. 2011. 南太平洋长鳍金枪鱼渔场预报模型研究. 广东海洋大学学报, 6：61-67.

冯士筰, 李凤岐, 李少菁. 1999. 海洋科学导论. 北京：高等教育出版社.

冯永玖, 陈新军, 杨晓明, 等. 2014. 基于遗传算法的渔情预报HSI建模与智能优化. 生态学报, 15：4333-4346.

高峰. 2018. 渔业地理信息系统. 北京：海洋出版社.

龚彩霞, 陈新军, 高峰, 等. 2011. 地理信息系统在海洋渔业中的应用现状及前景分析. 上海海洋大学学报, 20（6）：902-909.

龚彩霞, 陈新军, 高峰, 等. 2011. 栖息地适宜性指数在渔业科学中的应用进展. 上海海洋大学学报, 20（2）：260-269.

官文江, 高峰, 雷林, 等. 2015. 多种数据源下栖息地模型及预测结果的比较. 中国水产科学, 1：149-157.

国家海洋局. 2002. 中国海洋政策图册. 北京：海洋出版社.

韩士鑫, 刘树勋. 1993. 海渔况速报图的应用. 海洋渔业, 2：7.

胡杰. 1995. 渔场学. 北京：中国农业出版社.

黄锡昌, 苗振清. 2003. 远洋金枪鱼渔业. 上海：上海科学技术文献出版社.

雷林. 2016. 海洋渔业遥感. 北京：海洋出版社.

林龙山, 丁峰元, 程家骅. 2005. 运用POP-UP TAG对金枪鱼进行标志放流几个值得注意的问题. 现代渔业信息, （2）：17-19.

林元华. 1985. 海洋生物标志放流技术的研究状况. 海洋科学, （5）：54-58.

刘修业. 1986. 鱼类的行为——集群与信号. 生物学通报, （11）：14-16.

马金, 田思泉, 陈新军. 2019. 水生动物洄游分布研究方法综述. 水产学报, 43（7）：1678-1690.

潘德炉. 2017. 海洋遥感基础及应用. 北京：海洋出版社.

尚文倩. 2017. 人工智能. 北京：清华大学出版社.

沈国英. 2016. 海洋生态学. 3 版. 北京：科学出版社.

世界大洋性渔业概况编写组. 2011. 世界大洋性渔业概况. 北京：海洋出版社.

世界主要国家和地区渔业概况编写组. 2013. 世界主要国家和地区渔业概况. 北京：海洋出版社.

孙松. 2012. 中国区域海洋学——生物海洋学. 北京：海洋出版社.

唐启升. 2012. 中国区域海洋学——渔业海洋学. 北京：海洋出版社.

小仓通南, 竹内正一. 1990. 渔业情报学概论. 东京：成山堂书店.

徐兆礼, 陈佳杰. 2009. 小黄鱼洄游路线分析. 中国水产科学, 16（6）：931-940.

徐兆礼, 陈佳杰. 2011. 东黄海大黄鱼洄游路线的研究. 水产学报, 35（3）：429-437.

宇田道隆. 1963. 海洋渔场学. 东京：恒星社厚生阁发行所.

袁传宓. 1987. 刀鲚的生殖洄游. 生物学通报, （12）：1-3.

袁红春, 汤鸿益, 陈新军. 2010. 一种获取渔场知识的数据挖掘模型及知识表示方法研究. 计算机应用研究, 27（12）：4443-4446.

张衡, 戴阳, 杨胜龙, 等. 2014. 基于分离式卫星标志信息的金枪鱼垂直移动特性. 农业工程学报, 30（20）：196-203.

张敏, 邹晓荣. 2011. 大洋性竹筴鱼渔业. 北京：中国农业出版社.

郑利荣. 1986. 海洋渔场学. 台北：徐氏基金会.

郑元甲, 陈雪忠, 程家骅, 等. 2003. 东海大陆架生物资源与环境. 上海：上海科学技术出版社.

中国海洋渔业区划编写组. 1990. 中国海洋渔业区划. 杭州：浙江科学技术出版社.

中国海洋渔业资源编写组. 1990. 中国海洋渔业资源. 杭州：浙江科学技术出版社.

中国海洋渔业环境编写组. 1991. 中国海洋渔业环境. 杭州：浙江科学技术出版社.

周应祺. 2011. 应用鱼类行为学. 北京：科学出版社.

周应祺, 王军, 钱卫国, 等. 2013. 鱼类集群行为的研究进展. 上海海洋大学学报, 22（5）：734-743.

朱清澄, 花传祥. 2017. 西北太平洋秋刀鱼渔业. 北京：海洋出版社.

专项综合报告编写组. 2002. 我国专属经济区和大陆架勘测专项综合报告. 北京：海洋出版社.

Bogucki R, Cygan M, Khan C B, et al. 2018. Applying deep learning to right whale photo identification. Conservation Biology, 33(3): 676-684.

Butler M J A, Mouchot M C, Barale V, et al. 1988. The application of remote sensing technology to marine fisheries: an introductory manual. FAO Fisheries Technical Paper. No. 295. Rome: FAO.

Campana S E, Joyce W, Manning M J, et al. 2009. Bycatch and discard mortality in commercially caught blue sharks *Prionace glauca* assessed using archival satellite pop-up tags. Marine Ecology Progress Series, 387: 241-253.

Cao J, Chen X J, Chen Y. 2009. Influence of surface oceanographic variability on abundance of the western winter-spring stock of neon flying squid(*Ommastrephes bartramii*) in the Northwest Pacific Ocean. Marine Ecology Progress Series, 381: 119-127.

Chen X J, Zhao X H, Chen Y. 2007. Influence of El Niño/La Niña on the western winter–spring cohort of neon flying squid(*Ommastrephes bartramii*) in the Northwestern Pacific Ocean. ICES Journal of Marine Science, 64: 1152-1160.

DeCelles G, Zemeckis D. 2014. Chapter Seventeen - Acoustic and Radio Telemetry// Cadrin S X, Kerr L A, Mariani S. Stock Identification Methods. 2nd ed. New York: Academic Press.

Galuardi B, Lam C H. 2014. Chapter Nineteen - Telemetry Analysis of Highly Migratory Species//Cadrin S X, Kerr L A, Mariani S. Stock Identification Methods. 2nd ed. New York: Academic Press.

Hall D A. 2014. Chapter Sixteen - Conventional and Radio Frequency Identification(RFID) Tags//Cadrin S X, Kerr L A, Mariani S. Stock Identification Methods. 2nd ed. New York: Academic Press.

Howell E A, Wabnitz C C C, Dunne J P, et al. 2013. Climate-induced primary productivity change and fishing impacts on the Central North Pacific ecosystem and Hawaii-based pelagic longline fishery. Climatic Change, 119(1): 79-93.

IPCC. 2014. Climate change 2014: Comprehensive report. Report of the first working group, the second working group and the third working group on the fifth assessment report of the Intergovernmental Panel on climate change, [core writing group, R. K. Pachauri and L. A. Meyer(eds.)]. Geneva, Switzerland. No. 151.

Johnson G J, Buckworth R C, Lee H, et al. 2017. A novel field method to distinguish between cryptic carcharhinid sharks, Australian blacktip shark *Carcharhinus tilstoni* and common blacktip shark *C. limbatus*, despite the presence of hybrids. Journal of Fish Biology, 90: 39-60.

Koenigstein S, Mark F C, Goessling-Reisemann S, et al. 2016. Modelling climate change impacts on marine fish populations: process-based integration of ocean warming, acidification and other environmental drivers. Fish and Fisheries, 17(4): 972-1004.

Lalli C M, Parsons T R. 1997. Biological Oceanography: An Introduction . 2nd ed. Oxford: Butterworth –Heinemann .

Marcinek D J, Blackwell S B, Dewar H, et al. 2001. Depth and muscle temperature of pacific bluefin tuna examined with acoustic and pop-up satellite archival tags. Marine Biology, 138(4): 869-885.

Marini S, Corgnati L, Mantovani C, et al. 2018. Automated estimate of fish abundance through the autonomous imaging device GUARD1. Measurement, 126: 72-75.

Meaden G J, Chi T D. 1996. Geographical information systems—Applications to marine fisheries. FAO Fisheries Technical Paper. No. 356. Rome: FAO.

Mendoza M, García T, Barob J. 2010. Using classification trees to study the effects of fisheries management plans on the yield of *Merluccius merluccius*(Linnaeus, 1758) in the Alboran Sea(Western Mediterranean). Fisheries Research, 102: 191-198.

Nian R, Zheng B, Heeswijk M V, et al. 2014. Extreme learning machine towards dynamic model hypothesis in fish ethology research. Neurocomputing, 128: 273-284.

Nybakken J W. 1982. Marine Biology-An Ecological Approach. New York: Harper & Row Publishers.

Schwarz C J. 2014. Chapter Eighteen - Estimation of Movement from Tagging Data//Cadrin S X, Kerr L A, Mariani S. Stock Identification Methods . 2nd ed. New York: Academic Press.

Suryanarayana I, Braibanti A, Rao R S. 2008. Neural networks in fisheries research. Fisheries Research, 92: 115-139.

Taylor N, Mcallister M K, Lawson G L, et al. 2011. Atlantic bluefin tuna: a novel multistock spatial model for assessing population biomass. PloS One, 6(12): e27693.

Wang J T, Chen X J, Lei L, et al. 2015. Detection of potential fishing zones for neon flying squid based on remote-sensing data in the Northwest Pacific Ocean using an artificial neural network. International Journal of Remote Sensing, 36(13): 3317-3330.

Yamanaka I, Ito S, Niwa K, et al. 1988. The fisheries forecasting system in Japan for coastal pelagic fish. FAO Fisheries Technical Paper. No. 301. Rome: FAO.

Zhang H, Zimba P V. 2017. Analyzing the effects of estuarine freshwater fluxes on fish abundance using artificial neural network ensembles. Ecological Modelling, 359: 103-116.